焦炉煤气净化生产设计手册

鞍山立信焦耐工程技术有限公司 编

范守谦 主 编
谢兴衍 副主编

U0315018

北 京
冶 金 工 业 出 版 社
2012

内 容 提 要

本手册分为两篇，上篇主要介绍焦炉煤气净化工艺和工艺计算，下篇主要是焦炉煤气净化工艺常用理化数据。手册内容涵盖了焦炉煤气冷却、脱萘及焦油氨水分离、剩余氨水蒸馏、焦炉煤气中氨的回收、焦炉煤气脱苯及粗苯蒸馏和焦炉煤气脱硫脱氰等工序。本手册不仅详细介绍了焦炉煤气净化各生产工序的工艺特点和理论基础，总结了工业生产操作中的实践经验，而且还列出了各工序详细的工艺操作指标和设计参数，对现场生产的操作人员具有很好的指导意义。

本手册可供焦化行业的工程和生产技术人员使用，也可供科研、设计和教学方面的有关人员参考。

图书在版编目（CIP）数据

焦炉煤气净化生产设计手册/范守谦主编；鞍山立信焦耐工程技术有限公司编．—北京：冶金工业出版社，2012.7

ISBN 978-7-5024-5901-7

Ⅰ.①焦…　Ⅱ.①范…　②鞍…　Ⅲ.①焦炉煤气—净化—技术手册　Ⅳ.①TQ546.5 - 62

中国版本图书馆 CIP 数据核字（2012）第 111716 号

出 版 人　曹胜利
地　　　址　北京北河沿大街嵩祝院北巷 39 号，邮编 100009
电　　　话　(010)64027926　电子信箱　yjcbs@ cnmip. com. cn
责任编辑　王之光　谢冠伦　美术编辑　彭子赫　版式设计　葛新霞
责任校对　王永欣　责任印制　李玉山
ISBN 978-7-5024-5901-7
三河市双峰印刷装订有限公司印刷；冶金工业出版社出版发行；各地新华书店经销
2012 年 7 月第 1 版，2012 年 7 月第 1 次印刷
787mm×1092mm　1/16；23.25 印张；557 千字；355 页
88.00 元

冶金工业出版社投稿电话：(010)64027932　投稿信箱：tougao@cnmip.com.cn
冶金工业出版社发行部　电话：(010)64044283　传真：(010)64027893
冶金书店　地址:北京东四西大街 46 号(100010)　电话:(010)65289081(兼传真)
（本书如有印装质量问题，本社发行部负责退换）

序

我国已是世界第一焦炭生产和消费大国，全国有 800 多家焦化厂和不少从事焦化设计和科研的单位。焦炉煤气净化是焦化生产中的重要组成部分。改革开放以来，我国焦炉煤气净化的工艺技术和装备水平有了跨越式的发展，国际上该领域的先进技术和研发动向，国内业者也都了然于胸。

《焦炉煤气净化生产设计手册》是一部焦炉煤气净化技术方面的专业工具书，本书以总结焦炉煤气净化工艺的生产实用技术为主线，系统地阐述了焦炉煤气净化工艺的基本原理、特点和主要设备结构，内容丰富，数据翔实，图文并茂，表达到位。作者以其在该领域深厚的技术功底，使本书在以下三个方面体现了作者的匠心独具：一是理论与生产实践结合、工艺流程与主要设备结构结合，对焦炉煤气净化工艺中各工序特点、操作指标、设计参数和优缺点都以国内的生产实践为依据进行了评述。其中，焦炉煤气脱硫技术中的 FAS 法煤气脱硫工艺就是由作者研发的新工艺，并已有工业生产装置在运行，愿其成为焦炉煤气脱硫脱氰工艺的新秀；二是系统而全面介绍了焦炉煤气净化各工序生产装置的工艺计算，实属可贵；三是汇集了与焦炉煤气净化工艺技术有关的常用理化数据，这是作者的用心之举。因而，这部手册是焦炉煤气净化工艺技术的工具书，对初入本领域者是一本如良师益友般的教科书；对有一定资历的从业者，也有助于其对本领域技术加深理解，充实提高。

相信本手册的问世，将对从事焦炉煤气净化工艺的企业技术人员、设计、科研人员以及职业学校和高等院校的师生均有参考价值，并将从中获益。

原鞍山焦化耐火材料设计研究总院院长　　　钟英飞

中国炼焦行业协会原常务副理事长

2011 年 9 月

前　　言

改革开放以来，伴随着我国钢铁工业的飞速发展，焦化行业也取得了辉煌成就，在国际焦化领域占有重要的位置，特别是焦炉煤气净化技术的发展更快，从引进国外先进的净化技术到消化吸收，并加以改进创新，我国的焦炉煤气净化工艺技术及装备水平得到了极大的提高和完善。

目前，随着焦化科技人员的不断更新，老一代的焦化工作者正陆续退居二线，大批年轻的技术人员已走上了教育、生产、科研和设计的第一线。为及时总结以往取得的生产、科研和设计的成果，供广大的焦化工作者学习参考，我公司特别聘请鞍山焦化耐火材料设计研究总院原副总工程师范守谦教授等老专家编写了《焦炉煤气净化生产设计手册》一书，奉献给焦化同行参考。本书在编写过程中，得到了焦化界老前辈和有关专家的大力支持和帮助，在此，谨向他们表示衷心的感谢。

本手册分为上、下两篇，详细介绍了各生产工序的工艺特点和理论基础，总结了工业生产操作中的实践经验，而且还列出了焦炉煤气净化工艺各工序详细的操作指标和设计参数，对生产现场的操作人员具有很好的指导意义。

为满足在校学生和现场技术人员进行工艺计算的需要，手册特别编写了各生产工序的计算书，详细计算了各工艺过程的工艺参数、主要设备的操作指标及尺寸。应用此计算书的计算结果，可直接用于煤气净化工艺及设备的技术革新和工艺改造，这是以前各类工具书难以做到的。书的下篇还收集了许多焦炉煤气净化工艺常用理化数据，以便于读者查阅。

总之，本书具有较强的实用性，可作为焦化企业的技术人员、设计研究工作者和在校学生的工具书。

由于我们的水平所限，书中存在的不足之处，敬请读者批评指正。

鞍山立信焦耐工程技术有限公司董事长　李建

2011 年 8 月

目　　录

上篇　焦炉煤气净化工艺和工艺计算

下篇　焦炉煤气净化工艺常用理化数据

焦炉煤气净化工艺和工艺计算

1 焦炉煤气净化工艺的综述

焦炉煤气净化是将焦炉炭化室中产生的粗煤气进行净化处理，除去杂质后得到净煤气的同时回收各种化学产品的技术。

粗煤气是装炉煤在焦炉中干馏时产生的混有水汽、干煤气以及各种杂质的混合气，粗煤气又称荒煤气。

1.1 荒煤气的组成

荒煤气的组成十分复杂，归纳起来有以下三大部分，即水汽、干煤气和杂质。荒煤气中的水汽是由两部分组成的，一是装炉煤中的水分；二是煤干馏时的热解水（也称化合水）。这些水分将决定煤气净化系统的剩余氨水的量。水汽的含量一般以露点来衡量。

1.1.1 水汽

在焦炉集气管内，荒煤气和喷洒的氨水相互作用，将荒煤气的温度从 650~750℃ 冷却到 80~90℃。实际上，焦炉煤气在集气管中的冷却过程是很复杂的，它伴随着热交换过程和物质交换过程。在煤气冷却时所释放出的热量，大部分用于氨水的蒸发上，小部分消耗在氨水的加热上。集气管的热平衡分析表明，消耗在氨水加热上的热量约占煤气冷却时放出热量的 13.3%，蒸发氨水的热量约占 77.0%，上述两项之和为 90.3%。热损失约占 9.7%。焦炉煤气被冷却的温度限度相当于湿球温度，即荒煤气被冷却的露点。

送往集气管喷洒的循环氨水的温度取决于进入集气管的煤气露点温度。一般进入集气管的煤气露点在 68℃ 左右，循环氨水的温度应比进入集气管的煤气露点高出 5~10℃，以保证水分蒸发的推动力。因此，循环氨水的温度不得低于 75℃。

焦炉煤气离开集气管的露点温度与装炉煤水分和煤气温度的关系见表 1-1。

表 1-1 焦炉煤气离开集气管的露点温度与装炉煤水分和煤气温度的关系

煤气温度 /℃	焦炉煤气离开集气管的露点温度/℃				
	0	4%	8%	12%	14%
650	73.5	78.5	82.0	84.8	86.0
700	75.0	79.5	82.8	85.3	86.4
750	76.3	80.5	83.6	85.8	86.8

在其他条件相同的前提下，按装炉煤水分 10% 和 13% 两种数据进行集气管和初冷器的计算可得出，装炉煤水分由 10% 增加到 13% 以后，送往初冷器的煤气露点温度就由 83.9℃ 上升至 85.9℃，相应进入初冷器的热量由 86595.5MJ/h 增加到 101043.7MJ/h，初

冷器的热负荷增加了 16.7%，初冷器的用水量和面积均相应增加。此外，剩余氨水量也相应增加了 30%。通常，露点温度每升高 1℃，总的热负荷增加 9% ~ 10%。所以，离开集气管荒煤气的露点温度的选取对初冷器的设计有很大影响。一般露点温度在初冷器计算时不应低于 83℃。

1.1.2　干煤气

干煤气是焦炉煤气的主要组成部分，主要有 H_2、CH_4、CO、N_2、CO_2、C_mH_n、O_2 等气体，其主要成分是 H_2 和 CH_4。干煤气的组成及产率与装炉煤的质量及炼焦操作条件有关，最主要的影响因素是装炉煤的挥发分含量。干煤气的一般组成见表 1 - 2。

表 1 - 2　干煤气的组成　　　　　　　　　　（体积分数/%）

名称	H_2	CH_4	CO	N_2	CO_2	C_mH_n	O_2
组成	55 ~ 60	25 ~ 30	5 ~ 7	2.5 ~ 3.5	2 ~ 3	2 ~ 3	0.3 ~ 0.5

通常情况下，煤气发生量与装炉煤挥发分含量的关系见表 1 - 3。

表 1 - 3　煤气发生量与装炉煤挥发分含量的关系

干基挥发分 V_d/%	22	24	26	28	30	32	34	36
干煤气产率/$m^3 \cdot t^{-1}$（干煤）	280	300	320	340	360	380	400	420

1.1.3　杂质

在荒煤气中，除水汽、干煤气外主要是杂质，其组成十分复杂，一般的杂质及其含量如下：

（1）焦油　　　　　　　　　　　$65 ~ 125g/m^3$
（2）含氮化合物
　　氨（NH_3）　　　　　　　　$6 ~ 9g/m^3$
　　氰化氢（HCN）　　　　　　$0.5 ~ 1.5g/m^3$
　　吡啶（C_5H_5N）　　　　　　$1 ~ 3g/m^3$
　　一氧化氮（NO）　　　　　　$1 ~ 4cm^3/m^3$
（3）含硫化合物
　　硫化氢（H_2S）　　　　　　$4 ~ 7g/m^3$
　　二硫化碳（CS_2）　　　　　$0.3 ~ 0.5g/m^3$
　　碳氧硫（COS）　　　　　　$0.1 ~ 0.2g/m^3$
　　噻吩（C_4H_4S）　　　　　　$0.1 ~ 0.15g/m^3$
　　硫醇（$C_nH_{2n+2}S$）　　　　约 $0.1g/m^3$
　　二氧化硫（SO_2）　　　　　约 $0.05g/m^3$
（4）含氧化合物
　　酚及其同系物（C_6H_5OH）　$2 ~ 4g/m^3$

（5）含氯化合物

　　　氯化物　　　　　　　　　　约 1g/m³

（6）碳氢化合物

　　　萘（$C_{10}H_8$）　　　　　　　约 10g/m³

　　　粗苯　　　　　　　　　　　25 ~ 40g/m³

　　其中，主要杂质是焦油、粗苯、萘、氨、硫化氢、氰化氢等，这些杂质的含量（产率）与装炉煤质量及焦炉操作条件等因素有直接关系。

1.2　煤气净化装置的功能

　　煤气净化装置的功能是根据各类用户对煤气质量的要求以及国家环保标准的要求脱除荒煤气中的主要杂质，一般包括煤气冷却及焦油氨水分离，煤气排送及焦油雾的分离，脱除煤气中的萘、硫化氢、氨、粗苯以及煤气的最终净化。

1.2.1　荒煤气中化学产品的产率

　　荒煤气中各种化学产品的产率取决于装炉煤的质量和炼焦条件，其波动范围较大。通常条件下，干煤气、焦油、粗苯的产率与装炉煤的挥发分有关，可参见表 1-4。

表 1-4　炼焦化学产品产率与装炉煤中挥发分的关系

装炉煤干基挥发分 V_d/%	22	24	26	28	30
吨煤干煤气产率/m³	285 ~ 295	300 ~ 310	315 ~ 325	335 ~ 345	355 ~ 365
吨煤焦油产率/%	3.0 ~ 3.2	3.3 ~ 3.5	3.6 ~ 3.8	4.0 ~ 4.4	4.6 ~ 4.8
吨煤粗苯产率/%	0.80 ~ 0.85	0.85 ~ 0.90	0.95 ~ 1.0	1.0 ~ 1.1	1.1 ~ 1.2

　　氨的产率一般为 0.2% ~ 0.3%，大部分在 0.25% 以内，相应的硫铵产率在 1% 以内。

　　煤气中的硫化氢含量主要取决于装炉煤中的全硫含量（无机硫和有机硫），煤在干馏过程中约有 15% ~ 35% 的硫转入荒煤气中，其中 95% 以上是以硫化氢的形式存在，其余为有机硫。有机硫中一般含有 CS_2、COS、C_4H_4S（噻吩）、$C_nH_{2n+2}S$（硫醇）、SO_2（二氧化硫）等。荒煤气中硫化氢含量与装炉煤中全硫量的关系见表 1-5。

表 1-5　荒煤气中硫化氢含量与装炉煤中全硫量的关系

装炉煤含硫 $S_{t,d}$/%	0.2 ~ 0.4	0.4 ~ 0.5	0.5 ~ 0.6	0.6 ~ 0.7	0.7 ~ 0.8	0.8 ~ 0.9	0.9 ~ 1.0	1.0 ~ 1.1
煤气含硫化氢 /g·m⁻³	1 ~ 2.5	2.5 ~ 4.5	4.5 ~ 5.5	5.5 ~ 6.5	6.5 ~ 8.0	8.0 ~ 9.0	9.0 ~ 11.0	11.0 ~ 13.0

1.2.2　通用设计数据

　　在开展焦化工程设计时，在业主没有提供配煤试验报告，缺乏原始资料的情况下，设计时可采用表 1-6 中的通用数据进行初步计算。

表 1-6　焦化工程设计中的通用数据

化学产品	计算设备用的化学产品产率	计算产量用的化学产品产率
焦油	4%（对干煤）	3.5%（对干煤）
氨	0.3%（对干煤）	0.25%（对干煤） 折合硫铵为 1.0%（对干煤）
粗苯	1.1%（对干煤）	1.0%（对干煤）
硫化氢	6g/m³ 煤气	
煤气	345m³/t 干煤	320m³/t 干煤

1.2.3　煤气处理量的计算

（1）标准状态下的煤气处理量 $Q(m^3/h)$。

$$Q = 1.07 W M_g$$

式中，1.07 为焦炉的紧张操作系数；W 为装炉的干煤量，t/h；M_g 为煤气发生量，m^3/t 干煤。

（2）操作状态下的煤气处理量 $Q'(m^3/h)$。

$$Q' = Q \frac{(273 + t) \times 101.325}{273(p + p_1 + p_2)}$$

式中，t 为煤气的操作温度，℃；p 为实际大气压，kPa；p_1 为煤气的操作压力，kPa；p_2 为露点下的水蒸气分压，kPa。

1.2.4　净煤气的质量指标

（1）我国工业（主要作为燃料用）煤气的质量目前尚无统一的国家标准，只有硫化氢含量有准入条件的约束，净煤气的一般质量指标见表 1-7。

表 1-7　净煤气的一般质量指标　　　　　　　　（g/m³ 煤气）

名称	氨	苯	萘	硫化氢	氰化氢	焦油	水分
指标	≤0.1	≤4.0	≤0.5	≤0.25	≤0.5	≤0.05	常温饱和

（2）我国焦炉煤气作为民用煤气时，质量指标应符合国家标准 GB/T 1362—2006《人工煤气》中一类气的要求（见表 1-8）。

表 1-8　GB/T 1362—2006《人工煤气》的标准

名　称	氨 /mg·m⁻³	焦油和灰尘 /mg·m⁻³	萘/mg·m⁻³		硫化氢 /mg·m⁻³	CO（体积分数）/%	O₂（体积分数）/%	低热值 /MJ·m⁻³
			夏季	冬季				
一类气	<50	<10	<100 ×10²/p	<50 ×10²/p	<20	<10	<2	>14
二类气							<1	>10

注：表中的 p 为管网压力（绝对），当 $p < 202.65$ kPa 时，压力因素可不参加计算。

1.3 煤气净化装置组成及净化工艺的组合

煤气净化设施一般由冷凝鼓风、脱硫、脱氨、煤气终冷、脱苯及粗苯蒸馏等装置组成。冷凝鼓风装置由初冷、焦油捕集、鼓风机和焦油氨水分离等工序组成。各装置由于采用的工艺流程不同，尤其是煤气脱硫工艺及其配置的位置不同，可组合成各种不同的焦炉煤气净化工艺流程。现将目前我国比较广泛采用的工艺流程分述如下。

1.3.1 脱硫负压操作的工艺流程

脱硫负压操作的工艺流程如图 1-1 所示。

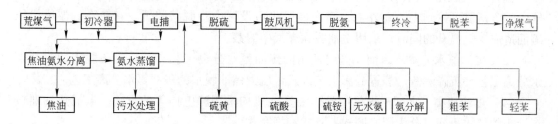

图 1-1 脱硫负压操作的工艺流程

1.3.2 脱硫正压操作的工艺流程

脱硫正压操作的工艺流程如图 1-2 所示。

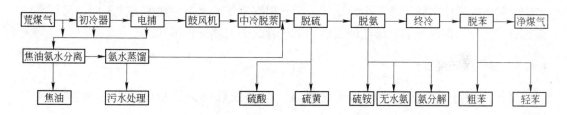

图 1-2 脱硫正压操作的工艺流程

1.3.3 真空碳酸盐法脱硫的工艺流程

真空碳酸盐法脱硫的工艺流程如图 1-3 所示。

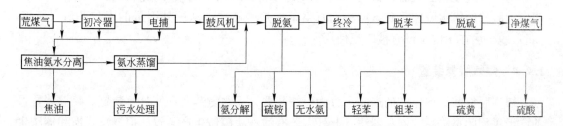

图 1-3 真空碳酸盐法脱硫的工艺流程

1.4　煤气净化设施各装置的工艺技术简介

1.4.1　冷凝鼓风装置

冷凝鼓风装置由煤气初步冷却、煤气脱萘、焦油氨水分离、焦油捕集、煤气输送等工序组成。

（1）煤气初步冷却。煤气初步冷却按煤气与冷却介质的接触方式不同可分为直接式初冷、间接式初冷和间直冷。按设备结构不同，直接式初冷可分为填料式和空喷式；间接式初冷可分为立管式和横管式。

（2）煤气脱萘。当采用的煤气净化工艺组合要求初冷后煤气温度在 30～40℃时，煤气中的含萘量可达到 1g/m³ 左右，需在鼓风机后设置中冷脱萘装置。它在降低鼓风机压缩而造成煤气温升的同时，采用洗油脱除煤气中的萘。

（3）焦油氨水分离。目前，国内常用的焦油氨水分离工艺有带有二段脱渣的焦油氨水分离工艺，沉降除渣、静置分离工艺以及带压力焦油脱水的焦油氨水分离工艺。

（4）焦油捕集。夹带于煤气中的焦油雾一般均采用静电捕集的方法。电捕焦油器按沉淀极的形式不同可分为同心圆式、管式和蜂窝式。

（5）煤气输送。煤气输送一般采用离心式鼓风机。为了节能，可采用两种调速方式，一种是液力耦合器，另一种是变频调速器。

1.4.2　剩余氨水蒸馏

传统的剩余氨水蒸馏装置大多采用直接蒸汽蒸氨工艺。近年来，蒸氨工艺也有了新的变化，间接蒸氨工艺陆续被不少焦化厂采用。根据蒸氨废水被加热的方式不同，又可将间接蒸氨工艺分为蒸汽加热、导热油加热和煤气管式炉加热三种形式。

1.4.3　煤气脱硫装置

煤气脱硫可分为湿法脱硫和干法脱硫。湿法脱硫可分为湿式氧化法和湿式吸收法。

对于湿式氧化法脱硫工艺，目前国内较为流行的有以氨为碱源的 HPF 法和以钠为碱源的改良 ADA 法。此外，从国外引进的塔卡哈克斯－希罗哈科斯（TH）法、弗马克斯－洛达科斯－昆帕库斯（FRC）法脱硫技术，因各种原因未能在国内广泛推广使用。

对于湿式吸收法脱硫，目前国内有以氨为碱源的氨－硫循环洗涤脱硫（AS）法、采用压力脱酸的氨水脱硫（FAS）法和真空碳酸盐脱硫法。从国外引进的索尔菲班（Sulfiban）脱硫法在国内也没有被广泛使用。

1.4.4　煤气脱氨装置

煤气脱氨装置按生产的产品可分为硫铵装置、无水氨装置和氨分解装置。硫铵装置目前广泛采用的是喷淋式饱和器法。此外，还有酸洗法硫铵生产装置。但浸没式饱和器法生产硫铵装置和洗氨蒸氨生产浓氨水装置已被淘汰。

1.4.5 煤气终冷及脱苯装置

煤气终冷装置按冷却方式不同可分为直接式终冷和横管式间接终冷，一般均采用横管间接式终冷装置。苯的洗涤装置一般采用填料式洗苯塔。粗苯蒸馏装置按产品和脱苯塔的结构不同，主要有单塔生产粗苯、单塔生产轻苯和双塔生产轻苯等三种。

2　焦炉煤气的冷却、脱萘及焦油氨水分离

焦炉煤气的冷却及焦油氨水分离操作直接关系到后续工序的生产状况和产品质量，故选择最佳工艺，确保其正常操作是整个煤气净化工艺的基础和关键。

2.1　焦炉煤气的冷却

焦炉煤气离开焦炉时，通过上升管以 650 ~ 750℃进入集气主管。在桥管中被循环氨水冷却到 80 ~ 90℃后进入煤气初步冷却器，煤气通过不同的冷却设备，并按不同的净化工艺要求，冷却到 21 ~ 23℃或 25 ~ 30℃后进入后续工序。煤气冷却工艺除了起到煤气冷却的作用外，还要尽可能地去除煤气中的焦油、萘和腐蚀性杂质，以达到最大限度地净化煤气的目的。

2.1.1　焦炉煤气的冷却工艺

焦炉煤气冷却工艺的主要设备是煤气初步冷却器，一般分为水冷却器和空气冷却器两类。空气冷却器由于效率低，总传热系数只有 17.5W/(m² · ℃)，目前已不再采用，而以水冷却器为主。水冷却工艺可分为间接冷却、直接冷却和间直冷等三种形式。

2.1.1.1　间接冷却工艺

A　立管式初冷器

立管式初冷器由筒体和上下水箱组成。多根传热管垂直地配置在冷却器的筒体内，用隔板将上下水箱分隔为六格。上水箱为敞开式，以利于清扫管内的污垢，煤气与水室对应分格，煤气被冷却的同时，冷凝液沉积在煤气室的下部，用管道引入初冷器的水封槽。煤气冷却示意图如图 2 - 1 所示。

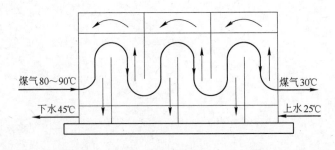

煤气 80 ~ 90℃　　　　　　　　　　　　　　煤气 30℃
下水 45℃　　　　　　　　　　　　　　上水 25℃

图 2 - 1　立管式初冷器的煤气冷却示意图

由于立管式初冷器的上部水箱为敞开式，水在管内流速低，约为 0.1m/s。传热效率低，总传热系数仅为 116.3 ~ 174.5W/(m² · ℃)。从图 2 - 1 中可看出，煤气与冷凝液的流动方向有一半为逆向，且冷凝液分别从各个分格中引出。煤气从 80 ~ 90℃冷却到 45℃左右的冷凝液量要比从 45℃冷却到 25 ~ 30℃时大得多。但是，煤气中的大部分萘是在

50℃以后才开始析出,从而造成初冷器后段的堵塞严重,阻力增大,清扫频繁,出口煤气中的萘含量高(一般高出露点10℃左右),致使煤气的净化效果差。此外,在煤气入口侧的一格中,水是从上向下流动的,理应下部水温高。但由于水流速度低,因水的热浮力而产生水的逆流现象。在实际操作中,出现上部水温反而比下部水温高,致使煤气入口侧这一格起不到冷却传热作用。正是由于立管式初冷器存在着上述不能克服的缺陷,目前设计上已很少采用。

B 横管式初冷器

横管式初冷器由多箱组成,在高约1m的长方形箱体内水平配置多根传热管。煤气从上向下流动,冷却水由下向上流动,整个设备可按需要分为三段(热水段、循环水段、低温水段)或二段(循环水段、低温水段)。低温水段可以采用断塔板与上部隔开,达到节能效果。在中、下段可连续喷洒焦油氨水混合液,一方面可使传热管外壁形成液膜,提高液膜的传质效率;另一方面自上而下冲洗可防止萘和焦油等杂质的堵塞。由于横管初冷器提高了水流速度,一般为0.6~0.7m/s,煤气流向又与冷凝液流向一致,因此,其除萘效果要比立管式初冷器好得多,可最大限度地提高煤气的净化效率,总传热系数可达232.6~290.8W/(m²·℃),比立管式初冷器的传热系数提高了一倍多。对于相同的煤气量,横管初冷器的传热面积可大为减少,其工艺流程如图2-2所示。

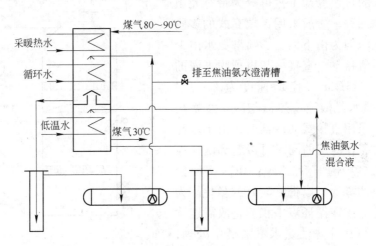

图2-2 横管初冷器的煤气冷却工艺流程

横管初冷器的特点是保持高的水速和湍流,一般水的流速为0.6~0.7m/s,煤气流速为0.5~0.7m/s。煤气的流向自上而下与煤气冷凝液的流向一致,冷却水从下而上。较高的水速是通过细的冷却水管和把总冷却水流分成许多管束而达到的。对于前面的高温湿煤气而言,冷却管上形成的冷凝液膜在传热上起着决定性的作用。初冷器的冷却管应尽可能密地安装在每一侧的器壁上,以减少无效空间,冷却管也起到了分离焦油雾和水雾的挡板作用。在正常操作时,冷却每1m³煤气可产生约750g的冷凝液,它与煤气顺流而下,起到了冲洗和冷却管壁的双重作用。因此,煤气侧的污染不会发生。在采用适当水处理方法减少水沉积物的条件下,由于大大增加了水流速度,所以很少发现产生水侧沉积物。

随着焦炉煤气净化工艺的不断发展，我国焦化工作者逐渐认识到，应把荒煤气中的杂质尽可能地在前工序中冷凝下来，使堵塞和腐蚀问题不再向后续工序蔓延。因此，煤气的初步冷却是煤气净化工艺的基础。在初冷器中最大限度地将煤气冷却至 21～22℃，就可去除煤气中 75% 以上的焦油和焦油雾，还可去除煤气中 80% 的萘，使出口煤气的含萘量降低到 0.4g/m³ 以下，即可达到相当于出口煤气的露点。高效的横管初冷器完全能够适应上述的要求，以达到最大限度净化煤气的目的，横管初冷器现已被广泛采用。这样，就可实现整个工艺过程不必再另建单独的煤气脱萘装置。

为了实现初冷工序的上述任务，首先要提供低于 18℃ 的冷却水，采用横管初冷器可以强化初冷操作，使煤气的出口温度与冷却水的入口温度差缩小到 2～3℃，达到 22℃ 以下。严格控制初冷器的喷洒液量和喷洒液中的焦油含量是保证初冷器除萘效果的另一重要手段。

在初冷器的结构方面，当上、中段与下段用断液盘断开时，由于下段冷凝液量的减少，不利于煤气除萘，必须连续补充含水焦油。生产实践证明，只要将冷凝液的喷淋密度保持在 2m³/(m²·h) 以上（其下段的焦油含量为 40%～50%，中段为 4%～10%），在煤气冷却至 22℃ 以下时，初冷器后的煤气含萘量就可达到 400mg/m³ 的要求。

2.1.1.2　直接冷却工艺

焦炉煤气的直接冷却工艺可分为带有充填物和无充填物两种，一般采用无填充式的多段空喷塔。煤气流向为由下而上、喷淋氨水由上而下与煤气逆流接触。直接冷却塔顶喷淋液的液气比为 10～13L/m³，空塔速度为 1～1.3 m/s。喷淋用氨水经液液换热器与冷却水换热后循环使用。采用直接式初冷器时，由于水与煤气直接接触，在冷却的同时可以起到洗涤煤气的效果，煤气中的 H_2S、NH_3、HCN 等腐蚀性介质以及焦油雾等可以得到较好的净化。为了不使腐蚀性介质在循环液中积累，故需连续换水，排污水可送往焦油氨水澄清槽中处理，补充水可用送往焦炉的循环氨水，换水量为整个循环量的 5%～10%。其流程如图 2-3 所示。

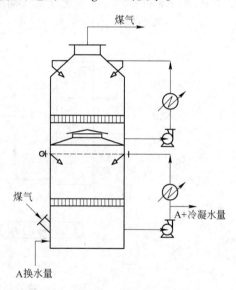

图 2-3　煤气直接冷却的工艺流程

对于直接式初冷器，由于存在先用冷却水冷却循环洗涤氨水，再用洗涤氨水冷却煤气这样两个温差，一般同样温度的冷却水，直接冷却器冷却后的煤气温度要比间接初冷器的高。此外，由于液气比大，泵的电耗也大，换热器的面积及台数多，占地面积大，我国现有设计中已不再采用。

2.1.1.3　间直冷工艺

根据上述两种初冷工艺的特点，发展了间接冷却与直接冷却相结合的初冷工艺，即间直冷工艺，其工艺流程如图 2-4 所示。煤气在高温段由 80～90℃ 冷却到 50～55℃ 时采用间接初冷器，这时由于冷却温差大，冷凝液量大，但冷凝的萘量相对较少，传热系数高，可大为减少传热面积；在煤气温度达到 50～55℃ 时采用直接式初冷器，可充分发挥直接冷却净化煤气效果好的优点，对降低煤气的萘和腐蚀性杂质的含量起到了重要的作用。但此工艺相对比较复杂，设备多、能耗大、占地面积大，我国只在宝钢一期和三期工程中采用此工艺。

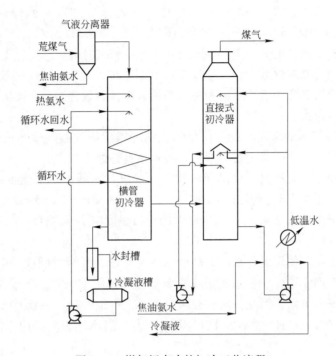

图 2-4 煤气间直冷的初冷工艺流程

2.1.2 选用横管初冷器设计时的注意事项

当前，在我国焦化厂的设计中，一般均采用横管初冷器。在选用横管初冷器的设计中，必须考虑以下几个问题：

（1）如何提高横管初冷器的脱萘效果。在横管初冷器内，煤气在冷却的同时，会不断析出萘。部分萘可溶解于焦油中，另一部分则附着在冷却水管的外壁上。当达到一定厚度后就会影响初冷器的冷却效率。如果横管初冷器后的煤气温度能够降低到 21~22℃，煤气中的含萘量可降低至 400~500mg/m³，相当于煤气的露点含萘量。这样，就可保证后续工序不会再有萘的析出。对脱硫、洗氨、终冷等工序是一个有力的保证。横管初冷器脱萘效果好的原因是在于煤气和冷凝液在初冷器中平行移动。煤气与冷凝液经长时间接触，煤气中析出的萘可被焦油吸收。而立管式初冷器就达不到上述的脱萘效果。德国的试验表明，单纯的喷洒轻质焦油的除萘效果不如喷洒冷凝液与焦油混合液的好。在横管初冷器的上部，因为煤气温度高，故冷凝液量也大。这时，萘一般不会沉积在冷却水管的管壁上。在横管初冷器的中、下段，由于分别使用了混合液喷洒，所以溶解析出的萘和冲刷冷却管管壁的过程可同时进行。按横管初冷器横断面计算的喷洒量为 2m³/m²，横管初冷器中、下段喷洒用混合液中的焦油含量分别为 4%~10% 和 40%~50%。

（2）关于初冷器面积计算和台数的选择问题。在计算初冷器的传热面积时，对于三段初冷器，顶部热水段的煤气温度从 82~83℃冷却到 77~78℃，热水温度从 55~60℃上升到 65 ~ 70℃。中段煤气的温度从 77 ~ 78℃冷却到 45 ~ 50℃，循环水温度从 32℃提高到 45℃。下段煤气的温度从 45 ~ 50℃降低到 22℃，制冷水温度从 16℃上升到 23℃。一般情况下，顶部热水段的传热系数 K 为 407W/(m^2·℃) 左右；中段（循环水冷却段）的传热系数 K 为 203.5 ~ 232.6W/(m^2·℃)；下段（制冷水冷却段）的传热系数 K 为 70 ~ 81W/(m^2·℃)。每 1000m^3/h 煤气的初冷面积为 175 ~ 200m^2。

在初冷器台数的选择上，近来趋向于选用大型横管初冷器，采用 (2 + 1) 或 (3 + 1) 组合。这是因为初冷器的台数太多，冷却管内低温水的流速就减小，这对换热是不利的。此外，因每台初冷器都要喷洒冷凝液和焦油的混合液，台数越多，所要输送的混合液量就越大，占地面积也越大。

(3) 初冷器冷却水的水质问题。要想保证初冷器后煤气温度达到设计要求，除了要有足够的冷却面积外，另一个主要因素是供应水质良好的冷却水。据悉，德国对凉水架循环水系统水质的控制极为严格，要求及时排污，要求初冷器出口水温不得高于 45℃，补充水的暂时硬度低于 4°DH（德国度）（以 $CaCO_3$ 计，1°DH = 17.85mg/L）。一般情况下，10°DH 时的出口温度应小于 45℃；15°DH 时的出口温度应小于 40℃；大于 15°DH 时的出口温度应小于 35℃。

我国有不少焦化厂使用地下水作为循环水的补充水，其暂时硬度一般为 11 ~ 12°DH，有的高达 16 ~ 17°DH，这样就会造成初冷器冷却管内部严重积垢，严重影响其传热效率，致使煤气温度冷却不下来。因此，对补充水应考虑进行预处理。一般要求初冷循环水中的悬浮物小于 50mg/L，暂时硬度不大于 4°DH。国内各焦化厂初冷器用水的结垢情况见表 2 - 1。

表 2 - 1　国内各焦化厂初冷器用水的结垢情况

厂名	水源	供水系统	悬浮物含量/mg·L^{-1}		暂时硬度/°DH	结垢与堵塞情况
			年平均	最高月平均		
太钢	深井水	循环			15	严重时不超过半个月，结垢厚度达 20mm，泥沙较多
北焦	深井水	循环			12.1	每年除垢 2 次，垢厚 20mm
武钢	长江水	直流	170	506	5 ~ 6.4	未见明显结垢，有大量泥沙沉积，每年清洗 2 次
新钢	袁河深井水	循环	≤20		4.2	未见结垢，有少量泥沙，每年清扫 1 次

横管初冷器因设备结构的原因，清除管内积垢较为困难，一般可采取酸洗法。如使用浓度 3% 的稀盐酸加浓度 4% 的甲醛缓蚀剂，甲醛缓蚀剂的添加量为盐酸的 0.2%，在 50℃下循环清洗。

2.2　焦炉煤气脱萘

根据煤料和焦炉操作条件不同，粗煤气中一般萘含量为 5 ~ 10g/m^3，呈气态。其中绝大部分萘在焦炉集气管和煤气初冷器中冷凝下来，并溶于冷凝液中，煤气初冷器出口的煤

气含萘量一般为 $1 \sim 2g/m^3$，相当于温度 $30 \sim 40℃$ 时煤气中萘的露点含量。焦炉煤气的温度与萘含量的关系见表 2－2。

表 2－2 焦炉煤气的温度和萘含量的关系

煤气温度/℃	煤气萘含量/mg·m⁻³	萘的蒸气压力/Pa
0	45.1	0.8
5	73.8	1.33
10	152.3	2.8
15	249.5	4.7
20	378.3	7.2
25	564.8	10.93
30	901.0	17.73
35	1399.6	28
40	2098.8	42.66
45	3343.9	69.1

经过初冷器后的煤气中，一部分萘呈极细的鳞状，这些萘被煤气带走流向后续工序的煤气净化设备。当煤气流速减缓或温度下降时，煤气中的萘就会析出，并沉积在煤气管道和净化设备中而造成堵塞。另外，作为焦化产品的净煤气在出厂时，不同用户对煤气中萘的含量均有严格要求，因此焦炉煤气必须进行脱萘。

20 世纪 70 年代以前，旧有焦化厂的焦炉煤气净化工艺中，除了在初冷器中脱除部分萘外，除萘是由硫铵装置后的终冷水洗萘装置来完成的，但其存在着外排终冷水以及凉水架吹出的氰化氢等有害物质对水体和大气的严重污染问题。而且，这种除萘方法的效果差，终冷塔后煤气中萘的含量高达 $700mg/m^3$。70 年代以后，我国部分生产浓氨水的煤气净化工艺采用了油洗萘装置。80 年代以后，许多焦化厂采用了焦炉煤气初冷低温除萘，即在横管初冷器中将煤气冷却到 $21 \sim 22℃$，可使煤气中的含萘量降低至 $400mg/m^3$ 左右，从而取消了单独的煤气脱萘装置。但是，当采用以氨为碱源的湿式氧化法煤气脱硫工艺时，脱硫装置要求煤气温度为 $30 \sim 35℃$，初冷器就没有必要冷却到 $21 \sim 22℃$。这时，在整个煤气净化流程中，可以设置水－油－水脱萘装置，即下段为煤气预冷段，中段为油洗萘段，上段为煤气终冷段，利用洗苯的富油脱除煤气中的萘。

2.2.1 焦炉煤气脱萘的工艺流程

焦炉煤气脱萘的工艺流程如图 2－5 所示。

从图 2－5 中可以看出，70℃ 的补充氨水在第一冷却器中冷却到 $35 \sim 36℃$ 后，进入洗萘塔底部的循环氨水槽。然后用氨水循环泵抽出，经第二冷却器将氨水冷却到 35℃ 后送至洗萘塔上段的煤气终冷段喷洒，在此将焦炉煤气冷却到 36℃。氨水从终冷段底部自流到下面的煤气预冷段喷洒，在此将入塔的焦炉煤气冷却到 35℃，氨水则流入底部的循环氨水槽。循环氨水在冷却煤气的同时，能将煤气中夹带的煤粉和焦粉等固体杂质一同洗涤下来。工艺过程中冷却用循环氨水不断加以更新，保持水平衡。洗萘用的循环油采用粗苯

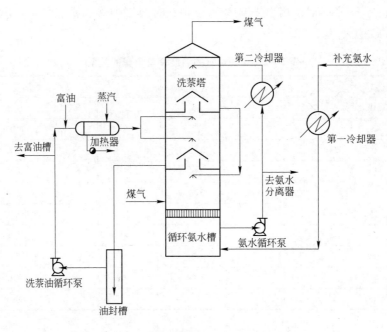

图 2 - 5　洗苯富油脱除煤气中萘的工艺流程

装置的富油。焦炉煤气脱萘的主要设备是油洗萘塔，为空喷塔，塔体用钢板焊制而成，预冷段和终冷段内衬环氧玻璃钢，捕雾层有丝网和旋流板两种形式。

2.2.2　脱萘工序的控制要点及操作指标

　　富油脱萘工艺的控制要点及操作指标，主要有预冷段出口煤气温度必须比初冷器出口的煤气温度高 5~6℃，以防止萘在预冷段中析出；油洗萘段的洗萘油入口温度必须比煤气温度高 2~4℃，以防止煤气中的水分冷凝到洗萘油中，严格控制终冷段的温度满足后续工序的要求。从实际操作结果看，当进口煤气中的含萘量为 0.7~1g/m³ 时，洗萘塔后煤气中的含萘量可降低到 250~300mg/m³，为后续工序的正常操作打下了良好基础，表 2-3 中列出了上海宝钢几年来富油脱萘装置的脱萘效果。

表 2 - 3　上海宝钢富油脱萘装置的脱萘效果

年　份	进塔含萘/g·m⁻³	出塔含萘/g·m⁻³	洗萘效率/%
1985	0.75	0.29	61.7
1986	1.03	0.36	65.0
1987	0.67	0.30	55.8
1988	0.73	0.27	62.8
1989	0.50	0.22	55.6
1990	0.60	0.46	23.1
1991	1.00	0.27	73.4
1992	0.76	0.25	66.7
1993	0.98	0.20	80.0

年　份	进塔含萘/g·m⁻³	出塔含萘/g·m⁻³	洗萘效率/%
1994	1. 15	0. 18	84. 5
1995（1～10月）	1. 03	0. 15	85. 4
平均	0. 83	0. 25	70. 0

但是，由于洗萘塔设置在煤气脱氨工序的前面，所以用洗苯富油洗萘的同时不但吸收了煤气中的萘，还洗下了煤气中的焦油、氨、硫化氢、氰化氢等杂质，造成洗油质量的恶化，洗油单耗提高，而且会造成粗苯蒸馏设备的腐蚀。

2.3　焦油氨水分离

送入焦炉集气管的循环氨水经气液分离器自流到焦油氨水分离装置。此外，从煤气初冷器、电捕焦油器和鼓风机等设备中冷凝下来的冷凝液也送往焦油氨水分离装置，在此将焦油氨水与焦油渣分离。循环氨水送回焦炉集气管喷洒，剩余氨水送往下道工序，焦油作为产品送油库外销。焦油氨水分离装置的目的是达到焦油的质量标准以及保证氨水分离效果能满足后续工序的需要。国内经常采用的焦油氨水分离工艺有三种方式，现分述如下。

2.3.1　带有二段脱渣的焦油氨水分离工艺

氨水、焦油和焦油渣的混合液首先在焦油氨水分离器内进行沉淀分离，最上层的氨水自流入循环氨水中间槽，焦油通过自动界面控制器或手动方式自流入焦油分离器。机械化焦油氨水澄清槽内各层的密度如下：上层为 $1.01 \sim 1.02 g/cm^3$；中层为 $1.17 \sim 1.18 g/cm^3$；底层焦油渣为 $1.25 g/cm^3$。在焦油分离器内主要是再次分出焦油渣和少量的氨水，用泵将焦油从焦油分离器中送入焦油槽，也可将焦油送至超级分离器进行第三次分离焦油渣，这种三段脱渣工艺目前只有宝钢采用。带有二段脱渣的焦油氨水分离工艺流程如图2-6所示。

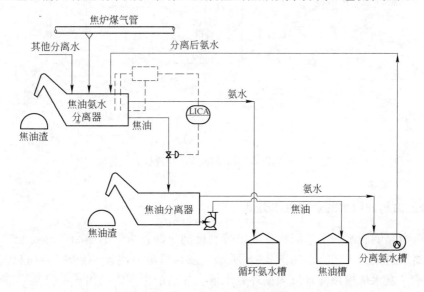

图2-6　带有二段脱渣的焦油氨水分离工艺流程

带有脱渣的焦油氨水分离工艺具有以下特点：

（1）二段脱渣的效率高。经三段脱渣后可使焦油含渣量降低到 0.3%（100μm 以上），脱渣效率为 97%。

（2）焦油氨水分离器与焦油分离器的结构大致相同，容积要比传统的机械化焦油氨水澄清槽大，且各槽只有一格，操作检修时的劳动条件好。另外，分离器采用锥形断面，便于焦油渣集中，分离效果很好，手动焦油液面调节器设置在槽内，可避免堵塞。

2.3.2　沉降除渣和静置分离工艺

焦油氨水的分离采用常压、沉降除渣、静置分离工艺，其主要设备是焦油渣分离箱和焦油氨水分离槽，除渣和焦油氨水分离工序在不同设备内进行。焦油渣分离箱由抽屉式刮渣装置和自动清洗式滤渣筒组成，具有除渣效率高、结构简单、检修方便等优点。焦油氨水分离槽为内锥外圆柱双层结构，巧妙地将油水分离槽、循环氨水槽和焦油脱水槽组合为一体，利用循环氨水的热量来保持焦油脱水温度。在油水界面处设置有乳化液采出口，可根据需要直接采出不同质量的清洗液。焦油氨水分离槽具有操作简单、能耗低、分离效果好等优点。

因沉降除渣和静置分离工艺的转动设备少，主要靠静置分离，实际操作表明，可使焦油的含水量降低到 2% 以下，其分离效果极为良好。沉降除渣和静置分离工艺的流程如图 2-7 所示。

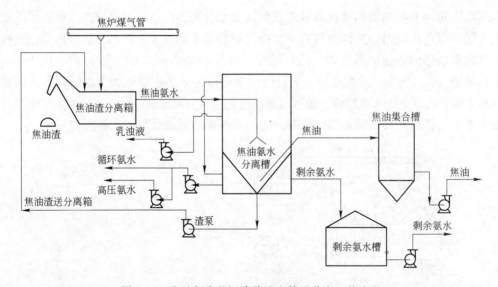

图 2-7　焦油氨水的沉降除渣和静置分离工艺流程

2.3.3　带压力焦油脱水的焦油氨水分离工艺

带有压力焦油脱水的工艺流程主要由带刮板的焦油氨水澄清槽和带螺旋输送装置的压力焦油分离器组成，工艺流程如图 2-8 所示，来自气液分离器的焦油氨水首先进入焦油氨水澄清槽。氨水从槽顶部自流入循环氨水槽。焦油渣由刮刀刮出连续排至手推车内，槽底上方的含水焦油用泵抽送至压力焦油分离器，以保证焦油中尽可能少含固体颗粒。在压力焦油分离器中,可将焦油和水进行高度分离,槽底的焦油渣由螺旋输送机沿焦油流动方向输送,并间歇排入焦油氨水澄清槽。上层的氨水经满流槽排至焦油氨水澄清槽,脱水后的焦油自流至焦油储槽。

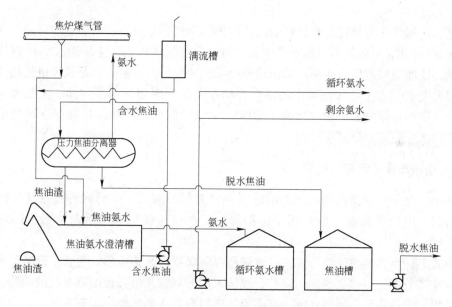

图 2-8 带压力焦油脱水的焦油氨水分离工艺流程

压力焦油分离器中的焦油氨水温度应控制在 (80 ± 10)℃,根据满流槽液位的静压,使压力焦油分离器中的压力保持约 0.2MPa。用氨水澄清槽和压力焦油分离器的液位及压力焦油分离器的温度来控制脱水焦油中的含水量。该流程的最大优点是占地面积小,但由于传动设备多,维修工作量大,操作也复杂。

2.4 煤气中焦油雾的分离

焦炉煤气经初冷器初步冷却后,还含有 0.1 ~ 100μm 的颗粒状悬浮焦油雾,其含量为 3 ~ 5g/m³,可通过高效率的电捕焦油器加以脱除,电捕焦油器的捕集效率在 99% 以上,捕集器后煤气中的焦油含量为 20 ~ 50mg/m³。在电捕焦油器沉淀极和电晕极之间的高压直流电场作用下,焦油雾被捕集在沉淀极上。以前,由于对电捕焦油器的重要性认识不足,再加上电捕焦油器本身存在不少问题,故国内不少焦化厂的电捕焦油器大多搁置不用,造成后续工序设备和管道的严重堵塞和腐蚀,甚至直接影响焦化产品的质量等不良后果。应该说,为了保证煤气净化工艺的正常运行,必须充分认识到"初冷是基础,电捕是关键"这一经验术语的重要性。

2.4.1 电捕焦油器的配置

根据电捕焦油器在煤气净化流程中的配置,一般可分为两种,即配置在鼓风机后的正压操作流程和配置在鼓风机前的负压操作流程。

电捕焦油器的负压操作流程,曾在安全可靠性上存在着争论。由于近些年来引进的新工艺不少采用了负压流程,不少焦化工作者又从理论和实践上充分探讨了焦炉煤气的爆炸范围，一致认为，1%的煤气含氧量远不是安全操作的警戒线，其值要比1%高得多。正压操作的煤气净化流程与负压流程相比，唯一的优点是煤气体积小，设备容量小，以－4kPa、22℃的负压操作与25kPa、45℃正压操作相比，后者实际煤气体积为前者的83.4%。

　　但是，电捕焦油器设置在鼓风机前的负压操作流程还是具有如下优点：一是煤气所含的3~5g/m³焦油雾可在鼓风机前充分脱除，可避免煤气中焦油等杂质对鼓风机翼片的污染和腐蚀，还能减轻鼓风机冷凝液排出管的堵塞并减少清扫次数；二是鼓风机绝热压缩后的煤气温升在15℃左右，焦油雾中的萘会升华而使煤气中的含萘量增加。实践表明，鼓风机后煤气中的含萘量要比初冷后高出20%~40%。因此，经初冷后存在于煤气中的焦油雾在鼓风机前脱除是极其重要的。

2.4.2　电捕焦油器沉淀极的形式

　　在我国，电捕焦油器应用较多的沉淀极形式有同心圆式、圆管列管式以及蜂窝式三种。同心圆式电捕焦油器一般只用于小型焦化厂。现在普遍采用后两种形式的电捕焦油器。

　　列管式电捕焦油器是传统形式。只要瓷瓶等附属器件及馈电形式适宜，设备尺寸选择正确，其捕雾效率是可以保证的。以前，我国采用的列管式电捕焦油器存在的问题在宝钢加以改进后，操作稳定，效果良好。其主要改进内容是在绝缘箱下部充氮气，防止煤气接触绝缘子的内表面；在电捕焦油器与绝缘箱之间采用O形密封环，防止煤气进入绝缘箱；绝缘箱内壁保温，防止结露。此外，改进了电晕极端部以及沉淀极端部的结构，以保持电晕极性能的稳定，防止断线以及尖端放电现象。

　　蜂窝式沉淀管为六边形，顶角120°，它可互相并联，没有管程、壳程之分，材料利用好（两侧都可作沉淀极），占用空间少，设备紧凑，制造安装方便，操作管理容易。避免了列管式为了固定电晕极而存在无效空间的弊端。因此，相比之下，其捕集效率要比列管式高，是目前设计上首选的沉淀极形式。

2.5　煤气初冷及焦油氨水分离工艺的推荐流程

　　从上述各种焦炉煤气的初冷及焦油氨水分离单元装置可看出，选择最佳的工艺流程的原则主要是在煤气冷却的同时，如何达到最大限度地净化煤气的作用和保证焦油氨水的分离效果，以满足煤气净化工艺后续工序的要求；使产品焦油达到国家质量标准。其优选的推荐流程如图2-9所示。该流程具有如下特点：

　　(1) 选用横管式初冷器可将煤气冷却到21~22℃的同时，最大限度地净化煤气，可使煤气出口的含萘量降低到400mg/m³以下，可不必建设单独的脱萘装置，简化了煤气的净化流程。

　　(2) 焦油氨水分离采用沉降除渣、静置分离工艺，能够实现较好的焦油氨水分离，焦油含水率可降至2%以下，分离效果好，操作简单、能耗低，尤其是转动设备少、维修量少，且容易维修。

　　(3) 将蜂窝式沉淀管的电捕焦油器配置在鼓风机前的负压操作流程，可以有效保护煤气鼓风机，可最大限度地降低鼓风机后煤气中的含萘量，并且可保证电捕器的捕焦油效率,达到器后煤气中焦油雾的含量在 20mg/m³ 以下。

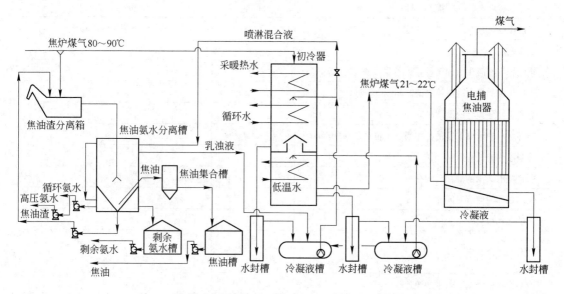

图 2-9 焦炉煤气初冷及焦油氨水分离工艺的推荐流程

2.6 工艺操作指标及设计参数

2.6.1 两段横管初冷器的工艺操作指标

两段横管初冷器的工艺操作指标见表 2-4。

表 2-4 两段横管初冷器的工艺操作指标

名　　称		数　据	备　　注
初冷器前的煤气温度/℃		83～85	露点 83℃
初冷器后的煤气温度/℃		30～35 或 22	按煤气净化工艺而定
初冷器的进水温度/℃	一段温度	32→45	循环水
	二段温度	16→23	制冷水
初冷器前的煤气压力/Pa		-980～-3432	
初冷器的阻力/Pa		980～1471	

2.6.2 冷凝鼓风装置的工艺设计参数

冷凝鼓风装置的工艺设计参数见表 2-5。

表 2-5 冷凝鼓风装置的工艺设计参数

指　　标	标　准	备　　注
焦炉装炉煤水分/%	10 10～12	顶装焦炉 捣固焦炉
化合水/%	2	

指　　标	标　准	备　　注
低压循环氨水/m³·t⁻¹（干煤）	7 ~ 8	6m 以下焦炉的平均值
高压氨水/m³·h⁻¹	25	
集气管中冷凝焦油计算量（占总量)/%	60	
机械化焦油氨水澄清槽澄清时间/min	20 ~ 30	
静置沉淀分离槽的澄清时间/h	3	
循环氨水中间槽的容量，相当于泵输送的时间/min	5	
冷凝液槽的储存时间/h	1	
剩余氨水储槽的储存时间/h	18	
焦油贮槽的储存时间/h	48	
焦油含水量/%	≤4	
横管初冷器数量/台	2 开 1 备 或 3 开 1 备	建　议
冷却水在横管初冷器中的流速/m·s⁻¹	0.7 ~ 1.0	
1000m³ 煤气所需横管初冷器的冷却面积/m²　一段	100 ~ 120	$K_1 = 232.6 ~ 348.9\mathrm{W}/(\mathrm{m}^2 \cdot ℃)$
二段	100	$K_2 = 70 ~ 81\mathrm{W}/(\mathrm{m}^2 \cdot ℃)$
1000m³ 煤气所需横管初冷器的冷却水量/m³　一段（32℃循环水）	40	
二段（16℃制冷水）	10 ~ 12	
电捕焦油器	需设备品	

2.7　煤焦油的产品质量指标

煤焦油的质量标准（YB/T 5075—1993）见表 2 - 6。

表 2 - 6　煤焦油的质量标准

指标名称	一　号	二　号
密度（20℃)/g·cm⁻³	1.15 ~ 1.21	1.13 ~ 1.22
甲苯不溶物（无水基）含量/%	3.5 ~ 7.0	≤9
灰分/%	≤4.0	
水分/%	≤0.13	
萘含量（无水基)/%	≤7.0	
恩氏黏度°E_{80}[①]	≤4.0	≤4.2

注：萘含量指标不作质量考核依据。
① 恩氏黏度为相对黏度，它是指在一定温度下，液体焦油从恩氏黏度计中流出 200mL 所用时间与水在 20℃ 时流出 200mL 所用时间的比值。

2.8　焦炉集气管的工艺计算

为了分析装炉煤水分的变化对煤气净化系统的影响，在相同生产规模的条件下，采用装炉煤水分10%和13%两种数据，通过对集气管和初冷器的计算进行对比。

2.8.1 基本数据

基本数据见表2-7。

表2-7 基本数据

项 目		装炉煤水分10%	装炉煤水分13%
装入焦炉的干煤量/t·h⁻¹		95	95
对装入干煤的化产品产率	煤气发生量/m³·h⁻¹	330	330
	焦油/%	3.5	3.5
	粗苯/%	1.1	1.1
	硫铵/%	1	1
	硫化氢/%	0.2	0.2
	化合水/%	2	2

2.8.2 集气管计算

2.8.2.1 集气管物料平衡

集气管物料平衡见表2-8。

表2-8 物料平衡

项 目		装炉煤水分10%	装炉煤水分13%
装入的湿煤量/t·h⁻¹		$\frac{95 \times 100}{100 - 10} = 105.56$	$\frac{95 \times 100}{100 - 13} = 109.20$
装入煤水分/t·h⁻¹		$105.56 - 95 = 10.56$	$109.20 - 95 = 14.2$
进入集气管的物料/kg·h⁻¹	干煤气	$95 \times 330 \times 0.454 = 14230$	$95 \times 330 \times 0.454 = 14230$
	水蒸气	$95000 \times 0.02 + 10560 = 12460$	$95000 \times 0.02 + 14200 = 16100$
	焦油气	$95000 \times 0.035 = 3325$	$95000 \times 0.035 = 3325$
	粗苯气	$95000 \times 0.011 = 1045$	$95000 \times 0.011 = 1045$
	硫化氢	$95000 \times 0.002 = 190$	$95000 \times 0.002 = 190$
	氨	$(95000 \times 0.01 \times 2 \times 17)/132 = 245$	$(95000 \times 0.01 \times 2 \times 17)/132 = 245$
	合计	31495	35135
按体积计算的物料/m³·h⁻¹	干煤气	$95 \times 330 = 31350$	$95 \times 330 = 31350$
	水蒸气	$(12460/18) \times 22.4 = 15510$	$(16100/18) \times 22.4 = 20036$
	焦油气	$(3325/170) \times 22.4 = 438$	$(3325/170) \times 22.4 = 438$
	粗苯气	$(1045/83) \times 22.4 = 282$	$(1045/83) \times 22.4 = 282$
	硫化氢	$(190/34) \times 22.4 = 125$	$(190/34) \times 22.4 = 125$
	氨	$(245/17) \times 22.4 = 323$	$(245/17) \times 22.4 = 323$
	合计	48028	52554
进入集气管物料的汇总	干煤气	14230kg/h 31350m³/h	14230kg/h 31350m³/h
	水蒸气	12460kg/h 15510m³/h	16100kg/h 20036m³/h

项　目		装炉煤水分 10%	装炉煤水分 13%
进入集气管物料的汇总	焦油气	3325kg/h　438m³/h	3325kg/h　438m³/h
	粗苯气	1045kg/h　282m³/h	1045kg/h　282m³/h
	硫化氢	190kg/h　125m³/h	190kg/h　125m³/h
	氨	245kg/h　323m³/h	245kg/h　323m³/h
	合计	31495kg/h　48028m³/h	35135kg/h　52554m³/h
离开集气管的煤气组成	60%焦油气在集气管中冷凝成液体	$3325 \times 0.6 = 1995$kg/h	$3325 \times 0.6 = 1995$kg/h
	留在煤气中的焦油气	$3325 - 1995 = 1330$kg/h 或 $438 \times 0.4 = 175$m³/h	$3325 - 1995 = 1330$kg/h 或 $438 \times 0.4 = 175$m³/h
	设集气管中有 G kg/h 的水蒸气蒸发，按体积计算	$\frac{G}{18} \times 22.4 = 1.2444G$ m³/h	$\frac{G}{18} \times 22.4 = 1.2444G$ m³/h
离开集气管煤气组成的汇总	干煤气	14230kg/h　31350m³/h	14230kg/h　31350m³/h
	水蒸气	$12460 + G$ kg/h $15510 + 1.2444G$ m³/h	$16100 + G$ kg/h $20036 + 1.2444G$ m³/h
	焦油气	1330kg/h　175m³/h	1330kg/h　175m³/h
	粗苯气	1045kg/h　282m³/h	1045kg/h　282m³/h
	硫化氢	190kg/h　125m³/h	190kg/h　125m³/h
	氨	245kg/h　323m³/h	245kg/h　323m³/h
	合计	$29500 + G$ kg/h $47765 + 1.2444G$ m³/h	$33140 + G$ kg/h $52291 + 1.2444G$ m³/h

2.8.2.2　集气管热平衡——确定蒸发水量 G 及煤气露点温度

输入热量见表 2 - 9。

表 2 - 9　输入热量

项　目	装炉煤水分 10%	装炉煤水分 13%
(1)煤气带入热量 Q_1	煤气温度 650℃	煤气温度 650℃
干煤气 q_1/kJ·h⁻¹	$14230 \times 3.613 \times 650 = 33418444$	$14230 \times 3.613 \times 650 = 33418444$
水蒸气 q_2/kJ·h⁻¹	$12460 \times (2491 + 2.026 \times 650) = 47446434$	$16100 \times (2491 + 2.026 \times 650) = 61307190$
焦油气 q_3/kJ·h⁻¹	$3325 \times (368 + 2.35 \times 650) = 6302538$	$3325 \times (368 + 2.35 \times 650) = 6302538$
粗苯气 q_4/kJ·h⁻¹	$1045 \times 1.897 \times 650 = 1288537$	$1045 \times 1.897 \times 650 = 1288537$
硫化氢 q_5/kJ·h⁻¹	$190 \times 1.147 \times 650 = 141655$	$190 \times 1.147 \times 650 = 141655$
氨 q_6/kJ·h⁻¹	$245 \times 2.613 \times 650 = 416120$	$245 \times 2.613 \times 650 = 416120$
合计 Q_1/kJ·h⁻¹	$33418444 + 47446434 + 6302538 + 1288537 + 141655 + 416120 = 89013728$	$33418444 + 61307190 + 6302538 + 1288537 + 141655 + 416120 = 102874484$

项　目	装炉煤水分 10%	装炉煤水分 13%
(2)循环氨水带入的热量 Q_2[①]/kJ·h^{-1}	$Q_2 = 95 \times 5.5 \times 4187 \times 78 = 170641185$	$Q_2 = 95 \times 5.5 \times 4187 \times 78 = 170641185$
(3)总输入热量 $Q_入$/kJ·h^{-1}	$89013728 + 170641185 = 259654913$	$102874484 + 170641185 = 273515669$
(4)进入集气管煤气的露点温度(设集气管压力为101325Pa)	水蒸气分压 $p_V = 101325 \times (15510/48028) = 32722Pa$,其对应的露点温度为 71.14℃	水蒸气分压 $p_V = 101325 \times (20036/52554) = 38630Pa$,其对应的露点温度为 75.90℃

① 循环氨水带入的热量 $Q_2 = W_1 t'$,式中,W_1 为循环氨水量,m^3/h;t'为循环氨水温度,℃。

输出热量见表 2 - 10。

表 2 - 10　输出热量

项　目	装炉煤水分 10%	装炉煤水分 13%
(1)煤气带走热量 Q_3	设集气管出口煤气温度83.9℃	设集气管出口煤气温度85.9℃
干煤气 q_1/kJ·h^{-1}	$14230 \times 3.1003 \times 83.9 = 3701439$	$14230 \times 3.1003 \times 85.9 = 3789673$
水蒸气 q_2/kJ·h^{-1}	$(12460 + G) \times (2491 + 1.834 \times 83.9) = 32955113 + 2644.87G$	$(16100 + G) \times (2491 + 1.834 \times 85.9) = 42641504 + 2648.54G$
焦油气 q_3/kJ·h^{-1}	$1330 \times (368 + 1.415 \times 83.9) = 647336$	$1330 \times (368 + 1.415 \times 85.9) = 651100$
粗苯气 q_4/kJ·h^{-1}	$1045 \times 1.1543 \times 83.9 = 101204$	$1045 \times 1.1543 \times 85.9 = 103616$
硫化氢 q_5/kJ·h^{-1}	$190 \times 0.996 \times 83.9 = 15877$	$190 \times 0.996 \times 85.9 = 16256$
氨 q_6/kJ·h^{-1}	$245 \times 2.110 \times 83.9 = 43372$	$245 \times 2.110 \times 85.9 = 44406$
合计 Q_3/kJ·h^{-1}	$3701439 + (32955113 + 2644.87G) + 647336 + 101204 + 15877 + 43372 = 37464341 + 2644.87G$	$3789673 + (42641504 + 2648.54G) + 651100 + 103616 + 16256 + 44406 = 47246555 + 2648.54G$
(2)循环氨水和冷凝焦油带走的热量 Q_4[①]/kJ·h^{-1}	$Q_4 = (2189801 - 4.187G + 1995 \times 1.474) \times 81 = 177612072 - 339.147G$	$Q_4 = (2189801 - 4.187G + 1995 \times 1.474) \times 81 = 177612072 - 339.147G$
(3)集气管周围散热	$Q_5 = 1748500$	$Q_5 = 1748500$
(4)总输出热量 $Q_出(Q_3 + Q_4 + Q_5)$/kJ·h^{-1}	$(37464341 + 2644.87G) + (177612072 - 339.147G) + 1748500 = 216824913 + 2305.723G$	$(47246555 + 2648.54G) + (177612072 - 339.147G) + 1748500 = 226607127 + 2309.393G$
(5)令 $Q_入 = Q_出$	$259654913 = 216824913 + 2305.723G$ $G = 18576kg/h$ 或$(18576/18) \times 22.4 = 23117m^3/h$	$273515669 = 226607127 + 2309.393G$ $G = 20312kg/h$ 或$(20312/18) \times 22.4 = 25277m^3/h$
(6)出集气管煤气的总体积/m^3·h^{-1}	$47765 + 23117 = 70882$	$52291 + 25277 = 77568$
(7)出集气管水蒸气的体积/m^3·h^{-1}	$15510 + 23117 = 38627$	$20036 + 25277 = 45313$
(8)集气管出口煤气中的水蒸气分压	$p = 101325 \times (38627/70882) = 55217Pa$,其对应的出口煤气露点温度为83.9℃,与前面假设的温度相符	$p = 101325 \times (45313/77568) = 59191Pa$,其对应的出口煤气露点温度为85.7℃,与前面假设的温度基本相符

① 设温度为81℃。

2.8.2.3　集气管的物料平衡

集气管的物料平衡见表 2 – 11。

表 2 – 11　集气管的物料平衡

项　目 物料	装炉煤水分 10%				装炉煤水分 13%			
	输　入		输　出		输　入		输　出	
	kg/h	m³/h	kg/h	m³/h	kg/h	m³/h	kg/h	m³/h
干煤气	14230	31350	14230	31350	14230	31350	14230	31350
水蒸气	12460	15510	31036	38627	16100	20036	36412	45313
焦油气	3325	438	1330	175	3325	438	1330	175
粗苯气	1045	282	1045	282	1045	282	1045	282
硫化氢	190	125	190	125	190	125	190	125
氨	245	323	245	323	245	323	245	323
小计	31495	48028	48076	70882	35135	52554	53425	77568
循环氨水	523000		504424		523000		502688	
焦油			1995				1995	
总计	554495		554495		558135		558135	

2.8.2.4　集气管的热量平衡

集气管的热量平衡见表 2 – 12。

表 2 – 12　集气管的热量平衡

物　料	装炉煤水分 10%		装炉煤水分 13%	
	输入热量/kJ·h⁻¹	输出热量/kJ·h⁻¹	输入热量/kJ·h⁻¹	输出热量/kJ·h⁻¹
干煤气	33418444	3701439	33418444	3789637
水蒸气	47446434	82086218	61307190	96438648
焦油气	6302538	647336	6302538	651100
粗苯气	1288537	101204	1288537	103616
硫化氢	141655	15877	141655	16252
氨	416120	43372	416120	44406
小计	89013728	86595446	102874484	101043659
循环氨水	170641185	171072778	170641185	170485319
焦油		238189		238191
集气管损失		1748500		1748500
总计	259654913	259654913	273515669	273515669

2.8.3　初冷器的物料平衡

初冷器的物料平衡见表 2 – 13。

表 2-13 初冷器的物料平衡

装炉煤水分 10%	装炉煤水分 13%
（1）输入物料	
因吸煤气管道的热损失而冷凝的水蒸气量为 1138kg/h 或 1416m³/h，则进入初冷器的水蒸气量为：	因吸煤气管道的热损失而冷凝的水蒸气量为 1138kg/h 或 1416m³/h，则进入初冷器的水蒸气量为：
$\qquad$ 31088 - 1138 = 29950kg/h	$\qquad$ 36481 - 1138 = 35343kg/h
或	或
$\qquad$ 38691 - 1416 = 37275m³/h	$\qquad$ 45398 - 1416 = 43982m³/h

进入初冷器的物料组成（左栏，装炉煤水分 10%）：

物料	kg/h	m³/h
干煤气	14230kg/h	31350m³/h
水蒸气	29950kg/h	37275m³/h
焦油气	1330kg/h	175m³/h
粗苯气	1045kg/h	282m³/h
硫化氢	190kg/h	125m³/h
氨	245kg/h	323m³/h
小计	46990kg/h	69530m³/h

进入初冷器的物料组成（右栏，装炉煤水分 13%）：

物料	kg/h	m³/h
干煤气	14230kg/h	31350m³/h
水蒸气	35343kg/h	43982m³/h
焦油气	1330kg/h	175m³/h
粗苯气	1045kg/h	282m³/h
硫化氢	190kg/h	125m³/h
氨	245kg/h	323m³/h
小计	52383kg/h	76237m³/h

（2）输出物料

左栏（装炉煤水分 10%）：

设初冷器出口煤气的温度为 22℃、压力为 -3623Pa，焦油气在初冷器中全部冷凝，则初冷器出口煤气中的水蒸气含量（m³/h）为：

$$V_{\mathrm{v}} = \frac{V_{\mathrm{c}} \times p}{p_{\mathrm{m}} - p}$$

式中，V_{c} 为初冷器出口干煤气的体积，m³/h；p_{m} 为初冷器出口煤气的压力，$p_{\mathrm{m}} = 97410\mathrm{Pa}$；$p$ 为 22℃煤气中水蒸气的分压，$p = 2638\mathrm{Pa}$。

$$V_{\mathrm{c}} = 69530 - 37275 - 175 = 32080\mathrm{m^3/h}$$

$$V_{\mathrm{v}} = 32080 \times 2638/(97410 - 2638) = 892\mathrm{m^3/h}$$

或 $\qquad$ 892 × (18/22.4) = 717kg/h

右栏（装炉煤水分 13%）：

设初冷器出口煤气的温度为 22℃、压力为 -3623Pa，焦油气在初冷器中全部冷凝，则初冷器出口煤气中的水蒸气含量（m³/h）为：

$$V_{\mathrm{v}} = \frac{V_{\mathrm{c}} \times p}{p_{\mathrm{m}} - p}$$

式中，V_{c} 为初冷器出口干煤气的体积，m³/h；p_{m} 为初冷器出口煤气的压力，$p_{\mathrm{m}} = 97410\mathrm{Pa}$；$p$ 为 22℃煤气中水蒸气的分压，$p = 2638\mathrm{Pa}$。

$$V_{\mathrm{c}} = 76237 - 43982 - 175 = 32080\mathrm{m^3/h}$$

$$V_{\mathrm{v}} = 32080 \times 2638/(97410 - 2638) = 892\mathrm{m^3/h}$$

或 $\qquad$ 892 × (18/22.4) = 717kg/h

左栏（装炉煤水分 10%）：

初冷器中冷凝的水蒸气量为：
$\qquad$ 29950 - 717 = 29233kg/h

送去蒸氨的剩余氨水量为：
$\qquad$ 12460 - 717 = 11743kg/h

需要补充到循环氨水中的冷凝水量为：
$\qquad$ 29233 - 11743 = 17490kg/h

右栏（装炉煤水分 13%）：

初冷器中冷凝的水蒸气量为：
$\qquad$ 35343 - 717 = 34626kg/h

送去蒸氨的剩余氨水量为：
$\qquad$ 16100 - 717 = 15383kg/h

需要补充到循环氨水中的冷凝水量为：
$\qquad$ 34626 - 15383 = 19243kg/h

2.8.4 集气管与初冷器的水平衡

集气管与初冷器的水平衡如图 2-10 所示。

从以上计算结果的对比可以看出：

（1）装炉煤水分从 10% 增加至 13% 后，使得进入初冷器的煤气露点温度由 83.9℃上升至 85.9℃。

（2）进入初冷器的热量由 86595446kJ/h 增加到 101043659kJ/h，使得初冷器的热负荷增加了 16.7%，初冷器的用水量也相应增加了 16.7%。循环水量（对于装炉干煤 95t/h

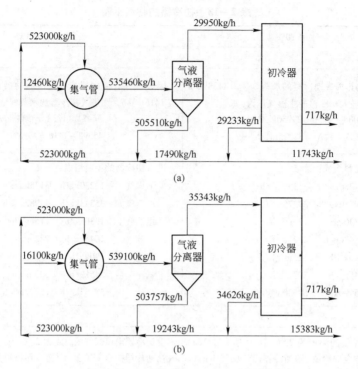

图 2 - 10　集气管与初冷器的水平衡
(a) 装炉煤水分 10%；(b) 装炉煤水分 13%

规模的焦化厂）增加了 204t/h，初冷器的传热面积相应增加了 16.7%，约为 860m²。

（3）由于装炉煤水分的增加，相应的剩余氨水量也由 11743kg/h 增加到 15383kg/h。蒸氨用蒸汽增加 0.91t/h（对于装炉干煤 95t/h 规模的焦化厂），外排废水量增加 4.55t/h。

2.9　两段横管初冷器的工艺计算

2.9.1　物料衡算

2.9.1.1　一段初冷器入口的物料组成

根据集气管的物料衡算，考虑到由于煤气在吸气管道的热损失而冷凝的水蒸气量，进入初冷器的物料组成见表 2 - 14。

表 2 - 14　进入初冷器的物料组成

组　成	kg/h	m³/h	组　成	kg/h	m³/h
干煤气	14230	31350	硫化氢	190	125
水蒸气	29950	37275	氨	245	323
焦油气	1330	175	小计	46990	69530
粗苯气	1045	282			

在横管初冷器的第一段中，煤气温度从 82.9℃ 冷却到 45℃；在第二段中，煤气温度从 45℃ 冷却到 22℃。第一段采用循环水冷却，冷却水温度从 32℃ 上升到 45℃；第二段采

用低温水冷却，冷却水温度从16℃上升至23℃。

2.9.1.2　一段初冷器出口煤气中水蒸气量的计算

一段初冷器出口煤气温度为45℃，压力为 −3923Pa，大部分焦油气被冷凝下来。设一段初冷器有90%焦油蒸气被冷凝下来，溶解于剩余氨水中的氨、硫化氢和二氧化碳的总量为103m³，在第一段中的溶解量也为90%。一段初冷器出口的水蒸气量为：

$$V_{\mathrm{v}} = V_{\mathrm{c}} \frac{p}{p_{\mathrm{m}} - p}$$

式中，V_{c} 为一段初冷器出口的干煤气体积，m³/h；p 为水蒸气在45℃时的分压，$p = 9552\mathrm{Pa}$；p_{m} 为一段初冷器出口的煤气压力，$p_{\mathrm{m}} = 97410\mathrm{Pa}$。

则：
$$V_{\mathrm{c}} = 69530 - 37275 - [(175 + 103) \times 0.9] = 32005\mathrm{m}^3/\mathrm{h}$$

$$V_{\mathrm{v}} = 32005 \times \frac{9552}{97410 - 9552} = 3480\mathrm{m}^3/\mathrm{h}$$

或：
$$V_{\mathrm{v}} = 18 \times 3480/22.4 = 2796\mathrm{kg/h}$$

2.9.1.3　二段初冷器出口煤气中水蒸气量的计算

二段初冷器出口的水蒸气量为：

$$V'_{\mathrm{v}} = V'_{\mathrm{c}} \frac{p'}{p'_{\mathrm{m}} - p'}$$

式中，V'_{c} 为初冷器二段初冷器出口的干煤气体积，m³/h；p' 为水蒸气在22℃时的分压，$p' = 2638\mathrm{Pa}$；p'_{m} 为二段初冷器出口煤气压力，$p'_{\mathrm{m}} = 96429\mathrm{Pa}$。

则：
$$V'_{\mathrm{c}} = 69530 - 37275 - (175 + 103) = 31977\mathrm{m}^3/\mathrm{h}$$

$$V'_{\mathrm{v}} = 31977 \times \frac{2638}{96429 - 2638} = 899\mathrm{m}^3/\mathrm{h}$$

或：
$$V'_{\mathrm{v}} = 18 \times 899/22.4 = 722\mathrm{kg/h}$$

在初冷器一、二段中冷凝的水蒸气量为：

$$29950 - 722 = 29228\mathrm{kg/h}$$

送出的剩余氨水量为：

$$12460 - 722 = 11738\mathrm{kg/h}$$

式中，12460为装炉煤带入的水分（见表2-11集气管的物料平衡）。

补充到循环氨水中的冷凝水量为：

$$29228 - 11738 = 17490\mathrm{kg/h}$$

设剩余氨水含氨5g/L、硫化氢2g/L、二氧化碳2g/L，则溶解于剩余氨水中的氨为：

$$11738 \times 0.005 = 59\mathrm{kg/h}\ (78\mathrm{m}^3/\mathrm{h})$$

溶解于剩余氨水中的硫化氢和二氧化碳分别为：

$$11738 \times 0.002 = 23 kg/h$$

或：　　　　　　　　硫化氢 $15 m^3/h$，二氧化碳 $12 m^3/h$

图 2-11 所示为集气管与初冷器的水平衡图。

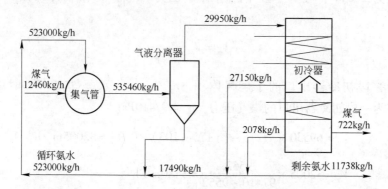

图 2-11　集气管与初冷器的水平衡图

2.9.1.4　两段横管初冷器的物料衡算

设焦油气、硫化氢、二氧化碳和氨在一段初冷器中的冷凝量为总冷凝量的 75%，则各组分在一段初冷器中的冷凝量如下：

焦油气　　　　$1330 \times 75\% = 998 kg/h$　　　或　　　$132 m^3/h$

氨　　　　　　$59 \times 75\% = 44 kg/h$　　　　　或　　　$58 m^3/h$

二氧化碳　　　$23 \times 75\% = 17 kg/h$　　　　　或　　　$9 m^3/h$

硫化氢　　　　$23 \times 75\% = 17 kg/h$　　　　　或　　　$11 m^3/h$

表 2-15 和表 2-16 中列出了一、二段初冷器的物料平衡。

表 2-15　一段初冷器的物料平衡

物料名称	入　方		出　方	
	kg/h	m^3/h	kg/h	m^3/h
干煤气	14230	31350	14213	31341
水蒸气	19950	37275	2800	3480
焦油气	1330	175	332	42
粗苯气	1045	282	1045	282
硫化氢	190	125	173	114
氨	245	323	201	265
小计	46990	69530	18764	35524
水			27150	
溶解气体			78	78
焦油			998	132
总计	46990		46990	

表 2-16 二段初冷器的物料平衡

物料名称	入 方		出 方	
	kg/h	m³/h	kg/h	m³/h
干煤气	14213	31341	14207	31338
水蒸气	2800	3485	722	899
焦油气	332	42		
粗苯气	1045	282	1045	282
硫化氢	173	114	167	110
氨	201	264	186	246
小计	18764	35528	16327	32874
水	27150		29228	
溶解气体	78	78	105	105
焦油	998	132	1330	175
总计	46990		46990	

2.9.2 热量衡算

2.9.2.1 一段初冷器的热平衡

A 输入热量（进入一段初冷器的煤气温度为 82.9℃）

（1）干煤气带入的热量。

$$Q_1 = 14230 \times 3.1003 \times 82.9 = 3657322 kJ/h$$

式中，3.1003 为 82.9℃ 时煤气的平均比热容，$kJ/(kg \cdot ℃)$。

（2）水蒸气带入的热量。

$$Q_2 = 29950 \times (2491 + 1.834 \times 82.9) \approx 79159000 kJ/h$$

式中，1.834 为 82.9℃ 时水蒸气的比热容，$kJ/(kg \cdot ℃)$。

（3）焦油气带入的热量。

$$Q_3 = 1330 \times (368 + 1.415 \times 82.9) = 645454 kJ/h$$

式中，1.415 为 82.9℃ 时焦油气的比热容，$kJ/(kg \cdot ℃)$。

（4）粗苯气带入的热量。

$$Q_4 = 1045 \times 1.1543 \times 82.9 = 99998 kJ/h$$

式中，1.1543 为 82.9℃ 时粗苯气的比热容，$kJ/(kg \cdot ℃)$。

（5）氨带入的热量。

$$Q_5 = 245 \times 2.110 \times 82.9 = 42855 kJ/h$$

式中，2.110 为 82.9℃ 时氨的比热容，$kJ/(kg \cdot ℃)$。

（6）硫化氢带入的热量。

$$Q_6 = 190 \times 0.997 \times 82.9 = 15704 kJ/h$$

式中，0.997 为 82.9℃ 时硫化氢的比热容，$kJ/(kg \cdot ℃)$。

焦炉煤气带入总热量 $Q_入$ 为：

$$Q_入 = Q_1 + Q_2 + Q_3 + Q_4 + Q_5 + Q_6 \approx 83620000 kJ/h$$

B　输出热量（离开一段初冷器的煤气温度为45℃）

（1）干煤气带走的热量。

$$Q_7 = 14213 \times 2.931 \times 45 = 1874624 \text{kJ/h}$$

式中，2.931为45℃时煤气的平均比热容，kJ/（kg·℃）。

（2）水蒸气带走的热量。

$$Q_8 = 2800 \times (2491 + 1.817 \times 45) = 7203742 \text{kJ/h}$$

式中，1.817为45℃时水蒸气的比热容，kJ/（kg·℃）。

（3）粗苯气带走的热量。

$$Q_9 = 1045 \times 1.105 \times 45 = 51963 \text{kJ/h}$$

式中，1.105为45℃时粗苯气的比热容，kJ/（kg·℃）。

（4）氨带走的热量。

$$Q_{10} = 201 \times 2.064 \times 45 = 18669 \text{kJ/h}$$

式中，2.064为45℃时氨的比热容，kJ/（kg·℃）。

（5）硫化氢带走的热量。

$$Q_{11} = 173 \times 0.983 \times 45 = 7652 \text{kJ/h}$$

式中，0.983为45℃时硫化氢的比热容，kJ/（kg·℃）。

（6）焦油气带走的热量。

$$Q_{12} = 332 \times (368 + 1.352 \times 45) = 142375 \text{kJ/h}$$

式中，1.352为45℃时硫化氢的比热容，kJ/（kg·℃）。

（7）水和焦油带走的热量。

平均温度为：

$$t = \frac{82.9 - 45}{2.3 \lg \dfrac{82.9}{45}} = 62 \text{℃}$$

焦油的比热容为：

$$c = 1.369 + 1.30 \times 10^{-3} \times 62 = 1.450 \text{kJ/（kg·℃）}$$

$$Q_{13} = [(27150 + 78) \times 4.1868 + (998 \times 1.450)] \times 62$$
$$= (113998 + 1447) \times 62 = 7157590 \text{kJ/h}$$

焦炉煤气带走总热量 $Q_{出}$ 为：

$$Q_{出} = Q_7 + Q_8 + Q_9 + Q_{10} + Q_{11} + Q_{12} + Q_{13} \approx 16456000 \text{kJ/h}$$

则一段初冷器所需的循环水量为：

$$W = \frac{Q_入 - Q_出}{(t_入 - t_出)c} = \frac{67164000}{(45 - 32) \times 4.187} \approx 1234000 \text{kg/h} \approx 1234 \text{m}^3/\text{h}$$

2.9.2.2　二段初冷器的热平衡

二段初冷器输入热量为16456000kJ/h。

输出热量（离开二段初冷器的煤气温度为22℃）：

（1）干煤气带走的热量。

$$Q_1 = 14207 \times 2.822 \times 22 = 882027 \text{kJ/h}$$

式中，2.822为22℃时煤气的平均比热容，kJ/（kg·℃）。

（2）水蒸气带走的热量。

$$Q_2 = 722 \times (2491 + 1.817 \times 22) = 1827363 kJ/h$$

式中，1.817 为 22℃时水蒸气的比热容，kJ/（kg·℃）。

（3）硫化氢带走的热量。

$$Q_3 = 167 \times 0.983 \times 22 = 3612 kJ/h$$

式中，0.983 为 22℃时硫化氢的比热容，kJ/（kg·℃）。

（4）粗苯气带走的热量。

$$Q_4 = 1045 \times 1.072 \times 22 = 24645 kJ/h$$

式中，1.072 为 22℃时粗苯气的比热容，kJ/（kg·℃）。

（5）氨带走的热量。

$$Q_5 = 186 \times 2.064 \times 22 = 8446 kJ/h$$

式中，2.064 为 22℃时氨的比热容，kJ/（kg·℃）。

（6）水和焦油带走的热量。

平均温度为：

$$t = \frac{45 - 22}{2.3 \lg \frac{45}{22}} = 32℃$$

焦油的比热容为：

$$c = 1.369 + 1.3 \times 10^{-3} \times 32 = 1.411 kJ/(kg \cdot ℃)$$

$$Q_6 = [(29228 + 105) \times 4.1868 + (1330 \times 1.411)] \times 32$$
$$= (122811 + 1877) \times 32 = 3990000 kJ/h$$

焦炉煤气带走总热量 $Q_出$ 为：

$$Q_出 = Q_1 + Q_2 + Q_3 + Q_4 + Q_5 + Q_6 \approx 6736000 kJ/h$$

则二段初冷器所需的低温水量为：

$$W = \frac{Q_入 - Q_出}{(t_入 - t_出)c} = \frac{9720000}{(23 - 16) \times 4.187} = 331639 kg/h \approx 332 m^3/h$$

2.9.3 两段横管初冷器的传热面积计算

2.9.3.1 总传热系数的计算

A 一段初冷器的总传热系数

总传热系数 $K[W/(m^2 \cdot ℃)]$ 按式（2-1）计算：

$$K = \frac{1}{\frac{1}{\alpha_1} + \frac{\delta}{\lambda} + \frac{1}{\alpha_2}} \qquad (2-1)$$

式中，α_1 为煤气到金属壁的给热系数，W/（m²·℃）；α_2 为金属壁到冷却水的给热系数，W/（m²·℃）；δ/λ 为金属表面上的污垢热阻，取 0.00086m²·℃/W。

（1）从煤气到金属壁的给热系数 α_1 可按式（2-2）计算：

$$\lg \alpha_1 = 1.755 + 0.0246X \qquad (2-2)$$

式中，X 为水蒸气体积占湿煤气总体积的平均百分数（体积分数）。

$$X = \left(\frac{37275}{69530} + \frac{3485}{35528}\right) \times \left(\frac{100}{2}\right) = 31.71$$

$$\lg\alpha_1 = 1.755 + 0.0246 \times 31.71 = 2.535$$

$$\alpha_1 = 343 \, \text{W}/(\text{m}^2 \cdot \text{℃})$$

（2）金属壁到冷却水的给热系数 α_2 可按式（2-3）计算：

$$\alpha_2 = Nu\frac{\lambda}{d} \tag{2-3}$$

式中，Nu 为努塞尔数，$Nu = 0.023Re^{0.8}Pr^{0.4}\varphi$；$\lambda$ 为热导率，$\text{W}/(\text{m} \cdot \text{℃})$；$d$ 为管子内径，$d = 48\text{mm}$。

当水的平均温度 $(32+45)/2 = 38.5\text{℃}$ 时，其物理常数为：

比热容　　　　　　$c = 4.1742\text{kJ}/(\text{kg} \cdot \text{℃})$

热导率　　　　　　$\lambda = 0.6315\text{W}/(\text{m} \cdot \text{℃})$

密度　　　　　　　$\rho = 993\text{kg}/\text{m}^3$

动力黏度　　　　　$Z = 0.678\text{mPa} \cdot \text{s}$

普朗特数为：

$$Pr = \frac{cZ}{\lambda} = \frac{4.1742 \times 0.678}{0.6315} = 4.48$$

水在一段初冷器的平均流速为 $1\text{m}/\text{s}$，则雷诺数为：

$$Re = 1000\frac{vd\rho}{Z} = 1000 \times \frac{1 \times 0.048 \times 993}{0.678} = 70300$$

$Re > 10000$，水处于湍流状态，则 $\varphi = 1$。

努塞尔数为：

$$Nu = 0.023Re^{0.8}Pr^{0.4} = 0.023 \times 70300^{0.8} \times 4.48^{0.4}$$

$$= 0.023 \times 7543.35 \times 1.8218 = 316.08$$

$$\alpha_2 = 316.08 \times \frac{0.6315}{0.048} = 4158.43\text{W}/(\text{m}^2 \cdot \text{℃})$$

$$K_1 = \frac{1}{\dfrac{1}{343} + 0.00086 + \dfrac{1}{4158.43}} = 250\text{W}/(\text{m}^2 \cdot \text{℃})$$

B　二段初冷器的总传热系数

总传热系数 $K[\text{W}/(\text{m}^2 \cdot \text{℃})]$ 按式（2-1）计算：

$$K = \frac{1}{\dfrac{1}{\alpha_1} + \dfrac{\delta}{\lambda} + \dfrac{1}{\alpha_2}}$$

式中，α_1 为煤气到金属壁的给热系数，$\text{W}/(\text{m}^2 \cdot \text{℃})$；$\alpha_2$ 为金属壁到冷却水的给热系数，$\text{W}/(\text{m}^2 \cdot \text{℃})$；$\delta/\lambda$ 为金属表面上的污垢热阻，取 $0.00086\text{m}^2 \cdot \text{℃}/\text{W}$。

（1）从煤气到金属壁的给热系数 α_1 可按式（2-2）计算：

$$\lg\alpha_1 = 1.755 + 0.0246X$$

式中，X 为水蒸气体积占湿煤气总体积的平均百分数（体积分数）。

$$X = \left(\frac{3485}{35528} + \frac{899}{32874}\right) \times \left(\frac{100}{2}\right) = 6.27$$

$$\lg\alpha_1 = 1.755 + 0.0246 \times 6.27 = 1.909$$

$$\alpha_1 = 81.14 \text{W/}(\text{m}^2 \cdot \text{℃})$$

（2）金属壁到冷却水的给热系数 α_2 可按式（2-3）计算：

$$\alpha_2 = Nu\frac{\lambda}{d}$$

式中，Nu 为努塞尔数，$Nu = 0.023Re^{0.8}Pr^{0.4}\varphi$；$\lambda$ 为热导率，W/（m·℃）；d 为管子内径，$d = 48\text{mm}$。

当水的平均温度 $(16+23)/2 = 19.5\text{℃}$ 时，其物理常数为：

比热容　　　　$c = 4.187\text{kJ/}(\text{kg}\cdot\text{℃})$

热导率　　　　$\lambda = 0.593\text{W/}(\text{m}\cdot\text{℃})$

密度　　　　　$\rho = 997\text{kg/m}^3$

动力黏度　　　$Z = 1.157\text{mPa}\cdot\text{s}$

普朗特数为：

$$Pr = \frac{cZ}{\lambda} = \frac{4.187 \times 1.157}{0.593} = 8.17$$

水在二段初冷器的平均流速为 0.6m/s，则雷诺数为：

$$Re = 1000\frac{vd\rho}{Z} = 1000 \times \frac{0.6 \times 0.048 \times 997}{1.157} = 24817$$

$Re > 10000$，水处于湍流状态，则 $\varphi = 1$。

努塞尔数为：

$$Nu = 0.023Re^{0.8}Pr^{0.4} = 0.023 \times 24817^{0.8} \times 8.17^{0.4}$$

$$= 0.023 \times 3280 \times 2.317 = 175$$

$$\alpha_2 = 175 \times \frac{0.593}{0.048} = 2162\text{W/}(\text{m}^2 \cdot \text{℃})$$

$$K_2 = \frac{1}{\dfrac{1}{81.14} + 0.00086 + \dfrac{1}{2162}} = 73\text{W/}(\text{m}^2 \cdot \text{℃})$$

2.9.3.2 初冷器面积的计算

（1）一段初冷器的面积

$$F_1 = \frac{Q}{3.6K_1\Delta t_{\text{cp}}}$$

计算得出，一段初冷器的传热系数 $K_1 = 250\text{W/}(\text{m}^2 \cdot \text{℃})$，一段初冷器的平均温差：

煤气	82.9℃ ⟶	45℃
水	45℃ ⟵	32℃
温差	37.9℃	13℃

$$\Delta t_{\text{cp}} = \frac{37.9 - 13}{2.3\lg\dfrac{37.9}{13}} = 23.4\text{℃}$$

$$F_1 = \frac{67164000}{3.6 \times 250 \times 23.4} = 3189\text{m}^2$$

（2）二段初冷器的面积

$$F_2 = \frac{Q}{3.6K_2\Delta t_{cp}}$$

计算得出，二段初冷器的传热系数 $K_2 = 73\text{W}/(\text{m}^2 \cdot \text{℃})$，二段初冷器的平均温差为：

煤气	45℃ —— → 22℃	
水	23℃ ← —— 16℃	
温差	22℃	6℃

$$\Delta t_{cp} = \frac{22 - 6}{2.3\lg\dfrac{22}{6}} = 12.3\text{℃}$$

$$F_2 = \frac{9720000}{3.6 \times 73 \times 12.3} = 3007\text{m}^2$$

3　剩余氨水蒸馏

3.1　剩余氨水量及其组成

　　剩余氨水主要由炼焦煤表面含水和炼焦煤干馏过程中产生的化合水组成。剩余氨水的成分与焦炉的操作制度、煤气初冷形式、煤气的初冷操作以及冷凝液的分离方法等因素有关。当前，普遍采用初冷冷凝液与集气管循环氨水混合分离工艺，其剩余氨水的组成见表3－1。

表3－1　剩余氨水的组成

初冷后煤气温度/℃	剩余氨水组成/g·L^{-1}						
	全氨	挥发氨	CO_2	H_2S	HCN	酚	吡啶
20~22	2~5	2~3	1.5~2.5	0.5~2.5	0.1~0.2	1~2	0.2~0.4

　　除上述炼焦过程中产生的剩余氨水外，焦化厂剩余氨水装置所处理的剩余氨水中还包括粗苯分离水、焦油装置分离水以及煤气终冷装置的冷凝水等，统称为混合剩余氨水。所有的剩余氨水均集中在剩余氨水储槽，作为蒸氨装置的原料水。混合剩余氨水的水量可按下述原则进行计算。

3.1.1　剩余氨水量

　　装炉煤表面含水若无确切资料，设计时可按装炉干煤的10%计算。装炉煤干馏产生的化合水量可按装炉干煤的2%计算。添加到吸煤气管道和剩余氨水系统的工艺废水包括冲洗剩余氨水过滤器的冲洗水、焦油储槽排出的氨水以及炼焦操作中通入集气管的蒸汽冷凝水等。为了简化设计计算，上述剩余氨水量的总和可按装炉干煤的14%计算。

3.1.2　其他装置送来的工艺废水

　　其他生产装置送来的工艺废水一般属于酚氰浓度高的工业废水，它来自煤气净化车间、粗苯精制车间和焦油加工车间。

　　3.1.2.1　煤气净化车间的工艺废水

　　（1）当采用水洗氨时，送往洗氨塔的软水（或蒸氨废水）量可按每处理1000m³煤气0.6~0.7t水计算。

　　（2）终冷排污水。如果在终冷前已经设置了脱硫脱氰装置，终冷排污水基本上为低浓度酚氰污水，其量为煤气冷凝水量的1.1倍，可直接送往污水站处理。如果终冷前未设置脱硫脱氰装置，终冷排污水可按煤气冷凝水量的1.1倍计算，收集后送往剩余氨水储槽。

　　（3）粗苯分离水。对于管式炉脱苯工艺，其废水量取决于蒸馏用直接蒸汽量，一般可按每生产1t粗苯耗1.5t蒸汽计算。如果有两苯塔生产轻苯时，可按每处理1t粗苯耗

1.75t 蒸汽计算。粗苯分离水收集后送往剩余氨水储槽。

（4）氨水脱硫装置的排污水。氨水脱硫装置的排污水一般为脱硫塔洗涤液量的 3%，脱硫塔的洗涤液量为每处理 1000m³ 煤气 2.3m³。这部分排污水送往剩余氨水储槽。

（5）无水氨装置废水。无水氨装置精馏塔排出的废水因含氨较高，故须送往蒸氨系统进一步处理，可按每生产 1kg 无水氨外排 7.8kg 废水计算。

（6）煤气管道的水封槽排水。车间外部煤气管道水封槽的排水，一般都在煤气脱硫脱氰装置的后面，所以这部分外排水可直接排往废水处理站。每台水封槽的外排污水量可按 0.2t/h 计算。

3.1.2.2　精苯车间的工艺废水

将精苯车间的原料和产品分离水集中收集后，送往剩余氨水储槽，其废水量可按每处理 1t 粗苯产生 1t 废水计算。

3.1.2.3　焦油加工车间的工艺废水

（1）焦油加工车间的焦油储槽分离水和一次蒸发器脱出的废水，收集后均应返回循环氨水系统，其量为焦油处理量的 4%。

（2）焦油蒸馏及加工焦油馏分时的分离水，收集后全部返回剩余氨水储槽，其量可按焦油处理量的 5% 计算。

3.2　剩余氨水除油

由焦油氨水分离装置送来的剩余氨水，因采用的工艺不同，剩余氨水中的含油量也有所不同，一般的剩余氨水含焦油量在 500 ~ 800mg/L 之间。剩余氨水在进入蒸氨系统前，必须进行除油，一般要求原料氨水中的焦油含量在 20 ~ 50mg/L 之间，否则大量的焦油会带到蒸氨系统中，造成蒸氨塔、换热器的堵塞，导致被迫进行频繁的清扫和拆洗，从而打乱了正常生产的操作制度。因此，剩余氨水除油是保证蒸氨工序正常操作的关键。

目前，剩余氨水的除油方法主要有过滤除油和气浮除油两种，现分述如下。

3.2.1　剩余氨水的过滤除油

剩余氨水的过滤除油工艺流程如图 3 - 1 所示。

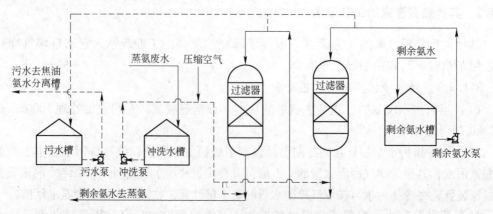

图 3 - 1　剩余氨水过滤除油的工艺流程

（图中的虚线为反冲洗管道）

如图 3-1 所示，剩余氨水泵将剩余氨水送至串联的两台过滤器，过滤器内分层充填不同粒径的石英砂或瓷砂，剩余氨水通过过滤层时，所夹带的焦油和悬浮物吸附在过滤砂层中。过滤器的阻力一般不大于 0.1MPa，当过滤器的阻力超过正常范围，上升到 0.3MPa 时，应采用蒸氨废水反冲洗。吸附在过滤器砂层中的焦油和悬浮物颗粒随蒸氨废水带至污水槽，再用污水泵送回焦油氨水分离装置重新分离。

填充石英砂或瓷砂的过滤器除油效果并不理想，除油率一般只能达到 30% ~50%，表 3-2 中列出了某焦化厂剩余氨水过滤器的实际操作数据。

表 3-2 剩余氨水过滤器的实际操作数据

进口含油量 /mg·L⁻¹	出口含油量 /mg·L⁻¹	除油效率 /%	反冲洗情况
426.36	226.75	36	反冲液 85℃，冲洗 40min，未用压缩空气
253.55	134.55	16.7	底部放出的液体显黑色
185.56	148.05	21.8	底部放出的液体有油色
234.17	109.13	38.9	底部放出的液体有油色
375.11	279.15	25.6	反冲液 90℃，冲洗 40min，风压 0.3MPa
351.90	291.16	17.2	底部放出的液体较清
518.09	265.11	48.8	底部放出的液体显黑色
254.35	145.20	42.9	底部有油

3.2.2 剩余氨水的气浮除油

剩余氨水进入泡沫浮选除焦油器。除油装置中装有能产生气泡的特殊自动搅拌机，搅拌机的转速为 380~400r/min，依靠搅拌机吸入空气的气浮作用，使剩余氨水中的焦油及悬浮物呈泡沫状上浮到液面，用刮板机刮至焦油槽。部分密度较大的焦油颗粒沉积在除焦油器的底部，也一起进入焦油槽，再用焦油泵送至焦油氨水分离装置重新分离。除油后的剩余氨水经储槽用泵送往蒸氨工序。气浮除油器的除油效率一般可达 85% ~90%，除油后的剩余氨水含油量可达 20~80mg/L。剩余氨水气浮除油的工艺流程如图 3-2 所示。

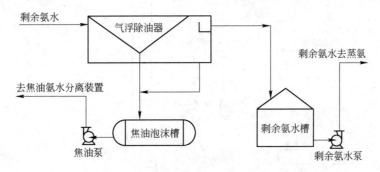

图 3-2 剩余氨水气浮除油的工艺流程

除上述两种剩余氨水除油工艺外，武钢焦化厂吸取了宝钢溶剂萃取脱酚装置用苯萃取剩余氨水中的焦油的经验，建成了一套剩余氨水焦油萃取装置，投产后运行正常，操作稳定，经萃取后剩余氨水中的焦油含量可降至 50mg/L，最高也只有 100mg/L，除油效率达到了 88.2%。石家庄焦化厂曾对砂石过滤器前的剩余氨水进行过三组静置分离试验，也取得了很好的分离效果，其结果列于表 3 - 3 中。

表 3 - 3　剩余氨水静置分离试验的数据

静置时间/h	0	2	4	6	8	10
剩余氨水含油/mg·L⁻¹	481.3	384.7	303.0	272.3	251.7	232.3

从表 3 - 3 可看出，剩余氨水的静置分离很重要，随着静置分离时间的延长，剩余氨水中的含油量逐渐降低，10h 后的静置除油效率可达 51.5%。因此，剩余氨水在进入除油装置前，增加氨水的静置分离时间是完全必要的。

3.3　剩余氨水的蒸馏工艺

剩余氨水蒸馏是利用水蒸气将原料氨水中的氨蒸出，得到高浓度的氨气或浓氨水，塔底含氨 0.01% 的蒸氨废水送往污水处理站处理。

根据水蒸气是否直接进入蒸氨塔作为蒸馏介质，可以分为直接蒸汽蒸氨工艺和间接蒸氨工艺。间接蒸氨工艺又可根据加热蒸氨废水的方式不同分为蒸汽加热、导热油加热和煤气管式炉加热三种。

3.3.1　直接蒸氨工艺

剩余氨水用直接蒸汽蒸馏的工艺流程如图 3 - 3 所示。

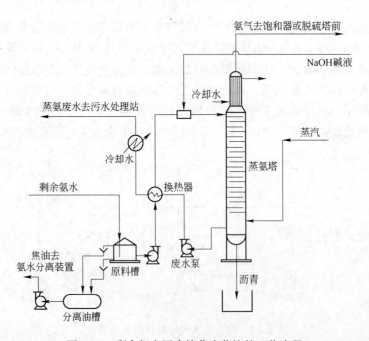

图 3 - 3　剩余氨水用直接蒸汽蒸馏的工艺流程

从图 3 - 3 中可以看出，剩余氨水在原料槽内经静置分离，进一步脱除氨水中的轻、重焦油等杂质。澄清后的原料氨水用泵抽出，经流量控制调节后，送入废水换热器中与蒸氨废水换热，离开换热器的原料氨水被加热至 96 ~ 98℃，从蒸氨塔顶进入进行蒸氨。蒸氨塔通入 0.4 ~ 0.6MPa 的低压蒸气，作为蒸氨塔的热源。

为了分解氨水中的固定铵盐，可用碱液计量泵将 NaOH 碱液经混合器连续送入蒸氨塔内，固定铵的分解反应式为：

$$NH_4Cl + NaOH \longrightarrow NaCl + NH_4OH$$

将蒸氨塔塔顶温度控制在 102 ~ 103℃ 之间，蒸出的氨气经塔顶的分缩器分凝至 98℃，可得到浓氨气，并将浓氨气送至硫铵饱和器前或脱硫装置前的煤气管道中。分缩器产生的冷凝液作为回流液，直接返回蒸氨塔。

蒸氨塔底的蒸氨废水温度为 105 ~ 108℃，用泵抽送至换热器与原料氨水换热后，再经冷却器冷却至 40℃ 后送往污水处理站。蒸氨塔底须定期排放沥青，再经人工捞出送煤场兑入炼焦配煤中。

直接蒸汽蒸氨工艺中，由于蒸汽直接进入蒸氨塔塔底，蒸汽冷凝水就变为蒸氨废水，使废水量加大，增加的废水量为直接蒸汽量的 93% 左右。这部分水在被送往污水处理站之前也必须冷却到 40℃，因此废水冷却器的冷却水量也要相应增加。但是，由于直接蒸汽蒸氨的工艺流程短，设备少，故一次投资少。虽然增加了废水量，但可降低蒸氨废水的浓度，废水中的污染物总量并没有随废水量成比例增加，因此直接蒸汽蒸氨工艺还是被世界各国广泛采用。日本三菱化工、德国 K. K 公司利用蒸汽喷射原理使废水经减压蒸发产生次生蒸汽，还可减少蒸汽用量约 15% ~ 20%。

3.3.2 间接蒸氨工艺

剩余氨水的间接蒸氨工艺与直接蒸氨工艺的不同之处是利用再沸器加热蒸氨塔底的蒸氨废水，产生的蒸汽作为蒸氨热源。依据加热蒸氨废水的热源不同，又可分为水蒸气加热、导热油加热和煤气管式炉加热三种，但其工艺原理基本相同。水蒸气加热蒸氨废水的间接蒸氨工艺流程如图 3 – 4 所示，导热油加热蒸氨废水的间接蒸氨工艺流程如图 3 – 5 所示，煤气管式炉加热蒸氨废水的间接蒸氨工艺流程如图 3 – 6 所示。

各种间接蒸氨工艺的比较如下：

(1) 用蒸汽或导热油加热蒸氨废水的间接蒸氨工艺。蒸氨废水用蒸汽加热与导热油加热的间接蒸氨工艺极为类似，都是利用循环使用的热传递介质（水蒸气或导热油）的热量，用于加热蒸氨塔塔底的蒸氨废水，两种工艺的对比情况如下：

1) 采用蒸汽加热时，因蒸汽具有载热量大、传热系数大和蒸汽加热设备制造成本低等优点，蒸汽的加热过程是利用水的汽化和冷凝潜热来传导热量的，而导热油则是利用油温的升降来传递热量。单位质量的蒸汽传导的热量远大于导热油传导的热量。由于蒸汽冷凝的给热系数大于导热油的给热系数，所以蒸汽加热的总传热系数远大于导热油的总传热系数，因此蒸汽加热设备的制造成本就更低。

2) 导热油加热适用于加热温度比较高的场合，如在苯加氢装置中，被加热介质的温度高达 250℃，若用蒸汽加热，至少需要 4.0MPa 的高压蒸汽，加之用量少，不值得新建一套高压蒸汽锅炉。由于导热油的汽化温度较高，在常压下就可以满足上述加热要求，故可采用导热油加热。但由于导热油的加热系统本身的工艺流程很复杂，使用过程中不可避

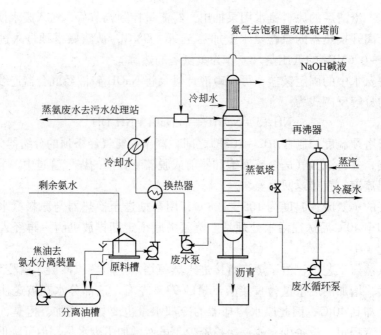

图 3 – 4　水蒸气加热蒸氨废水的间接蒸氨工艺流程

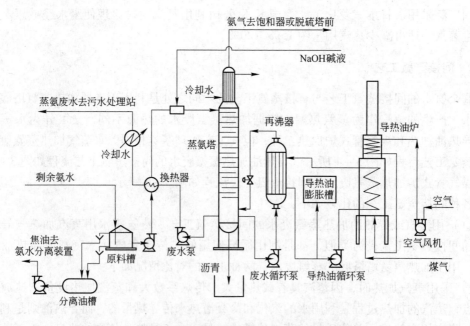

图 3 – 5　导热油加热蒸氨废水的间接蒸氨工艺流程

免地会有泄漏。可燃的导热油在操作温度高的场合使用，其安全隐患较大。导热油在正常的循环使用过程中，会产生少量裂解变质，裂解气通过导热油膨胀槽排入大气而造成环境污染。

　　从以上对比可看出，蒸氨加热温度只有110℃，在厂内具有提供低压蒸汽的条件下，应优先选用蒸汽加热的蒸氨工艺。

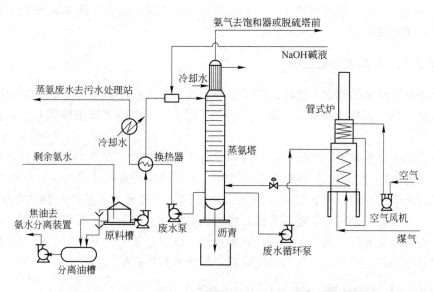

图 3 - 6　煤气管式炉加热蒸氨废水的间接蒸氨工艺流程

（2）蒸氨废水用管式炉加热或导热油加热的间接蒸氨工艺。在工厂条件不具备正常供给加热蒸汽的情况下，应选择煤气管式炉加热的间接蒸氨工艺。无论是煤气管式炉加热还是导热油加热的间接蒸氨工艺，实质都是利用煤气的热能加热蒸氨废水，但煤气管式炉加热是直接利用管式炉加热蒸氨废水，而导热油加热则是先利用煤气加热炉加热导热油，再用导热油间接加热蒸氨废水。中间增加了一道工序，从而使设备投资（多了再沸器系统）、热损失和操作费用均需相应增加。因此应优先选用煤气管式炉加热蒸氨废水的间接蒸氨工艺。

3.3.3　各种剩余氨水蒸馏工艺的经济比较

对于处理能力为 $60m^3/h$ 的剩余氨水蒸馏装置，各种蒸氨工艺的经济比较结果见表 3 - 4。

表 3 - 4　各种蒸氨工艺的经济比较结果

项　　目		单价	直接蒸汽加热	间接蒸汽加热	管式炉加热	导热油加热
动力消耗	电/kW·h	0.7 元/kW·h	22	30	194	250
	蒸汽/t·h⁻¹	120 元/t	9.0	9.0		
	煤气/m³·h⁻¹	0.4 元/t			2500	2500
年动力总费用/万元			960	965	995	1029
投资/万元			150	200	480	600
年设备折旧及维修/万元			15	20	48	60
年生产成本/万元			975	985	1043	1089

从表 3 - 4 可看出，直接蒸汽加热的生产成本是最低的，因该工艺流程简单，没有再

沸器循环系统，电耗及投资均较低。导热油加热的生产成本最高，其主要原因是导热油循环系统的电耗较高。

3.3.4　剩余氨水蒸馏工艺的选择

在选择剩余氨水的蒸馏工艺时，除了要考虑其经济比较数据外，还要因地制宜地结合当地的条件（如蒸汽供应能力、水资源是否严重短缺、废水是否有出路等），经过综合比较后再作决定。

对于钢铁联合企业中的焦化厂，一般均设有干熄焦装置，蒸汽的供应是比较充足的，且生化废水的出路可与炼铁厂统筹考虑，这样，就可以采用直接蒸汽加热的蒸氨工艺。如果地处沿海，淡水资源短缺，要求废水处理后回用，可考虑采用蒸汽间接加热的蒸氨工艺。对于独立焦化厂，往往自建蒸汽锅炉房的供蒸汽能力偏紧，尤其是冬季采暖季节，蒸汽短缺，而且生化处理后的废水要求达到零排放，故应尽量降低蒸氨废水量，加之本身产生的焦炉煤气过剩，这样就应优先选用管式炉加热的间接蒸氨工艺。

3.4　剩余氨水蒸馏的操作要点及操作制度

3.4.1　剩余氨水蒸馏的操作要点

要充分注意进塔原料氨水中焦油等杂质含量的变化，保持剩余氨水除油装置的正常操作，以保证轻、重焦油等杂质从原料氨水中分离出去。防止蒸氨塔、换热器等设备发生堵塞，并密切注意蒸氨塔和换热器等设备的阻力变化情况。

控制好蒸氨塔塔顶及分缩器后的氨气温度，首先保证蒸氨塔塔底的蒸氨废水含氨合格，其次要保证氨气浓度，应使进塔的蒸汽量及塔底压力保持稳定。

3.4.2　剩余氨水蒸馏的操作指标及操作制度

蒸氨塔塔底废水的全氨量	$< 200\text{mg/L}$
蒸氨塔塔底废水的游离氨含量	$< 50\text{mg/L}$
蒸氨塔塔顶的氨气温度	$102 \sim 103℃$
蒸氨塔塔底的废水温度	$105 \sim 108℃$
分凝器后的氨气温度	$98℃$
换热器后的原料氨水温度	$95 \sim 98℃$
废水冷却器后的蒸氨废水温度	$40℃$
蒸氨塔塔顶的操作压力	$10 \sim 20\text{kPa}$
蒸氨塔塔底的操作压力	$20 \sim 35\text{kPa}$
直接蒸汽压力（直接蒸汽加热）	$0.4 \sim 0.6\text{MPa}$
进塔水汽温度（间接蒸汽加热）	$> 130℃$

4 焦炉煤气中氨的回收

炼焦煤在焦炉的干馏过程中，煤中的元素氮大部分与氢化合生成氨（NH_3），小部分转化为吡啶（C_5H_5N）、氰化氢（HCN）等，并随煤气从炭化室逸出。氨的生成量相当于装炉煤量的 0.25% ~ 0.35%，粗煤气中的含氨量一般为 6 ~ 9g/m³。氨虽是化工原料，但也是腐蚀介质，因此必须从焦炉煤气中脱除。从焦炉煤气中回收氨有双重意义，首先是可将氨制成农用化肥，其次是从净化煤气的观点出发，必须将煤气中的氨在粗苯回收工序前加以脱除，以防止以氨为媒介的腐蚀性介质进入粗苯回收系统而造成设备的严重腐蚀。

对于氨的脱除，目前国内广泛采用的有硫铵工艺、无水氨工艺和水洗氨－蒸氨－氨分解工艺等 3 种。硫铵工艺所得的产品是化肥硫铵；无水氨工艺的产品是无水氨，主要用于制造氮肥和复合肥料，还可用于制造硝酸、含氮无机盐、含氮有机物中间体、磺胺药、聚酰胺纤维和丁腈橡胶等，此外，还常用作制冷剂。氨分解工艺产生的分解气直接送入吸煤气管道，但无产品可回收。

4.1 硫铵生产工艺

半直接法硫铵生产工艺是将焦炉煤气送入饱和器或酸洗塔中生产硫铵，简称饱和器法或酸洗法。在饱和器法中，按饱和器的结构不同，又可分为浸没式饱和器法和喷淋式饱和器法两种。间接法是以水洗氨和蒸氨后的氨气进入饱和器生产硫铵。

浸没式饱和器法也称鼓泡式饱和器法，其主要缺点是煤气系统的阻力大，鼓风机的能耗高，硫铵结晶的颗粒小，现已被喷淋式饱和器所代替。间接法在我国的第一套生产装置是从德国引进的，是 AS 法煤气脱硫工艺的配套装置，即蒸氨后所得的氨气用间接法饱和器生产硫铵。鞍山焦化耐火材料设计研究总院曾为杭州钢铁厂设计了一套间接法饱和器生产硫铵的装置。由于间接法饱和器的操作温度高，对设备材质的要求严格，且能耗高、工艺流程长，现已很少采用。下面重点介绍喷淋式饱和器法和酸洗法的半直接法硫铵生产工艺。

4.1.1 硫铵生产的机理

4.1.1.1 硫酸吸收氨的反应原理

采用硫酸吸收氨所用的硫酸，一般采用浓度 98% 或 93% 的浓硫酸，也可使用 75% ~ 78% 的硫酸。适量的稀硫酸与煤气中的氨进行中和反应生成硫铵：

$$2NH_3 + H_2SO_4 \longrightarrow (NH_4)_2SO_4 \text{（放热）}$$

当过量的硫酸与氨反应时，则生成酸式硫酸铵（硫酸氢铵）：

$$NH_3 + H_2SO_4 \longrightarrow NH_4HSO_4 \text{（放热）}$$

随着溶液被饱和程度的增大，硫酸氢铵又可转变为硫酸铵：

$$NH_4HSO_4 + NH_3 \longrightarrow (NH_4)_2SO_4 \text{（放热）}$$

稀硫酸吸收氨后的母液中，上述两种盐同时存在，两者的比例取决于母液的酸度，当酸度为1%～2%时，主要是硫酸铵。硫酸氢铵比硫酸铵易溶于水和稀硫酸，所以当母液中的盐类的溶解度达到极限时，从母液中首先析出的是硫铵结晶。

4.1.1.2　硫铵结晶生成的原理

硫铵母液在一定的温度和酸度下，当母液中溶解的硫铵达到饱和后，便开始析出硫铵结晶，形成固态硫铵晶体。母液中的硫铵形成晶体需经过两个阶段，即晶核形成阶段和晶核或小晶体长大阶段。晶核形成和晶体长大是同时进行的。若晶核的形成速度大于晶体的成长速度，得到的硫铵晶体的粒度则较小；反之，得到的硫铵晶体的粒度就较大。母液中硫铵的过饱和度是硫铵晶核生成及晶体成长的推动力。过饱和度较低时，硫铵晶体成长的速度相对比晶核生成的速度要快些，故形成的硫铵颗粒较大；反之就较小。因此，在操作过程中，应对硫铵母液的过饱和度加以控制，使其在较小的范围内波动。

4.1.1.3　影响硫铵结晶的因素

影响硫铵结晶的因素较多，主要有母液酸度、母液温度、母液浓度和母液搅拌等，现分述如下：

（1）母液酸度。母液酸度对硫铵结晶过程的影响较大，硫铵结晶颗粒的平均粒度随着母液酸度的提高而下降；但母液酸度也不宜过低，否则会影响氨的吸收效率。一般可将母液酸度控制在2%～6%范围内。

（2）母液温度。提高母液温度将使结晶成长速率加快，有利于获得大颗粒硫铵结晶，并形成较好的晶形。但是，母液温度过高时，容易造成较高的过饱和度而形成大量晶核，难以获得理想的硫铵晶体。在实际生产中，母液的操作温度需依据系统的水平衡进行综合考虑确定。在设计中，可采用煤气加热或母液加热的方式来控制母液的温度。

（3）母液浓度。过高的硫铵母液浓度会导致大量晶核的生成，使晶核形成的速率大于晶体成长的速度，不利于获得较大颗粒的硫铵结晶；母液浓度过低时，难以达到所需的过饱和度，也缺乏晶体成长的推动力。因此母液浓度要控制得适当，且要保持稳定。

（4）母液搅拌。对母液进行充分搅拌有利于晶体的成长，同时还可使母液的酸度、浓度及温度均匀，也有利于硫铵结晶的悬浮，可有效防止结晶系统设备及管道的堵塞。通常采用循环母液进行搅拌的方式。

此外，硫铵晶体在母液中的结晶时间及母液中的晶比均对硫铵结晶有影响，不再赘述。

4.1.2　喷淋式饱和器法生产硫铵

4.1.2.1　喷淋式饱和器法生产硫铵的工艺流程

用喷淋式饱和器生产硫铵，具有煤气阻力小、鼓风机能耗低、硫铵结晶颗粒大和质量好等优点，其工艺流程如图4-1所示。

从图4-1中可以看出，从鼓风机或脱硫装置来的焦炉煤气进入喷淋式饱和器的前室，然后向下进入两侧的环形吸收室。在吸收室内，用含游离酸2%～3%的硫铵母液对煤气进行喷洒，母液与煤气逆流接触，煤气中的氨被母液中的硫酸吸收而生成硫铵。

离开两侧环形吸收室的煤气在饱和器的后室汇合成一股，用小母液循环泵送入后室的母液（游离酸含量5%～6%）对煤气进行二次喷洒，以进一步吸收煤气中残余的氨。经二次喷洒脱氨后的煤气，在喷淋式饱和器上部沿切线方向进入中央旋风除酸器，以捕集煤

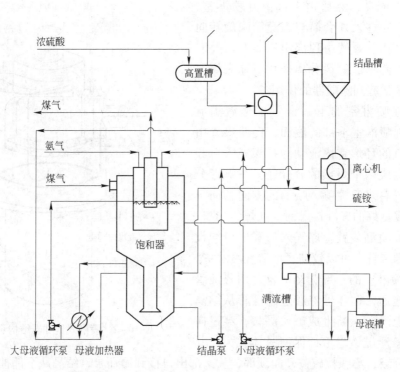

图 4 - 1　喷淋式饱和器法生产硫铵的工艺流程

气夹带的酸雾，然后经中央管从顶部离开饱和器。喷淋式饱和器后的煤气含氨量一般可达到 $30 \sim 50 \mathrm{mg/m^3}$。当选用煤气预热器控制饱和器中的母液温度时，煤气在进入饱和器前应先经煤气预热器预热。当选用母液加热器时，由于母液温度较高时，对饱和器等设备的腐蚀严重，一般应将母液的出口温度控制在 70℃ 以下。

　　上段吸收氨后的硫铵母液，经中央降液管流至饱和器下段的结晶室，并以下段母液及结晶进行充分搅拌，使晶体长大，并引起晶粒分级。晶核或小晶粒硫铵通过饱和介质向上运动，大颗粒硫铵结晶向下降落，并沉积在结晶室的底部。从结晶室上部流出的含有少量结晶的母液，经大母液循环泵送至饱和器上段两侧的喷洒箱内，对煤气进行循环喷洒。

　　当饱和器下段结晶室内的硫铵母液中的晶比达到 25% ～ 40% 时，用结晶泵将其抽送至结晶槽。再经离心机分离后，将硫铵结晶送往硫铵干燥系统，经干燥、称量、包装后送至成品库。离心机的滤液返回饱和器中。

　　从饱和器满流口溢出的硫铵母液，经液封槽满流至满流槽，再用小母液循环泵抽送至饱和器的后室进行二次循环喷洒，以进一步脱除煤气中的氨。喷淋式饱和器结构示意图如图 4 - 2 所示。

　　4.1.2.2　喷淋式饱和器法生产硫铵工艺的特点

喷淋式饱和器法生产硫铵工艺的特点如下：

　　（1）喷淋式饱和器集吸收、除雾、结晶于一体，具有流程简捷、操作方便和煤气阻力小等特点。

　　（2）喷淋室由本体、外套筒和内套筒组成，煤气进入本体后向下，在本体与外套筒的环形室内流动，然后由上部离开喷淋室，再沿切线方向进入外套筒与内套筒间旋转向下进入内套筒，煤气由顶部出口离开。外套筒与内套筒间形成旋风分离作用，除去煤气夹带的液滴，起到除酸器的作用。

（3）在喷淋室的下部设置了母液满流管，以控制喷淋室下部的液面，促使煤气由入口向出口的环形室内流动。在煤气入口和出口间分隔成两个弧形的分配箱。在弧形分配箱内配置有多组喷嘴，喷嘴的方向朝向煤气流，形成良好的气液接触面。在煤气出口，配置有母液喷洒装置。煤气入口和出口均设有温水喷洒装置，可以较彻底地清洗喷淋室。

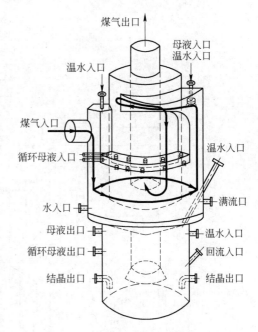

图 4 - 2　喷淋式饱和器结构示意图

（4）喷淋室的下部为结晶槽，用降液管与结晶槽连通，循环母液通过降液管从结晶槽底部向上返，不断生成硫铵晶核，穿过向上运动的悬浮硫铵母液，促使晶体长大，并形成颗粒分级，小颗粒硫铵升向顶部，从上部出口接到循环泵，结晶从下部抽出。

4.1.2.3　喷淋式饱和器生产操作的要点

喷淋式饱和器生产操作的要点如下：

（1）母液循环是喷淋式饱和器生产硫铵的关键，不仅关系到煤气中氨的吸收，也关系到母液中硫铵的结晶质量。喷淋式饱和器为空喷结构，为保证吸氨过程进行得比较充分，需采用较大的母液循环量。另外，较大的母液循环量可起到搅拌作用，以促进结晶颗粒的长大。

（2）饱和器母液的温度直接影响系统的蒸发、结晶及腐蚀。饱和器系统的水平衡是确定母液操作温度的依据。饱和器内的水分主要来自于煤气带入的水分以及硫酸及离心机洗水等带入的水分。带入的水量越多，则煤气中的水蒸气分压越大，饱和器内母液的最低操作温度也就越高。因此，应尽量降低进入饱和器的煤气露点温度和各处带入的水量。生产中一般将母液温度控制在 50～55℃ 之间。

（3）喷淋式饱和器的母液酸度一般保持在 2%～3% 之间，应采取连续加酸制度。新鲜硫酸连续加至满流槽入口或大循环泵入口，以保证小母液泵出口酸度在 5%～6% 之间。饱和器内的母液酸度不宜低于 2%～3%，否则容易产生泡沫，使饱和器的操作条件恶化。

（4）饱和器内母液中的晶比上、下限值一般应控制在上限为 35%～40%，下限 4%。操作中的晶比达到 25% 时，启动结晶泵，直到母液中的晶比降至 4% 时停止抽取。

4.1.3　酸洗法生产硫铵

4.1.3.1　酸洗法生产硫铵的工艺

在酸洗法生产硫铵工艺中，氨的吸收和硫铵结晶分别在各自独立的系统中进行，因此，操作条件可以分别控制。氨的吸收采用两段空喷塔，用不饱和的硫铵母液作为吸收剂。因此煤气系统的阻力小、能耗低，设备及管道不易堵塞，可长期连续运转，不必设置备用塔。硫铵的结晶采用真空蒸发结晶工艺，并用大流量母液循环搅拌来控制晶核的形成，使结晶有充分的成长时间，以获得高品质、大颗粒的硫铵结晶，其工艺流程如图 4 – 3 所示。

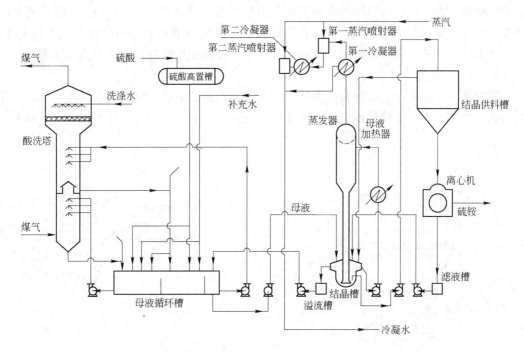

图 4 – 3　酸洗法硫铵生产工艺流程

从图 4 – 3 中可以看出，从鼓风机或脱硫装置来的煤气进入酸洗塔，分别用含游离酸 2.5% ~3% 的硫铵母液分上、下两段循环喷洒。煤气自下而上与硫铵母液逆流接触，煤气中的氨被母液中的硫酸吸收而生成硫铵。从酸洗塔出来的煤气经除酸器除去酸雾后，煤气中的含氨量不大于 100mg/m^3。

酸洗塔上、下两段之间设有断液盘，可使上、下两段形成独立系统。喷淋母液分别自流到各自的母液循环槽，经母液循环泵再返回塔内喷洒。吸收过程所需的新鲜硫酸通过计量泵或高位槽经母液循环槽加入系统。所需水分加至母液循环槽内。控制系统的补水量，使酸洗塔吸收氨后形成不饱和的硫铵母液，并将母液中的硫铵浓度保持在 40% 左右。

连续用蒸发器供料泵从母液循环槽内将不饱和的硫铵母液抽出，送至真空蒸发结晶系统的结晶槽内，由结晶槽循环泵抽出经母液加热器进入真空蒸发器，母液经真空蒸发而浓缩。浓缩后的过饱和母液，经中心管自流至结晶槽底部。含有小颗粒硫铵结晶的母液，在结晶槽中部由循环泵抽出，大流量的循环可使硫铵结晶长大。几乎不含结晶的母液在结晶槽上部溢流至溢流槽，再用溢流泵抽送回氨的吸收系统的母液循环槽。大颗粒结晶沉积在槽底，用浆液泵抽送至结晶供料槽。

蒸发器的真空度是由两级蒸汽喷射器产生的（真空度约为 90kPa），使母液的沸点降低到 50℃ 左右。从蒸发器顶部出来的气体经第一冷凝器与第二冷凝器冷凝后，一起送往凝结水槽外排。

含有大颗粒硫铵结晶的母液，在供料槽内进行沉降分离，滤液经滤液槽返回结晶槽。

4.1.3.2 酸洗塔

酸洗塔的结构如图4-4所示。酸洗塔采用含铬、镍、钼、钛的超低碳不锈钢制作。塔内采用上、下两段空喷结构，上、下空喷段之间设有断液盘。在上、下段中，分层布置了若干喷头，吸收氨后的硫铵母液分别由断液盘及塔底引出至母液循环槽。顶部设有丝网捕雾层，在捕雾层的上、下和断液盘升气管和塔内壁的易堵塞处，均设有多个清洗喷嘴，清洗水为连续喷洒，还可起到对系统补水的作用，以保证母液始终处于不饱和状态。

4.1.3.3 真空蒸发结晶器

真空蒸发结晶器由上部的真空蒸发器和下部的结晶槽组成，材质与酸洗塔一样，采用超低碳不锈钢制作，其结构示意图如图4-5所示。

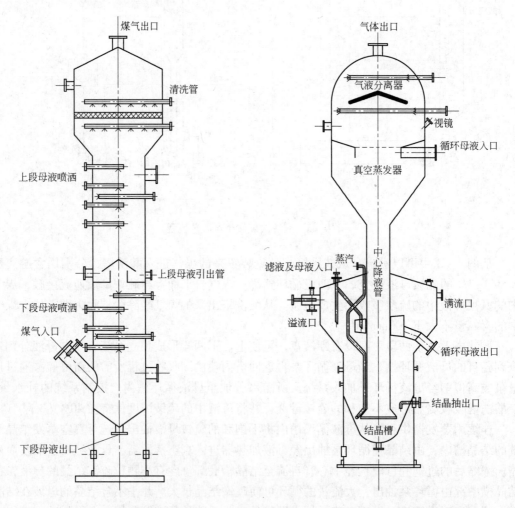

图4-4 酸洗塔结构示意图　　图4-5 真空蒸发结晶器结构示意图

从图4-5中可以看出，真空蒸发器由中间的筒体、顶部的半球形封头及底部锥体组成。顶部的半圆形球形封头内设有气液分离器；中间的筒体内设有布液器。结晶母液从中部的入口沿切线方向进入蒸发器旋转向下，在约80~90kPa的真空度下进行蒸发，水分从顶部溢出。

真空蒸发器下部为结晶槽。蒸发器和结晶槽之间以中心沉降管相连通。经蒸发浓缩后的过饱和结晶母液沿中心沉降管下降到结晶槽底部。小结晶穿过饱和母液向上，硫铵结晶逐步成长，大颗粒硫铵结晶则沉降在结晶槽槽底。上部不含结晶的母液经溢流口流入溢流槽。中部含小颗粒硫铵结晶的母液由母液循环泵连续大量抽出，经母液加热器后返回上部的真空蒸发器循环蒸发。沉积在结晶槽底部的大颗粒结晶的硫铵浆液，经泵抽送至结晶供料槽，再送入离心机分离硫铵结晶。

4.2　磷铵吸收法生产无水氨工艺

磷铵吸收法生产无水氨工艺是用磷铵溶液从焦炉煤气中选择性吸收氨，吸氨后的磷铵富液解吸得到氨气。氨气冷凝成的氨水经精馏得高纯度无水氨产品。无水氨的生产工艺可分为半直接法和间接法两种。半直接法是磷铵溶液直接从焦炉煤气中吸收氨；间接法是从酸性气体中吸收氨。所用原料有磷酸和 NaOH（氨精馏时用），其质量要求见表 4-1。

表 4-1　原料质量要求

项　目			指　标
磷酸（炉法生产的工业级磷酸）	浓度（质量分数）/%		75
	色　度		30
	杂质含量/%	Cl	<0.0005
		SO_4	<0.0050
		Fe	<0.0020
		Pb	<0.0010
NaOH 碱液	浓度（质量分数）/%		32.5
	杂质含量/%	NaCl	<0.0050
		Fe_2O_3	<0.0005

4.2.1　无水氨生产的基本原理

磷铵溶液吸收煤气中的氨，实质上是磷酸吸收过程。磷酸（H_3PO_4）为三元酸，其水溶液含有三级电离的一价、二价、三价磷酸根离子，与氨作用能生成磷酸二氢铵（$NH_4H_2PO_4$）、磷酸氢二铵 $[(NH_4)_2HPO_4]$ 和磷酸铵 $[(NH_4)_3PO_4]$。这三种物质均为白色晶体，可溶于水。磷酸二氢铵十分稳定，在 130℃ 以上才能分解；磷酸氢二铵较不稳定，达到 70℃ 时即开始分解释放出氨而变成磷酸二氢铵；磷酸铵很不稳定，常温下即可分解。因此，磷铵溶液中主要含有磷酸二氢铵和磷酸氢二铵。

磷酸吸收法生产无水氨工艺就是利用了磷酸二氢铵和磷酸氢二铵之间的转化，通过低温吸收和高温解吸来实现对原料气中氨的吸收与回收。其反应过程为：

$$(NH_4)_{1.25}H_{1.75}PO_4 + 0.6NH_3 \rightleftharpoons (NH_4)_{1.8}H_{1.25}PO_4$$

该反应为放热反应，反应热为 83.68~104.60kJ/mol 氨。由于吸收过程是化学反应，故反应温度对吸收效率的影响较小。

磷酸吸收具有选择性，在吸收煤气中氨的同时，对煤气中的 H_2S、HCN、CO_2 等酸性组分只是痕量吸收，无需经化学精制即可得到高纯度的无水氨产品。

4.2.2　无水氨生产工艺

磷铵吸收法生产无水氨是另一种可供选择的煤气脱氨方法，它是由美钢联最早开发成功的。

宝钢二期工程从美国 U.S.S 公司引进了一套从焦炉煤气中吸收氨的装置。焦炉煤气导入吸收塔后与磷酸铵溶液直接接触吸收煤气中的氨，再经解析、精馏制取产品无水氨。该工艺的特点是利用磷酸二氢铵具有选择性吸收的特点，从煤气中回收氨，再精馏制得高纯度的无水氨，其纯度可达 99.98%。但是，由于介质具有一定的腐蚀性，且解吸、精馏要求在较高的压力下操作，故对设备材质的要求较高。此外，该工艺具有一定经济规模的限制，规模过小既不经济也不好操作。

攀钢焦化厂在引进 AS 法脱硫装置的同时引进了一套间接法无水氨装置，它是将脱酸塔顶的酸性气体引到间接法弗萨姆装置的吸收塔中，用磷酸溶液吸收酸性气中的氨。由于该工艺不与煤气直接接触，几乎不产生酸焦油，与半直接法相比，酸焦油分离、处理的设施可大大简化。

磷铵吸收法生产的无水氨纯度高，产值较高，经济效益较好，但由于是液体产品储运不方便。

磷铵吸收氨的原理是用磷酸的一铵盐和二铵盐的水溶液从焦炉煤气中选择性吸收氨，吸收了氨的磷铵母液再生时，需在压力下用蒸汽汽提，可得到含氨约 20% 的氨气。再生后的磷铵母液返回吸收部分循环使用。含氨 20% 的氨气经精馏得到 99.98% 的无水氨产品。其工艺流程如图 4-6 所示。

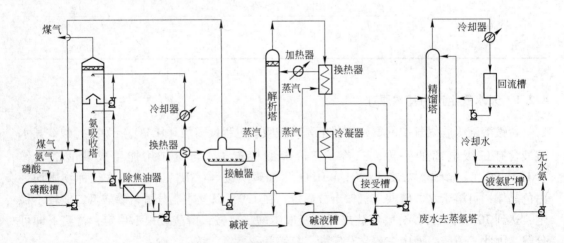

图 4-6　磷铵吸氨生产无水氨的工艺流程

4.2.2.1　氨的吸收

从图 4-6 中可以看出，氨吸收塔是上、下两段的空喷塔，焦炉煤气从吸收塔底部进入，吸收液与煤气逆流接触，在上、下两段单独进行循环喷洒吸收。上段吸收液中的 NH_3/H_3PO_4（摩尔比）为 1.25，在循环过程中吸收了煤气中的 NH_3 后，循环液的摩尔比上升为 1.35。上段循环液的一部分从塔内溢流到下段作为下段吸收液的补充。下段吸收液循环吸收氨后,摩尔比达到 1.75～1.85,抽出循环量的 3% 送往再生工序进行再生。塔的操作温度为 55℃,塔后煤气含氨可达 100mg/m³。吸收塔的阻力为 1～1.5kPa,塔的材质为 SUS304L。

4.2.2.2 磷铵母液的再生

吸收了氨的磷铵母液送入解析塔,先要经预处理除油,再与解析塔底的贫液换热至 110℃ 左右后进入接触器。富液除油采用了泡沫浮选除焦油器。由于磷铵母液在吸收氨的过程中吸收了微量的 H_2S、HCN、CO_2 等酸性气体,与吸收液中的氨反应生成铵盐,易在后续工序的精馏塔内累积而造成堵塔。所以,富液必须先在接触器中蒸出所含的酸性气体。110℃ 左右的富液在接触器中被精馏工序来的废蒸汽加热至沸点,以蒸出溶解在吸收液中的酸性气体。由接触器排出的含氨酸性气体返回吸收塔,接触器材质为 SUS316L。富液经接触器后用泵经气液换热器与解析塔顶的浓氨气换热,再经加热器加热至 187℃ 后进入解析塔顶部,塔底通直接蒸汽,塔的操作压力约为 1.3MPa。含氨的气体以 184℃ 离开塔顶,经过换热、冷却调节至 131℃ 后进入接受槽作为精馏塔的原料。脱氨后的贫液的摩尔比为 1.25,以 195℃ 从塔底引出,经换热、冷却至 55℃ 后送至吸收塔上段循环使用。

整个吸收、再生过程形成了完整系统,系统中的磷酸保有量是一定的,系统的水分必须保持平衡,吸收液中的部分水分在吸收过程中蒸发到煤气中,部分水分在解析塔顶由浓氨气带走,保持系统水分平衡的关键是控制解析塔底再生液(摩尔比为 1.25)中的磷酸浓度(质量分数)为 31%。解析塔材质为 SUS304L。

4.2.2.3 氨的精馏

来自解析塔接受槽 131℃、含氨 20% 左右的氨液送入精馏塔中部进行精馏。塔顶得 99.98% 纯氨气,经冷却后部分作为回流,送往精馏塔顶将塔顶温度控制在 33～34℃ 之间,剩余部分作为无水氨产品。精馏塔的操作压力为 1.5MPa,冷凝冷却水温为 30℃,精馏塔底排出的废水含氨 0.1%(质量分数)以下,塔底通入直接蒸汽,操作温度约为 194℃。在精馏塔进料层附近送入 20%(质量分数)的 NaOH 溶液,将进料中残存的微量 CO_2、H_2S 等酸性组分除去,以防止因产生铵盐而引起的堵塞。另外,在精馏塔进料层附近可能积聚有油分,必须在适当层从侧线引出,返回到吸收塔的煤气中去。

4.2.3 磷铵吸收法生产无水氨的操作要点

氨的吸收主要是由化学平衡关系控制的,因此温度和压力对氨的吸收影响较小。影响的因素主要是进入吸收塔的贫液量以及贫液中的氨与磷酸的摩尔比。氨与磷酸的摩尔比主要取决于氨解析塔的操作,一般摩尔比为 1.2～1.3。因此,氨吸收塔的操作中,主要是控制进塔的贫液量。贫液量的控制主要依据富液的氨与磷酸摩尔比进行调整,一般应将富液的摩尔比控制在 1.7～1.8 之间。

控制系统的水平衡即控制吸收和解析工序的水平衡。生产中可观察氨吸收塔的液位,以看出水含量的变化情况。液位上升,表明溶液中的水含量增多,即磷酸的浓度下降。水平衡的目的就在于控制溶液中磷酸的浓度。在正常操作中控制系统水平衡时,可将溶液中的磷酸浓度控制在 30% 左右(质量分数),并保持基本稳定。控制系统水平衡的手段,主要是控制进入吸收塔的贫液温度和进入解吸塔的富液温度这两个关键点。

解析塔的操作是整个无水氨装置承上启下的主要环节，其关键在于解析塔的稳定操作。在解析塔操作压力相对稳定的前提下，控制直接蒸汽的用量，使得塔底贫液的摩尔比控制在1.2～1.3之间。

精馏塔的操作压力通常为1.40～1.60MPa，可通过无水氨的冷凝温度加以控制。在实际生产中，可通过调节冷凝器的出水温度来控制精馏塔的操作压力，氨冷凝温度与精馏塔操作压力之间的关系见表4－2。

表4－2　氨冷凝温度与精馏塔操作压力之间的关系

温度/℃	30	31	32	33	34	35	36
绝对压力/MPa	1.166	1.201	1.231	1.273	1.311	1.349	1.388
温度/℃	37	38	39	40	41	42	
绝对压力/MPa	1.428	1.469	1.511	1.553	1.597	1.641	

4.3　水洗氨－蒸氨－氨分解工艺

脱氨的第三种方法是水洗氨－蒸氨－氨分解工艺，由水洗氨、蒸氨和氨分解三部分组成，其工艺流程如图4－7所示。

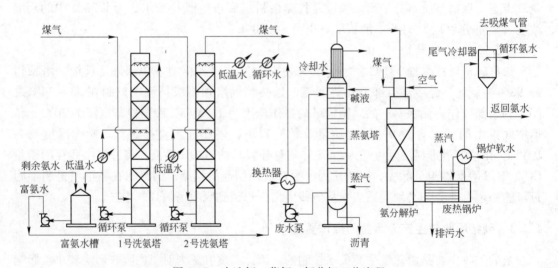

图4－7　水洗氨－蒸氨－氨分解工艺流程

4.3.1　水洗氨－蒸氨的基本原理

氨的洗涤是用水作吸收剂，吸收煤气中的氨。用水吸收煤气中的氨时，其主要工艺过程是氨在水中的溶解过程，所发生的反应为：

$$NH_3 + H_2O \Longrightarrow NH_4^+ + OH^-$$

由于溶液中的氨大部分以分子状态存在，仅有少量的 NH_4^+ 和 OH^-，故溶液呈弱碱性。因此，可以认为物理吸收在水洗氨过程中起主导作用。吸收所能达到的程度取决于操作条件下气液两相的平衡关系。吸收过程的推动力是氨在煤气中的分压与氨水液面上氨的蒸气压之差。

氨在水中的溶解度随着温度的升高而大大降低。此外，当氨水中氨的浓度一定时，随着温度的升高，将使液面上的氨蒸气压增大，因而使得吸收推动力变小，吸收速率降低。因此，进入洗氨塔的煤气温度和水的温度应尽可能的低，在较低的吸收温度下，可使氨尽可能地被吸收下来。

因氨水溶液呈弱碱性，所以在水洗氨的同时，煤气中的 H_2S、HCN、CO_2 等酸性组分也被部分吸收下来。通常，吸收了氨的富氨水与剩余氨水混合后的组成为：

$$\begin{aligned} NH_3 \quad &6 \sim 8g/L \\ H_2S \quad &1 \sim 2g/L \\ CO_2 \quad &4 \sim 6g/L \\ HCN \quad &约\ 1g/L \end{aligned}$$

富氨水在蒸氨塔内的汽提解吸反应为：

$$NH_4OH \longrightarrow NH_3 + H_2O$$

剩余氨水中固定铵的分解反应为：

$$NH_4Cl + NaOH \longrightarrow NaCl + NH_4OH$$

4.3.2 水洗氨 – 蒸氨工艺

焦炉煤气经过鼓风机后，温度为45℃左右，在洗氨前，必须冷却到最佳的洗涤温度，一般要求小于25℃，冷却是在洗氨塔底部的冷却段进行的。冷却后的煤气进入洗氨塔与塔顶下来的洗涤水逆向接触进行氨的吸收。由于氨的吸收为放热反应，为了保持洗氨的等温状态，要设置中段循环将反应热用冷却水吸收下来。离开洗氨塔的富氨水含有脱下来的全部氨，以及一些被吸收下来的 H_2S、HCN、CO_2 等酸性组分，塔后煤气含氨应小于 $100mg/m^3$。

富氨水经换热后送到蒸氨塔，在这里挥发氨组分从液体中被汽提出去。汽提后的蒸氨废水返回到洗氨塔顶部。蒸氨塔顶部加入碱液，在较高的 pH 值下（约10.5）除去固定铵，塔底的蒸氨废水（含氨量小于 100mg/L）送往洗氨塔洗氨，多余的废水送污水处理站处理。

离开蒸氨塔的氨气经过分凝器进行部分冷凝，除去大部分水蒸气，得到的浓氨气需进一步处理。它可以采用硫酸吸收氨制成硫铵，也可以采用磷铵吸收法生产无水氨，还可通过氨气的部分冷凝生产浓氨水，将生产出来的浓氨水储存起来，作为备用装置。除了上述处理方法外，氨分解也是一项值得重视的氨气处理方法。

4.3.3 氨分解工艺

氨分解是一项处理氨气的热催化技术。氨气通过专用的混合室进入氨分解炉，在进入氨分解炉前，先在混合室内与参加反应的空气和补充用的焦炉煤气混合。在氨分解炉顶部空间内，反应温度达 1000~1150℃时，分解反应立即开始，在底部大约900℃的催化床内反应结束。主要的化学反应如下：

$$NH_3 \Longrightarrow 0.5N_2 + 1.5H_2 \tag{4-1}$$

$$HCN + H_2O \Longrightarrow CO + 0.5N_2 + 1.5H_2 \tag{4-2}$$

$$CH_4 + H_2O \Longrightarrow CO + 3H_2 \tag{4-3}$$

$$C_nH_m + nH_2O \Longrightarrow nCO + (0.5m + n)H_2 \tag{4-4}$$

$$H_2S + 1.5O_2 \Longrightarrow SO_2 + H_2O \tag{4-5}$$

$$H_2 + 0.5O_2 \Longrightarrow H_2O \tag{4-6}$$

$$SO_2 + 3H_2 \Longrightarrow H_2S + 2H_2O \tag{4-7}$$

$$2H_2S + SO_2 \Longrightarrow 1.5S_2 + 2H_2O \tag{4-8}$$

$$S_2 + 2H_2 \Longrightarrow 2H_2S \tag{4-9}$$

在系统温度 1000℃ 时，式（4-1）~式（4-4）反应在 1~1.5s 内达到平衡，可以产生 99.99% 以上的转化效果，即剩余的氨和氰化氢的浓度将低于 10^{-5}。反应式（4-6）以相当快的速度（约 0.2s）完成，释放出维持反应温度所需要的热量。式（4-5）的反应在混合室附近进行。由于反应式（4-6）迅速消耗所供给的氧，所以反应式（4-5）在反应器顶部就结束，反应式（4-7）和式（4-9）将少量不需要的 SO_2 和 S 在反应物到达催化床之前转化成了硫化氢。

氨分解的基本条件之一是补充一定量的焦炉煤气。此煤气不单是作为燃料，还作为氢源以平衡式（4-7）和式（4-9），使反应向右侧进行。另外，氢浓度不够，硫化氢和二氧化硫之间将发生式（4-8）反应，并产生元素硫，这在尾气冷却过程中将引起堵塞问题。在低负荷的条件下，从氨中分解出的氢量不足以维持反应温度时，必须补充一部分助燃焦炉煤气。

反应温度和氢浓度是氨分解系统两个十分重要的控制参数。一般反应温度维持在 1100~1200℃，炉温不能超过 1200℃。否则催化剂镍的蒸气压会明显升高，流失速度加快，大大缩短催化剂的使用寿命，但也不要低于 1100℃，温度过低容易形成铵盐。氨分解的炉温是靠串接到焦炉煤气增值装置中的温度控制器来完成的。补充的焦炉煤气量是通过尾气中氢含量来调节的，尾气中氢的理论含量大约是 3%（体积分数），为了适应氨气组成的各种变化，尾气中氢的含量必须要稍高一些。新的氨分解装置在刚开始操作时，氢的含量必须接近 15%（体积分数），然后逐渐减少到安全极限值，一般为 10%（体积分数）。如果氢浓度太低，反应式（4-8）、式（4-9）生成的元素硫将通过分解炉进入尾气冷却器，沉淀的固体硫将水变成浅黄色的浑浊体，易引起氨分解炉和冷却器等设备的堵塞。

4.3.4　水洗氨-蒸氨-氨分解装置的操作要点

水洗氨-蒸氨-氨分解装置的操作要点如下：

（1）1 号洗氨塔下段的煤气出口温度及整个洗氨过程的煤气温度应比初冷后的煤气温度高 2~3℃，以防止煤气中的萘析出而堵塞设备和管道，但也不宜低于 25℃，否则就要调整初冷的操作，定期用热氨水清扫。

（2）控制好蒸氨塔塔顶及分凝器后氨气的温度，首先要保证塔底废水的含氨量，其次要保证氨气的浓度。操作中应控制进塔的蒸汽量，保持塔底压力的稳定。

（3）氨分解操作的关键是保证正常分解温度在 1100~1200℃ 之间。此外，要注意尾气中的氢含量，应在还原气氛下进行氨分解，杜绝硫化氢被氧化燃烧产生二氧化硫，造成后续工序的腐蚀。

氨分解的尾气返回荒煤气管，这样，尾气中的硫化氢可再回收，无污染，且流程短，设备简单，热利用率比较高。根据计算，每分解 1kg 氨需消耗煤气 2.5m^3，产生 11.4m^3尾气，尾气的热值为 2583kJ/m^3。兑入尾气后焦炉煤气的热值约下降 5%，但煤气量可增加 6%。氨分解炉燃烧掉的煤气热值与回收尾气的热值之比在 63% 左右。此外，氨分解炉还能产生蒸汽。该工艺适用于焦炉煤气作为工业燃料或城市煤气气源厂。

4.4　操作指标及设计参数

4.4.1　喷淋式饱和器生产硫铵装置的工艺操作指标及设计参数

喷淋式饱和器生产硫铵装置的工艺操作指标及设计参数见表 4-3 和表 4-4。

表 4-3　喷淋式饱和器生产硫铵装置的工艺操作指标

项　目	单　位	指　标	备　注
饱和器后的煤气含氨量	g/m^3 煤气	≤0.03	
连续离心机后硫铵的含水量	%	≤2	
煤气预热器前的煤气温度	℃	45~50	视净化工艺而异
煤气预热器后的煤气温度	℃	60~70	
饱和器后的煤气温度	℃	55~65	
母液加热器后的母液温度	℃	≤70	
饱和器内的母液温度	℃	50~55	
饱和器机组的阻力	kPa	1.5~2.0	
饱和器正常操作时的母液酸度	%	2~3	
饱和器后室喷洒的母液酸度	%	5~6	
母液中的晶比	%	4~40	体积分数
干燥器热风的进口温度	℃	130~140	
干燥器热风的出口温度	℃	60~70	
干燥器热风的进口压力	kPa	≥5	
干燥器热风的出口压力	kPa	0	

表 4-4　喷淋式饱和器生产硫铵装置的工艺设计参数

项　目	单　位	指　标	备　注
每 1000m^3/h 煤气预热器的加热面积	m^2	3	$K=81~93$W/(m^2·℃)
每 1000m^3/h 煤气预热器的加热用蒸汽量	kg	22	蒸气压力 0.4MPa
煤气在饱和器外环截面上的流速	m/s	0.7~0.9	
煤气在饱和器内环截面上的流速	m/s	15	
中央煤气出口管的流速	m/s	10~12	
每吨硫铵 100% 硫酸的消耗量	t	0.75	
离心机洗涤用水量（相对硫铵产量）	%	8~10	

项　　目	单　位	指　标	备　注
大母液泵循环量（相对饱和器内母液量的倍数）		3	参考值
结晶泵循环量（相对硫铵产量的倍数）		10	参考值
小母液泵循环量（相对硫铵产量的倍数）		30	参考值

4.4.2　酸洗法生产硫铵装置的工艺操作指标及设计参数

酸洗法生产硫铵装置的工艺操作指标及设计参数见表 4 - 5 和表 4 - 6。

表 4 - 5　酸洗法生产硫铵装置的工艺操作指标

项　　目	单　位	指　标	备　注
酸洗塔后的煤气含氨量	g/m³	≤0.1	
离心机后硫铵的含水量	%	≤2	
干燥器后硫铵的含水量	%	≤0.1	
酸洗塔煤气的进口温度	℃	38	露点38℃
酸洗塔煤气的出口温度	℃	44	
酸洗塔循环母液的酸度	%	2.5 ~ 3.0	
循环母液中硫铵的浓度	%	42.5 ~ 43.5	
酸洗塔循环母液的密度	g/cm³	1.25	
酸洗塔阻力	kPa	≤1	
真空蒸发器的真空度	kPa	87 ~ 90	
结晶槽的操作温度	℃	48 ~ 54	
母液加热器出口的母液温度	℃	56 ~ 58	
结晶槽循环母液的酸度	%	5	
结晶槽下部浆液中结晶的浓度	%	30	体积分数
供料槽下部浆液中结晶的浓度	%	50	体积分数
干燥器热风的进口温度	℃	约160	
干燥器废气的出口温度	℃	约70	
干燥器热风的进口压力	kPa	≥4.5	
干燥器冷风的进口压力	kPa	≥4.5	
干燥器废气的出口压力	kPa	0 或微负压	

表 4 - 6　酸洗法生产硫铵装置的工艺设计参数

项　　目		单　位	指　标	备　注
酸洗塔	液气比	L/m³	5 ~ 6	
	空塔气速	m/s	2.0 ~ 2.5	
	捕雾层空塔气速	m/s	1	
	酸洗塔阻力	Pa	500 ~ 700	

项　　目		单　位	指　标	备　注
蒸发器	母液循环量	L/m³ 煤气	5 ~ 6	
	蒸发强度	kg/(m² · h)	650 ~ 680	
	蒸汽在上部空间停留时间	s	1.5	
	母液下降速度	m/s	0.80 ~ 0.85	
母液加热器面积		m²/m³ 母液	10 ~ 12	
结晶槽	母液在槽内停留时间	h	7.5 ~ 8.0	
	槽上部断面的流量	m³/(m² · h)	72 ~ 76	
	槽中部断面的流量	m³/(m² · h)	118 ~ 122	
	浆液出口速度	m/s	2	
干燥冷却器	干燥段面积	m²/t 硫铵	0.4	
	冷却段面积	m²/t 硫铵	0.2	

4.4.3　无水氨生产装置的工艺操作指标及设计参数

无水氨生产装置的工艺操作指标及设计参数见表 4 - 7 和表 4 - 8。

表 4 - 7　无水氨生产装置的工艺操作指标

项　　目	单　位	指　标	备　注
贫液中氨与磷酸的摩尔比		1.2 ~ 1.3	
富液中氨与磷酸的摩尔比		1.7 ~ 1.8	
贫液的 pH 值		4.5 ~ 5.0	
富液的 pH 值		6.5 ~ 7.0	
氨吸收塔的操作温度	℃	35 ~ 50	
接触器的操作温度	℃	110 ~ 125	
解析塔的塔顶温度	℃	185 ~ 190	
解析塔的塔底温度	℃	195 ~ 198	
精馏塔的塔顶温度	℃	37 ~ 40	
精馏塔第 30 层的温度	℃	37 ~ 40	
精馏塔第 24 层的温度	℃	65 ± 2	
精馏塔塔底的温度	℃	195 ~ 201	
氨吸收塔的阻力	kPa	1.5 ~ 2.5	
解吸塔的塔顶压力	MPa	1.25 ~ 1.35	
精馏塔的塔顶压力	MPa	1.4 ~ 1.6	

表 4 – 8　无水氨生产装置的工艺设计参数

项　　目	单　位	指　标	备　　注
氨吸收塔的空塔速度	m/s	2.80 ~ 2.85	
氨吸收塔的液气比	L/m^3	6.0 ~ 8.5	
氨吸收塔单位面积的喷淋量	m^3/h	75	
接触器返回吸收塔的氨量	%	2.15	为总氨量
精馏塔排油层返回的氨量	%	2	为总氨量
贫液中的磷酸浓度	%	30	
富液中的磷酸浓度	%	31 ~ 32	
接触器的气体排出量	%	1.0 ~ 1.1	为富液量
解析塔的蒸汽耗量	kg/kg 吸收液	0.2	
解析塔的空塔速度	m/s	0.30 ~ 0.35	
精馏塔的蒸汽耗量	kg/kg 氨	3.0 ~ 3.5	
精馏塔的回流比		2	
精馏塔的空塔速度	m/s	0.3 ~ 0.4	
精馏塔的 32.5% NaOH 耗量	kg/kg 氨	0.03	
精馏塔第 22 层的排油量	%	0.70 ~ 0.75	为精馏塔原料量，其中含氨 0.4% ~ 0.5%

4.4.4　水洗氨 – 蒸氨 – 氨分解装置的工艺操作指标及设计参数

水洗氨 – 蒸氨 – 氨分解装置的工艺操作指标及设计参数见表 4 – 9 和表 4 – 10。

表 4 – 9　水洗氨 – 蒸氨 – 氨分解装置的工艺操作指标

项　　目	单　位	指　标	备　　注
进入洗氨塔的煤气温度	℃	30 ~ 50	按净化工艺而定
洗氨塔洗氨段的操作温度	℃	25 ~ 28	
进入洗氨塔的洗涤水温度	℃	25 ~ 28	
每台洗氨塔的阻力	kPa	0.5 ~ 1.0	
蒸氨废水含氨量	%	< 0.01	
蒸氨废水或软水量	m^3/km^3 煤气	0.8 ~ 1.0	
富氨水量	m^3/km^3 煤气	0.8 ~ 1.0	
洗氨塔的循环水量	m^3/km^3 煤气	2.5 ~ 3.5	
蒸氨塔的塔顶温度	℃	100 ~ 102	
蒸氨塔的塔底温度	℃	105 ~ 108	
分凝器后的氨气温度	℃	85 ~ 90	
一段冷却器后的废水温度	℃	40	
二段冷却器后的废水温度	℃	25 ~ 28	
蒸氨塔塔顶的操作压力	kPa	10 ~ 25	
蒸氨塔塔底的操作压力	kPa	20 ~ 35	

项 目	单 位	指 标	备 注
蒸氨塔的直接蒸气压力	MPa	0.4~0.6	
蒸氨废水的全氨含量	mg/L	<200	
氨分解炉的分解率	%	>99	
氨分解炉的操作温度	℃	1100~1200	
氨分解炉的操作压力	kPa	约20	
氨分解炉后的尾气温度	℃	80~82	返回吸煤气管道

表 4-10 水洗氨-蒸氨-氨分解装置的工艺设计参数

项 目		单 位	指 标	备 注
洗氨塔的空塔速度		m/s	0.8~1.0	
洗氨塔的填料面积	木格填料	m^2	1.1~1.2	对每小时每立方米煤气
	SM-125Y型金属孔板波纹填料	m^2	0.7~0.8	对每小时每立方米煤气
洗氨塔的数量		台	2	
洗氨塔净化段每1km^3煤气软水用量		t	1.0~1.2	
蒸氨塔的空塔速度		m/s	0.6~0.8	
蒸氨塔的塔板间距		mm	300~400	
蒸氨塔的塔板层数		块	30	
每吨原料氨水的直接蒸汽用量		kg	160~200	
氨分凝器的面积		m^2/t 原料氨水	2.0~2.5	
氨分凝器的用水量		t/t 原料氨水	5.0~5.5	
氨分解炉内过程气的线速度		m/s	1.7~1.8	
过程气在氨分解炉内的停留时间		s	4	
过程气在氨分解炉催化区停留时间		s	1.2	
氨分解炉的体积热强度		kJ/(m^2·h)	125.6 万	
氨分解炉燃烧区的空气过剩系数			1.15	
氨分解炉催化床的空气过剩系数			0.97	
煤气燃烧所需的干空气量		m^3/m^3 煤气	4.11	
废热锅炉的热回收率		%	75	
废热锅炉的总传热系数		W/(m^2·℃)	35~41	
锅炉水预热器的总传热系数		W/(m^2·℃)	198~209	

4.5 氨回收产品的质量指标

4.5.1 硫铵的质量标准

硫铵的质量标准（GB 535—1995）见表 4-11。

表 4 – 11　硫铵的质量标准

项　目	指　标		
	优等品	一等品	合格品
外　观	白色结晶，无可见机械杂质	无可见机械杂质	无可见机械杂质
含氮量（干基）/%	≥21.0	≥21.0	≥20.5
含水量/%	≤0.2	≤0.3	≤1.0
游离酸（硫酸）含量/%	≤0.03	≤0.05	≤0.2
铁含量/%	≤0.007		
砷含量/%	≤0.00005		
重金属（以 Pb 计）含量/%	≤0.005		
水不溶物含量/%	≤0.01		

注：硫铵在农业中使用时可不检验铁、砷、重金属和水不溶物含量等指标。

4.5.2　无水氨的质量标准

无水氨的质量标准见表 4 – 12。

表 4 – 12　无水氨的质量标准

项　目		一等品	二等品
纯　度		99.8%	99.5%
颜　色		无色	无色
杂质含量	油	微量	微量
	H_2S	微量	微量
	羰基	微量	微量
	CO_2	微量	微量
	Cl^-	微量	微量
	不凝物	微量	微量

4.6　喷淋式饱和器生产硫铵装置的工艺计算

4.6.1　基础数据

（1）鼓风机后煤气的组成见表 4 – 13。

表 4 – 13　鼓风机后煤气的组成

组　成	含量/kg · h^{-1}	组　成	含量/kg · h^{-1}
干煤气	32926	氨	448
苯族烃	2200	水汽	2680
硫化氢	1037	小计	39291

（2）剩余氨水量。剩余氨水量为 25.5t/h。

（3）蒸氨后浓氨气的组成见表4-14。

表4-14 蒸氨后浓氨气的组成

组 成	含量/kg·h⁻¹	组 成	含量/kg·h⁻¹
氨	211	水	1109
二氧化碳	74	小计	1457
硫化氢	63		

4.6.2 氨的平衡

氨的平衡见表4-15。

表4-15 氨的平衡

输 入	物料量/kg·h⁻¹	输 出	物料量/kg·h⁻¹
焦炉煤气带入的氨	448	焦炉煤气带走的氨	2
氨气带入的氨	211	与硫酸反应的氨	657
小 计	659	小 计	659

吸收657kg/h氨所需的100%硫酸为：

$$657 \times (98/34) = 1894 \text{kg/h}$$

生成的硫铵量（干）为：

$$657 + 1894 = 2551 \text{kg/h}$$

设湿硫铵的含水量为2%，则湿硫铵的产量为：

$$2551/0.98 = 2605 \text{kg/h}$$

需76%的硫酸消耗量为：

$$1894/0.76 = 2492 \text{kg/h} \quad (\text{其中含水量为598kg/h})$$

4.6.3 饱和器的水平衡

4.6.3.1 输入水量

焦炉煤气带入的水量   2680kg/h

氨气带入的水量   1109kg/h

硫酸带入的水量   598kg/h

离心机的洗水量（离心机的洗水量为硫铵产量的6%） $2551 \times 6\% = 153 \text{kg/h}$

总输入水量为：

$$W_{入} = 2680 + 1109 + 598 + 153 = 4540 \text{kg/h}$$

4.6.3.2 输出水量

离心机后湿硫铵带走的水量为：

$$2605 - 2551 = 54 \text{kg/h}$$

设煤气应从饱和器内带走的水量为X kg/h，总输出水量为：

$$W_{出} = 54 + X$$

令：
$$W_{入} = W_{出}$$
则：
$$4540 = 54 + X$$
$$X = 4486 \text{kg/h}$$

4.6.4　饱和器的物料平衡

4.6.4.1　输入物料

（1）进入饱和器的煤气量及其组成见表 4 - 16。

表 4 - 16　进入饱和器的煤气量及其组成

组　成	kg/h	m³/h
干煤气	32926	72460
苯族烃	2200	595
硫化氢	1037	680
氨	448	590
水蒸气	2680	3335
小计	39291	77660

（2）进入饱和器的氨气量及其组成见表 4 - 17。

表 4 - 17　进入饱和器的氨气量及其组成

组　成	kg/h	m³/h
氨	211	278
二氧化碳	74	38
硫化氢	63	42
水蒸气	1109	1380
小计	1457	1738

（3）进入饱和器的硫酸量。进入饱和器的硫酸（浓度 76%）量为 2492kg/h。

（4）离心机的洗水量。离心机的洗水量为 153kg/h。

总输入的物料量为：
$$39291 + 1457 + 2492 + 153 = 43393 \text{kg/h}$$

4.6.4.2　输出物料

（1）离开饱和器的煤气量及其组成见表 4 - 18。

表 4 - 18　离开饱和器的煤气量及其组成

组　分	kg/h	m³/h
干煤气	33000	72623
水蒸气	4486	5583
氨	2	3
硫化氢	1100	725
苯族烃	2200	595
小计	40788	79529

（2）湿硫铵产量。湿硫铵（含水2%）产量为2605kg/h。

总输出物料量为：

$$40788 + 2605 = 43393 \text{kg/h}$$

饱和器的物料平衡见表4-19。

表4-19 饱和器的物料平衡

输 入	物料量/kg·h^{-1}	输 出	物料量/kg·h^{-1}
煤 气	39291	煤 气	40788
氨 气	1457	湿硫铵	2605
硫 酸	2492		
洗涤水	153		
小 计	43393	小 计	43393

4.6.5 饱和器温度制度的确定

从饱和器的水平衡可知，为了维持母液系统的水平衡，必须由煤气带出系统的过剩水。当母液液面上水蒸气的饱和蒸气压 p_M 等于出口煤气中水蒸气的分压 p_B 时，所对应的母液温度（或煤气出口温度）即为饱和器的最低操作温度。为了保证水蒸气有足够的推动力，必须满足 $p_M > p_B$，一般情况下，p_M 应为 p_B 的 1.3~1.5 倍。p_M 和 p_B 可分别按式（4-10）和式（4-11）计算：

$$p_M = p_0(1 - 0.00235v - 0.004S) \tag{4-10}$$

式中，p_0 为饱和器操作温度下的纯水饱和蒸气压，kPa；v 为母液中的硫铵含量，一般 $v = 85.5$g/100g；S 为母液中的游离酸含量，一般 $S = 11.1$g/100g。

则

$$p_M = 0.755p_0$$

$$p_B = \frac{V_B}{V} \times p \tag{4-11}$$

式中，V_B 为饱和器出口煤气中水蒸气的体积，m^3/h；V 为饱和器出口煤气中水蒸气的总体积，m^3/h；p 为饱和器出口压力（绝对），$p = 112$kPa。则：

$$p_B = \frac{V_B}{V} \times p = \frac{5583}{79529} \times 112 = 7.862 \text{kPa}$$

$$p_M = 1.5p_B = 1.5 \times 7.862 = 11.793 \text{kPa}$$

$$11.793 = 0.755p_0$$

$$p_0 = 15.620 \text{kPa}$$

查水蒸气压力表得相应的温度为 54.86℃，取 55℃。因此，饱和器的操作温度就为 55℃。

4.6.6 饱和器的热平衡

采用煤气预热器的加热方案时，通过对饱和器的热平衡，可求得煤气预热器出口的煤气温度。

4.6.6.1　输入热量

（1）焦炉煤气带入的热量 Q_1（设煤气入口温度为 t ℃）。

干煤气	$32926 \times 2.93 \times t = 96473t$ kJ/h
水蒸气	$2680 \times (2491 + 1.834t) = (6675880 + 4915t)$ kJ/h
苯族烃	$2200 \times 1.03 \times t = 2266t$ kJ/h
硫化氢	$1037 \times 0.997 \times t = 1034t$ kJ/h
氨	$448 \times 2.106 \times t = 944t$ kJ/h

$$Q_1 = (6675880 + 105632t) \, \text{kJ/h}$$

式中，2491 为水的蒸发潜热，kJ/kg；2.93 为焦炉煤气的比热容，kJ/(kg·℃)；1.834 为水蒸气的比热容，kJ/(kg·℃)；1.03 为苯族烃的比热容，kJ/(kg·℃)；0.997 为硫化氢的比热容，kJ/(kg·℃)；2.106 为氨的比热容，kJ/(kg·℃)。

（2）氨气带入的热量 Q_2（氨气温度为 95℃）。

氨	$211 \times 2.127 \times 95 = 42636$ kJ/h
二氧化碳	$74 \times 0.892 \times 95 = 6271$ kJ/h
硫化氢	$63 \times 1.005 \times 95 = 6015$ kJ/h
水汽	$1109 \times (2491 + 1.842 \times 95) = 2956583$ kJ/h

$$Q_2 = 3011505 \, \text{kJ/h}$$

（3）硫酸带入的热量 Q_3（硫酸温度为 20℃）。

$$Q_3 = 2492 \times 1.918 \times 20 = 95593 \, \text{kJ/h}$$

式中，1.918 为 76% 硫酸的比热容，kJ/(kg·℃)。

（4）离心机洗涤水带入的热量 Q_4（洗涤水温度为 60℃）。

$$Q_4 = 153 \times 4.187 \times 60 = 38437 \, \text{kJ/h}$$

（5）结晶槽和离心机返回母液带入的热量 Q_5（母液温度为 45℃）。取结晶槽和离心机返回的母液量为硫铵产量的 10 倍，则返回的母液量为：

$$2551 \times 10 = 25510 \, \text{kg/h}$$

$$Q_5 = 25510 \times 2.68 \times 45 = 3076506 \, \text{kJ/h}$$

式中，2.68 为硫铵母液的比热容，kJ/(kg·℃)。

（6）循环母液带入的热量 Q_6（循环母液温度为 48℃）。

$$Q_6 = 2551 \times 30 \times 2.68 \times 48 = 9844819 \, \text{kJ/h}$$

式中，30 为循环母液量，为硫铵产量的倍数。

（7）化学反应热 Q_7。

硫铵的生成热	$\dfrac{2551}{132} \times 195524 = 3778649$ kJ/h
硫铵的结晶热	$\dfrac{2551}{132} \times 10886 = 210380$ kJ/h

硫酸的稀释热，即硫酸由 76% 稀释至 6% 的稀释热为：

$$74776 \times \left(\frac{n_1}{1.7983 + n_1} - \frac{n_2}{1.7983 + n_2} \right) \text{kJ/kmol}$$

式中，195524 为硫铵的生成热，kJ/kmol；10886 为硫铵的结晶热，kJ/kmol；n_1 为硫酸稀释后水的摩尔数与酸的摩尔数之比，$n_1 = \dfrac{94/18}{6/98} = 85.3$；$n_2$ 为硫酸稀释前水的摩尔数与酸

的摩尔数之比，$n_2 = \dfrac{24/18}{76/98} = 1.72$。则硫酸的稀释热为：

$$74776 \times \left(\frac{85.3}{1.7983 + 85.3} - \frac{1.72}{1.7983 + 1.72} \right) = 36678 \text{kJ/kmol}$$

按 1894kg/h 无水硫酸计，

$$\frac{1894 \times 36678}{98} = 708858 \text{kJ/h}$$

$$Q_7 = 3778649 + 210380 + 708858 = 4697887 \text{kJ/h}$$

总输入热量为：

$$\begin{aligned} Q_入 &= 6675880 + 105632t + 3011505 + 95593 + 38437 + 3076506 + 9844819 + 4697887 \\ &= (27440627 + 105632t) \text{kJ/h} \end{aligned}$$

4.6.6.2　输出热量

（1）焦炉煤气带出的热量 Q_8（煤气出口温度为 55℃）。

干煤气	$33000 \times 2.93 \times 55$	$= 5317950 \text{kJ/h}$
水蒸气	$4486 \times (2491 + 1.8359 \times 55)$	$= 11627598 \text{kJ/h}$
苯族烃	$2200 \times 1.03 \times 55$	$= 124630 \text{kJ/h}$
硫化氢	$1100 \times 0.997 \times 55$	$= 60319 \text{kJ/h}$
氨	$2 \times 2.127 \times 55$	$= 234 \text{kJ/h}$

$$Q_8 = 5317950 + 11627598 + 124630 + 60319 + 234 = 17130731 \text{kJ/h}$$

（2）湿硫铵带出的热量 Q_9（湿硫铵温度为 55℃）。

硫铵带出的热量　　$2551 \times 1.424 \times 55 = 199794 \text{kJ/h}$

式中，1.424 为硫铵的比热容，kJ/（kg·℃）。

水分带出的热量　　$54 \times 4.187 \times 55 = 12435 \text{kJ/h}$

$$Q_9 = 199794 + 12435 = 212229 \text{kJ/h}$$

（3）送往结晶槽母液带出的热量 Q_{10}（母液温度为 55℃）。

$$Q_{10} = 25510 \times 2.68 \times 55 = 3760174 \text{kJ/h}$$

（4）循环母液带出的热量 Q_{11}（母液温度为 55℃）。

$$Q_{11} = 2551 \times 30 \times 2.68 \times 55 = 11280522 \text{kJ/h}$$

（5）饱和器热损失 Q_{12}。

$$Q_{12} = 0.05 Q_入 = 0.05 \times (27440627 + 105632t) = (1372031 + 5282t) \text{kJ/h}$$

总输出热量为：

$$\begin{aligned} Q_出 &= 17130731 + 212229 + 3760174 + 11280522 + (1372031 + 5282t) \\ &= (33755687 + 5282t) \text{kJ/h} \end{aligned}$$

令 $Q_入 = Q_出$

$$27440627 + 105632t = 33755687 + 5282t$$

$t \approx 63℃$，因此，焦炉煤气必须在预热器中加热到 63℃。

饱和器的热平衡见表 4-20。

表 4 – 20　饱和器的热平衡

输　　入	热量/kJ · h^{-1}	输　　出	热量/kJ · h^{-1}
煤　气	13330696	煤　气	17130731
氨　气	3011505	湿硫铵	212229
硫　酸	95593	送往结晶槽母液	3760174
洗涤水	38437	循环母液	11280522
结晶槽和离心机返回母液	3076506	热损失	1711787
循环母液	9844819		
化学反应热	4697887		
小　计	34095443	小　计	34095443

4.6.7　饱和器基本尺寸的计算

4.6.7.1　进入饱和器煤气的实际体积流量

由饱和器的热平衡计算得知，进入饱和器的煤气必须预热至 63℃ 以上，取煤气温度为 75℃，操作压力为 115.72kPa。

由饱和器物料衡算得知，进入饱和器的煤气体积流量为 77660m^3/h，其实际的体积流量为：

$$V_\text{入} = 77660 \times \frac{273 + 75}{273} \times \frac{101.32}{115.72} = 86678 \text{m}^3/\text{h}$$

4.6.7.2　进入饱和器氨气的实际体积流量

由饱和器物料衡算得知，进入饱和器的氨气体积流量为 1738m^3/h，其实际的体积流量为：

$$V_2 = 1738 \times \frac{273 + 95}{273} \times \frac{101.32}{115.72} = 2051 \text{m}^3/\text{h}$$

4.6.7.3　饱和器外环的截面积

取气体在饱和器外环截面积处的流速为 0.8m/s，则所需的外环截面积为：

$$F_1 = \frac{86678 + 2051}{3600 \times 0.8} = 30.8 \text{m}^2$$

4.6.7.4　饱和器内环的截面积

取煤气在饱和器内环截面积处的流速为 15m/s，则所需的内环截面积为：

$$F_2 = \frac{86678}{3600 \times 15} = 1.61 \text{m}^2$$

4.6.7.5　中央煤气出口管的直径

取中央煤气出口管内煤气的流速为 12m/s，煤气出口温度为 60℃，压力为 114.26kPa，则中央煤气出口管的断面积为：

$$F_3 = \frac{V}{3600v} = \frac{84000}{3600 \times 12} = 1.94 \text{m}^2$$

$$V = 77660 \times \frac{273 + 60}{273} \times \frac{101.32}{114.26} = 84000 \text{m}^3/\text{h}$$

$$D = \sqrt{\frac{1.94}{0.785}} = 1.6 \text{m}$$

4.6.7.6　饱和器的内径

饱和器的总截面积为：

$$30.8 + 1.61 + 1.94 = 34.35 \text{m}^2$$

则饱和器的内径为：

$$D = \sqrt{\frac{34.35}{0.785}} = 6.6 \text{m}$$

4.6.7.7　饱和器的内环直径

饱和器内环的总截面积为：

$$1.58 + 1.94 = 3.52 \text{m}^2$$

则饱和器内环的直径为：

$$D = \sqrt{\frac{3.52}{0.785}} = 2.1 \text{m}$$

4.6.8　煤气预热器

根据饱和器的热平衡得知，进入饱和器的煤气温度必须在预热器内加热至63℃，计算预热器时取该温度为75℃。焦炉煤气量为77660m³/h，预热器前的煤气温度为50℃，煤气压力为116.26kPa，采用0.4MPa的低压蒸汽加热。

4.6.8.1　预热器的热平衡

A　输入热量

（1）煤气带入的热量 Q_1（煤气温度50℃）。

干煤气带入的热量	$32926 \times 2.93 \times 50 = 4823659 \text{kJ/h}$
苯族烃带入的热量	$2200 \times 1.03 \times 50 = 113300 \text{kJ/h}$
硫化氢带入的热量	$1037 \times 0.997 \times 50 = 51694 \text{kJ/h}$
氨带入的热量	$448 \times 2.106 \times 50 = 47174 \text{kJ/h}$
水汽带入的热量	$2680 \times (2491 + 1.834 \times 50) = 6921636 \text{kJ/h}$

$$Q_1 = 11957463 \text{kJ/h}$$

（2）加热蒸汽带入的热量 Q_2（kJ/h）。

总输入热量为：

$$Q_入 = (11957463 + Q_2) \text{kJ/h}$$

B　输出热量

（1）煤气带出的热量 Q_3（煤气温度75℃）。

干煤气带出的热量	$32926 \times 2.93 \times 75 = 7235489 \text{kJ/h}$
苯族烃带出的热量	$2200 \times 1.03 \times 75 = 169950 \text{kJ/h}$
硫化氢带出的热量	$1037 \times 0.997 \times 75 = 77542 \text{kJ/h}$
氨带出的热量	$448 \times 2.106 \times 75 = 70762 \text{kJ/h}$

水汽带出的热量 $\qquad$ $2680 \times (2491 + 1.834 \times 75) = 7044514 \text{kJ/h}$

$$Q_3 = 14598257 \text{kJ/h}$$

（2）散热损失的热量 $Q_4 = 0.1 Q_2 \text{ kJ/h}$。

总输出热量为：

$$Q_{出} = (14598257 + 0.1 Q_2) \text{kJ/h}$$

令 $Q_入 = Q_出$

$$11957463 + Q_2 = 14598257 + 0.1 Q_2$$

$$Q_2 = 2934216 \text{kJ/h}$$

则加热蒸汽消耗量为：

$$\frac{2934216}{2136.1} = 1374 \text{kg/h}$$

式中，2136.1 为蒸汽的冷凝潜热，kJ/kg。

4.6.8.2　预热器的传热面积

预热器的传热面积按式（4 - 12）计算。

$$F = \frac{Q}{3.6 K \Delta t} \qquad\qquad (4 - 12)$$

式中，Q 为传热量，$Q = 2347371 \text{kJ/h}$；K 为总传热系数，取 $81 \text{W/(m}^2 \cdot \text{℃})$；$\Delta t$ 为对数平均温差。

煤气	50℃ $\longrightarrow$	75℃
蒸汽	142.9℃ $\longleftarrow$	142.9℃
温差	92.9℃	67.9℃

$$\Delta t = \frac{92.9 - 67.9}{2.3 \lg \dfrac{92.9}{67.9}} = 80 ℃$$

$$F = \frac{Q}{3.6 K \Delta t} = \frac{2934216}{3.6 \times 81 \times 80} \approx 126 \text{m}^2$$

按定额 1000m^3 需加热面积 2m^2，则预热器的传热面积为：

$$F = 2 \times \frac{77660}{1000} = 155 \text{m}^2$$

4.6.9　采用母液加热时的工艺计算

采用母液加热器时，不仅能对母液温度进行调节和控制，以保持饱和器系统的水平衡，同时可起到控制晶核的数量、消除微晶的作用，有利于硫铵结晶的成长，产生大颗粒结晶。但是，由于母液加热器在较高的温度下操作，容易发生腐蚀损坏。因此，对设备材质、制作及操作的要求均较高。

母液加热器后的母液温度应按所需的母液温度通过饱和器系统的热量衡算加以确定。通常，采用母液加热器操作时，其母液的出口温度不应超过 70℃。

4.6.9.1　饱和器的热平衡

在母液加热器出口温度保持 70℃ 的前提下，通过饱和器的热平衡求得需要被加热的母液量。

A 输入热量

（1）焦炉煤气带入的热量 Q_1（煤气温度 50℃）。

干煤气带入的热量	$32926 \times 2.93 \times 50 = 4823659$ kJ/h
水汽带入的热量	$2680 \times (2491 + 1.834 \times 50) = 6921636$ kJ/h
苯族烃带入的热量	$2200 \times 1.03 \times 50 = 113300$ kJ/h
硫化氢带入的热量	$1037 \times 0.997 \times 50 = 51695$ kJ/h
氨带入的热量	$448 \times 2.106 \times 50 = 47174$ kJ/h

$$Q_1 = 11957464 \text{kJ/h}$$

（2）氨气带入的热量 Q_2（氨气温度 95℃）。

氨气带入的热量	$211 \times 2.127 \times 95 = 42636$ kJ/h
二氧化碳带入的热量	$74 \times 0.892 \times 95 = 6271$ kJ/h
硫化氢带入的热量	$63 \times 1.01 \times 95 = 6045$ kJ/h
水汽带入的热量	$1109 \times (2491 + 1.84 \times 95) = 2956372$ kJ/h

$$Q_2 = 3011324 \text{kJ/h}$$

式中，2.127、0.892、1.01、1.84 分别为氨、二氧化碳、硫化氢、水汽的比热容，kJ/(kg·℃)。

（3）硫酸带入的热量 Q_3（硫酸温度 20℃）。

$$Q_3 = 2492 \times 1.918 \times 20 = 95593 \text{kJ/h}$$

（4）离心机洗涤水带入的热量 Q_4（洗涤水温度 60℃）。

$$Q_4 = 153 \times 4.187 \times 60 = 38436 \text{kJ/h}$$

（5）结晶槽和离心机返回母液带入的热量 Q_5（母液温度 45℃）。

$$Q_5 = 2551 \times 10 \times 2.68 \times 45 = 3076506 \text{kJ/h}$$

（6）循环母液带入的热量 Q_6（母液温度 48℃）。

$$Q_6 = 2551 \times 30 \times 2.68 \times 48 = 9844819 \text{kJ/h}$$

（7）化学反应热 Q_7（见 4.6.6.1 节煤气预热饱和器的热量衡算）。

$$Q_7 = 4697887 \text{kJ/h}$$

（8）母液加热器后母液带入的热量 Q_8（母液温度 70℃）。

设母液量为 W

$$Q_8 = W \times 2.68 \times 70 = 187.6W \text{ kJ/h}$$

总输入热量为：

$$Q_入 = (32722029 + 187.6W) \text{kJ/h}$$

B 输出热量

（1）焦炉煤气带出的热量 Q_9（煤气温度 55℃）。

干煤气带出的热量	$33000 \times 2.93 \times 55 = 5317950$ kJ/h
水蒸气带出的热量	$4486 \times (2491 + 1.834 \times 55) = 11627129$ kJ/h
氨带出的热量	$2 \times 2.127 \times 55 = 234$ kJ/h
硫化氢带出的热量	$1100 \times 0.997 \times 55 = 60319$ kJ/h
苯族烃带出的热量	$2200 \times 1.03 \times 55 = 124630$ kJ/h

$$Q_9 = 17130262 \text{kJ/h}$$

（2）湿硫铵带出的热量 Q_{10}（湿硫铵温度 55℃）。

硫铵带出的热量 $2551 \times 1.42 \times 55 = 199233 kJ/h$

水分带出的热量 $54 \times 4.187 \times 55 = 12435 kJ/h$

$$Q_{10} = 211668 kJ/h$$

（3）送往结晶槽母液带出的热量 Q_{11}（母液温度 55℃）。

$$Q_{11} = 2551 \times 10 \times 2.68 \times 55 = 3760174 kJ/h$$

（4）循环母液带出的热量 Q_{12}（母液温度 55℃）。

$$Q_{12} = 2551 \times 30 \times 2.68 \times 55 = 11280522 kJ/h$$

（5）送往母液加热器母液带出的热量 Q_{13}（母液温度 55℃）。

$$Q_{13} = W \times 2.68 \times 55 = 147.4W \ kJ/h$$

（6）饱和器热损失 Q_{14}。

$$Q_{14} = 1711787 kJ/h$$

总输出热量为：

$$Q_{出} = (34094413 + 147.4W) kJ/h$$

令 $Q_{入} = Q_{出}$

$$32722029 + 187.6W = 34094413 + 147.4W$$

求得 $W = 34139 kg/h$

4.6.9.2   母液加热器传热面积的计算

母液加热器的传热面积按式（4-12）计算。

$$F = \frac{Q}{3.6K\Delta t}$$

式中，Q 为传热量，$Q = 34139 \times 2.68 \times (70 - 55) = 1372388 kJ/h$；$K$ 为总传热系数，取 $174 W/(m^2 \cdot ℃)$；Δt 为对数平均温差。

母液	55℃ ⟶	70℃
蒸汽	142.9℃ ⟵	142.9℃
温差	87.9℃	72.9℃

$$\Delta t = \frac{87.9 - 72.9}{2.3 \lg \frac{87.9}{72.9}} = 80.2℃$$

$$F = \frac{Q}{3.6K\Delta t} = \frac{1372388}{3.6 \times 174 \times 80.2} = 27.3 m^2$$

取母液加热器的面积为 $F = 40 m^2$。

4.7   酸洗法生产硫铵装置的工艺计算

4.7.1   基础数据

（1）装入煤。

干煤装入量   220t/h

煤水分   8%

化合水   2.2%

（2）产品产率（质量分数）。

干煤气	15%
焦油	3.5%
苯族烃	1%
硫化氢	0.5%
氨	0.3%

（3）鼓风机后的煤气组成。

干煤气	32926kg/h
苯族烃	2200kg/h
硫化氢	1037kg/h
氨	448kg/h
水汽	2680kg/h
小计	39291kg/h

（4）剩余氨水量。剩余氨水量为 25.5t/h。

（5）蒸氨后的浓氨水组成。

氨	211kg/h
二氧化碳	74kg/h
硫化氢	63kg/h
水	1109kg/h
小计	1457kg/h

4.7.2 酸洗塔

4.7.2.1 酸洗塔的物料平衡

A 酸洗塔的氨平衡

酸洗塔的氨平衡见表 4 – 21。

表 4 – 21 酸洗塔的氨平衡

输 入	物料量/kg·h^{-1}	输 出	物料量/kg·h^{-1}
焦炉煤气带入的氨	448	焦炉煤气带走的氨	2
氨气带入的氨	211	与硫酸反应的氨	657
小 计	659	小 计	659

吸收 657kg/h 的氨所需的 100% 硫酸为：

$$657 \times (98/34) = 1894kg/h$$

659 – 2 = 657kg/h，其中 2kg/h 由煤气带走。

生成的硫铵量（干）为：

$$657 + 1894 = 2551kg/h$$

湿硫铵含水 2%，则湿硫铵的产量为：

$$2551/0.98 = 2600kg/h$$

需 94% 的硫酸消耗量为:

$$1894/0.94 = 2015\text{kg/h}\ (\text{其中含水量为 121kg/h})$$

B　两段酸洗塔氨的分配

进入的物料量见表 4 – 22。

表 4 – 22　进入的物料量

组　成	从鼓风机来的物料	从氨分缩器来的物料	总　计	
	kg/h	kg/h	kg/h	m³/h
干煤气	32926		32926	72460
苯族烃	2200		2200	595
硫化氢	1037	63	1100	725
二氧化碳		74	74	38
氨	448	211	659	868
水汽	2680	1109	3789	4715
总计	39291	1457	40748	79401

在酸洗塔下段吸收的氨量, 可以根据两段接触面积或体积相等的条件来计算, 这样得出等式 (4 – 13):

$$a_2 = \sqrt{a_1} \times \sqrt{a_3} \tag{4 – 13}$$

式中, a_1 为酸洗塔下段前煤气中的氨含量, g/m³; a_2 为酸洗塔上段前煤气中的氨含量, g/m³; a_3 为酸洗塔上段后煤气中的氨含量, g/m³。

$$a_1 = (659 \times 1000)/79401 = 8.3\text{g/m}^3$$

$$a_3 = (2 \times 1000)/79401 = 0.025\text{g/m}^3$$

故　　　　　　　$$a_2 = \sqrt{8.3 \times 0.025} = 0.46\text{g/m}^3$$

所以, 在酸洗塔下段中吸收的氨量为:

$$79401 \times (8.3 - 0.46)/1000 = 623\text{kg/h}$$

进入上段的氨量为:

$$659 - 623 = 36\text{kg/h}$$

上段吸收的氨量为:

$$36 - 2 = 34\text{kg/h}$$

为了在吸收塔下段吸收 623kg/h 氨, 所需 100% 硫酸量为:

$$623 \times (98/34) = 1796\text{kg/h}$$

得到的硫铵量为:

$$623 + 1796 = 2416\text{kg/h}$$

在上段吸收的氨量为 34kg/h, 消耗 100% 硫酸 98kg/h, 生成的硫铵量为:

$$34 + 98 = 132\text{kg/h}$$

生成的硫铵总量为:

$$2416 + 132 = 2548\text{kg/h}$$

C 由酸洗塔上段进入下段的母液量

酸洗塔上段生成的硫铵量为132kg/h，如进入下段的母液含硫铵为28%，这样，母液量为：

$$132/0.28 = 471.4 \text{kg/h} \quad 或 \quad 471.4/1.6 = 295 \text{L/h}$$

母液中含硫铵28%，硫酸12%，则进入酸洗塔下段的母液组成为：

硫铵	$471.4 \times 0.28 = 132 \text{kg/h}$
硫酸	$471.4 \times 0.12 = 56.4 \text{kg/h}$
水	283kg/h
小计	471.4kg/h

D 由酸洗塔下段进入蒸发器的母液量

进入蒸发器的母液量应当保证在蒸发出水和分离出全部硫铵后，剩有一定浓度的硫铵饱和溶液。

由酸洗塔下段送入蒸发器的母液量，可用下述方法求得：

设此母液量为 G，其硫铵含量为40%，硫酸含量为1%，则其中的硫铵量为 $0.4G$ kg/h。

在蒸发器中蒸发出 W kg/h 水后，进入离心机的浆液量为 $(G-W)$ kg/h，其中硫铵量为 $0.4G$ kg/h。

在离心机中分离出 $2548/0.98 = 2600$ kg/h 湿硫铵后，剩余的母液量为 $(G-W-2600)$，其中的硫铵量为 $(0.4G-2548)$。因为离心机后的母液中硫铵含量等于47%，即：

$$(0.4G - 2548)/(G - W - 2600) = 0.47 \tag{4-14}$$

蒸发器中蒸出的水量 W(kg/h) 可按式（4-15）计算：

$$W = \frac{G_c(C_0 - C_2)(C_1 - C_3)}{(C_1 - C_2)C_3} \tag{4-15}$$

式中，C_0 为湿硫铵中的硫铵含量，$C_0 = 98\%$；C_1 为蒸发器后浆液中硫铵含量，设浆液中的硫铵含量占结晶盐的50%，而饱和母液中含有47%的硫铵，那么 $C_1 = 50\% + 0.5 \times 47\% = 73.5\%$；$C_2$ 为离心机后母液中的硫铵含量，$C_2 = 47\%$；C_3 为由酸洗塔下段引入蒸发器的母液中的硫铵含量，$C_3 = 40\%$；G_c 为湿硫铵的产量，$G_c = 2600$ kg/h。

$$W = \frac{2600 \times (98 - 47) \times (73.5 - 40)}{(73.5 - 47) \times 40} = 4190 \text{kg/h}$$

将 W 代入式（4-14）得：

$$(0.4G - 2548)/(G - 4190 - 2600) = 0.47$$

$G = 9190$ kg/h，其密度为 1.24kg/L，即为 7.41m³/h。

进入蒸发器母液的组成为：

硫铵	$0.4 \times 9190 = 3676 \text{kg/h}$
硫酸	$0.01 \times 9190 = 92 \text{kg/h}$
水	5422kg/h
小计	9190kg/h

从进入蒸发器的母液中蒸发出4190kg/h的水和在离心机中分离出2600kg/h的湿硫铵后，剩下的母液量为：

$$9190 - 4190 - 2600 = 2400 \text{kg/h}$$

加入洗涤水 150kg/h 后返回酸洗塔下段循环槽内的母液量为：

$$2400 + 150 = 2550 \text{kg/h}$$

此母液的组成为：

硫铵	$3676 - 2548 = 1128 \text{kg/h}$	
硫酸	$0.01 \times 9190 = 92 \text{kg/h}$	
水	$5422 - 4190 + 150 = 1382 \text{kg/h}$	
小计	2602kg/h	

4.7.2.2　酸洗塔下段的物料平衡

A　输入物料

（1）进入酸洗塔下段的焦炉煤气和由氨分缩器来的氨气见表 4 – 23。

表 4 – 23　进入酸洗塔下段的焦炉煤气和由氨分缩器来的氨气

组　　成	kg/h	m³/h
干煤气	32926	72460
苯族烃	2200	595
硫化氢	1100	725
二氧化碳	74	38
氨	659	868
水汽	3789	4715
总计	40748	79401

（2）由下段循环槽来的循环母液，其量为 G_1，总输入量为（40748 + G_1）kg/h。

B　输出物料

（1）焦炉煤气的 659kg/h 氨中，吸收下来 623kg/h 氨，在煤气中剩余的氨为 36kg/h，随离开酸洗塔下段的焦炉煤气出来的水汽量，可以根据如下情况确定，即由于中和反应热，煤气被加热到 58℃，也就是被加热到送入母液的温度，有相应数量的水蒸气，其水量用 G_B（kg/h）表示：

$$G_B = \frac{Q_1 + Q_2 + Q_3 - Q_4}{2491 + 1.834t}$$

式中，Q_1 为焦炉煤气的带入热量，kJ/h；Q_2 为氨气带入的热量，kJ/h；Q_3 为中和反应热，kJ/h；Q_4 为干煤气带走的热量，kJ/h；t 为酸洗塔出口煤气的温度，$t = 58℃$。

1）50℃焦炉煤气带入热量 Q_1 的计算。

干煤气带入的热量为：

$$q_1 = 32926 \times 2.93 \times 50 = 4823659 \text{kJ/h}$$

水汽带入的热量为：

$$q_2 = 2680 \times (2491 + 1.834 \times 50) = 6921636 \text{kJ/h}$$

苯族烃带入的热量为：

$$q_3 = 2200 \times 1.03 \times 50 = 113300 \text{kJ/h}$$

硫化氢带入的热量为：

$$q_4 = 1037 \times 0.997 \times 50 = 51694 \text{kJ/h}$$

氨带入的热量为：

$$q_5 = 448 \times 2.106 \times 50 = 47174 \text{kJ/h}$$

$$Q_1 = 11957463 \text{kJ/h}$$

2）95℃氨气带入热量 Q_2 的计算。

氨带入的热量为：

$$q_1 = 211 \times 2.127 \times 95 = 42636 \text{kJ/h}$$

二氧化碳带入的热量为：

$$q_2 = 74 \times 0.892 \times 95 = 6271 \text{kJ/h}$$

硫化氢带入的热量为：

$$q_3 = 63 \times 1.01 \times 95 = 6045 \text{kJ/h}$$

水汽带入的热量为：

$$q_4 = 1109 \times (2491 + 1.84 \times 95) = 2956372 \text{kJ/h}$$

$$Q_2 = 3011324 \text{kJ/h}$$

3）中和反应热 Q_3 的计算。

$$Q_3 = (1796/98) \times 195524 = 3583277 \text{kJ/h}$$

式中，195524 为硫酸的中和热，kJ/kmol。

4）58℃干焦炉煤气带走的热量 Q_4 计算。

$$Q_4 = (36 \times 2.127 + 1100 \times 1.248 + 74 \times 1.75 + 2200 \times 1.03 + 32926 \times 2.93) \times 58$$
$$= 5818447 \text{kJ/h}$$

5）酸洗塔下段煤气出口温度 $t = 58℃$，则：

$$G_B = (11957463 + 3011324 + 3583277 - 5818447)/(2491 + 1.834 \times 58) = 4900 \text{kg/h}$$

因此，从酸洗塔下段进入上段的煤气总量见表 4-24。

表 4-24　从酸洗塔下段进入上段的煤气总量

组　成	kg/h	m³/h
干煤气	32926	72460
苯族烃	2200	595
硫化氢	1100	725
二氧化碳	74	38
氨	36	47
水汽	4900	6098
总计	41236	79963

（2）酸洗塔下段排出的循环母液量为 G_2 kg/h，则总输出量为 $(41236 + G_2)$ kg/h。

输入 = 输出，即 $40748 + G_1 = 41236 + G_2$

$$G_1 = G_2 + 488$$

根据酸洗塔下段出口酸度和下段的硫酸耗量可得出计算 G_1 和 G_2 的第二个方程式。

设进入酸洗塔下段的母液酸度为 1.6% ，离开酸洗塔下段的母液酸度为 1% ，酸洗塔下段的酸耗量为 $G_k = 1796 kg/h$ 。1796 为酸洗塔下段吸收 623kg/h 氨所消耗的硫酸量，因此，

$$(1.6/100)G_1 = (1/100)G_2 + 1796$$
$$1.6G_1 = G_2 + 179600$$

解方程得：

$$G_1 = G_2 + 488$$
$$1.6G_1 = G_2 + 179600$$
$$G_1 = 298520 kg/h; \quad G_2 = 298032 kg/h$$

当母液密度为 1240kg/m³ 时，输入的母液体积为：

$$298530/1.24 = 240 m^3/h$$

酸洗塔下段的物料平衡见表 4 - 25。

表 4 - 25　酸洗塔下段的物料平衡

输　入	物料量/kg · h⁻¹	输　出	物料量/kg · h⁻¹
焦炉煤气	39291	焦炉煤气	41236
氨　气	1457		
循环母液	298520	循环母液	298032
小　计	339268	小　计	339268

4.7.2.3　酸洗塔下段的热量平衡

酸洗塔下段的热量平衡见表 4 - 26。

表 4 - 26　酸洗塔下段的热量平衡

输　入	热量/kJ · h⁻¹	输　出	热量/kJ · h⁻¹
焦炉煤气带入的热量	11935311	焦炉煤气带走的热量	$5818900 + (2491 + 1.834 \times 58) \times 4900 = 18546000$
氨气带入的热量	3011565		
中和热	3583900		
循环母液带入的热量	$298520 \times 2.93 \times 58 = 50732188$	循环母液带走的热量	$298032 \times 2.93t = 873281t$
小　计	69262964	小　计	$18546000 + 873281t$

输入 = 输出，即 $69262964 = 18546000 + 873281t$ ，解 $t = 58.1℃$ ，与进入母液的温度一致。

4.7.2.4　酸洗塔下段母液循环槽的物料平衡

A　输入物料

送入酸洗塔下段母液循环槽的物料有酸洗塔下段来的循环母液、由离心机来的母液、由酸洗塔上段来的溢流母液、加入的硫酸和补充水。

（1）酸洗塔下段来的母液量（298032kg/h）减去到蒸发器的母液量（9190kg/h）后，即为酸洗塔下段至母液循环槽的量：

$$298032 - 9190 = 288842 kg/h$$

（2）由离心机来的母液量为 2602kg/h。

（3）由酸洗塔上段溢流的母液量为 471.4kg/h。

（4）设加入的硫酸量为 X_1 kg/h。

（5）设补充水量为 Y_1 kg/h。

则总输入量为：

$$288842 + 2602 + 471.4 + X_1 + Y_1 = 291915.4 + X_1 + Y_1$$

B　输出物料

由母液循环槽送出的循环母液为 298520kg/h。物料平衡如图 4 – 8 所示。

输入 = 输出，则：

$$291863.4 + X_1 + Y_1 = 298520$$

$$X_1 + Y_1 = 6656.6 \text{kg/h}$$

为求得 X_1 和 Y_1，列出无水硫酸的平衡（见表 4 – 27）。

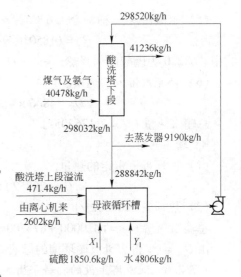

图 4 – 8　酸洗塔下段的物料平衡

表 4 – 27　无水硫酸的平衡

输　入	物料量/kg · h^{-1}	输　出	物料量/kg · h^{-1}
随浓度 94% 硫酸带入的硫酸	$0.94X_1$	去蒸发器母液带走的硫酸	92
从酸洗塔上段溢流母液带入的硫酸	56.4	在下段与氨反应的硫酸	1796
从离心机母液带入的硫酸	92		
小　计	$148.4 + 0.94X_1$	小　计	1888

输入 = 输出，则 $148.4 + 0.94X_1 = 1888$，加入的硫酸量为：

$$X_1 = 1850.6 \text{kg/h}$$

其中无水硫酸为 1739.6kg/h，水为 111kg/h。补充水量为：

$$Y_1 = 6656.6 - 1850.6 = 4806 \text{kg/h}$$

4.7.2.5　酸洗塔下段母液循环槽的热平衡

A　输入热量

（1）循环母液带入的热量。

$$Q_1 = 288842 \times 2.93 \times 58 = 49085809 \text{kJ/h}$$

（2）离心机来的 50℃ 母液带入热量。

$$Q_2 = 2602 \times 2.68 \times 50 = 348668 \text{kJ/h}$$

式中，2.68 为母液的比热容，kJ/（kg · ℃）。

（3）酸洗塔上段来的溶液带入热量。

$$Q_3 = 471.4 \times 3.31 \times 50 = 78017 \text{kJ/h}$$

式中，3.31 为溶液的比热容，kJ/（kg · ℃）。

（4）硫酸带入的热量。

$$Q_4 = 1850.6 \times 1.55 \times 20 = 57369 \text{kJ/h}$$

式中，1.55 为硫酸的比热容，kJ/（kg · ℃）。

（5）硫酸由 94% 稀释至 1.6% 时产生的稀释热。

$$Q_5 = (1850.6/98) \times 63220 = 1193826kJ/h$$

式中，63220 为硫酸的稀释热，kJ/kmol。

（6）补充水带入的热量。

$$Q_6 = 4806 \times 4.187 \times 20.5 = 412516kJ/h$$

总输入热量 $Q_入 = 51176205kJ/h$。

B　输出热量

（1）循环母液带走的热量。

$$Q_7 = 298520 \times 2.93t = 874700t \ kJ/h$$

（2）热损失 410000kJ/h。

总输出热量 $Q_出 = (410000 + 874700t)kJ/h$。

由 $Q_入 = Q_出$ 得出母液循环槽的母液温度 $t = 58℃$。

4.7.2.6　酸洗塔上段的物料平衡

A　输入物料

（1）酸洗塔下段进入上段的焦炉煤气量见表 4 - 28。

表 4 - 28　酸洗塔下段进入上段的焦炉煤气量

组　　成	kg/h	m³/h
干煤气	32926	72460
苯族烃	2200	595
硫化氢	1100	725
二氧化碳	74	38
氨	36	47
水汽	4900	6098
总计	41236	79963

（2）由酸洗塔上段母液循环槽来的循环母液，其量设为 G_3，总输入量为（41236 + G_3）kg/h。

B　输出物料

（1）焦炉煤气中的 36kg/h 氨被吸收下来 34kg/h，剩余的 2kg/h 氨由煤气带走。随焦炉煤气由酸洗塔上段带走的水汽量 G_B 是根据下述原则确定，即中和反应热和煤气由 58℃ 至 52℃ 的冷却热产生的水蒸发。可按方程式（4 - 16）求得 G_B(kg/h)：

$$G_B = \frac{Q_1 + Q_2 - Q_3}{2491 + 1.834t} \qquad (4 - 16)$$

式中，Q_1 为焦炉煤气带入的热量，$Q_1 = 18546000kJ/h$；Q_2 为中和反应热，$Q_2 = 195524 \times (98/98) = 195524kJ/h$（195524 为硫酸中和热，kJ/kmol）；$Q_3$ 为 52℃ 干煤气从酸洗塔带走的热量，$Q_3 = (32926 \times 2.93 + 2200 \times 1.03 + 1100 \times 0.997 + 2 \times 2.127 + 74 \times 1.75) \times 52 = 5196549kJ/h$。

$$G_B = \frac{Q_1 + Q_2 - Q_3}{2491 + 1.834t} = \frac{18546000 + 195524 - 5196549}{2491 + 1.834 \times 52} = 5237kg/h$$

酸洗塔上段排出的煤气总量见表4-29。

表4-29 酸洗塔上段排出的煤气总量

组 成	kg/h	m^3/h
干煤气	32926	72460
苯族烃	2200	595
硫化氢	1100	725
二氧化碳	74	38
氨	2	3
水汽	5237	6516
总计	41539	80337

（2）设由酸洗塔上段出来的循环母液量为 G_4 kg/h，则总输出量为 $(41539 + G_4)$ kg/h。

输入＝输出，即 $41236 + G_3 = 41539 + G_4$

$$G_3 = G_4 + 303$$

保持酸洗塔上、下段喷淋密度相等，母液量相等，则上下段的喷淋量均为240m^3/h，密度为1.2kg/L，母液量 G_3 为：

$$G_3 = 240 \times 1200 = 288000 \text{kg/h}$$

故 $$G_4 = 288000 - 303 = 287697 \text{kg/h}$$

酸洗塔上段的物料平衡见表4-30。

表4-30 酸洗塔上段的物料平衡

输 入	物料量/kg·h^{-1}	输 出	物料量/kg·h^{-1}
焦炉煤气	41236	焦炉煤气	41539
循环母液	288000	循环母液	287697
小 计	329236	小 计	329236

4.7.2.7 酸洗塔上段的热量平衡

酸洗塔上段的热量平衡见表4-31。

表4-31 酸洗塔上段的热量平衡

输 入	热量/kJ·h^{-1}	输 出	热量/kJ·h^{-1}
焦炉煤气带入的热量	18546000	焦炉煤气带走的热量	$5199586 + (2491 + 1.834 \times 52) \times 5236 = 18741809$
中和热	195524		
循环母液带入的热量	$288000 \times 2.93 \times 52 = 43879680$	循环母液带走的热量	$287698 \times 2.93t = 842955t$
		热损失	626000
小 计	62621204	小 计	$19367809 + 842955t$

输入＝输出，即 $62621204 = 19367809 + 842955t$，解 $t \approx 52$℃，为进入母液循环槽的母液温度。

4.7.2.8　酸洗塔上段母液循环槽的物料平衡

A　输入物料

（1）由酸洗塔来的母液量。

$$287698 - 471.4 = 287226.6 \text{kg/h}$$

（2）加入的硫酸量 X_2。

（3）补入的水量 Y_2。

总输入量为 $287226.6 + X_2 + Y_2$。

B　输出物料

母液循环槽送至酸洗塔上段的母液量为 288000kg/h。

输入 = 输出

$$X_2 + Y_2 = 773.4 \text{kg/h}$$

为确定 X_2、Y_2 的值，作出无水硫酸的平衡如下：

输入　　　随浓度 94% 硫酸带入的硫酸 $0.94X_2$

输出　　　进入下段母液循环槽的母液带出的硫酸　　　56.4kg/h

　　　　　在上段与氨反应的硫酸　　　98kg/h

　　　　　总耗酸量　　　154.4kg/h

输入 = 输出

$$0.94X_2 = 154.4 \qquad X_2 = 164.3 \text{kg/h}$$

其中，无水硫酸 154.4kg/h，水 9.9kg/h。故补充水量为：

$$Y_2 = 773.4 - X_2 = 773.4 - 164.3 = 609.1 \text{kg/h}$$

酸洗塔上段的物料平衡如图 4-9 所示。

4.7.2.9　酸洗塔上段母液循环槽的热平衡

A　输入热量

（1）循环母液带入的热量。

$$Q_1 = 287226.6 \times 3.31 \times 52 = 49437442 \text{kJ/h}$$

（2）硫酸带入的热量。

$$Q_2 = 164.3 \times 1.55 \times 20 = 5093 \text{kJ/h}$$

（3）硫酸由 94% 稀释至 12% 时的稀释热。

$$Q_3 = (154.4/98) \times 60709 = 95647 \text{kJ/h}$$

（4）补充水带入的热量。

$$Q_4 = 609.1 \times 4.187 \times 20.5 = 52281 \text{kJ/h}$$

总输入热量为　　　$Q_入 = 49590463 \text{kJ/h}$

B　输出热量

母液带走的热量。

$$Q_5 = 288000 \times 3.31t = 953280t \text{ kJ/h}$$

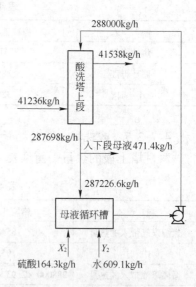

图 4-9　酸洗塔上段的物料平衡

由 $Q_入 = Q_出$ 得出酸洗塔上段母液循环槽的母液温度 $t = 52℃$。

4.7.2.10　酸洗法生产硫铵装置的总物料平衡

各循环槽中硫酸量和补充水量的平衡见表 4-32。

表 4 - 32　各循环槽中硫酸量和补充水量的平衡　　　　　（kg/h）

组　分	下段母液循环槽		上段母液循环槽		共　计		总计
	H_2SO_4	H_2O	H_2SO_4	H_2O	H_2SO_4	H_2O	
硫　酸	1739.6	111	154.4	9.9	1894	120.9	2014.9
补充水		4806		609.1		5415.1	5415.1
共　计	1739.6	4917	154.4	619	1894	5536	7430

酸洗法生产硫铵装置的总物料平衡见表 4 - 33 和图 4 - 10。

表 4 - 33　酸洗法生产硫铵装置的总物料平衡

输　入	物料量/kg·h^{-1}	输　出	物料量/kg·h^{-1}
焦炉煤气	39291	焦炉煤气	41538
氨　气	1457	硫　铵	2600
硫　酸	2014.9	蒸发器蒸发水	4190
补充水	5415.1		
离心机补水	150		
小　计	48328	小　计	48328

4.7.2.11　酸洗塔上、下段的基本尺寸计算

进入酸洗塔的煤气量和氨气量的计算如下：

（1）50℃煤气。50℃煤气组成见表 4 - 34。

表 4 - 34　50℃煤气组成

组　成	kg/h	m^3/h
干煤气	32926	72460
苯族烃	2200	595
硫化氢	1037	683
氨	448	590
水汽	2680	3335
小计	39291	77663

（2）95℃氨气。95℃氨气组成见表 4 - 35。

表 4 - 35　95℃氨气组成

组　成	kg/h	m^3/h
硫化氢	63	42
二氧化碳	74	38
氨	211	278
水汽	1109	1380
小计	1457	1738

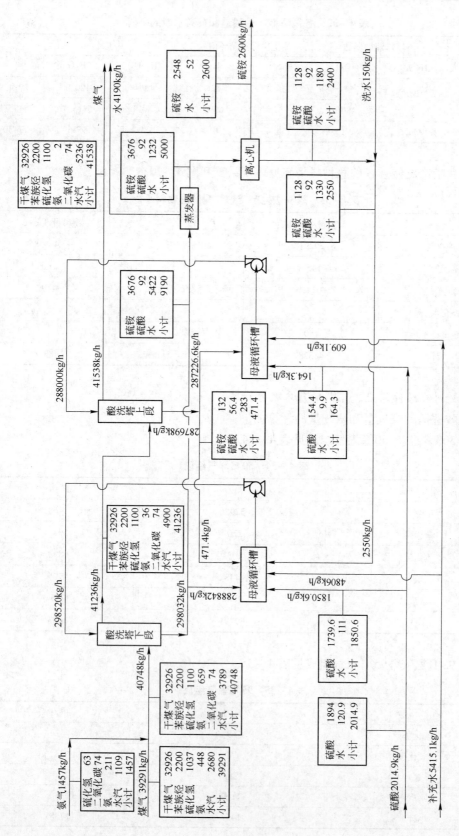

图 4 – 10　酸洗法生产硫铵装置的总物料平衡图

实际体积为：

$$V = \left[\frac{77660 \times (273 + 50)}{273} + \frac{1738 \times (273 + 95)}{273} \right] \times \frac{101325}{120790} = 79045 \text{m}^3/\text{h}$$

煤气在酸洗塔中的速度取 2.5m/s，酸洗塔直径 D 为：

$$D = \sqrt{\frac{79045}{0.785 \times 3600 \times 2.5}} = 3.34 \text{m}$$

酸洗塔的容积 $V_1 (\text{m}^3)$ 按式（4-17）计算：

$$V_1 = \frac{V}{K} \times \ln \frac{a_1}{a_2} \tag{4-17}$$

式中，V 为进入酸洗塔的煤气量，$V = 79045 \text{m}^3/\text{h}$；$K$ 为在喷洒设备中用硫酸吸收氨的吸收系数，$K = 5000$；a_1，a_2 为进出口煤气中的含氨量，g/m^3。

酸洗塔下段的容积为：

$$V_\text{下} = \frac{79045}{5000} \times 2.3 \lg \frac{8.3}{0.46} = 45.7 \text{m}^3$$

酸洗塔吸收部分所需的高度为：

$$H = \frac{V_\text{下}}{S} = \frac{45.7 \times 3600 \times 2.5}{79045} = 5.2 \text{m}$$

因为 $a_1/a_2 = a_2/a_3$，所以酸洗塔上段吸收部分的尺寸与下段相同。a_3 为酸洗塔上段出口煤气中的氨含量（g/m^3）。

4.7.3 蒸发器

4.7.3.1 蒸发器的物料平衡

由酸洗塔下段进入蒸发器的母液组成见表 4-36。

表 4-36 由酸洗塔下段进入蒸发器的母液组成

组　　成	kg/h	%
硫铵	3676	40
硫酸	92	1
水	5422	59
小计	9190	100

在蒸发器中蒸发的水量为 4190kg/h，因此从蒸发器排出的浆液组成见表 4-37。

表 4-37 从蒸发器排出的浆液组成

组　　成	kg/h	%
硫铵	3676	73.5
硫酸	92	1.8
水	1232	24.7
小计	5000	100

经离心机分离出的硫铵结晶为 2600kg/h，剩余的母液量为：

$$5000 - 2600 = 2400 \text{kg/h}$$

其组成见表 4 - 38。

表 4 - 38　剩余的母液组成

组　成	kg/h	%
硫铵	3676 - 2548 = 1128	73.5
硫酸	92	3.8
水	1232 - 52 = 1180	49.2
小计	2400	100

4.7.3.2　蒸发器的热平衡

A　输入热量

温度为 58.1℃ 的母液带入的热量为：

$$Q_1 = 9190 \times 2.93 \times 58.1 = 1564441 \text{kJ/h}$$

硫铵结晶热为：

$$Q_2 = 10886 \times (2548/132) = 210133 \text{kJ/h}$$

式中，10886 为硫铵的结晶热，kJ/kmol。

加热用蒸汽供给量为 Q_3，则总输入热量为 $Q_入 = (1774574 + Q_3) \text{kJ/h}$。

B　输出热量

浆液从蒸发器带走的热量为：

$$Q_4 = (2400 \times 2.51 + 2600 \times 1.42) \times 58 = 563528 \text{kJ/h}$$

水汽从蒸发器中带走的热量为：

$$Q_5 = 4190 \times 2578.7 = 10804753 \text{kJ/h}$$

式中，2578.7 为压力为 9333Pa 时水汽的焓，kJ/kg。

热损失　　　　　　　　　　$Q_6 = 0.02 Q_入$

总输出热量为：

$$Q_出 = 11368281 + 0.02 Q_入$$

输入 = 输出，即：

$$1774574 + Q_3 = 11368281 + 0.02 \times (1774574 + Q_3)$$
$$0.98 \times (1774574 + Q_3) = 11368281$$

$Q_3 = 9825713 \text{kJ/h}$，即需加热蒸汽供给的热量为 9825713kJ/h，所需的蒸汽量为：

$$G = 9825713/2103 = 4672 \text{kg/h}$$

式中，2103 为 0.5MPa（绝对）压力蒸汽在 151℃ 时的冷凝热，kJ/kg。

4.7.3.3　母液加热器面积的计算

母液加热器面积按式（4 - 18）计算。

$$F = \frac{Q}{3.6 K \Delta t_p} \tag{4-18}$$

式中　　　　　　　　　$Q = 9825713 \text{kJ/h}$
$$\Delta t_p = 151 - 58 = 93℃，取 K = 400 \text{W/(m}^2 \cdot ℃)$$

则需母液加热器面积为：

$$F = \frac{9825713}{3.6 \times 400 \times 93} = 73.4 \text{m}^2$$

选 $F = 100\text{m}^2$ 的母液加热器。

4.7.4 蒸汽喷射系统

4.7.4.1 蒸发器的蒸发水量

根据酸洗塔的物料衡算，蒸发器的蒸发水量为 4190kg/h，为了计算蒸汽喷射系统的冷凝器和蒸汽喷射泵，将蒸发水量按增加 15% 计算，即蒸发水量约为：

$$4190 \times 1.15 = 4800 \text{kg/h}$$

4.7.4.2 气压冷凝器的用水量

气压冷凝器的压力约为 9333Pa，相应的温度为 44℃。进入的水汽量为 4800kg/h。设冷却水温度 23℃，出水温度 43℃；水汽的冷凝热考虑一定的余量后，选用 2596kJ/kg，则冷却水的消耗量为：

$$W = \frac{4800 \times 2596}{4187 \times (43 - 23)} = 149 \text{t/h}$$

4.7.4.3 一段蒸汽喷射器的蒸汽用量

首先计算冷凝器后混合气体的温度，经验公式为：

$$t = t_1 + 4 + 0.1 \times (t_2 - t_1)$$

式中，t_1 为进入冷凝器的冷却水温度，$t_1 = 23℃$；t_2 为出冷凝器的冷却水温度，$t_2 = 43℃$。

$$t = 23 + 4 + 0.1 \times (43 - 23) = 29℃$$

一段蒸汽喷射器应抽出的空气量中，其一为冷却水带入；其二为设备和管道接缝不严而漏入的空气。冷却水带入的空气量按每 1m^3 水含 25g 空气计算：

$$G_水 = 149 \times 0.025 = 3.725 \text{kg/h}$$

因设备和管道不严密而漏入的空气量，按每 1m 接缝最大漏入量 0.07kg 计算。如接缝总长为 60m，则漏气量为：

$$G_漏 = 60 \times 0.07 = 4.2 \text{kg/h}$$

需要抽出的空气量为：

$$G_K = G_水 + 2G_漏 = 3.725 + 2 \times 4.2 = 12.125 \text{kg/h}$$

设空气所带水汽为 G_S，水汽量的计算如下：

冷凝器前的混合气体压力为 9333Pa，冷凝器的压力降容许为总压的 5%，则进入喷射器的混合气体压力为：

$$p = 9333 - 9333 \times 0.05 = 8866 \text{Pa}$$

进入喷射器的混合气体温度为 29℃，对应的水汽压力 $p_水$ 为 4000Pa，故空气的分压为：

$$p_空 = 8866 - 4000 = 4866 \text{Pa}$$

抽出的水汽量为：

$$G_S = 0.622 \times (4000/4866) \times 12.125 = 6.2 \text{kg/h}$$

式中，0.622 为水与空气分子量的比值。

按以下方式计算一段喷射器抽出的混合气体量相当于 20℃ 时的空气量。空气及水汽温度为 29℃，折算为 20℃ 工况时的质量，其修正系数 K 均接近于 1。

$$(G_K)_{20} = G_K/K = 12.125/1 = 12.125 \text{kg/h}$$

$(G_S)_{20} = G_S/K = 6.2/1 = 6.2 \text{kg/h}$，再折算为20℃空气，所得结果再除以相对分子质量修正系数0.81，即：

$$(G_S)_{20} = 6.2/0.81 = 7.655 \text{kg/h}$$

故混合气体折算为20℃工况下的空气量 G 为：

$$G = 12.125 + 7.655 = 19.78 \text{kg/h}$$

一段蒸汽喷射器排出的压力 p_1 可按式（4 – 19）计算：

$$p_{1P} = \sqrt{p_{1K}} \sqrt{p_{2P}} \tag{4 – 19}$$

式中，p_{1K} 为一段喷射器的吸入压力，$p_{1K} = 8866 \text{Pa}$；p_{2P} 为二段喷射器排出的压力，该压力应高于大气压，设为106685Pa。

故 $p_{1P} = \sqrt{8866 \times 106685} = 30755 \text{Pa}$，对应的温度为70℃。

现吸入压力8866Pa，排出压力30755Pa，采用1.0MPa（表）工作蒸汽的消耗量为1.6kg/kg 空气。

当使用0.4MPa（表）蒸汽时，应将1.6乘以修正值1.5，一段蒸汽喷射器的蒸汽用量为：

$$G_{蒸汽} = 19.78 \times 1.6 \times 1.5 = 47.5 \text{kg/h}$$

4.7.4.4　辅助冷凝器的用水量

辅助冷凝器所冷凝的混合气为一段蒸汽喷射器从主冷凝器抽出的水汽 G_S 及其工作蒸汽 G 之和，即：

$$G_S + G = 6.2 + 47.5 = 53.7 \text{kg/h}$$

冷却水的进水温度为23℃，出水温度为45℃，水汽的冷凝热包括一定余量，取2596kJ/kg，故冷却水的消耗量为：

$$W = \frac{53.7 \times 2596}{4187 \times (45 - 23)} = 1.51 \text{m}^3/\text{h}$$

4.7.4.5　二段蒸汽喷射器的蒸汽用量

二段蒸汽喷射器将辅助冷凝器中的混合气体吸入而排至大气。首先计算辅助冷凝器排出气体的温度和压力。经冷凝器后的混合气体温度 t 为：

$$t = t_1 + 4 + 0.1 \times (t_2 - t_1) = 23 + 4 + 0.1 \times (45 - 23) = 29.2 ℃$$

排出气体的压力，从一段蒸汽喷射器进入冷凝器的压力为30797Pa，辅助冷凝器的压降为全压的5%，故辅助冷凝器后的混合气体压力（二段蒸汽喷射泵吸入压力）为：

$$30797 \times (1 - 0.05) = 29330 \text{Pa}$$

二段蒸汽喷射器应抽取的空气量分为以下几部分：

（1）从一段喷射器带来的　　　　　　　　　　　　　　　　　　　12.125kg/h

（2）辅助冷凝器的冷却水带来的　　　　　　　　　　$1.51 \times 0.025 = 0.038 \text{kg/h}$

（3）设备和管道接缝处的泄漏（设接缝长20m）　　　$20 \times 0.07 = 1.4 \text{kg/h}$

应抽取的空气量为：

$$G_K = 12.125 + 0.038 + 2 \times 1.4 = 14.963 \text{kg/h}$$

设空气所带水汽为 G_S，水汽量的计算如下：

进入二段蒸汽喷射器的混合气体压力为29330Pa，温度为29.2℃，相应的蒸汽压力为

4026Pa。故空气分压为：

$$p_空 = 29330 - 4026 = 25304 \text{Pa}$$

抽出水汽量为：

$$G_S = 0.622 \times (4026/25304) \times 14.963 = 1.48 \text{kg/h}$$

混合气体中的水汽折算为20℃工况下的修正系数为1，再折算为相当于20℃空气量的修正系数为0.81。

$$(G_K)_{20} = \frac{G_S}{1 \times 0.81} = \frac{1.48}{1 \times 0.81} = 1.83 \text{kg/h}$$

混合气体中29.2℃的空气折算为20℃工况下的空气量为14.963kg/h，混合气体折算为20℃工况下的空气量为：

$$G = 14.963 + 1.83 = 16.793 \text{kg/h}$$

二段蒸汽喷射器吸入压力为29330Pa，排出压力为106652Pa，据此查图得出采用1.0MPa（表）的蒸汽用量为1.9kg/kg空气。采用0.4MPa（表）蒸汽修正值为1.5。二段蒸汽喷射器的蒸汽用量为：

$$G_蒸汽 = 16.793 \times 1.9 \times 1.5 = 47.86 \text{kg/h}$$

4.7.4.6 气压冷凝器的结构尺寸

根据卡萨特金所著的《化工原理》，冷凝器的直径 $d(\text{m})$ 可按式（4-20）计算：

$$d = 0.023 \sqrt{\frac{DV_n}{W_n}} \tag{4-20}$$

式中，D 为被冷凝的气体量，4800kg/h；V_n 为进入冷凝器的气体比容，当进入气体的压力 $p = 9333 \text{Pa}$，查表得 $V_n = 16\text{m}^3/\text{kg}$；$W_n$ 为入口气体在冷凝器的速度，可取35～55m/s，今取 $W_n = 45\text{m/s}$。

$$d = 0.023 \sqrt{\frac{4800 \times 16}{45}} = 0.95 \text{m}$$

取冷凝器直径为1m，共6块隔板，高度约3m。

4.7.4.7 辅助冷凝器的结构尺寸

进入辅助冷凝器的气体量（包括一段蒸汽喷射器抽出的气体及工作蒸汽）$D = 53.7 \text{kg/h}$，温度约为70℃，压力为30797Pa。此时，蒸汽比容 $V_n = 5\text{m}^3/\text{kg}$，蒸汽在辅助冷凝器入口断面的流速一般采用5～10m/s，今采用5m/s，则冷凝器的直径为：

$$d = \sqrt{\frac{4DV_n}{3600\pi W_n}} = \sqrt{\frac{4 \times 53.7 \times 5}{3600\pi \times 5}} = 0.14 \text{m}$$

选取 $d = 300\text{mm}$ 的冷凝器，高度约为2000mm。

4.7.4.8 蒸汽喷射器的计算

A 喷嘴

（1）喷嘴的喉部直径 $d_0(\text{mm})$ 可按式（4-21）计算：

$$d_0 = 0.491 \sqrt{\frac{G}{p}} \tag{4-21}$$

式中，G 为工作蒸汽量，kg/h，一段喷射器的 $G_1 = 47.5 \text{kg/h}$，二段喷射器的 $G_2 = 47.86 \text{kg/h}$；p 为工作蒸汽的绝对压力，$p = 0.49 \text{MPa}$。

对于一段喷射器：

$$d_0 = 0.491\sqrt{\frac{G}{p}} = 0.491\sqrt{\frac{47.5}{0.49}} = 4.84\text{mm}$$

对于二段喷射器：

$$d_0 = 0.491\sqrt{\frac{G}{p}} = 0.491\sqrt{\frac{47.86}{0.49}} = 4.86\text{mm}$$

故两段喷射器的 d_0 均取 5mm。

（2）喷嘴出口直径 d_1（mm）可按式（4-22）计算：

$$d_1 = Cd_0 \tag{4-22}$$

式中，$C = 0.54(2.64)^{\lg E}$（对饱和蒸汽），$E = p/p_x$，为工作蒸汽通过喷嘴的膨胀比；p_x 为喷嘴吸入口的绝对压力，Pa。

对于一段喷射器：　$p_x = 8866\text{Pa}$

对于二段喷射器：　$p_x = 29330\text{Pa}$

故：　$E_1 = \dfrac{0.49 \times 10^6}{8866} = 55.31$

$E_2 = \dfrac{0.49 \times 10^6}{29330} = 16.72$

对于一段喷射器：

$C_1 = 0.54(2.64)^{\lg 55.31} = 2.93$

$C_2 = 0.54(2.64)^{\lg 16.72} = 1.77$

$d_1 = 2.93 \times 5 = 14.65 = 15\text{mm}$

$d_2 = 1.77 \times 5 = 8.85 = 9\text{mm}$

蒸汽喷射器尺寸见图 4-11 和表 4-39。

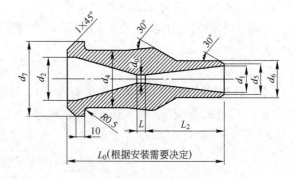

图 4-11　蒸汽喷射器尺寸

表 4-39　蒸汽喷射器尺寸　　　　　　　　　　　　　　（mm）

序号	符号	计算公式	一段喷射器	二段喷射器
1	d_0	见式（4-21）	$d_0 = 5$	$d_0 = 5$
2	d_1	见式（4-22）	$d_1 = 15$	$d_1 = 9$
3	d_2	$d_2 = 3.94d_0 + 4$	$d_2 = 24$	$d_2 = 24$
4	d_4	$d_4 \geq 4d_0 + 6$	$d_4 \geq 26$	$d_4 \geq 26$
5	d_5	$d_5 = d_1 + 2$	$d_5 = 17$	$d_5 = 11$
6	d_6	$d_6 \geq d_5 + 2$	$d_6 \geq 19$	$d_6 \geq 13$
7	d_7	$d_7 = d_4 + 15$	$d_7 \geq 41$	$d_7 \geq 41$
8	L	$L = 3 \sim 5$	$L = 3 \sim 5$	$L = 3 \sim 5$
9	L_2	$L_2 = 4.5(d_1 - d_0)$	$L_2 = 45$	$L_2 = 18$

B 扩压器

扩压器喉部直接按式（4-23）计算：

$$D_3 = 0.501 \sqrt{\frac{0.622G_K + G_S + G}{p_P}} \quad (4-23)$$

式中，G_K 为喷嘴吸入的空气量，kg/h；G_S 为喷嘴吸入的水汽量，kg/h；G 为喷嘴的工作蒸汽用量，kg/h；p_P 为喷射器排出的混合气体压力，MPa。

（1）对于一段喷射器：

$$G_K = 12.125, \quad G_S = 6.2, \quad G = 47.5, \quad p_P = 30797\text{Pa} \approx 0.0308\text{MPa}$$

则：

$$D_3 = 0.501 \sqrt{\frac{0.622 \times 12.125 + 6.2 + 47.5}{0.0308}} = 22.34\text{mm}$$

取 $D_3 = 23\text{mm}$。

（2）对于二段喷射器：

$$G_K = 14.963, \quad G_S = 1.48, \quad G = 47.86, \quad p_P = 106658\text{Pa} \approx 0.1067\text{MPa}$$

则：

$$D_3 = 0.501 \sqrt{\frac{0.622 \times 14.963 + 1.48 + 47.86}{0.1067}} = 11.75\text{mm}$$

取 $D_3 = 13\text{mm}$。

扩压器的尺寸见图 4-12 和表 4-40。

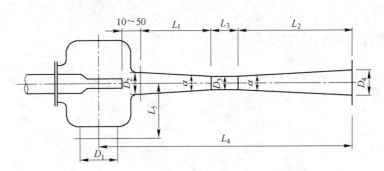

图 4-12 扩压器的尺寸

表 4-40 扩压器的尺寸

序号	符号	计算公式	一段喷射器	二段喷射器
1	D_3	见式（4-23）	23	13
2	D_2	$1.5D_3$	35	20
3	D_4	$1.8D_3$	42	23
4	D_1		65	40
5	L_1	$10(D_2 - D_3), \alpha = 5°30'$	120	70
6	L_2	$10(D_4 - D_3), \alpha = 5°30'$	190	100
7	L_3	$2 \sim 6D_3$	46	26
8	L_4		435	252
9	L_5		92	71

4.8　磷铵吸收法生产无水氨装置的工艺计算

4.8.1　基础数据

煤气处理量	$15.6 \times 10^4 m^3/h$
入口煤气温度	27℃（露点25℃）
入口煤气组成	
NH_3	$9g/m^3$（包括剩余氨水含氨量）
H_2S	$0.25g/m^3$
HCN	$0.15g/m^3$
出口煤气组成	
NH_3	$0.10g/m^3$

4.8.2　物料平衡及热平衡

4.8.2.1　氨吸收塔

A　物料平衡

（1）氨吸收塔入口煤气组成（为了简化计算只考虑 NH_3 和 H_2O 两种成分）。

NH_3	1260kg/h
H_2O	4056kg/h
小计	5316kg/h

（2）吸收氨后的贫、富液组成计算。

贫液
NH_3/H_3PO_4	1.25（摩尔比）
H_3PO_4 含量	30%
氨含量	6.5%
含磷铵量	36.5%

富液
NH_3/H_3PO_4	1.75（摩尔比）
H_3PO_4 含量	31.621%
氨含量	9.6%
含磷铵量	41.2%

氨吸收塔的吸收反应按式（4-24）进行：

$$NH_4H_2PO_4 + NH_3 \longrightarrow (NH_4)_2HPO_4 \qquad (4-24)$$

磷铵母液的数据分析见表4-41。

表4-41　磷铵母液的数据分析

摩尔比	1	1.25	1.75	2
质量比	0.174	0.217	0.347	0.347
氨含量(质量分数)/%	14.84	17.82	23.29	25.76

设贫液中磷铵母液量为 X，富液中磷铵母液量为 Y，列方程组：

$$\begin{cases} 1260 + \dfrac{17.82}{100}X = \dfrac{23.29}{100}Y + 16 \\ 16 + Y = X + 1260 \end{cases}$$

解方程组得：

$$X = 17446 \text{kg/h}$$

$$Y = 18690 \text{kg/h}$$

贫液量为：$17446 \times (100/36.5) = 47797 \text{kg/h}$

富液量为：$18690 \times (100/41.2) = 45364 \text{kg/h}$

则贫液组成：

H_3PO_4	$47797 \times 30\% = 14339 \text{kg/h}$
NH_3	$47797 \times 6.5\% = 3107 \text{kg/h}$
H_2O	$47797 \times 63.5\% = 30351 \text{kg/h}$
小计	47797kg/h

富液组成：

H_3PO_4	14339kg/h
NH_3	$1260 + 3107 - 16 = 4351 \text{kg/h}$
H_2O	26674kg/h
小计	45364kg/h

氨吸收塔为三段空喷塔，循环量根据日本三菱化工机公司的资料，液气比为：$L/G = 6 \sim 8\text{L/m}^3$ 煤气。循环量为：

$$156000 \times 8 \times (1/1000) = 1248\text{m}^3/\text{h} \quad 取 1250\text{m}^3/\text{h}(1500\text{t/h})$$

（3）氨吸收塔的物料平衡如图 4 - 13 所示。

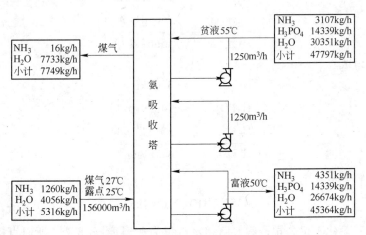

图 4 - 13　氨吸收塔的物料平衡

B　热平衡

a　输入热量

煤气　$1260 \times 2.05 \times 27 + 4056 \times 2546.4 + 156000 \times 1.38 \times 27 = 16210499\text{kJ/h}$

贫液　　　　　　$47797 \times 2.93 \times 55 = 7702487 kJ/h$

循环液　　　　　$1500000 \times 2.93 \times 55 = 24172500 kJ/h$

氨吸收放热　　　$(1244/17) \times 83.7 \times 10^3 = 6124871 kJ/h$

$$Q_入 = 271762857 kJ/h$$

式中，2.05、2.93、1.38 分别为氨、磷铵母液、煤气的比热容，$kJ/(kg \cdot ℃)$；2546.4 为水蒸气的焓，kJ/kg；83.7×10^3 为氨的吸收热，$kJ/kmol$。

　　b　输出热量

煤气　　　　　　q kJ/h

富液　　　　　　$45364 \times 2.93 \times 50 = 6645826 kJ/h$

循环液　　　　　$1500000 \times 2.93 \times 50 = 219750000 kJ/h$

散热　　　　　　$Q_入 \times 2\% = 5435257 kJ/h$

$$Q_出 = (231831083 + q) kJ/h$$

$$Q_入 = Q_出$$

$$271762857 = 231831083 + q$$

$$q = 39931774 kJ/h$$

相当每 $1 m^3$ 煤气需带走的热量为：

$$39931774/156000 = 256 kJ/m^3$$

相当于煤气出口温度为 42.8℃（饱和）。

4.8.2.2　解析塔

A　物料平衡

入塔富液组成：

NH_3	4351kg/h
H_3PO_4	14339kg/h
H_2O	26674kg/h
小计	45364kg/h

塔底贫液组成：

NH_3	3107kg/h
H_3PO_4	14339kg/h
H_2O	30351kg/h
小计	47797kg/h

解析出的氨量为：

$$4351 - 3107 = 1244 kg/h$$

根据日本三菱化工机公司资料，直接蒸汽量为 0.2kg/kg 富液，所以直接蒸汽量为：

$$45364 \times 0.2 = 9073 kg/h$$

塔顶带走的水蒸气量为：

$$26674 + 9073 - 30351 = 5396 kg/h$$

解析塔顶浓氨气的组成见表 4 - 42。

表 4 - 42　解析塔顶浓氨气的组成

组　　成	kg/h	m³/h
NH₃	1244	1639
H₂O	5396	6715
小计	6640	8354

塔顶氨气浓度约为 18.7% ，解析塔顶的操作压力为 1.33MPa（饱和）。

$$\frac{p_{H_2O}}{1.33}=\frac{6175}{8354}$$

$$p_{H_2O}\approx 1.07MPa（饱和）$$

相应的塔顶温度为 182℃ 。解析塔物料平衡如图 4 - 14 所示。

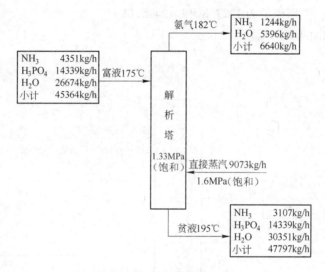

图 4 - 14　解析塔物料平衡

B　热平衡

a　输入热量

富液　　　　　　　45364 × 3.195 × 175 = 25364147kJ/h

水蒸气　　　　　　9073 × 2793 = 25340889kJ/h

总计　　　　　　　50705036kJ/h

式中，3.195 为磷铵母液的比热容，kJ/(kg·℃)；2793 为水蒸气的焓，kJ/kg。

b　输出热量

塔顶氨气

NH₃　　　　　　　1244 × 2.135 × 182 = 483381kJ/h

H₂O　　　　　　　5396 × 2783.8 = 15021385kJ/h

总计　　　　　　　15504766kJ/h

式中，2.135 为氨的比热容，kJ/(kg·℃)；2783.8 为水蒸气的焓，kJ/kg。

氨析出的反应热为：

$$\frac{1244 \times 1000}{17} \times 83.7 = 6124871 \text{kJ/h}$$

式中，83.7 为氨的反应热，kJ/mol。

贫液带出的热量为：

$$47797 \times 2.93 \times 195 = 27308816 \text{kJ/h}$$

散热　　　　　$0.05Q_入 = 2535252 \text{kJ/h}$

总计　　　　　$15504766 + 6124871 + 27308816 + 2535252 = 51473705 \text{kJ/h}$

其差额为　　　$(51473705 - 50705036)/51473705 = 0.015(1.5\%)$

4.8.2.3　精馏塔

A　物料平衡

产品纯度大于 99.9%，计算时取 100%，精馏回收率取 99.5%。则无水氨的产量为：

$$1244 \times 99.5\% = 1237.8 \text{kg/h}$$

取回流比为 2，则回流量为 $1237.8 \times 2 = 2475.6 \text{kg/h}$。

总物料平衡如图 4 – 15 所示。

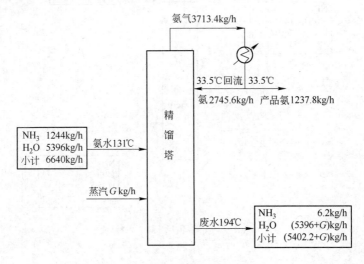

图 4 – 15　精馏塔的总物料平衡

B　热平衡

可确定直接蒸汽用量（采用 1.6MPa 的饱和蒸汽）。

a　输入热量

　　进料　　　　$6640 \times 4.187 \times 131 = 3642020 \text{kJ/h}$

　　回流　　　　$2475.6 \times 577.5 = 1429659 \text{kJ/h}$

式中，577.5 为 33.5℃时液氨的焓，kJ/kg。

　　蒸汽　　　　$2793G \text{ kJ/h}$

$$Q_入 = 5171679 + 2793G \text{ kJ/h}$$

b　输出热量

　　氨气　　　　$3713.4 \times 1708 = 6242487 \text{kJ/h}$

式中，1708 为 33.5℃ 时纯氨的焓，kJ/kg。

废水　　　　　　$(5402.2 + G) \times 4.187 \times 194 = (4388088 + 812G)$ kJ/h

氨解析　　　　　$1237.8 \times 2055.7 = 2544545$ kJ/h

式中，2055.7 为氨的解析热，kJ/kg。

散热　　　　　　$0.02Q_\text{入}$

$$Q_\text{出} = (13175120 + 812G + 0.02Q_\text{入})\text{kJ/h}$$

$$Q_\text{入} = Q_\text{出}$$

$$5171679 + 2793G = 13175120 + 812G + 0.02(5171679 + 2793G)$$

$$G = 4211\text{kg/h}$$

单位汽耗量为 $4211/1237.8 = 3.4$ kg/kg 氨

废水量为 $5402.2 + 4211 = 9613$ kg/h

废水含氨 $6.2/9613 = 0.064\%$

4.8.3　主要设备选择

4.8.3.1　氨吸收塔

氨吸收塔的温度制度如图 4 – 16 所示。

（1）确定塔径。出口煤气量为：

$$V = 156000 \times \frac{273 + 42.7}{273} \times \frac{101325}{101325 + 13000}$$

$$= 160000\text{m}^3/\text{h}$$

采用三段空喷塔，空塔速度取 2.5m/s，则

$$D = \sqrt{\frac{160000}{3600 \times 0.785 \times 2.5}} = 4.76\text{m}$$

取直径 5m 的空喷塔 1 台。

（2）塔高确定。三段循环空喷，每段有效
高度取 4m，辅助高度为 2m，贫液喷洒段高
2m，其总高约为 36.5m。

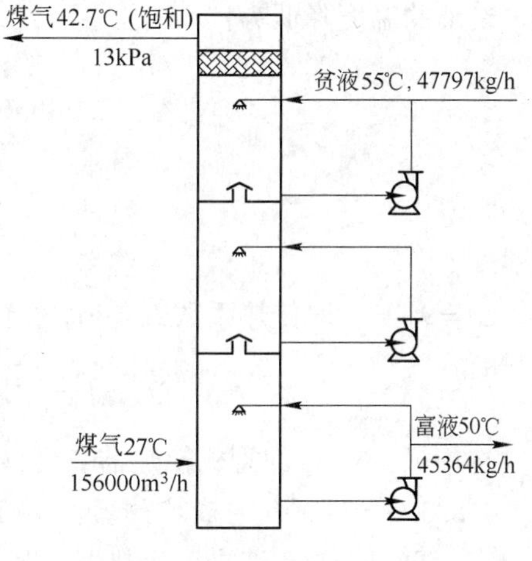

4.8.3.2　贫液冷却器

贫液经贫、富液热交换器后的温度为 141℃。

图 4 – 16　氨吸收塔的温度制度

$$Q = 47797 \times 2.93 \times (141 - 55) = 12043888\text{kJ/h}$$

贫液	141℃	⟶	55℃
冷却水	45℃	⟵	32℃
温差	96℃		23℃

$$\Delta t = \frac{96 - 23}{2.3\lg\dfrac{96}{23}} = 51.1℃$$

取传热系数 $K = 465\text{W}/(\text{m}^2 \cdot ℃)$

$$F = \frac{12043888}{3.6 \times 465 \times 51.1} = 141\text{m}^2$$

选用 $F = 150\text{m}^2$ 的管式换热器 2 台（1 台备用），管程为不锈钢 304L，所需的循环水量 W 为：

$$W = \frac{12043888}{4187 \times (45 - 32)} = 222\text{m}^3/\text{h}$$

4.8.3.3　解析塔

最大上升蒸汽量在塔底，其流量为：

$$V = \frac{9073}{18} \times 22.4 \times \frac{273 + 195}{273} \times \frac{0.1}{1.33} = 1452\text{m}^3/\text{h}$$

采用浮阀塔，板间距为 500mm，取 $v = 0.3\text{m/s}$，则塔径 D 为：

$$D = \sqrt{\frac{1452}{3600 \times 0.785 \times 0.3}} = 1.31\text{m}$$

取 $D = 1.3\text{m}$ 的解析塔 2 台（1 台备用），塔板层数取 40 层，其塔高为 32m，材质为 304L。

4.8.3.4　贫富液换热器

根据蒸发器的要求，确定富液经换热器换热后的温度为 104℃。

$$Q = 45364 \times 2.93 \times (104 - 50) = 7177492\text{kJ/h}$$

贫液的温度降低为：

$$\frac{7177492}{45364 \times 2.93} \approx 54℃$$

贫液	195℃	⟶	141℃
富液	104℃	⟵	50℃
温差	91℃		91℃

$\Delta t = 91℃$，取传热系数 $K = 465\text{W}/(\text{m}^2 \cdot ℃)$，则

$$F = \frac{7177492}{3.6 \times 465 \times 91} = 47\text{m}^2$$

选用 $F = 60\text{m}^2$ 的管式换热器 2 台（1 台备用），材质全部为 304L。

4.8.3.5　塔顶气-液换热器

有 45364kg/h 富液进入换热器，其换热量为：

$$Q = 45364 \times 2.93 \times (175 - 105) = 9304156\text{kJ/h}$$

从解吸塔有 6640kg/h 的氨及水蒸气进入换热器，其换热量为：

$$Q = 15504766\text{kJ/h}$$

氨气	182℃	⟶	182℃
富液	175℃	⟵	105℃
温差	7℃		77℃

$$\Delta t = \frac{77 - 7}{2.3\lg\dfrac{77}{7}} = 29.2℃$$

取传热系数 $K = 523\text{W}/(\text{m}^2 \cdot ℃)$，则所需传热面积 F 为：

$$F = \frac{9304156}{3.6 \times 523 \times 29.2} = 169\text{m}^2$$

选用 170m² 的立管式冷却器 2 台，材质为 304L。

4.8.3.6 解析塔冷凝冷却器

冷凝段的传热量　　　　　$Q_1 = 15504766 - 9304156 = 6200610\text{kJ/h}$

冷却段的传热量　　　　　$Q_2 = 6640 \times 4.187 \times (182 - 131) = 1417886\text{kJ/h}$

总传热量　　　　　　　　$Q = 6200610 + 1417886 = 7618496\text{kJ/h}$

所需水量　　　　　　　　$W = \dfrac{7618496}{4187 \times (45 - 32)} = 140\text{m}^3/\text{h}$

经冷却段的冷却水升温　　$1417886/(4187 \times 140) \approx 2℃$

氨气	182℃ ⟶	131℃
冷却水	45℃ ⟵	32℃
温差	137℃	99℃

$$\Delta t = \frac{137 - 99}{2.31\lg\dfrac{137}{99}} = 117℃$$

取传热系数 $K = 290\text{W}/(\text{m}^2 \cdot ℃)$，则所需传热面积 F 为：

$$F = \frac{7618496}{3.6 \times 290 \times 117} = 62.4\text{m}^2$$

选用 $F = 70\text{m}^2$ 的立管式冷凝冷却器 2 台，材质为 304L。

4.8.3.7 精馏塔

最大上升蒸汽量在塔底，即：

$$V = \frac{4300}{18} \times 22.4 \times \frac{273 + 194}{273} \times \frac{0.1}{1.33} = 688\text{m}^3/\text{h}$$

采用浮阀塔，板间距为 500mm，取 $v = 0.25\text{m/s}$，则塔径 D 为：

$$D = \sqrt{\frac{688}{3600 \times 0.785 \times 0.25}} = 0.99\text{m}$$

塔板层数取 40 层，塔高 31m，材质为 304L。选取 $D = 1000$、$H = 25000$ 精馏塔 2 台（1 台备用）。

4.8.3.8 无水氨冷却器

无水氨冷却器的冷凝热为：

$$Q = 3713.4 \times 1708 - 3713.4 \times 577.5 = 4200000\text{kJ/h}$$

式中，1708、577.5 分别为 33.5℃下气态氨和液态氨的焓，kJ/kg。

无水氨	33.5℃ ⟶	33.5℃
冷却水	23℃ ⟵	18℃
温差	10.5℃	15.5℃

$$\Delta t = (10.5 + 15.5)/2 = 13℃$$

取传热系数 $K = 1163\text{W}/(\text{m}^2 \cdot ℃)$，则所需的传热面积 F 为：

$$F = \frac{4200000}{4187 \times 13} = 77\text{m}^2$$

选用 $F = 80\text{m}^2$ 的换热器 2 台（1 台备用），管程材质为 304L，所需的制冷水量 W 为：

$$W = \frac{4200000}{4187 \times (23 - 16)} = 143\text{m}^3/\text{h}$$

4.8.3.9　接触器

根据宝钢数据，接触器中的气体排出量为富液量的 1.0954%，返回吸收塔的 NH_3 为总氨量的 2.15%。富液在接触器中停留的时间为 10min。

$$V = \frac{45.364}{1.2} \times \frac{10}{60} \approx 7\text{m}^3$$

4.8.3.10　精馏塔原料槽

精馏塔原料在槽内的停留时间为 1h，则：

$$V = (9140/770) \times 1 \approx 12\text{m}^3$$

4.8.3.11　废水冷却器

精馏塔排出的废水量为 9700kg/h，其换热量为：

$$9700 \times 4.262 \times (194 - 110) = 3472678\text{kJ/h}$$

废水	194℃	⟶	110℃
冷却水	45℃	⟵	32℃
温差	149℃		78℃

$$\Delta t = \frac{149 - 78}{2.3\lg\dfrac{149}{78}} = 110℃$$

取传热系数 $K = 465\text{W}/(\text{m}^2 \cdot ℃)$，则所需的传热面积 F 为：

$$F = \frac{3472678}{3.6 \times 465 \times 110} = 19\text{m}^2$$

选用 $F = 20\text{m}^2$ 的管式冷却器 2 台（1 台备用），材质为碳钢，所需的循环水量 W 为：

$$W = \frac{3472678}{4187 \times (45 - 32)} = 64\text{m}^3/\text{h}$$

4.8.3.12　精馏塔回流槽

液氨进入量为 3713.4kg/h，停留时间 1h，则回流槽容积 V 为：

$$V = 3713.4/(578 \times 1) = 6.4\text{m}^3$$

4.8.3.13　液氨储槽

液氨产量为 1237.8kg/h，密度为 578kg/m³，储存时间取 14 天，储槽容积 V 为：

$$V = \frac{1237.8}{578 \times 24 \times 14} = 720\text{m}^3$$

4.9　洗氨 - 蒸氨 - 氨分解装置的工艺计算

4.9.1　洗氨塔

4.9.1.1　物料衡算

进入洗氨塔的焦炉煤气组成见表 4 - 43。

表 4-43 洗氨塔入口的煤气组成

组　　成	m³/h	kg/h
干煤气	31338	14207
水蒸气	887	713
苯族烃	282	1045
硫化氢	110	167
氨	246	186
小计	32863	16318

进入洗氨塔煤气中水蒸气量为：

$$31338 + 282 + 246 + 110 = 31976 m^3/h$$

水蒸气含量为：

$$V_M = 31976 \times \frac{3158}{101325 + 15690 - 3158} = 887 m^3/h$$

$$G_w = 887 \times \frac{18}{22.4} = 713 kg/h$$

式中，3158 为 25℃时的水蒸气分压，Pa。

因为离开洗氨塔的煤气含氨量为 0.05g/m³，所以被煤气带走的氨量为 1.6kg/h（或 2.1m³/h）。则在洗氨塔内回收的氨量为：

$$186 - 1.6 = 184.4 kg/h$$

因富氨水中的含氨量为 10g/L，故富氨水量为 18.44m³/h，采用 19m³/h。

从煤气中吸收的二氧化碳量为：

$$19 \times 8 = 152 kg/h（或 77.4 m^3/h）$$

从煤气中吸收的硫化氢量为：

$$19 \times 2 = 38 kg/h（或 25 m^3/h）$$

洗氨塔出口的煤气组成见表 4-44。

表 4-44 洗氨塔出口的煤气组成

组　　成	m³/h	kg/h
干煤气	31338 - 77.4 = 31260.6	14055
硫化氢	110 - 25 = 85	129
氨	2.1	1.6
苯族烃	282	1045
水蒸气	1010	811.6
小计	32639.7	16042.2

其中水蒸气量计算如下：

出塔干煤气量为：

$$31260.6 + 85 + 2.1 + 282 = 31629.7 m^3/h$$

水蒸气含量为：

$$V_M = 31629.7 \times \frac{3560}{101325 + 13730 - 3560} = 1010 \text{m}^3/\text{h}$$

$$G_w = 1010 \times \frac{18}{22.4} = 811.6 \text{kg/h}$$

因水洗氨为放热反应，出塔煤气温度由 25℃ 上升到 27℃。式中的 3560 为 27℃ 时水蒸气的分压（Pa）。

4.9.1.2　热量衡算

热量衡算可计算出塔富氨水的温度。

A　吸收过程放出的热量 Q_1

氨的溶解热	$(186 - 1.6) \times 2056 = 379126 \text{kJ/h}$
二氧化碳溶解热	$152 \times 533 = 81016 \text{kJ/h}$
硫化氢溶解热	$38 \times 583 = 22154 \text{kJ/h}$
碳酸铵生成热	$152 \times 1019 = 154888 \text{kJ/h}$
硫化铵生成热	$38 \times 763 = 28994 \text{kJ/h}$
小计	$Q_1 = 666178 \text{kJ/h}$

式中，2056、533 和 583 分别为氨、二氧化碳和硫化氢的溶解热，kJ/kg；1019 和 763 分别为碳酸铵和硫化铵的生成热，kJ/kg。

B　洗氨过程中煤气吸收的热量 Q_2

（1）煤气带入的热量 q_1。

$$q_1 = 16318 \times 2.82 \times 25 = 1150419 \text{kJ/h}$$

式中，2.82 为 25℃ 时煤气的平均比热容，kJ/(kg·℃)。

（2）煤气带走的热量 q_2。

$$q_2 = 16042.2 \times 2.83 \times 27 = 1225785 \text{kJ/h}$$

式中，2.83 为 27℃ 时煤气的平均比热容，kJ/(kg·℃)。

（3）煤气中水蒸发带走的热量 q_3。

蒸发的水量为：

$$811.6 - 713 = 98.6 \text{kg/h}$$

蒸发水分所耗的热量为：

$$q_3 = 98.6 \times 2491 = 245613 \text{kJ/h}$$

则在洗氨过程中煤气吸收的热量为：

$$Q_2 = 1225785 + 245613 - 1150419 = 320979 \text{kJ/h}$$

C　富氨水吸收的热量

$$Q_w = Q_1 - Q_2 = 666178 - 320979 = 345199 \text{kJ/h}$$

故水在洗氨塔内的温升为：

$$\Delta t = \frac{Q_w}{W \times C} = \frac{345199}{19000 \times 4.187} = 4.3℃$$

则塔底富氨水的温度为：

$$t = 25 + 4.3 = 29.3℃$$

4.9.1.3 洗氨塔的塔径计算

根据洗氨塔的经验数据，选取洗氨塔的空塔气速为 $0.8m/s$，则进入洗氨塔煤气的实际体积 V_1 为：

$$V_1 = 32863 \times \frac{101325}{101325 + 15690} \times \frac{273 + 25}{273} = 31063 m^3/h$$

离开洗氨塔煤气的体积 V_2 为：

$$V_2 = 32639.7 \times \frac{101325}{101325 + 13730} \times \frac{237 + 29.4}{273} = 31841 m^3/h$$

平均的煤气实际体积流量为：

$$V = \frac{V_1 + V_2}{2} = 31452 m^3/h$$

则所需的洗氨塔塔径 D 为：

$$D = \sqrt{\frac{31452}{3600 \times 0.785 \times 0.8}} = 3.73 m$$

取洗氨塔的塔径为 $3.8m$。

4.9.1.4 洗氨塔的填料面积计算

根据洗氨塔的经验数据，选用 SM-125Y 型金属孔板波纹填料（比表面积为 $125m^2/m^3$）时，每小时每 $1m^3$ 煤气所需的填料面积为 $0.7 \sim 0.8m^2$。设计时采用 $0.8m^2$，则所需的填料面积 F 为：

$$F = 31452 \times 0.8 = 25162 m^2$$

需金属孔板波纹填料的体积 V 为：

$$V = 25162/125 = 201 m^3$$

每段填料的高度取 $3.75m$，则每段填料的体积为：

$$3.75 \times 0.785 \times 3.8^2 = 42.5 m^3$$

共需填料段数为：

$$201/42.5 = 4.73 \text{ 段}$$

设计两台洗氨塔，每台充填 3 段高 $3.75m$ 的 SM-125Y 型金属孔板波纹填料，在第 2 台洗氨塔塔顶部设一段软水净化段。每台洗氨塔的塔高约为 $33m$。

4.9.2 蒸氨塔

4.9.2.1 蒸氨的原料氨水量及其组成

蒸氨的原料氨水为富氨水与剩余氨水的混合物，富氨水的水量及其组成见表 4-45。

表 4-45 富氨水的水量及其组成

组 成	g/L	kg/h
氨	10	190
硫化氢	2	38
二氧化碳	8	152
水		18620
小计		19000

计算剩余氨水量时，装炉煤水分按 13%、化合水按 2% 计算，则剩余氨水量为：

$$95 \times \left(\frac{100}{100-13} - 1 + 0.02 \right) - 1570 = 14525 \text{kg/h}$$

式中，95 为小时装炉干煤量，t/h；1570 为初冷器后煤气带走的水汽量，kg/h。

剩余氨水的组成见表 4 – 46。

表 4 – 46　剩余氨水的组成

组　　成	g/L	kg/h
氨	5	14.525 × 5 = 72.63
硫化氢	2	14.525 × 2 = 29.05
二氧化碳	2	14.525 × 2 = 29.05
水		14394.27
小计		14525

则蒸氨的原料氨水的组成为：

氨　　　　　　　$190 + 72.63 = 262.63 \text{kg/h}$

硫化氢　　　　　$38 + 29.05 = 67.05 \text{kg/h}$

二氧化碳　　　　$152 + 29.05 = 181.05 \text{kg/h}$

水　　　　　　　$18620 + 14394.27 = 33014.27 \text{kg/h}$

小计　　　　　　33525kg/h

4.9.2.2　蒸氨塔的计算

A　基本数据的确定

进入蒸氨塔的原料氨水量为 33525kg/h；进塔原料氨水的含氨浓度 $X_f = 262.63 \div 33525 \times 100\% = 0.78\%$；原料氨水中的二氧化碳和硫化氢忽略不计。

（1）塔顶气相含氨浓度。

$$X_v = 8.5 X_f = 8.5 \times 0.78\% = 6.63\%$$

（2）回流液的氨浓度。

$$X_R = X_D / 9$$

式中，X_D 为分凝器后产品的氨浓度，取 $X_D = 20\%$，则

$$X_R = X_D / 9 = 20/9 = 2.2\%$$

（3）实际回流比。

$$r = \frac{X_D - X_v}{X_v - X_R} = \frac{20 - 6.63}{6.63 - 2.2} = 3$$

B　物料衡算

a　输入物料

进料量　　　　　33525kg/h

回流量　　　　　$R = 3D$

式中，D 为产品产量。

设蒸氨的回收率为 99%，则：

$$D = \frac{26263 \times 99\%}{20\%} = 1300 \text{kg/h}$$

$$R = 3 \times 1300 = 3900 \text{kg/h}$$

设直接蒸汽量为 G kg/h。

b　输出物料

塔顶蒸汽量为：

$$V = (r + 1)D = (3 + 1) \times 1300 = 5200 \text{kg/h}$$

废水量为：

$$W = 33525 - 1300 + G = (32225 + G) \text{kg/h}$$

C　热平衡

可根据热平衡确定直接蒸汽的用量 G。

（1）输入热量。

98℃进料带入的热量 q_1 为：

$$q_1 = 33525 \times 98 \times 4.187 = 13756179 \text{kJ/h}$$

90℃回流液带入的热量 q_2 为：

$$q_2 = 3900 \times 90 \times 4.187 = 1469637 \text{kJ/h}$$

直接蒸汽带入的热量 q_3 为：

$$q_3 = 2737.8G \text{ kJ/h}$$

式中，2737.8 为 0.4MPa（绝对）蒸汽的热焓，kJ/kg。

总输入热量为：

$$Q_入 = q_{1'} + q_2 + q_3 = (15225816 + 2737.8G) \text{kJ/h}$$

（2）输出热量。

塔顶蒸汽带走的热量 q_4 为：

$$q_4 = 5200 \times 6.63\% \times 2.131 \times 102 + 5200 \times (1 - 6.63\%) \times 2678.8$$
$$= 13081155 \text{kJ/h}$$

式中，2.131 为氨的比热容，kJ/(kg·℃)；2678.8 为 102℃水蒸气的热焓，kJ/kg。

氨解析带走的热量 q_5 为：

$$q_5 = 5200 \times 6.63\% \times 2056 = 708827 \text{kJ/h}$$

式中，2056 为氨的解析热，kJ/kg。

103℃废水带走的热量 q_6 为：

$$q_6 = (32225 + G) \times 103 \times 4.187 = (13897386 + 431G) \text{kJ/h}$$

散热损失 q_7 占 q_3 的 1%，

$$q_7 = q_3 \times 1\% = 27.4G \text{ kJ/h}$$

总输出热量为：

$$Q_出 = q_4 + q_5 + q_6 + q_7 = (27687368 + 458.4G) \text{kJ/h}$$

令 $Q_入 = Q_出$

$$15225816 + 2737.8G = 27687368 + 458.4G$$

$$G = \frac{12461522}{2279.4} = 5467 \text{kg/h}$$

每吨原料氨水的蒸汽用量 V 为：

$$V = \frac{5467}{33.525} = 163 \text{kg}$$

废水量为：

$$W = 33525 + 5467 = 38992 \text{kg/h}$$

D　蒸氨塔塔径的确定

因采用沸点进料，可根据塔顶气相流量来确定塔径。

$$V = \left[\frac{5200 \times 6.63\%}{17} + \frac{5200 \times (1 - 6.63\%)}{18} \right] \times 22.4 \times \frac{273 + 102}{273} \times \frac{0.1}{0.115} = 7760 \text{m}^3/\text{h}$$

选用泡罩时，板间距为 400mm，空塔速度取 0.8m/s，则蒸氨塔的直径 D 为：

$$D = \sqrt{\frac{7760}{3600 \times 0.785 \times 0.8}} = 1.85 \text{m}$$

蒸氨塔的塔径选为 2m。

E　蒸氨塔塔板数的确定

根据实际的经验和计算，设计采用塔板间距为 400mm、30 层的泡罩塔板。

4.9.3　氨气分凝器

4.9.3.1　物料衡算

A　输入物料

由蒸氨塔塔顶来的氨气量 V 为：

$$V = 5200 \text{kg/h}（其中含氨 344.76 \text{kg/h}）$$

B　输出物料

分凝器出口的浓氨气量 D 为：

$$D = 1300 \text{kg/h}（其中含氨 260 \text{kg/h}）$$

分凝器至蒸氨塔的回流液 R 为：

$$R = 3900 \text{kg/h}（其中含氨 85.8 \text{kg/h}）$$

4.9.3.2　热量衡算

A　输入热量

来自蒸氨塔顶氨气带入的热量 q_1 为：

$$q_1 = 13081155 \text{kJ/h}$$

分凝液（回流液）中氨的溶解热 q_2 为：

$$q_2 = 85.5 \times 2056 = 175788 \text{kJ/h}$$

总输入热量 $Q_入$ 为：

$$Q_入 = q_1 + q_2 = 13081155 + 175788 = 13256943 \text{kJ/h}$$

B　输出热量

成品浓氨气带走的热量 q_3 为：

$$q_3 = 260 \times 2.127 \times 92 + (1300 - 260) \times 2663.2$$
$$= 50878 + 2769728 = 2820606 \text{kJ/h}$$

式中，2.127 为氨的比热容，kJ/(kg·℃)；2663.2 为 92℃水蒸气的热焓，kJ/kg。

分凝液（回流液）带走的热量 q_4 为：

$$q_4 = 1469637 \text{kJ/h}$$

设冷却水带走的热量为 q_5，则输出的总热量 $Q_{出}$ 为：

$$Q_{出} = q_3 + q_4 + q_5 = (2820606 + 1469637 + q_5) \text{kJ/h}$$

令 $Q_{入} = Q_{出}$

$$13256943 = 4290243 + q_5$$

$$q_5 = 8966700 \text{kJ/h}$$

用水量 W 为：

$$W = \frac{8966700}{4187 \times (45 - 32)} = 165 \text{t/h}$$

4.9.3.3　分凝器的换热面积

氨气	102℃	⟶	92℃
循环水	45℃	⟵	32℃
温差	57℃		60℃

$$\Delta t = \frac{57 + 60}{2} = 58.5 ℃$$

取 $K = 640 \text{W/(m}^2 \cdot ℃)$，则所需面积 F 为：

$$F = \frac{Q}{3.6 K \Delta t} = \frac{8966700}{3.6 \times 640 \times 58.5} = 66.5 \text{m}^2$$

设计选用 $F = 70 \text{m}^2$。

4.9.4　氨分解装置

4.9.4.1　基础数据

（1）进入氨分解炉的氨气。设蒸氨的原料氨水中的硫化氢、二氧化碳均随浓氨气至氨分解装置，至氨分解炉氨气的温度 $t = 85℃$，压力 $p = 0.136 \text{MPa}$（绝对），其组成如下：

NH_3	260kg/h
H_2S	38kg/h
CO_2	152kg/h
H_2O	850kg/h
总量	1300kg/h

（2）送入燃烧器燃料煤气的组成（体积分数）如下：

CO_2	2.07%
C_3H_6	2.2%
O_2	0.56%
CO	6.02%
H_2	53.9%
CH_4	23.49%
N_2	8.36%
H_2O	3.4%

煤气温度 $t = 78℃$，压力 $p = 0.137MPa$，密度 $\rho = 0.516kg/m^3$，所供的煤气总量设为 $210kg/h$（$410m^3/h$）。

（3）锅炉供水参数如下：

进入处理槽的水温	28℃
压力	0.4MPa
水质：硬度	<0.1°dH
氧	0.8mg/L
CO_2	25mg/L
全铁	0.05mg/L
pH 值	7～7.5

（4）废热锅炉自产蒸汽的压力　　　　1.15MPa

（5）外供蒸汽的压力　　　　　　　　0.7MPa

（6）外供冷却水温度　　循环水　　　32℃

　　　　　　　　　　　　低温水　　　16℃

（7）入炉空气参数　　　温度　　　　130℃（预热后）

　　　　　　　　　　　　压力　　　　0.13MPa（绝对）

4.9.4.2　氨分解炉的计算

A　物料衡算

a　输入物料

（1）入炉氨气。入炉氨气的组成见表4-47。

表4-47　入炉氨气的组成

组　成	kg/h	kmol/h	m³/h	%（体积分数）
NH_3	260	15.294	343	22.82
H_2S	38	1.118	25	1.66
CO_2	152	3.455	77	5.13
H_2O	850	47.222	1058	70.39
总量	1300	67.089	1503	100

氨在高温（1100℃）及镍催化剂作用下发生还原分解，设完全分解

$$NH_3 \longrightarrow 0.5N_2 + 1.5H_2$$

分解产物：

$$N_2 \qquad 15.294 \times 0.5 = 7.647kmol/h$$

$$H_2 \qquad 15.294 \times 1.5 = 22.941kmol/h$$

（2）入炉煤气。入炉煤气的组成见表4-48。

表4-48　入炉煤气的组成

组　　成	kg/h	kmol/h	m³/h	%（体积分数）
CO_2	16.69	0.38	8.50	2.07
C_3H_6	16.92	0.40	9.0	2.2
O_2	3.15	0.1	2.3	0.56
CO	30.8	1.1	24.7	6.02
H_2	19.71	9.86	221	53.9
CH_4	68.81	4.3	96.3	23.49
N_2	42.85	1.53	34.3	8.36
H_2O	11.07	0.62	13.9	3.4
总量	210	18.29	410	100

（3）煤气中可燃成分的燃烧产物及耗氧量计算。

1）$CO + 0.5O_2 \longrightarrow CO_2$

产物 CO_2　　　　1.1kmol/h

消耗氧量　　　　1.1×0.5＝0.55kmol/h

2）$H_2 + 0.5O_2 \longrightarrow H_2O$

产物 H_2O　　　　9.86kmol/h

消耗氧量　　　　9.86×0.5＝4.93kmol/h

3）$CH_4 + 2O_2 \longrightarrow CO_2 + 2H_2O$

产物 CO_2　　　　4.3kmol/h

　　　H_2O　　　　4.3×2＝8.6kmol/h

消耗氧量　　　　4.3×2＝8.6kmol/h

4）$C_3H_6 + 4.5O_2 \longrightarrow 3CO_2 + 3H_2O$

产物 CO_2　　　　0.4×3＝1.2kmol/h

　　　H_2O　　　　0.4×3＝1.2kmol/h

消耗氧量　　　　0.4×4.5＝1.8kmol/h

（4）空气需要量的计算。

煤气燃烧时耗氧量汇总：

0.55＋4.93＋8.6＋1.8－0.1＝15.78kmol/h（353.47m³/h 或 504.96kg/h）

干空气带来的氮气为：

15.78×（79/21）＝59.36kmol/h（1330m³/h 或 1662kg/h）

干空气量为：

15.78＋59.36＝75.14kmol/h（1683.47m³/h 或 2167kg/h）

（5）干空气含水量。设空气吸入温度为20℃，φ＝53%，查空气含湿量曲线得每1kg干空气中的水分含量为0.01kg，则干空气中的含水量为：

2167×0.01＝21.67kg/h（1.204kmol/h）

燃烧1m³煤气所需的干空气量为1684/410＝4.11m³。氨分解炉干空气的需要量为2167kg/h（75.14kmol/h 或 1684m³/h）。干空气的带水量为21.67kg/h（1.204kmol/h 或27m³/h）。所需的湿空气量为2167＋21.67＝2188.67kg/h（76.344kmol/h 或1711m³/h）。

进入氨分解炉的物料组成见表 4 - 49。

表 4 - 49　进入氨分解炉的物料组成

物　料		kg/h	kmol/h	m³/h	温度/℃	压力/MPa
入炉氨气		1300	67. 089	1513	85	0. 136
入炉煤气		210	18. 29	410	78	0. 137
入炉空气	煤气燃烧用干空气	2167	75. 14	1684	130	0. 13
	干空气带水	21. 67	1. 204	27	130	0. 13
	湿空气量	2188. 67	76. 344	1711		
总　计		3698. 67	161. 723	3634		

　　b　输出物料

产物的初步汇总：

H_2	22. 941kmol/h
N_2	7. 647 + 1. 53 + 59. 36 = 68. 537kmol/h
CO_2	3. 455 + 0. 38 + 1. 1 + 4. 3 + 1. 2 = 10. 435kmol/h
H_2S	1. 118kmol/h
H_2O	47. 222 + 0. 62 + 9. 86 + 8. 6 + 1. 2 + 1. 204 = 68. 706kmol/h

在高温（1100℃）下尚存在如下的平衡关系：

$$CO_2 + H_2 \Longleftrightarrow CO + H_2O \qquad K_{p1100℃} = 1/0. 465$$

设平衡时有 X mol 的 CO_2 转化成 CO，则在平衡时各组成的浓度为：

CO_2	10. 435 - X
H_2	22. 941 - X
CO	X
H_2O	68. 706 + X

代入

$$K_p = \frac{n_{CO} \times n_{H_2O}}{n_{CO_2} \times n_{H_2}} = \frac{X(68. 706 + X)}{(10. 435 - X)(22. 941 - X)} = \frac{1}{0. 465} \qquad (4 - 25)$$

解式（4 - 25）得 X = 3. 78kmol/h。所以平衡时的组成如下：

CO_2	10. 435 - 3. 78 = 6. 655kmol/h（293kg/h）
H_2	22. 941 - 3. 78 = 19. 161kmol/h（38. 32kg/h）
CO	3. 78kmol/h（105. 84kg/h）
H_2O	68. 706 + 3. 78 = 72. 486kmol/h（1304. 75kg/h）

氨分解炉出口的过程气 t = 1100℃，压力 p = 0. 109MPa，其组成见表 4 - 50。

表 4 - 50　氨分解炉出口的过程气的物料组成

组　成	kg/h	kmol/h	m³/h	%（体积分数）
H_2	38. 32	19. 161	429	11. 15
N_2	1919. 04	68. 537	1535	39. 9

组　成	kg/h	kmol/h	m³/h	%（体积分数）
CO_2	293	6. 655	149	3. 87
CO	105. 89	3. 78	85	2. 21
H_2S	38. 0	1. 118	25	0. 65
H_2O	1304. 75	72. 486	1624	42. 22
合计	3699	171. 737	3847	100

c　物料平衡

氨分解炉的物料平衡见表 4 - 51，图 4 - 17。

表 4 - 51　氨分解炉的物料平衡

输　入	物料量/kg·h^{-1}	输　出	物料量/kg·h^{-1}
氨气	1300	过程气（尾气）	3699
煤气	210		
空气	2189		
小计	3699	小计	3699

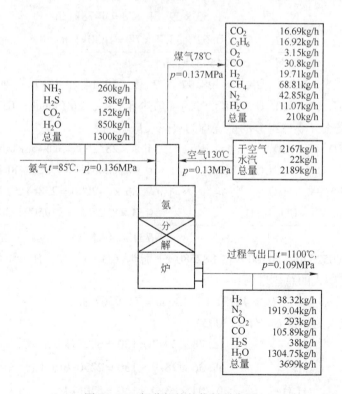

图 4 - 17　氨分解炉的物料平衡图

B　热量衡算

a　输入热量

（1）氨气带入的热量 Q_1（$t=85℃$，$p=0.136MPa$）。

$$CO_2 \qquad 3.455 \times 37.89 \times 85 = 11127kJ/h$$
$$NH_3 \qquad 15.294 \times 36.84 \times 85 = 47892kJ/h$$
$$H_2S \qquad 1.118 \times 34.25 \times 85 = 3255kJ/h$$
$$H_2O \qquad 47.222 \times 33.7 \times 85 = 135267kJ/h$$

合计　　　　$Q_1 = 197541kJ/h$

式中，37.89、36.84、34.25 和 33.7 分别为 CO_2、NH_3、H_2S 和 H_2O 在 85℃时的摩尔热容 $C_{p,m}$，$kJ/(kmol \cdot ℃)$。

（2）煤气带入的显热及燃烧热 Q_2（$t=78℃$）。

1）煤气带入的显热。

$$CO_2 \qquad 0.38 \times 37.47 \times 78 = 1111kJ/h$$
$$C_3H_6 \qquad 0.40 \times 69.5 \times 78 = 2168kJ/h$$
$$O_2 \qquad 0.1 \times 29.52 \times 78 = 230kJ/h$$
$$CO \qquad 1.1 \times 29.22 \times 78 = 2507kJ/h$$
$$H_2 \qquad 9.86 \times 28.97 \times 78 = 22280kJ/h$$
$$CH_4 \qquad 4.3 \times 37.35 \times 78 = 12527kJ/h$$
$$N_2 \qquad 1.53 \times 29.14 \times 78 = 3478kJ/h$$
$$H_2O \qquad 0.62 \times 33.7 \times 78 = 1630kJ/h$$

合计　　　　45931kJ/h

式中，37.47、69.5、29.52、29.22、28.97、37.35、29.14 和 33.7 分别为 CO_2、C_3H_6、O_2、CO、H_2、CH_4、N_2 和 H_2O 在 78℃时的摩尔热容 $C_{p,m}$，$kJ/(kmol \cdot ℃)$。

2）煤气燃烧热（煤气组分的燃烧均为放热反应）。

$$CO + 0.5O_2 \longrightarrow CO_2 \qquad 1.1 \times 283153 = 311468kJ/h$$
$$C_3H_6 + 4.5O_2 \longrightarrow 3CO_2 + 3H_2O \qquad 0.40 \times 2052370 = 820948kJ/h$$
$$H_2 + 0.5O_2 \longrightarrow H_2O \qquad 9.86 \times 242000 = 2386120kJ/h$$
$$CH_4 + 2O_2 \longrightarrow CO_2 + 2H_2O \qquad 4.3 \times 882580 = 3795094kJ/h$$

合计　　　　7313630kJ/h

式中，283153、2052370、242000 和 882580 分别为 CO、C_3H_6、H_2 和 CH_4 的燃烧热，$kJ/kmol$。则煤气输入的总热量为：

$$Q_2 = 45931 + 7313630 = 7359561kJ/h$$

（3）空气带入的热量 Q_3（$t=130℃$）。

$$O_2 \qquad 15.78 \times 29.7 \times 130 = 60927kJ/h$$
$$N_2 \qquad 59.36 \times 28.9 \times 130 = 223016kJ/h$$
$$H_2O \qquad 1.204 \times 33.9 \times 130 = 5306kJ/h$$

合计　　　　$Q_3 = 289249kJ/h$

式中，29.7、28.9 和 33.9 分别为 O_2、N_2 和 H_2O 在 130℃时的摩尔热容 $C_{p,m}$，$kJ/(kmol \cdot ℃)$。则总输入热量为：

$$Q_入 = Q_1 + Q_2 + Q_3 = 197541 + 7359561 + 289249 = 7846351 \text{kJ/h}$$

b 输出热量

（1）分解氨所需的热量 Q_4。

$$NH_3 \longrightarrow 0.5N_2 + 1.5H_2 \qquad \Delta H = 2921.84 \text{kJ/kgNH}_3 \text{（吸热）}$$

$$Q_4 = 260 \times 2921.84 = 759678 \text{kJ/h}$$

（2）二氧化碳与氢气的反应热 Q_5。

$$CO_2 + H_2 \longrightarrow CO + H_2O \qquad \Delta H = 41400 \text{kJ/kgNH}_3 \text{（吸热）}$$

CO_2 有 3.78kmol/h 转化为 CO，故

$$Q_5 = 3.78 \times 41400 = 156492 \text{kJ/h}$$

（3）氨分解炉出口1100℃过程气带走的热量 Q_6。

H_2	$19.161 \times 30.1 \times 1100 = 634421 \text{kJ/h}$
N_2	$68.537 \times 31.82 \times 1100 = 2398932 \text{kJ/h}$
CO_2	$6.655 \times 50.2 \times 1100 = 367489 \text{kJ/h}$
CO	$3.78 \times 31.4 \times 1100 = 130561 \text{kJ/h}$
H_2S	$1.118 \times 42.3 \times 1100 = 52021 \text{kJ/h}$
H_2O	$72.486 \times 39.4 \times 1100 = 3141543 \text{kJ/h}$
合计	$Q_6 = 6724967 \text{kJ/h}$

式中，30.1、31.82、50.2、31.4、42.3 和 39.4 分别为 H_2、N_2、CO_2、CO、H_2S 和 H_2O 在1100℃时的摩尔热容 $C_{p,m}$，kJ/(kmol·℃)。

（4）热损失 Q_7 取 $Q_入$ 的2%，则：

$$Q_7 = 7846351 \times 2\% = 156927 \text{kJ/h}$$

总输出热量为：

$$Q_出 = Q_4 + Q_5 + Q_6 + Q_7 = 759678 + 156492 + 6724967 + 156927$$
$$= 7798064 \text{kJ/h}$$

由上述计算可知，输出热量与输入热量之差不足1%，故选用煤气消耗量210kg/h（410m³/h），就完全可以将炉温保持在1100℃，从而保证氨的完全分解。

4.9.4.3 氨分解炉

A 操作条件

炉温	1100~1200℃	
炉内压力	0.12MPa	
进入炉内的氨气流量	1300kg/h	1503m³/h
进入炉内的煤气流量	210kg/h	410m³/h
进入炉内的空气流量	2189kg/h	1711m³/h
空气过剩系数 燃烧器	1.15	
催化床	0.97	
热负荷	7846351kJ/h	

B 氨分解炉主要尺寸的确定

（1）氨分解炉直径的计算。过程气流量按出口状态，其流量为3847m³/h，当 $t = 1100$℃、压力 $p = 0.109$MPa 时，过程气的实际体积为：

$$V = 3847 \times \frac{273 + 1100}{273} \times \frac{0.01}{0.0109} = 17750\text{m}^3/\text{h}$$

过程气在炉内的线速度一般为 $w = 1.7 \sim 1.8\text{m/s}$，现取 $w = 1.75\text{m/s}$。则氨分解炉的直径 D 为：

$$D = \sqrt{\frac{V}{3600 \times 0.785 \times w}} = \sqrt{\frac{17750}{3600 \times 0.785 \times 1.75}} = 1.89\text{m}$$

取氨分解炉的直径 $D = 2\text{m}$。

（2）炉内反应空间的计算。过程气在炉内的停留时间取 $t_1 = 4\text{s}$，反应空间高度 $H = 4 \times 1.75 = 7\text{m}$，反应空间 $0.785 \times 2^2 \times 7 = 21.98\text{m}^3$。炉内体积热强度（燃烧区）取 $125.6 \times 10^4\text{kJ}/(\text{m}^3 \cdot \text{h})$，则燃烧区的体积为：

$$V_1 = \frac{7846351}{125.6 \times 10^4} = 6.3\text{m}^3$$

燃烧区的高度为：

$$h_1 = \frac{6.3}{0.785 \times 2^2} = 2\text{m}$$

过程气在催化区的停留时间取 $t_2 = 1.2\text{s}$；催化区高度 $h_2 = 1.75 \times 1.2 = 2.1\text{m}$；催化区的体积为 $0.785 \times 2^2 \times 2.1 = 6.6\text{m}^3$。氨分解炉的各项参数见表 4 – 52。

表 4 – 52　氨分解炉的各项参数

项　　目	反应空间/m³	直径/m	高度/m
氨分解炉	21. 98	2	7
燃烧区	6. 3	2	2
催化区	6. 6	2	2. 1

4.9.4.4　废热锅炉

由氨分解炉排出过程气（即尾气）的温度约为 1100℃，为了回收其热量，降低其温度，故设置了废热锅炉，用以生产 1.15MPa 的水蒸气。此蒸汽经减压后并入中压蒸汽管网中。离开废热锅炉的过程气温度为 280℃。

A　热量衡算

a　输入热量

$Q_{入} = 6724967\text{kJ/h}$（见 4.9.4.2 节氨分解炉的热量衡算）

b　输出热量

（1）离开废热锅炉的过程气带走的热量 q_1（$t = 280℃$）。

H_2	$19.161 \times 29.3 \times 280 = 157197\text{kJ/h}$
N_2	$68.537 \times 29.3 \times 280 = 562278\text{kJ/h}$
CO_2	$6.655 \times 41.87 \times 280 = 78021\text{kJ/h}$
CO	$3.78 \times 29.3 \times 280 = 31011\text{kJ/h}$
H_2S	$1.118 \times 36.0 \times 280 = 11269\text{kJ/h}$
H_2O	$72.486 \times 34.8 \times 280 = 706304\text{kJ/h}$
合计	$q_1 = 1546080\text{kJ/h}$

式中，29.3、29.3、41.87、29.3、36.0 和 34.8 分别为 H_2、N_2、CO_2、CO、H_2S 和 H_2O 在 280℃时的摩尔热容 $C_{p,m}$，$J/(mol \cdot ℃)$。

（2）锅炉热损失 q_2，取输入热量的 2%，则

$$q_2 = 6724967 \times 2\% = 134499 kJ/h$$

输出总热量为：

$$Q_{出} = q_1 + q_2 = 1546080 + 134499 = 1680579 kJ/h$$

（3）1.15MPa 水蒸气的热焓 $i = 2782.1 kJ/kg$，进入废热锅炉的锅炉供水温度为 128℃，则可生产的蒸汽量 W 为：

$$W = \frac{6724967 - 38047}{2782.1 - 535.9} = 2977 kg/h$$

废热锅炉的热回收率 η 为：

$$\eta = \frac{6724967 - 1680579}{6724967} \times 100\% = 75\%$$

B　废热锅炉面积的计算

（1）操作条件。

进入废热锅炉的过程气流量	$3847 m^3/h$
进入废热锅炉的过程气温度	1100℃
离开废热锅炉的过程气温度	280℃
锅炉供水温度	128℃
产生的蒸汽温度	186℃
产生的蒸气压力	1.15MPa
生产的蒸汽量	2244kg/h
热负荷	6724967kJ/h

（2）换热面积的计算。

过程气	1100℃ ——→	280℃
蒸汽	186℃ ←——	186℃
温差	914℃	94℃

$$\Delta t = \frac{914 - 94}{2.3 \lg \dfrac{914}{94}} = 360.5℃$$

取传热系数 $K = 40.7 W/(m^2 \cdot ℃)$，则废热锅炉的换热面积 F 为：

$$F = \frac{6724967}{3.6 \times 40.7 \times 360.5} = 127 m^2$$

4.9.4.5　锅炉供水预热器

由废热锅炉来的过程气温度为 280℃，尚有部分显热可以利用，故设置了锅炉供水预热器。

A　操作条件

进入锅炉供水预热器的过程气温度	280℃
离开锅炉供水预热器的过程气温度	200℃

　　　　进入锅炉供水预热器的锅炉供水温度　　　　　　　　t ℃

　　　　离开锅炉供水预热器的锅炉供水温度　　　　　　　128℃

B　热量衡算

a　输入热量

　　　　　　　$Q_入 = 1546080 \text{kJ/h}$（见 4.9.4.4 节废热锅炉的热量衡算）

b　输出热量

离开锅炉供水预热器过程气带走的热量为：

H_2	$19.161 \times 29.3 \times 200 = 112283 \text{kJ/h}$
N_2	$68.537 \times 29.3 \times 200 = 401627 \text{kJ/h}$
CO_2	$6.655 \times 40.2 \times 200 = 53506 \text{kJ/h}$
CO	$3.78 \times 29.3 \times 200 = 22151 \text{kJ/h}$
H_2S	$1.118 \times 34.8 \times 200 = 7781 \text{kJ/h}$
H_2O	$72.486 \times 34.1 \times 200 = 494355 \text{kJ/h}$
合计	1091703kJ/h

式中，29.3、29.3、40.2、29.3、34.8 和 34.1 分别为 H_2、N_2、CO_2、CO、H_2S 和 H_2O 在 200℃时的摩尔热容 $C_{p,m}$，kJ/(kmol·℃)。

　　锅炉供水预热器的热损失取输入热量的 1%，则

　　　　　　　　　$1546080 \times 1\% = 15461 \text{kJ/h}$

输出总热量为：

　　　　　　　$Q_出 = 1091703 + 15461 = 1107164 \text{kJ/h}$

当确定锅炉供水预热器出口的锅炉供水温度为 128℃、锅炉供水量为 2975kg/h 时，即可求得进入锅炉供水预热器的供水温度 t 为：

$$\frac{1546080 - 1107164}{4.187 \times (128 - t)} = 2977$$

解得：$t = 92.8℃$。

C　锅炉供水预热器面积的计算

（1）操作条件。

进入锅炉供水预热器的过程气流量	$3847 \text{m}^3/\text{h}$
进入锅炉供水预热器的过程气温度	280℃
离开锅炉供水预热器的过程气温度	200℃
进入锅炉供水预热器的锅炉供水温度	92.8℃
离开锅炉供水预热器的锅炉供水温度	128℃
进入锅炉供水预热器过程气带入的热量	1546080kJ/h

（2）换热面积的计算。

过程气	280℃	⟶	200℃
锅炉供水	128℃	⟵	92.8℃
温差	152℃		107.2℃

$$\Delta t = \frac{152 - 107.2}{2.3 \lg \dfrac{152}{107.2}} = 128.8 \, ℃$$

取传热系数 $K = 210 \text{W} / (\text{m}^2 \cdot ℃)$，则锅炉供水预热器的换热面积 F 为：

$$F = \frac{1546080}{3.6 \times 210 \times 128.8} = 15.9 \text{m}^2$$

取 $F = 20 \text{m}^2$。

5　焦炉煤气脱苯及粗苯蒸馏

炼焦煤在焦炉干馏过程中所产生的苯族烃（粗苯）随荒煤气逸出，粗苯是有机化学工业的重要原料，回收粗苯具有较高的经济效益。焦炉煤气中粗苯含量一般为 25 ~ 40g/m³。粗苯的产率与装炉煤的质量、炼焦温度和焦炉炉顶空间温度有关，它随着装炉煤中的挥发分提高而增加，随着炼焦温度、炉顶空间温度的提高而降低。通常，粗苯产率为装炉干煤的 0.9% ~ 1.1%，粗苯的产率与装炉煤挥发分的关系可用式（5-1）计算或查表 5-1。

$$Y = -1.6 + 0.144V - 0.0016V^2 \qquad (5-1)$$

表 5-1　粗苯产率与装炉煤挥发分的关系

配煤挥发分/%	20	21	22	23	24	25	26	27	28	29	30
粗苯产率/%	0.64	0.71	0.8	0.86	0.94	1.0	1.02	1.13	1.18	1.23	1.28

粗苯产品的技术要求主要有两个指标：一是水分，要求在室温下目测无可见不溶解水；二是对粗苯做馏程测定。当粗苯作为溶剂时，180℃前馏出量应大于 91%，当粗苯作为精制原料时，180℃前馏出量应大于 93%。

粗苯主要组分有苯、甲苯、二甲苯和三甲苯等芳烃，此外，还含有不饱和化合物、含硫化合物、脂肪烃、萘、酚类和吡啶类化合物，其组成见表 5-2。

表 5-2　粗苯主要组分

组　分	含量/%	组　分	含量/%	组　分	含量/%
苯	55 ~ 80	戊烯	0.5 ~ 0.8	二硫化碳	0.3 ~ 1.5
甲苯	12 ~ 22	环戊二烯	0.5 ~ 1	噻吩	0.2 ~ 1.0
二甲苯	2 ~ 6	C_6 ~ C_8 烯烃	约 0.6	甲基噻吩	0.1 ~ 0.2
三甲苯	2 ~ 6	苯乙烯	0.5 ~ 1.0	吡啶及其同系物	0.1 ~ 0.5
乙基苯	0.5 ~ 1	古马隆	0.6 ~ 1.0	苯酚及其同系物	0.1 ~ 0.6
丙基苯	0.03 ~ 0.05	茚	1.5 ~ 2.5	萘	0.5 ~ 2
乙基甲苯	0.08 ~ 0.10	硫化氢	0.1 ~ 0.2	脂肪烃 C_6 ~ C_8	0.5 ~ 1.0

从焦炉煤气中回收粗苯时，一般均采用焦油洗油作为吸收剂，其工艺包括煤气脱苯和粗苯蒸馏两部分。

5.1　焦炉煤气脱苯

煤气脱苯一般位于煤气净化系统的最后部位，但当采用以钠或钾为碱源的煤气脱硫工艺时，脱苯工段应位于脱硫装置之前。煤气脱苯工段通常包括煤气终冷和煤气脱苯两道工序。

5.1.1　焦炉煤气最终冷却

为了保证粗苯的收率，脱苯操作一般应在不高于30℃的温度下进行。在采用半直接法的硫铵生产工艺和磷铵法生产无水氨工艺时，因饱和器后和磷铵吸收塔后的煤气温度分别为50~60℃和40~50℃，所以需在煤气脱苯工序前进行煤气的最终冷却。

由于目前我国在初冷工序中采用了高效横管初冷器，可将煤气温度冷却至21~22℃，使煤气中的萘含量降至400~500mg/m³，因此，基本不再需要终冷的除萘功能，简化了终冷工艺。我国以前采用的煤气终冷－机械除萘、煤气终冷－焦油洗萘、煤气终冷－轻焦油洗萘以及煤气终冷－油洗萘等工艺均已弃用。目前的煤气终冷工艺主要包括间接式终冷和直接式终冷两种方式。

5.1.1.1　间接式煤气终冷

间接式煤气终冷工艺主要采用了横管式间接初冷器，对煤气进行间接冷却。为了防止终冷器的堵塞，采用循环喷洒冷凝液的方法，对终冷器的管间进行清洗，循环冷凝液需要少量排污，其排污量等于终冷过程中煤气的冷凝液量，煤气终冷的工艺流程如图5-1所示。

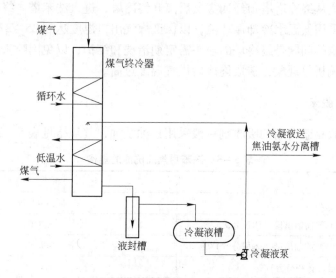

图5-1　间接式煤气终冷的工艺流程

从图5-1中可以看出，来自前道工序的煤气从顶部进入横管式煤气终冷器，终冷器采用两段冷却，以保证终冷出口的煤气温度在25~27℃之间。煤气从终冷器底部离开，进入洗苯塔。终冷器内采用循环液喷洒，以防止萘的堵塞。终冷器内产生的冷凝液经液封槽送至冷凝液槽。

终冷后的煤气温度可通过调节低温水量加以控制。但是，为了防止萘的析出，必须严格控制终冷后的煤气温度，使其高于初冷后的煤气温度2~3℃。

5.1.1.2　直接式煤气终冷

直接式煤气终冷是指煤气在直冷塔内用循环喷洒的终冷水直接冷却，再用塔外的换热器从终冷水中取走热量。循环用终冷水需要少量排污，其排污量等于终冷的冷凝液量。终冷塔一般采用空喷塔或填料塔，其工艺流程如图 5 - 2 所示。

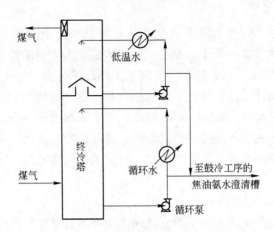

图 5 - 2　直接式煤气终冷的工艺流程

从图 5 - 2 中可以看出，来自前道工序的煤气从终冷塔底部进入，与塔顶喷洒的终冷水逆流接触，煤气从终冷塔塔顶经捕雾层后离开终冷塔，进入洗苯塔。终冷塔分两段单独循环冷却，上段采用低温水冷却循环液，以保证煤气出口温度达到 25 ~ 27℃ 的要求。

操作中要注意的问题是终冷塔的喷头需定期清洗和维护，以免因喷头堵塞而出现喷洒不均匀或喷洒液偏析等现象，造成终冷后煤气温度过高。

5.1.2　焦炉煤气脱苯

从煤气中回收粗苯所用的吸收剂一般采用焦油洗油，其规格见表 5 - 3。

表 5 - 3　洗苯用焦油洗油的规格

项　目		指　标
密度（20℃）/g·cm^{-3}		1.03 ~ 1.06
蒸馏试验（标准大气压）	230℃前馏出量（体积分数）/%	≤3.0
	300℃前馏出量（体积分数）/%	≥90.0
酚含量（体积分数）/%		≤0.5
萘含量（质量分数）/%		≤15
水分/%		≤1.0
黏度（°E$_{50}$）		≤1.5
15℃结晶物		无

洗苯装置的主要设备是洗苯塔，一般可分为填料塔和空喷塔两种形式。由于高效填料的开发与应用，目前广泛采用了各种类型的填料洗苯塔。与多段空喷塔相比，填料塔的投资省、能耗低，工艺流程如图 5 - 3 所示。

5.1.2.1　焦炉煤气脱苯的工艺流程

从图 5 - 3 中可以看出，来自粗苯蒸馏装置的热贫油，经一段贫油冷却器冷却后进入

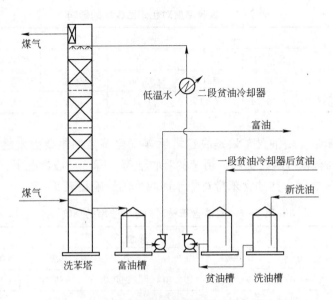

图 5 - 3　使用填料洗苯塔的煤气洗苯工艺流程

贫油槽，再用泵抽送至二段贫油冷却器冷却至 25℃ 后送入洗苯塔塔顶喷洒，与从洗苯塔塔底进入的终冷后煤气逆流接触。吸收了粗苯的富油从洗苯塔底满流至富油槽，再经泵抽送至粗苯蒸馏装置。在洗苯塔塔顶设置有捕雾器，以捕集煤气中夹带的油滴。填料式洗苯塔的每层填料均设有气液再分布装置。由于采用了高效填料，通常填料洗苯塔设计为 1～2 台。洗苯塔后的煤气含苯可控制在 3～5g/m³。新鲜的洗油通过洗油槽用泵补充到系统中。

5.1.2.2　焦炉煤气脱苯的操作要点

用洗油吸收煤气中的苯是典型的物理吸收过程，其传质过程可由方程式（5 - 2）表示：

$$G = KA\Delta p \tag{5 - 2}$$

式中，G 为粗苯吸收量，kg/h；K 为传质系数，kg/(m² · Pa · h)；A 为吸收表面积，m²；Δp 为吸收推动力（对数平均压力差），Pa。

粗苯的回收率可按式（5 - 3）计算：

$$\eta = 1 - \frac{a_2}{a_1} \tag{5 - 3}$$

式中，η 为粗苯回收率，%；a_1 为洗苯塔前煤气中的粗苯含量，g/m³；a_2 为洗苯塔后煤气中的粗苯含量，g/m³。

在洗油循环量稳定的前提下，影响洗苯效率的因素及操作要点如下：

（1）吸收温度。吸收温度是指气液接触面的平均温度，这取决于煤气温度和洗油温度。吸收温度高时，洗油液面上的粗苯蒸气压也随之增高，吸收推动力减小，致使粗苯的回收率下降，即洗苯塔后煤气中的含苯量增加；反之，降低吸收温度，可提高粗苯的回收率，洗苯塔后煤气中的苯含量随之降低。吸收温度对粗苯回收率的影响见表 5 - 4。

表 5 – 4　吸收温度对粗苯回收率的影响

参　数	吸　收　温　度					
	20℃	25℃	30℃	35℃	40℃	45℃
粗苯回收率 $\eta/\%$	96.40	95.15	93.56	89.70	82.70	69.60
塔后煤气含苯量/$g \cdot m^{-3}$	1.06	1.43	1.91	3.01	5.10	8.85

（2）贫油含苯量。贫油含苯量是决定塔后煤气含苯量的主要因素之一。贫油含苯越高，塔后煤气中的含苯也随之提高，粗苯的吸收效率下降。一般情况下，贫油含苯量应控制在 0.2% ~ 0.4% 之间。贫油含苯量对粗苯回收率的影响见表 5 – 5。

表 5 – 5　贫油含苯量对粗苯回收率的影响

参　数	贫　油　含　苯　量						
	0	0.18%	0.25%	0.30%	0.35%	0.40%	0.50%
粗苯回收率 $\eta/\%$	99.0	93.56	91.50	90.0	88.50	87.0	84.0
塔后煤气含苯/$g \cdot m^{-3}$	0.30	1.91	2.50	2.90	3.40	3.80	4.70

（3）循环洗油的质量及耗量。循环洗油在洗苯和粗苯蒸馏的循环过程中，经反复加热和冷却，洗油中的高分子化合物易产生聚合而使洗油质量恶化，不仅降低了洗油的吸收性能，而且会造成洗苯塔的堵塞。为此，在粗苯蒸馏时通过再生器排渣的方式来不断更新循环洗油，同时补充相应的新鲜洗油。每生产 1t 粗苯的新洗油消耗量一般在 100kg 左右。

（4）洗油循环量。减少洗油循环量对吸收过程的影响极大。当洗油用量减少到 50% 时，生产能力可减少 24%，而随塔后煤气带走的苯损失将增长 3.44 倍，即塔后煤气含苯高达 $8.37g/m^3$，粗苯的吸收效率仅为 71.2%，详见表 5 – 6。

表 5 – 6　洗油循环量对粗苯回收率的影响

参　数	处理 $1m^3$ 煤气的洗油循环量							
	L kg	0.9L kg	0.8L kg	0.7L kg	0.6L kg	0.5L kg	0.3L kg	0.1L kg
粗苯回收率 $\eta/\%$	93.56	92.85	91.4	88.5	82.0	71.2	42.8	14.5
塔后煤气含苯/$g \cdot m^{-3}$	1.91	2.1	2.52	3.38	5.29	8.47	16.8	25.1

注：表中 L 为正常的洗油循环量。

5.2　粗苯蒸馏

粗苯蒸馏就是对洗苯富油进行脱苯操作，按加热方式可分为蒸汽加热富油脱苯和管式炉加热富油脱苯两种。由于管式炉加热法的富油预热温度可高达 180 ~ 190℃，故脱苯效率高，贫油中的含苯量可降至 0.2% 左右，粗苯的回收率也高，直接蒸汽的耗量低，每生产 1t 粗苯的直接蒸汽耗量为 1 ~ 1.5t，故产生的废水量也少。因此，目前国内广泛采用管式炉加热富油的脱苯工艺。以前的粗苯蒸馏工艺为了使富油含水量不大于 0.5%，在进管式炉前设有富油脱水塔，但近年来各厂的生产实践表明，洗苯富油含水量一般都小于 0.5%，故均不再设富油脱水塔。

　　现在，按脱苯塔的结构和产品品种的不同，一般可将粗苯的蒸馏工艺分为单塔粗苯工艺、单塔轻苯工艺和双塔轻苯工艺三种。

5.2.1　单塔生产粗苯工艺

　　单塔生产粗苯工艺是采用1台脱苯塔生产粗苯产品，脱苯塔有30层塔板（提馏段14层，精馏段16层）或50层塔板（提馏段30层，精馏段20层），可使贫油含苯和含萘量更低，有利于脱除煤气中的苯和萘。单塔生产粗苯的工艺流程如图5-4所示。

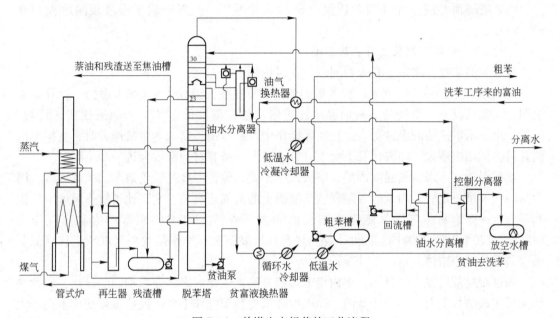

图5-4　单塔生产粗苯的工艺流程

　　从图5-4中可以看出，来自洗苯装置的富油首先进入油气换热器，与来自脱苯塔塔顶的粗苯油气换热，富油被加热至70℃后进入贫富油换热器。在此，富油被脱苯塔底排出的热贫油加热至150℃左右送入管式炉，在管式炉内用煤气将富油加热至180~190℃后进入脱苯塔。

　　从脱苯塔顶逸出的粗苯蒸气温度约为90~93℃，进入油气换热器中与富油换热后，再在冷凝冷却器中用低温水冷凝冷却，冷凝液送入油水分离器。分离掉水后的粗苯送入回流槽，部分送至脱苯塔塔顶作回流，其余为产品进入粗苯储槽。

　　脱苯塔底排出的热贫油用泵送至贫富液换热器，经与富油换热后，再依次送入一段贫油冷却器和二段贫油冷却器中进一步冷却，冷贫油送洗苯塔循环使用。

　　脱苯塔用的直接蒸汽先经管式炉加热至400℃后送入塔内。为保持循环洗油的质量，从管式炉出口的富油管中抽出1%~1.5%循环洗油量送入再生器进行洗油再生。再生残渣从再生器底部排至残渣槽，再用泵抽送至焦油槽。为降低贫油含萘量，在脱苯塔精馏段切取萘油排至残渣槽。为防止脱苯塔塔板积水，在塔顶部设有断塔板和油水分离器，分离出水以后返回下层塔板。从粗苯蒸馏装置中分离出的水收集至放空槽，再用泵送至鼓风冷凝装置的氨水系统。

5.2.1.1　影响粗苯蒸馏操作的因素

脱苯塔中洗油脱苯的程度取决于入塔富油温度、富油含苯量、塔内压力、单位蒸汽耗量和直接蒸汽的温度等因素。

贫油中的苯含量随着直接蒸汽单位耗量的增加而减小。直接蒸汽耗量则随着进入脱苯塔富油温度的升高而降低。提高直接蒸汽的过热温度，可降低直接蒸汽耗量。直接蒸汽在管式炉对流段过热到350~400℃后，不但可减少直接蒸汽耗量，而且能改善再生器的操作，确保再生器残渣油的合格。

脱苯塔塔顶温度是保证粗苯质量合格的主要因素，一般将脱苯塔塔顶温度控制在90~93℃。

5.2.1.2　粗苯蒸馏装置存在的问题

粗苯蒸馏装置存在以下几方面问题，现讨论如下：

（1）脱苯塔的热平衡问题。脱苯塔的热量衡算是按回流比 $R=2.5$ 考虑的。计算结果表明，在此情况下，塔底的热贫油温度比进塔富油的温度低11℃。若回流比按3计算，则进、出脱苯塔洗油的温差更大。在实际操作中，一旦出现富油含水量增大时，直接蒸汽的耗量将会相应增大，回流比马上会上升到4以上，塔底贫油温度会进一步下降。

众所周知，入塔富油温度固定，塔板效率不变，蒸馏温度是脱苯效率的关键因素。因为富油含苯量一定后，粗苯的脱除程度与液面上的蒸气压有关，它正比于操作温度下的饱和蒸气压，而饱和蒸气压又随温度增长而加大。例如，180℃时粗苯的饱和蒸气压为845kPa，170℃时为700kPa。因此，保持塔盘在较高温度下操作是减少蒸汽耗量和降低贫油含苯量的重要措施。

通过对脱苯塔操作的分析，塔内粗苯和部分洗油气化时必将夺取洗油的显热，因此洗油温度应该是自上而下逐步降低的，而温度降低对脱苯操作不利，要使温度变化不至于太大，必然需要外加热源。所以，进塔直接蒸汽的过热程度就显得十分重要。对于温度为400℃、压力为0.25MPa（表）的过热蒸汽，其热焓为3274kJ/kg，而温度为180℃、压力为0.3MPa（表）的过热蒸汽，其热焓为2830kJ/kg，两者热焓相差444kJ。也就是说，使用400℃的过热蒸汽，每小时就可多供 50.2×10^4kJ 的热量，使进、出脱苯塔洗油的温差缩小4~5℃。因此，使用过热程度高的直接蒸汽是提高脱苯效率的关键措施之一。

通过增加精馏段与提馏段液相断塔板的热平衡计算可知，因消除了精馏段下降较低温度的洗油对提馏段的影响，塔底温度可由169℃提高到173.3℃。这样，就有可能使贫油含苯进一步降低，它也是提高脱苯效率的有效措施之一。

（2）再生器的工艺计算问题。在《炼焦化学产品回收设备的计算》一书中，再生器的工艺计算采用了与脱苯塔相同的公式，即

$$\eta=\frac{1-\left(\dfrac{l}{K_i}\right)^{\frac{n}{2}}}{1-\left(\dfrac{l}{K_i}\right)^{\left(\frac{n}{2}+1\right)}}\quad\text{且设 }n=2 \tag{5-4}$$

式（5-4）是建立在下列假设条件下：

1）整个塔内的上升气体的摩尔数是恒定的；

2）整个塔内的下降液体的摩尔数是恒定的；

3）塔板效率为 0.5。

对于脱苯塔提馏段的下降液体，因洗油的蒸发程度不高，可认为其是恒定的。但上升气体在塔底仅为直接蒸汽，按工艺计算为 58kmol/h。顶部为水蒸气、洗油和粗苯蒸气的总和，按工艺计算为 91.6kmol/h，并非恒定，而有一定误差，但与计算脱苯塔的误差相比，仍在允许范围之内。但是，再生器的操作原理与脱苯塔大不相同，因为公式（5-4）是建立在整个塔内的下降液体的摩尔数相同的条件下，按工艺计算，再生器的进料量为795kg/h，而再生残渣仅为 106kg/h，相差近 8 倍，与假设的条件大相悖谬，这必然会导致巨大的误差。其次，再生器仅用一环管供蒸汽，与洗油接触的程度不足一块理论板。另外，按公式（5-4）计算时，由于种种原因，当再生器的操作温度提不高时，好像只要在再生器内增加几块塔板后，即使操作温度较低，使用相同的蒸汽量，再生相同的洗油，也可达到同样的效果，但这在理论和实践上都是行不通的。

应当指出，洗油再生器的操作原理实际上与水蒸气蒸馏十分吻合。可将洗油视为同一组成，采用水蒸气蒸馏公式，其计算结果与实际情况基本符合。用水蒸气蒸出洗油并达到平衡时，根据道尔顿定律，气相中的水蒸气与洗油蒸汽的分子数之比等于其分压之比。但是，在实际操作中，要达到平衡是不可能的。实际上，单位洗油的蒸汽耗量必然会大于理论耗量。将假定理论耗量与实际耗量的比值称为饱和系数 φ，则计算公式见式（5-5）。

$$\frac{\varphi N_{\text{蒸汽}}}{N_{\text{洗油}}} = \frac{p - p_{\text{洗油}}}{p_{\text{洗油}}} \qquad (5-5)$$

式中，$N_{\text{蒸汽}}$ 为水蒸气的摩尔分数；$N_{\text{洗油}}$ 为再生洗油气的摩尔分数；p 为再生器的操作压力，kPa；$p_{\text{洗油}}$ 为在 t℃时洗油的蒸气压，kPa；φ 为水蒸气对洗油气的饱和系数，一般取 $\varphi = 0.5 \sim 0.7$。

所以，作者推荐在工艺计算中，再生器的计算宜采用式（5-5）。

（3）管式炉后各组分气化率的计算问题。富油通过管式炉加热后，若温度和压力均已知，按《炼焦化学产品回收设备的计算》一书中介绍，采用下面的理论公式（5-6）和式（5-7）即可计算出各组分的气化率，其计算步骤如下：

1）首先假设洗油中最易挥发的组分——苯存留在液相中的质量分数为 φ_{b}。

2）根据 φ_{b} 值，按式（5-6）计算其余组分留存在其中的质量分数 φ_i：

$$\varphi_i = \frac{\varphi_{\text{b}} p_{\text{b}}}{\varphi_{\text{b}} p_{\text{b}} + (1 - \varphi_{\text{b}}) p_i} \qquad (5-6)$$

式中，p_{b} 为加热温度的纯苯饱和蒸气压；p_i 为组分 i 在此温度下的饱和蒸气压。

3）再按式（5-7）复核 φ_{b}：

$$\varphi_{\text{b}} = A / (A + P_{\text{b}}) \qquad (5-7)$$

$$A = \frac{\sum \varphi_i \dfrac{G_i}{M_i}}{\sum \dfrac{G_i}{M_i} - \sum \varphi_i \dfrac{G_i}{M_i}} p$$

式中，$\sum \dfrac{G_i}{M_i}$ 为各组分在气液两项分子数的总和；$\sum \varphi_i \dfrac{G_i}{M_i}$ 为留在液相中各组分的分子数总和；p 为管式炉富油出口压力。

如果用式（5-7）计算出的 φ_b 与假设的 φ_b 吻合，则假设正确；否则需重新假设计算。以上计算方法中的式（5-7）是个理论公式，将其用于实际是不正确的。因为该公式忽略了富油中的水分气化后的分压，而此分压是不能忽视的。从工艺计算可看出，在管式炉中各组分气化分子总数为 20.7kmol/h，其中水汽就占了 13.9kmol/h，约为 67.2%。如果忽视此分压，所计算出各组分的气化率必然大大提高，其误差要比 100% 还要大，即使水分只有 0.2%，也不容忽视。故本书中并未采用该公式进行复核。

（4）脱苯塔塔顶操作温度与塔内积水问题。在脱苯塔的操作中，控制塔顶操作温度，以保证粗苯质量达到 180℃ 前馏出量 93% 以上。但是，影响塔顶温度的因素较多，实际操作经验表明，将塔顶温度控制在 90~93℃ 时，一般能满足生产出合格质量的粗苯，但塔顶温度过低会造成塔内积水，打乱脱苯塔的正常操作。现以下列条件进行计算，即

粗苯产量	1000kg/h
回流比 R	2.5
每生产 1t 粗苯的直接蒸汽耗量	1.5t

则塔顶馏出的粗苯量为：

$$1000 \times (1 + 2.5) = 3500 \text{kg/h}$$

折合成摩尔数为：

$$3500/83 = 42.17 \text{kmol/h}$$

直接蒸汽的摩尔数为：

$$1500/18 = 83.33 \text{kmol/h}$$

1）设塔顶温度为 92℃，92℃ 时的饱和水蒸气压为 75.2kPa，塔顶压力为 9.8kPa，则总压力为：

$$101.3 + 9.8 = 111.1 \text{kPa}$$

粗苯的蒸汽分压为：

$$111.1 - 75.2 = 35.9 \text{kPa}$$

塔顶粗苯带出的水蒸气量可按道尔顿定律计算：

$$(75.2/35.9) \times 42.17 = 88.33 \text{kmol/h}$$

因 88.33 > 83.33，所以塔顶可把水蒸气全部带走，不会造成塔盘积水。

2）设塔顶温度为 90℃，90℃ 时的饱和水蒸气压为 70.1kPa，塔顶压力为 9.8kPa，则总压力为：

$$101.1 + 9.8 = 111.1 \text{kPa}$$

粗苯的蒸汽分压为：

$$111.1 - 70.1 = 41 \text{kPa}$$

塔顶粗苯带出的水蒸气量可按道尔顿定律计算：

$$(70.1/41) \times 42.17 = 72.1 \text{kmol/h}$$

塔内积水速度为：

$$(83.33 - 72.1) \times 18 = 202.14 \text{kg/h}$$

所以，脱苯塔塔顶断塔板油水分离器不可贸然取消。

5.2.2　单塔生产轻苯工艺

　　单塔生产轻苯工艺与单塔生产粗苯工艺基本相同，其区别是脱苯塔塔盘数量有所增加，即相当于把两苯塔置于脱苯塔的顶部，两塔合并为一个塔。脱苯塔顶部馏出轻苯蒸气，精重苯从脱苯塔的精馏段侧线采出，生产轻苯和精重苯两种产品。

　　脱苯塔属于蒸馏塔，多采用不锈钢圆形泡罩塔。一般为55层塔盘。精馏段39层，提馏段16层。在第35～43层塔板处切取精重苯，在第25～33层塔板处切取萘油，在第51层塔板处引出油水混合物，分离出水的油返回第50层塔板。单塔生产轻苯的工艺流程如图5-5所示。

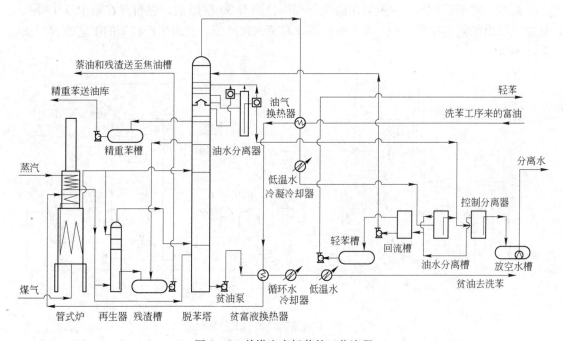

图5-5　单塔生产轻苯的工艺流程

　　从图5-5中可以看出，来自洗苯的富油首先进入油气换热器，与来自脱苯塔塔顶的油气和水汽的混合物换热，富油被加热至70℃后进入贫富油换热器。在此，富油被脱苯塔底排出的热贫油加热至150～160℃后进入管式炉，在管式炉内用煤气将富油加热至180～190℃后进入脱苯塔。

　　从脱苯塔顶逸出的油气和水汽的混合物温度约为78～80℃，进入油气换热器中与富油换热后，再在冷凝冷却器中用低温水冷凝冷却，冷凝液送入油水分离器。分离掉水后的轻苯送入回流槽，部分轻苯送至脱苯塔塔顶作回流，其余作为产品自流至轻苯中间槽。

　　脱苯塔加热用的直接蒸汽先经管式炉加热至400℃后送入塔底。为保持循环洗油的质量，从管式炉出口的富油中抽出1.0%～1.5%的循环洗油量送入再生器进行洗油再生。再生残渣从再生器底部排至残渣槽，再用泵抽送至焦油槽。

　　脱苯塔塔顶设有断塔板及油水分离器，以防止塔上部塔板的积水，所有分离水集中收集在放空槽，再用泵送至鼓风冷凝装置的氨水系统。

为降低贫油含萘量，在脱苯塔的精馏段切取萘油，萘油排至残渣油槽。采用单塔生产轻苯的工艺后，既可简化工艺流程，又可降低能耗。

5.2.3　双塔生产轻苯工艺

双塔生产轻苯工艺是在单塔生产粗苯流程的基础上增加了1台两苯塔。单塔流程生产的粗苯作为两苯塔的原料，经两苯塔分馏得到轻苯和精重苯产品，其产品质量指标与单塔生产轻苯工艺的产品相同。双塔生产轻苯采用液体连料工艺，操作比较稳定，但工艺流程较复杂，能耗也较高。

两苯塔属于蒸馏塔，一般采用碳钢浮阀塔，设有30层塔盘，进料盘在第15～19层，精重苯引出的侧线在第7～11层，塔底部设有蒸汽再沸器。双塔生产轻苯的工艺流程如图5-6所示。

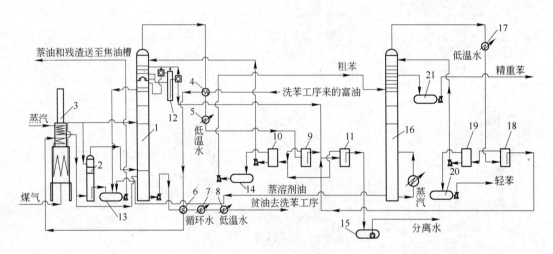

图 5-6　双塔生产轻苯的工艺流程

1—脱苯塔；2—再生器；3—管式炉；4—油气换热器；5—冷凝冷却器；6—贫富油换热器；7——段贫油冷却器；8—二段贫油冷却器；9—粗苯油水分离器；10—粗苯回流槽；11—控制分离器；12—脱苯塔油水分离器；13—残渣油槽；14—粗苯中间槽；15—水放空槽；16—两苯塔；17—轻苯冷凝冷却器；18—轻苯油水分离器；19—轻苯回流槽；20—轻苯中间槽；21—精重苯槽

从图5-6中可以看出，单塔粗苯装置生产的粗苯，部分送脱苯塔顶作回流，其余的粗苯作为两苯塔的原料。粗苯经两苯塔分馏，塔顶逸出轻苯蒸气，经冷凝冷却及油水分离后进入轻苯回流槽。部分轻苯送至两苯塔顶作回流，其余的轻苯作为产品采出。精重苯从两苯塔的提馏段侧线采出，两苯塔底的残油为萘溶剂油。两苯塔底设有外循环式加热器供给热量。

5.3　操作指标及设计参数

5.3.1　横管式煤气终冷和粗苯洗涤装置的工艺操作指标及设计参数

横管式煤气终冷和粗苯洗涤装置的工艺操作指标及设计参数见表5-7和表5-8。

表5-7　横管式煤气终冷和粗苯洗涤装置的工艺操作指标

项　目		单　位	指　标	备　注
进入终冷器的煤气温度		℃	45 ~ 55	
离开终冷器的煤气温度		℃	25 ~ 27	
进入终冷器的循环水温度		℃	≤32	
进入终冷器的制冷水温度		℃	16	
终冷器阻力		kPa	≤1.5	横管式终冷
喷洒用冷凝液中的焦油含量		%	5 ~ 10	横管式终冷
离开洗苯塔的煤气温度		℃	26 ~ 28	
进入洗苯塔的贫油温度		℃	25 ~ 27	
进入洗苯塔的贫油含苯量		%	0.2 ~ 0.4	
洗苯塔阻力		kPa	≤1.5	
洗苯塔后的煤气含苯量		g/m³	≤4	
循环洗油质量 （蒸馏试验）	270℃前馏出量	%	≥60	
	300℃前馏出量	%	≥85	

表5-8　横管式煤气终冷和粗苯洗涤装置的工艺设计参数

项　目		单　位	指　标	备　注
横管式终冷器的冷却面积	上段	m²/1000m³ 煤气	38 ~ 40	$K = 70W/(m^2 \cdot ℃)$
	下段	m²/1000m³ 煤气	20 ~ 25	$K = 58W/(m^2 \cdot ℃)$
横管式终冷器用水量	上段循环水（32℃→45℃）	m³/1000m³ 煤气	1.5 ~ 1.8	煤气出口温度40℃
	下段制冷水（16℃→23℃）	m³/1000m³ 煤气	2.0 ~ 2.2	煤气出口温度25℃
洗苯塔的空塔速度		m/s	0.8 ~ 1.1	
洗苯塔的填料面积		m²/m³ 煤气	0.6 ~ 0.7	填料为钢板网或波纹板
洗油循环量		L/m³ 煤气	1.6 ~ 1.8	

5.3.2　粗苯蒸馏装置的工艺操作指标及设计参数

粗苯蒸馏装置的工艺操作指标及设计参数见表5-9和表5-10。

表5-9　粗苯蒸馏装置的工艺操作指标

项　目		单　位	指　标	备　注
单塔式粗苯 蒸馏工艺	管式炉加热后的富油温度	℃	180 ~ 190	
	进入再生器的过热蒸汽温度	℃	约400	
	脱苯塔塔顶温度	℃	90 ~ 93	
	脱苯塔塔底温度	℃	180 ~ 185	
	冷凝冷却器后的粗苯温度	℃	20 ~ 30	
	二段贫油冷却器后的贫油温度	℃	27 ~ 29	
	脱苯塔塔底压力	kPa	约30	
	再生器底压力	kPa	约35	

项　目		单位	指标	备　注
单塔生产轻苯工艺	管式炉加热后的富油温度	℃	180 ~ 190	
	进入再生器的过热蒸汽温度	℃	约400	
	脱苯塔塔顶温度	℃	78 ~ 80	
	脱苯塔塔底的贫油温度	℃	180 ~ 185	
	冷凝冷却器后的轻苯温度	℃	27 ~ 29	
	脱苯塔塔底部压力	kPa	约45	
	再生器底部压力	kPa	约50	
双塔生产轻苯工艺	两苯塔顶部的温度	℃	73 ~ 78	脱苯塔、再生器、冷凝冷却器等同单塔粗苯蒸馏工艺
	两苯塔底部的温度	℃	150 ~ 155	
	两苯塔顶部的压力	kPa	约30	

表 5 - 10　粗苯蒸馏装置的工艺设计参数

项　目			单位	指标	备　注
管式炉	进入管式炉的洗油流速		m/s	0.6 ~ 1.4	
	单位面积的负荷强度	对流段	kJ/(m^2·h)	(2.09 ~ 3.35) × 10^4	
		辐射段	kJ/(m^2·h)	(8.4 ~ 10.5) × 10^4	
	加热用煤气量		m^3/t 洗油	15	
	管式炉的热效率		%	75	
苯蒸馏塔	塔板层数	单塔粗苯工艺	层	30	
		单塔轻苯工艺	层	55	
	蒸汽在塔内的空塔速度		m/s	0.6 ~ 0.8	
	回流比	单塔粗苯工艺		2.0 ~ 2.5	
		单塔轻苯工艺		4 ~ 5	
	直接蒸汽耗量		t/t 粗苯	≤1.5	
	贫油含苯量		%	0.2 ~ 0.4	
	萘油含萘量	单塔粗苯工艺	%	30	
		单塔轻苯工艺	%	≥50	
再生器	再生洗油量占循环洗油量		%	1.0 ~ 1.5	
	洗油消耗量		kg/t 粗苯	≤100	
	残渣油中 300℃前的馏出量		%	25 ~ 30	
两苯塔	塔板层数		层	30	
	空塔速度		m/s	0.6 ~ 0.8	
	回流比			2.5	
	直接蒸汽耗量		t/t 粗苯	≤0.7	

5.4　苯类产品的质量指标

苯类产品的质量指标见表 5 – 11。

表 5 – 11　苯类产品的质量指标

项　　目		指　　标
粗　苯	密度（20℃）/g·cm^{-3}	0.871 ~ 0.900
	室温下（18 ~ 25℃）水分	目测无可见不溶解水
	蒸馏试验（标准大气压）180℃前馏出量/%	≥93
轻　苯	密度（20℃）/g·cm^{-3}	0.870 ~ 0.880
	室温下（18 ~ 25℃）水分	目测无可见不溶解水
	蒸馏试验（标准大气压）馏出96%（体积分数）的温度/℃	≤150
精重苯	密度（20℃）/g·cm^{-3}	0.93 ~ 0.98
	水分/%	≤0.5
	蒸馏试验：初馏点/℃	≥160
	200℃前馏出量（质量分数）/%	≥85
	古马隆 – 茚含量/%	30 ~ 40

5.5　煤气终冷和粗苯洗涤装置的工艺计算

5.5.1　煤气终冷的工艺计算

5.5.1.1　基础数据

喷淋式饱和器出口的煤气温度为55℃，进入终冷器的煤气组成见表 5 – 12。

表 5 – 12　进入终冷器的煤气组成

组　　成	kg/h	m^3/h
干煤气	33000	72623
水蒸气	4486	5583
苯族烃	2200	595
硫化氢	1100	725
氨	2	3
小计	40788	79529

5.5.1.2　物料平衡

入口状态下相应的焦炉煤气露点温度按煤气中的水蒸气分压来确定，当

$$p_水 = \frac{5583}{79526} \times (101325 + 10787) = 7871\text{Pa}$$

相当于煤气露点温度为41.9℃，式中的10787为饱和器出口煤气的压力（Pa）。

设从终冷器上段出口的煤气温度为 32.5℃，压力为 10300Pa，饱和水蒸气分压为 4854Pa。则上段出口水蒸气的体积为：

$$V_{上} = (79529 - 5583) \times \frac{4854}{101325 + 10300 - 4854} = 3362 \text{m}^3/\text{h}(2702\text{kg/h})$$

终冷器上段的冷凝水量为：4486 - 2702 = 1784kg/h。终冷器下段出口的煤气温度为 25℃，压力为 9810Pa，饱和水蒸气分压为 3158Pa，则终冷器下段出口煤气中的水蒸气体积为：

$$(79529 - 5583) \times \frac{3158}{101325 + 9810 - 3158} = 2162 \text{m}^3/\text{h}(1737\text{kg/h})$$

故煤气在终冷器中的冷凝水总量为：

$$4486 - 1737 = 2749\text{kg/h}$$

其中，终冷器上段的冷凝水量为 1784kg/h；下段的冷凝水量为 965kg/h。终冷器上段、下段出口的煤气组成列于表 5 - 13。

表 5 - 13　终冷器上段、下段出口的煤气组成

名　称		终冷器上段出口煤气量		终冷器下段出口煤气量	
		kg/h	m³/h	kg/h	m³/h
气相	干煤气	33000	72623	33000	72623
	水蒸气	2702	3362	1737	2162
	硫化氢	1100	725	1100	725
	苯族烃	2200	595	2200	595
	氨	2	3	2	3
	共计	39004	77308	38039	76108
液相	冷凝水	1784		965	

5.5.1.3　热量衡算

A　终冷器上段的热量衡算

a　输入热量

(1) 55℃煤气带入的热量 Q_1。

　　　　干煤气　　　　　$33000 \times 2.93 \times 55 = 5317950\text{kJ/h}$

　　　　水蒸气　　　　　$4486 \times (2491 + 1.834 \times 55) = 11627129\text{kJ/h}$

　　　　苯族烃　　　　　$2200 \times 1.03 \times 55 = 124630\text{kJ/h}$

　　　　硫化氢　　　　　$1100 \times 0.997 \times 55 = 60319\text{kJ/h}$

　　　　氨　　　　　　　$2 \times 2.13 \times 55 = 234\text{kJ/h}$

　　　　小计　　　　　　$Q_1 = 17130262\text{kJ/h}$

(2) 32℃循环水带入的热量 Q_2。

$$Q_2 = 32 \times 4.187W_1 = 134W_1 \text{ kJ/h}$$

$$Q_入 = Q_1 + Q_2 = (17130262 + 134W_1)\text{kJ/h}$$

b　输出热量

(1) 40℃煤气带出的热量 Q_3。

干煤气	$33000 \times 2.93 \times 40 = 3867600 \text{kJ/h}$
水蒸气	$2702 \times 2573.6 = 6953867 \text{kJ/h}$
苯族烃	$2200 \times 1.03 \times 40 = 90640 \text{kJ/h}$
硫化氢	$1100 \times 0.997 \times 40 = 43868 \text{kJ/h}$
氨	$2 \times 2.13 \times 40 = 170 \text{kJ/h}$
小计	$Q_3 = 10956145 \text{kJ/h}$

上述计算中的 2573.6 为 40℃ 水蒸气的焓（kJ/kg）。

（2）45℃ 循环水带出的热量 Q_4。

$$Q_4 = 45 \times 4.187 W_1 = 188 W_1 \text{ kJ/h}$$

$$Q_出 = Q_3 + Q_4 = (10956145 + 188 W_1) \text{kJ/h}$$

令 $Q_入 = Q_出$

$$17130262 + 134 W_1 = 10956145 + 188 W_1$$

所需的循环水量为

$$W_1 = 114335 \text{kg/h}（约 114 \text{t/h}）$$

B　终冷器下段的热量衡算

a　输入热量

（1）煤气带入下段的热量 Q_5。

$$Q_5 = 10956145 \text{kJ/h}$$

（2）16℃ 低温水带入的热量 Q_6。

$$Q_6 = 16 \times 4.187 W_2 = 67 W_2 \text{ kJ/h}$$

$$Q_入 = Q_5 + Q_6 = (10956145 + 67 W_2) \text{kJ/h}$$

b　输出热量

（1）25℃ 煤气带出的热量 Q_7。

干煤气	$33000 \times 2.93 \times 25 = 2417250 \text{kJ/h}$
水蒸气	$1737 \times 2546.4 = 4423097 \text{kJ/h}$
苯族烃	$2200 \times 1.03 \times 25 = 56650 \text{kJ/h}$
硫化氢	$1100 \times 0.997 \times 25 = 27418 \text{kJ/h}$
氨	$2 \times 2.13 \times 25 = 107 \text{kJ/h}$
小计	$Q_7 = 6924522 \text{kJ/h}$

上述计算中的 2546.4 为 25℃ 水蒸气的焓（kJ/kg）。

（2）23℃ 低温水带出的热量 Q_8。

$$Q_8 = 23 \times 4.187 W_2 = 96 W_2 \text{ kJ/h}$$

$$Q_出 = Q_7 + Q_8 = (6924522 + 96 W_2) \text{kJ/h}$$

令 $Q_入 = Q_出$

$$10956145 + 67 W_2 = 6924522 + 96 W_2$$

所需的低温水量为 $W_2 = 139021\,\mathrm{kg/h}$（约 139t/h）。

5.5.1.4　传热面积和计算

A　温度差的计算

（1）终冷器上段的温度差。

煤气	55℃ ——→	40℃
冷却水	45℃ ←——	32℃
温差	10℃	8℃

终冷器上段的温度差 Δt_1 为：

$$\Delta t_1 = \frac{10 - 8}{2.3\lg\dfrac{10}{8}} = 9℃$$

（2）终冷器下段的温度差。

煤气	40℃ ——→	25℃
冷却水	23℃ ←——	16℃
温差	17℃	9℃

终冷器上段的温度差 Δt_2 为：

$$\Delta t_2 = \frac{17 - 9}{2.3\lg\dfrac{17}{9}} = 12.6℃$$

B　传热系数的选取

传热系数 K 按式（5-8）计算。

$$K = \cfrac{1}{\cfrac{1}{\alpha_1} + \cfrac{\delta_1}{\lambda_1} + \cfrac{\delta_2}{\lambda_2} + \cfrac{1}{\alpha_2}} \tag{5-8}$$

式中，α_1 为煤气至管壁的给热系数，$\mathrm{W/(m^2 \cdot ℃)}$；δ_1 为管壁厚度，m；λ_1 为钢的热导率，一般取 $47\mathrm{W/(m \cdot ℃)}$；α_2 为管壁到冷却水的给热系数，$\mathrm{W/(m^2 \cdot ℃)}$；δ_2 为管壁垢层厚度，m；λ_2 为垢层的热导率，$\mathrm{W/(m \cdot ℃)}$。一般情况下，管壁垢层的热阻（δ_2/λ_2）取 $0.001\mathrm{m^2 \cdot ℃/W}$。

根据计算及经验数据，终冷器上段的传热系数 K_1 可取 $70\mathrm{W/(m^2 \cdot ℃)}$；下段的传热系数 K_2 可取 $58\mathrm{W/(m^2 \cdot ℃)}$。

C　热负荷量的计算

终冷器上段热负荷量为：

$$Q_1 = 17130262 - 10956145 = 6174117\,\mathrm{kJ/h}$$

终冷器下段热负荷量为：

$$Q_2 = 10956145 - 6924522 = 4031623\,\mathrm{kJ/h}$$

D　传热面积的计算

终冷器上段的传热面积为：

$$F_1 = \frac{Q}{3.6\Delta t_1 K_1} = \frac{6174117}{3.6 \times 9 \times 70} = 2722\,\mathrm{m^2}$$

终冷器下段的传热面积为：

$$F_2 = \frac{Q}{3.6\Delta t_2 K_2} = \frac{4031623}{3.6 \times 12.6 \times 58} = 1532 m^2$$

终冷器的总传热面积为：

$$F = F_1 + F_2 = 4254 m^2$$

5.5.2 粗苯洗涤的工艺计算

粗苯洗涤装置的主要设备是洗苯塔，目前广泛采用的是填料洗苯塔。煤气进入洗苯塔的温度为25℃，压力为9810Pa，出塔压力为6865Pa，出塔煤气含苯量为 $2g/m^3$。

5.5.2.1 煤气的实际流量

入塔时的煤气流量为：

$$V_1 = 76108 \times \frac{273 + 25}{273} \times \frac{101325}{101325 + 9810} = 75747 m^3/h$$

出塔时的煤气流量为：

$$V_2 = 75552 \times \frac{273 + 25}{273} \times \frac{101325}{101325 + 6865} = 77238 m^3/h$$

塔内的平均流量为：

$$(75747 + 77238) \div 2 = 76493 m^3/h$$

洗苯塔的物料衡算见表5-14。

表5-14 洗苯塔的物料衡算

项　目	进入洗苯塔的煤气量		离开洗苯塔的煤气量	
	kg/h	m^3/h	kg/h	m^3/h
干煤气	33000	72623	33000	72623
水蒸气	1737	2162	1737	2162
硫化氢	1100	725	1100	725
苯族烃	2200	595	145	39
氨	2	3	2	3
共计	38039	76108	35984	75552

5.5.2.2 煤气的实际含苯量

入塔时的煤气含苯量为：

$$a_1 = \frac{2200 \times 1000}{75747} = 29.044 g/m^3$$

出塔时的煤气含苯量为：

$$a_2 = \frac{145 \times 1000}{77238} = 1.8773 g/m^3$$

粗苯的回收率为：

$$\eta = \frac{2200 - 145}{2200} = 93.41\%$$

5.5.2.3 贫油和富油中实际的苯含量和洗油量

当塔顶吸收过程达到平衡时，贫油的最高允许含苯量可按式（5-9）计算：

$$0.0224 \times \frac{yp}{M_{cb}} = \frac{1.25 \times \dfrac{x}{M_{cb}} \times p_{cb}}{\dfrac{x}{M_{cb}} + \dfrac{100-x}{M_{m}}} \qquad (5-9)$$

式中，y 为煤气出塔时的含苯量，g/m^3；x 为贫油含苯量（质量分数），%；p 为煤气出塔时的压力，Pa；p_{cb} 为粗苯蒸气压，Pa；M_{cb} 为粗苯相对分子质量；M_{m} 为洗油的相对分子质量，取 $M_{m} = 160$。

煤气出塔压力为：

$$p = 101325 + 6865 = 108190Pa$$

粗苯的组成及相对分子质量见表 5 – 15。

表 5 – 15　粗苯的组成及相对分子质量

组　　成	质量分数/%	相对分子质量
苯	76	78
甲苯	15	92
二甲苯	4	106
溶剂油	5	120

则粗苯的平均相对分子质量为：

$$M_{cb} = \frac{100}{\dfrac{76}{78} + \dfrac{15}{92} + \dfrac{4}{106} + \dfrac{5}{120}} = 82.2$$

在粗苯中各组成的摩尔分数为：

苯　　　　$\dfrac{76 \times 82.2}{78 \times 100} = 0.8009$

甲苯　　　$\dfrac{15 \times 82.2}{92 \times 100} = 0.1340$

二甲苯　　$\dfrac{4 \times 82.2}{106 \times 100} = 0.0310$

溶剂油　　$\dfrac{5 \times 82.2}{120 \times 100} = 0.0342$

则 30℃煤气中粗苯的蒸气压为：

$$p_{cb} = 0.8009 \times 15912 + 0.1340 \times 4889 + 0.0310 \times 1600 + 0.0342 \times 556 = 13468Pa$$

式中，15912 为苯在 30℃时的蒸气压，Pa；4889 为甲苯在 30℃时的蒸气压，Pa；1600 为二甲苯在 30℃时的蒸气压，Pa；556 为溶剂油在 30℃时的蒸气压，Pa。

将这些数据代入贫油含苯量的计算式（5 – 9）得：

$$0.0224 \times \frac{1.8773 \times 108190}{82.2} = \frac{1.25 \times \dfrac{x}{82.2} \times 13468}{\dfrac{x}{82.2} + \dfrac{100-x}{160}} \qquad (5-10)$$

$$x = 0.16765\%$$

入塔贫油的实际含苯量按式（5 – 11）计算：

$$C_1 = x/n \tag{5-11}$$

式中，n 为平衡变动系数，一般为 $1.1 \sim 1.2$，现取 $n = 1.15$，则：

$$C_1 = x/n = 0.16765\% / 1.15 = 0.146\%$$

与此平衡的煤气含苯量为：

$$0.0224 \times \frac{y \times 108190}{82.2} = \frac{1.25 \times \frac{0.146}{82.2} \times 13468}{\frac{0.146}{82.2} + \frac{100 - 0.146}{160}}$$

$$y = 1.6208 \text{g/m}^3$$

故塔顶吸收达到平衡时，粗苯的最高回收率为：

$$\eta_{max} = 1 - \frac{1.6208}{29.044} = 94.42\%$$

最小的洗油循环量可按式（5-12）计算：

$$L_{min} = \frac{p_{cb} M_m V \eta}{22.4 p \eta_{max}} \tag{5-12}$$

式中，p_{cb} 为 $30\,℃$ 时粗苯的蒸气压，$p_{cb} = 13468 \text{Pa}$；M_m 为洗油相对分子质量，$M_m = 160$；V 为入塔时的煤气流量（粗苯除外），$V = 75513 \text{m}^3/\text{h}$；$\eta_{max}$ 为粗苯最高回收率，$\eta_{max} = 94.42\%$；η 为粗苯回收率，$\eta = 93.41\%$；p 为粗苯入塔压力，$p = 9810 + 101325 = 111135 \text{Pa}$。

则得：

$$L_{min} = \frac{13468 \times 160 \times 75513 \times 93.41\%}{22.4 \times 111135 \times 94.42\%} = 64656 \text{kg/h}$$

实际的洗油循环量 $L = m L_{min}$。

式中，m 为洗油的多余系数，取 $m = 1.5$，则：

$$L = 1.5 \times 64656 = 96984 \text{kg/h}$$

回收的粗苯产量为：

$$G = 2200 - 145 = 2055 \text{kg/h}$$

富油含苯量为：

$$C_2 = C_1 + \frac{G}{L} \times 100\% = 0.146\% + \frac{2055}{96984} \times 100\% = 2.27\%$$

贫油总含苯量为：

$$0.146\% \times 96984 = 141.6 \text{kg/h}$$

富油总含苯量为：

$$2055 \times 141.6 = 2196.6 \text{kg/h}$$

5.5.2.4 洗苯塔直径及所需填料面积

根据资料介绍，采用 SM-125Y 型金属波纹板填料时，空塔速度可取 1.1m/s，煤气平均流量为 $76493\text{m}^3/\text{h}$ 时，洗苯塔的直径可按式（5-13）计算：

$$D = \sqrt{\frac{76493}{3600 \times 0.785 \times 1.1}} = 4.96 \text{m} \tag{5-13}$$

取 $D = 5\text{m}$。

按设计定额，采用波纹板填料时，每 1m^3 煤气需 $0.6 \sim 0.7\text{m}^2$ 的吸收面积，故洗苯塔的填料面积应为：

$$75000 \times 0.7 = 52500 \text{m}^2$$

需 SM – 125Y 型金属波纹板填料量为：

$$52500/125 = 420 \text{m}^3$$

填料高度为：

$$H = \frac{420}{0.785 \times 5^2} = 21.4 \text{m}$$

每段填料高度为 3.75m，则所需的填料段数为：

$$21.4/3.75 = 5.7 \text{ 段}$$

取 6 段。

故选用两台直径为 5m 的洗苯塔，采用 SM – 125Y 型金属波纹板填料，每台洗苯塔内充 3 段填料，每段填料高 3.75m，故洗苯塔高约 30m。

5.6　粗苯蒸馏装置的工艺计算

5.6.1　原始资料及数据

焦炉装入的干煤量	95t/h
粗苯回收率	1.1%
粗苯产量	$1000 \times 95 \times 1.1\% = 1045 \text{kg/h}$
循环油量	$50 \text{m}^3/\text{h}$
或	$50 \times 1.06 = 53 \text{t/h}$
塔底贫油含苯	0.2%（体积分数）
即	$50 \times (0.2/100) \times 1000 \times 0.89 = 89 \text{kg/h}$
折合成质量分数	$\dfrac{89}{53 \times 1000} \times 100\% = 0.168\%$
富油含苯	$\dfrac{1045 + 89}{53 \times 1000} \times 100\% = 2.14\%$（质量分数）
折合成体积分数	$\dfrac{1045}{0.89 \times 50 \times 1000} \times 100\% + 0.2\% = 2.55\%$

式中，0.89 为粗苯的密度，kg/L。

富油加热至 180℃ 后进入脱苯塔，180℃ 时粗苯和洗油的饱和蒸气压分别为 844730Pa和 49330Pa。洗油和粗苯的摩尔数为：

洗油　　　　53000/170 = 312kmol/h

粗苯　　　　(1045 + 89)/83 = 13.7kmol/h

式中，170 和 83 分别为洗油和粗苯的相对分子质量。

富油中洗油和粗苯的摩尔分数为：

洗油　　　　312/(312 + 13.7) = 0.96

粗苯　　　　1 – 0.96 = 0.04

富油液面上洗油和粗苯的蒸气分压为：

洗油　　　　$p_{\circ} = 49330 \times 0.96 = 47357 \text{Pa}$

粗苯　　　　$p_b = 844730 \times 0.04 = 33789 Pa$

脱苯塔共有 30 层塔盘，其中精馏段 16 层，提馏段 14 层。设塔顶压力 $p_顶 =$ 111990Pa，每层塔盘阻力为 800Pa，则塔内各部位的压力为：

第 14 层压力　　　$p_{14} = 111990 + 16 \times 800 = 124790 Pa$

塔底压力　　　　$p_底 = 111990 + 30 \times 800 = 135990 Pa$

5.6.2 脱苯塔的工艺计算

5.6.2.1 直接蒸汽量

当塔板效率 $E = 0.5$ 时，各成分的蒸馏程度、塔内操作压力、塔板数和直接蒸汽量之间的关系可按理论公式（5-14）计算。

$$\eta_i = \frac{1 - \left(\frac{l}{K_i}\right)^{\frac{n}{2}}}{1 - \left(\frac{l}{K_i}\right)^{\frac{n}{2}+1}} \tag{5-14}$$

式中，η_i 为各成分的蒸馏程度，按要求粗苯的蒸馏程度应达到 $\eta_i = 1045/(1045 + 89) =$ 0.922；l 为洗油的摩尔数与加入蒸汽摩尔数的比值，洗油的摩尔数为 $N_o = 312 kmol/h$；蒸汽的摩尔数 N_s 待求，可用试差法计算，设每 1000kg 粗苯需要 1000kg 蒸汽，则 $N_s = 1045/$ $18 = 58 kmol/h$，$l = N_o/N_s = 312/58 = 5.37$；$K_i$ 为各成分的平衡常数，对于粗苯 $K_b = p_b/p$；p_b 为 180℃时粗苯的蒸气压，$p_b = 844730 Pa$；p 为提馏段的平均塔压，$p = 130390 Pa$，则 $K_b = p_b/p = 844730/130390 = 6.47$；$n$ 为塔板数，$n = 14$。则粗苯的蒸馏程度为：

$$\eta_b = \frac{1 - \left(\frac{l}{K_b}\right)^{\frac{n}{2}}}{1 - \left(\frac{l}{K_b}\right)^{\frac{n}{2}+1}} = \frac{1 - \left(\frac{5.37}{6.47}\right)^7}{1 - \left(\frac{5.37}{6.47}\right)^8} = \frac{1 - 0.83^7}{1 - 0.83^8} = 0.94$$

计算结果表明，粗苯的蒸馏程度已超过了要求值（0.922），故假设的蒸汽量合适，即直接蒸汽量为 1045kg/h。

根据设计标准，在富油入塔温度为 180℃时，直接蒸汽量的下限为 1.5t/t 粗苯，故按定额的直接蒸汽量为：

$$1045 \times 1.5 = 1570 kg/h$$

5.6.2.2 脱苯塔的气相负荷

首先按式（5-15）计算洗油的蒸发量：

$$\eta_o = \frac{1 - \left(\frac{l}{K_o}\right)^7}{1 - \left(\frac{l}{K_o}\right)^8} \tag{5-15}$$

式中，$l = 5.37$；$K_o = p_o/p = 47357/130390 = 0.362$。代入式（5-15）得：

$$\eta_o = \frac{1 - \left(\frac{l}{K_o}\right)^7}{1 - \left(\frac{l}{K_o}\right)^8} = \frac{1 - \left(\frac{5.37}{0.362}\right)^7}{1 - \left(\frac{5.37}{0.362}\right)^8} = 0.0673$$

所以，按直接蒸汽量为 1045kg/h 计，洗油的蒸发量为：

$$53000 \times 0.0673 = 3570\text{kg/h}$$

A　提馏段的气相负荷

提馏段上升的物料组成见表 5 – 16。

表 5 – 16　提馏段上升的物料组成

序号	名称	质量/kg·h⁻¹	摩尔数/kmol·h⁻¹
1	蒸汽	1045	1045/18 = 58
2	粗苯	1045	1045/83 = 12.6
3	洗油	3570	3570/170 = 21
	共计	5660	91.6

提馏段底部的气相负荷最低，仅为上升的直接蒸汽：

$$V_{最小} = 58 \times 22.4 \times \frac{273+180}{273} \times \frac{101325}{135990} = 1606\text{m}^3/\text{h}$$

气体密度为：

$$\rho = 1045/1606 = 0.65\text{kg/m}^3$$

提馏段顶部的气相负荷最高：

$$V_{最大} = 91.6 \times 22.4 \times \frac{273+180}{273} \times \frac{101325}{124790} = 2765\text{m}^3/\text{h}$$

气体密度为：

$$\rho = 5660/2765 = 2.04\text{kg/m}^3$$

B　精馏段的气相负荷

精馏段下部的气相负荷为提馏段顶部的气相负荷加上富油含水（经管式炉加热后已全部气化），设富油含水量为 0.5%，则每小时的水量为：

$$50000 \times 0.5\% = 250\text{kg/h}$$

精馏段下部的气相负荷见表 5 – 17。

表 5 – 17　精馏段下部的气相负荷

序号	名称	质量/kg·h⁻¹	摩尔数/kmol·h⁻¹
1	蒸汽	1045 + 250 = 1295	1295/18 = 72
2	粗苯	1045	1045/83 = 12.6
3	洗油	3570	3570/170 = 21
	共计	5910	105.6

精馏段底部的气相负荷为：

$$V_{下} = 105.6 \times 22.4 \times \frac{273+180}{273} \times \frac{101325}{124790} = 3187\text{m}^3/\text{h}$$

气体密度为：

$$\rho = 5910/3187 = 1.85\text{kg/m}^3$$

精馏段上部的气相负荷，设回流比 $R = 3$，则从精馏段顶部逸出的物料见表 5 – 18。

表 5 – 18　精馏段顶部逸出的物料组成

序号	名称	质量/kg·h^{-1}	摩尔数/kmol·h^{-1}
1	蒸汽	1295	72
2	粗苯	1045 × (1 + 3) = 4180	4180/83 = 50.3
	共计	5475	122.3

设气体出塔温度为 95℃，塔顶压力为 111990Pa，则塔顶的气相负荷为：

$$V_{上} = 122.3 \times 22.4 \times \frac{273 + 95}{273} \times \frac{101325}{111990} = 3341 \text{m}^3/\text{h}$$

气体密度为：

$$\rho = 5475/3341 = 1.64 \text{kg/m}^3$$

5.6.2.3　脱苯塔的液相负荷

A　提馏段

计算提馏段的液相负荷时，忽略了富油中的粗苯和气化的洗油，则其总量为 $Q = 53000$kg/h。当 $t = 180$℃时，油的密度可按式（5 – 16）计算：

$$\rho_t = \rho_{20} - 0.0008 \times (t - 20) \qquad (5 - 16)$$

因 $t = 180$℃，$\rho_{20} = 1.06$kg/L，则：

$$\rho_{180} = 1.06 - 0.0008 \times (180 - 20) = 0.93 \text{kg/L}$$

油的体积负荷为：

$$V = \frac{53000}{0.93 \times 1000} = 57 \text{m}^3/\text{h}$$

B　精馏段

精馏段的液相负荷在塔顶部为回流的粗苯，即：

$$1045 \times 3 = 3135 \text{kg/h}$$

$\gamma = 0.89$kg/L，其体积负荷为：

$$V = \frac{3135}{0.89 \times 1000} = 3.52 \text{m}^3/\text{h}$$

脱苯塔的负荷见表 5 – 19。

表 5 – 19　脱苯塔的负荷

项　目			单　位	指　标	
直接蒸汽用量			kg/h	1045	1570
			kg/kg 粗苯	1.0	1.5
提馏段	液相	负荷	m^3/h	57	
		密度	kg/L	0.93	
	气相	最大负荷	m^3/h	2765	3650
		最大密度	kg/m^3	2.04	1.69
		最小负荷	m^3/h	1606	2420
		最小密度	kg/m^3	0.65	0.65

项　目		单　位	指　标	
精馏段	液　相	负荷	m³/h	3.52	
		密度	kg/L	0.89	
	气　相	最大负荷	m³/h	3187	4060
		最大密度	kg/m³	1.85	1.37
		最小负荷	m³/h	3341	4140
		最小密度	kg/m³	1.64	1.45

5.6.2.4　脱苯塔的物料衡算

A　输入物料

（1）进入脱苯塔的富油，富油温度为 180℃，其组成见表 5 – 20。

表 5 – 20　进入脱苯塔的富油组成

序　号	名　称	液相/kg·h⁻¹	气相/kg·h⁻¹	总计/kg·h⁻¹
1	粗苯	906	211	1117
2	洗油	51515	690	52205
3	水汽		250	250
	共计	52421	1151	53572

（2）来自再生器的蒸汽，其温度为 205.8℃，其组成见表 5 – 21。

表 5 – 21　来自再生器蒸汽的组成

序　号	名　称	气相/kg·h⁻¹
1	洗油气	689
2	水蒸气	1045
	共　计	1734

（3）回流液，回流液温度为 30℃，回流比 $R = 2.5$，回流液带入的粗苯量为：
$$1045 \times 2.5 = 2613 \text{kg/h}$$

B　输出物料

（1）脱苯塔塔顶逸出的粗苯蒸气，其温度为 95℃，其组成见表 5 – 22。

表 5 – 22　脱苯塔塔顶逸出的粗苯蒸气的组成

序　号	名　称	气相/kg·h⁻¹
1	粗苯	2613 + 1045 = 3658
2	水蒸气	1045 + 250 = 1295
	共　计	4953

（2）排出的萘油，萘油温度为 130℃。设煤气经洗苯塔洗涤后，煤气中的萘含量从

2.1g/m³ 降至 0.2g/m³，则需排出的萘量为：

$$32000 \times \frac{2.1 - 0.2}{1000} = 61 \text{kg/h}$$

若萘油含萘 50%，则排出的萘油量为：

$$61/0.5 = 122 \text{kg/h}$$

（3）脱苯塔塔底的贫油组成见表 5 - 23。

表 5 - 23　脱苯塔塔底的贫油组成

序　号	名　称	液相/kg·h⁻¹
1	粗苯	89
2	洗油	W
	共计	$89 + W$

令输入物料等于输出物料，则：

$$53572 + 1734 + 2613 = 4953 + 122 + 89 + W$$

得：

$$W = 52755 \text{kg/h}$$

5.6.2.5　脱苯塔的热量平衡

A　输入热量

（1）进入脱苯塔富油带入的热量 Q_1。

1）富油中的液态粗苯量为 906kg/h，温度为 180℃，比热容 $c = 2.39 \text{kJ/(kg·℃)}$，则富油中液态粗苯带入的热量 q_1 为：

$$q_1 = 906 \times 2.39 \times 180 = 389761 \text{kJ/h}$$

2）富油中的液态洗油量为 51515kg/h，温度为 180℃，比热容 $c = 2.231 \text{kJ/(kg·℃)}$，则富油中液态洗油带入的热量 q_2 为：

$$q_2 = 51515 \times 2.231 \times 180 = 20687394 \text{kJ/h}$$

3）富油中的气态粗苯量为 211kg/h，温度为 180℃，其热焓 $i = 661.5 \text{kJ/kg}$，则富油中气态粗苯带入的热量 q_3 为：

$$q_3 = 211 \times 661.5 = 139577 \text{kJ/h}$$

4）富油中的气态洗油量为 690kg/h，温度为 180℃，其热焓 $i = 564 \text{kJ/kg}$，则富油中气态洗油带入的热量 q_4 为：

$$q_4 = 690 \times 564 = 389160 \text{kJ/h}$$

5）富油中的水蒸气量为 250kg/h，温度为 180℃，其热焓 $i = 2822 \text{kJ/kg}$，则富油中水蒸气带入的热量 q_5 为：

$$q_5 = 250 \times 2822 = 705500 \text{kJ/h}$$

进入脱苯塔富油带入的热量 Q_1 为：

$$Q_1 = 389761 + 20687394 + 139577 + 389160 + 705500 = 22311392 \text{kJ/h}$$

（2）再生器带入的热量 Q_2（见 5.6.4.3 节中 Q_3、Q_4 的计算）。

$$Q_2 = 418640 + 2921820 = 3340460 \text{kJ/h}$$

（3）回流液带入的热量 Q_3。回流液量为 2613kg/h，温度为 30℃，比热容 $c = 1.616kJ/(kg \cdot ℃)$，则回流液带入的热量 Q_3 为：

$$Q_3 = 2613 \times 1.616 \times 30 = 126678kJ/h$$

输入总热量为：

$$Q_入 = 22311392 + 3340460 + 126678 = 25778530kJ/h$$

B　输出热量

（1）脱苯塔顶粗苯气带出的热量 Q_4。

1）气态粗苯量为 3658kg/h，温度为 95℃，其热焓 $i = 578kJ/kg$，则粗苯气带出的热量 q_1 为：

$$q_1 = 3658 \times 578 = 2114324kJ/h$$

2）水蒸气量为 1295kg/h，温度为 95℃，比热容 $c = 1.834kJ/(kg \cdot ℃)$，则水蒸气带出的热量 q_2 为：

$$q_2 = 1295 \times (2491 + 1.834 \times 95) = 3451473kJ/h$$

脱苯塔塔顶粗苯气带出的热量 Q_4 为：

$$Q_4 = 2114324 + 3451473 = 5565797kJ/h$$

（2）脱苯塔排出的萘油带出的热量 Q_5。排出的萘油量为 122kg/h，萘油温度为 130℃，比热容 $c = 2.09kJ/(kg \cdot ℃)$，则萘油带出的热量 Q_5 为：

$$Q_5 = 122 \times 2.09 \times 130 = 33147kJ/h$$

（3）塔底贫油带出的热量 Q_6。贫液量为 52844kg/h，温度为 t℃，比热容 $c = 2.198 kJ/(kg \cdot ℃)$，则塔底贫液带出的热量 Q_6 为：

$$Q_6 = 52844 \times 2.198 \times t = 116151t \ kJ/h$$

输出总热量为：

$$Q_出 = 5565797 + 33147 + 116151t = (5598944 + 116151t)kJ/h$$

令 $Q_入 = Q_出$

$$25778530 = 5598944 + 116151t$$

$$t = 173.7℃$$

即脱苯塔塔底贫油的排出温度为 173.7℃。

5.6.2.6　脱苯塔直径的计算

从脱苯塔提馏段和精馏段底部和顶部的气相负荷计算可得出，最大的气相负荷是在精馏段顶部。当回流比 $R = 3$ 时，其气相负荷为 3341m³/h。因此，应按此气相负荷计算脱苯塔的直径，取气速 $v = 0.6m/s$，则所需脱苯塔的直径为：

$$D = \sqrt{\frac{3341}{3600 \times 0.785 \times 0.6}} = 1.4m$$

5.6.2.7　脱苯塔提馏段的计算

精馏段与提馏段用断液板隔开。

A　提馏段的物料平衡

提馏段的物料平衡见表 5 - 24。

表 5 - 24 提馏段的物料平衡

输　　入	物料量/kg·h⁻¹	输　　出	物料量/kg·h⁻¹
进入脱苯塔富油	53572	进入精馏段气相	
来自精馏段的洗油经管式炉加热至180℃	3570 - 122 = 3448	水蒸气 洗油 粗苯	1045 + 250 = 1295 3570 1045
来自再生器的蒸汽	1734	塔底排出的贫油	52755 + 89 = 52844
共　　计	58754	共　　计	58754

B 提馏段的热量平衡

a 输入热量

（1）进入脱苯塔的富油带入的热量 Q_1（见 5.6.2.5 节中 Q_1 的计算）。

$$Q_1 = 22311392 \text{kJ/h}$$

（2）来自精馏段并经管式炉加热至180℃的洗油（假设其组成与富油相同）带入的热量 Q_2。

$$Q_2 = 22311392 \times \frac{3448}{53572} = 1436005 \text{kJ/h}$$

（3）来自再生器蒸汽带入的热量 Q_3（见 5.6.4.3 节中 Q_3、Q_4 的计算）。

$$Q_3 = 3340460 \text{kJ/h}$$

输入总热量为：

$$Q_入 = 22311392 + 1436005 + 3340460 = 27087857 \text{kJ/h}$$

b 输出热量

（1）进入精馏段水蒸气带出的热量 Q_4。水蒸气量为 1295kg/h，压力为 0.03MPa，温度为180℃，热焓 $i = 2834$kJ/kg，则水蒸气带出的热量为：

$$Q_4 = 1295 \times 2834 = 3670030 \text{kJ/h}$$

（2）进入精馏段洗油蒸汽带出的热量 Q_5。洗油蒸汽量为 3570kg/h，其热焓 $i = 564$kJ/kg，则洗油蒸汽带出的热量为：

$$Q_5 = 3570 \times 564 = 2013480 \text{kJ/h}$$

（3）进入精馏段粗苯气带出的热量 Q_6。粗苯气量为 1045kg/h，其热焓 $i = 661.5$kJ/kg，则粗苯气带出的热量为：

$$Q_6 = 1045 \times 661.5 = 691268 \text{kJ/h}$$

（4）提馏段排出的贫油带出的热量 Q_7。贫油量为 52844kg/h，温度为 t℃，其比热容 $c = 2.22$kJ/(kg·℃)，则贫油带出的热量为：

$$Q_7 = 52844 \times 2.22t = 117314t \text{ kJ/h}$$

输出总热量为：

$$Q_出 = 3670030 + 2013480 + 691268 + 117314t$$
$$= (6374778 + 117314t) \text{kJ/h}$$

令 $Q_入 = Q_出$

$$27087857 = 6374778 + 117314t$$

$$t = 176.6℃$$

从热平衡得出，脱苯塔的精馏段和提馏段用断液板隔开后，塔底排出的贫油温度可提高约3℃（回流比 $R=2.5$ 时），这样，显然可提高各塔板的蒸馏温度。

5.6.3　管式炉的工艺计算

5.6.3.1　管式炉的物料衡算

A　管式炉入口的物料

管式炉入口的物料组成见表5-25。

表5-25　管式炉入口的物料组成

序　号	名　称	质量/kg·h^{-1}	摩尔数/kmol·h^{-1}
1	洗油	53000	53000/170 = 312
2	粗苯	1045 + 89 = 1134	1134/83 = 13.7
3	水分	250	250/18 = 13.9
	共计	54384	339.6

B　管式炉出口的物料

设离开管式炉时，管式炉入口物料中的水分全部蒸发，此时的温度为180℃，总压力为233500Pa（表）。

假设留在液相中的粗苯 $\varphi_b = 0.81$，然后再复核。可用式（5-17）计算留在液相中的洗油 φ_o：

$$\varphi_o = \frac{\varphi_b \times p_b}{\varphi_b p_b + (1-\varphi_o) p_o} = \frac{0.81 \times 844730}{0.81 \times 844730 + (1-0.81) \times 49330} = 0.9865 \quad (5-17)$$

式中，p_b 和 p_o 分别为180℃时粗苯和洗油的饱和蒸气压，已知 $p_b = 844730\text{Pa}$，$p_o = 49330\text{Pa}$；φ_b 和 φ_o 分别为粗苯和洗油的摩尔分数。

在180℃，234100Pa（表）时，可认为油中含水均已汽化，这时管式炉出口的物料组成（液相与气相中各成分的摩尔数）列于表5-26。

表5-26　管式炉出口的物料组成

序号	名称	摩尔分数 φ	总摩尔数	液相摩尔数	气相摩尔数
1	粗苯	0.81	13.7	13.7 × 0.81 = 11.1	2.6
2	洗油	0.9865	312	312 × 0.9865 = 307.8	4.2
3	水分	0	13.9	0	13.9
	共计			318.9	20.7

根据拉乌尔定律，粗苯的蒸气压 p_b 应等于液相中粗苯摩尔数与该温度下饱和蒸气压的乘积，即：

$$p_b = p \frac{N_{b\text{液}}}{\sum N_\text{液}} = 844728 \times \frac{11.1}{318.9} = 29403\text{Pa}$$

根据道尔顿定律，粗苯的蒸气压 p_b 应等于总压力 p 与粗苯蒸气在气相中摩尔分数的乘积，即：

$$p_b = p \frac{N_{b气}}{\sum N_气} = 234100 \times \frac{2.6}{20.7} = 29404 \text{Pa}$$

上述两种方式求得的 p_b 相等，故假设的 $\varphi_b = 0.81$ 是正确的。管式炉的出口物料见表 5 - 27。

表 5 - 27　管式炉的出口物料

序号	名称	出口物料量		摩尔分数	液　相		气　相	
		kg/h	kmol/h		kmol/h	kg/h	kmol/h	kg/h
1	粗苯	1134	13.7	0.81	11.1	920	2.6	214
2	洗油	53000	312	0.9865	307.8	52300	4.2	700
3	水分	250	13.9	0	0	0	13.9	250

C　管式炉的物料平衡

管式炉的物料平衡见表 5 - 28。

表 5 - 28　管式炉的物料平衡

名　称	入方/kg·h^{-1}	出方/kg·h^{-1}	
		液　相	气　相
洗油	53000	52300	700
粗苯	1134	920	214
水分	250	0	250
小计		53220	1164
共计	54384	54384	

5.6.3.2　管式炉的热量衡算

A　富油加热部分

a　输入热量

（1）洗油带入的热量 Q_1。洗油进管式炉的温度为 135℃，此温度下的洗油比热容为 2.08kJ/(kg·℃)。

$$Q_1 = 53000 \times 2.08 \times 135 = 14882400 \text{kJ/h}$$

（2）粗苯带入的热量 Q_2。粗苯的比热容为 2.194kJ/(kg·℃)。

$$Q_2 = 1134 \times 2.194 \times 135 = 335880 \text{kJ/h}$$

（3）水分带入的热量 Q_3。当温度为 135℃和压力为 0.5MPa（表）时，水分仅有部分蒸发，为了计算方便，设水分未蒸发。

$$Q_3 = 250 \times 4.187 \times 135 = 141311 \text{kJ/h}$$

（4）需要管式炉的供热量 Q_4。

则输入总热量为：

$$Q_入 = Q_1 + Q_2 + Q_3 + Q_4 = (15359591 + Q_4) \text{kJ/h}$$

b　输出热量

（1）液相带出的热量。180℃洗油的比热容为 2.232kJ/(kg·℃)，则液相洗油带出的

热量 Q_5 为：

$$Q_5 = 52300 \times 2.232 \times 180 = 21012048 \text{kJ/h}$$

180℃粗苯的比热容为 2.39kJ/(kg·℃)，则液相粗苯带出的热量 Q_6 为：

$$Q_6 = 920 \times 2.39 \times 180 = 395784 \text{kJ/h}$$

（2）气相带出的热量。180℃时气相洗油的热熔 $i = 564 \text{kJ/kg}$，则气相洗油带出的热量 Q_7 为：

$$Q_7 = 700 \times 564 = 394800 \text{kJ/h}$$

180℃气相粗苯的热熔 $i = 661.5 \text{kJ/kg}$，则气相粗苯带出的热量 Q_8 为：

$$Q_8 = 214 \times 661.5 = 141561 \text{kJ/h}$$

（3）水蒸气带出的热量。180℃时水蒸气的热熔 $i = 2822 \text{kJ/kg}$，则水蒸气带出的热量 Q_9 为：

$$Q_9 = 250 \times 2822 = 705500 \text{kJ/h}$$

（4）散热损失 Q_{10} 为：

$$Q_{10} = 1406000 \text{kJ/h}。$$

则输出总热量为：

$$Q_出 = Q_5 + Q_6 + Q_7 + Q_8 + Q_9 + Q_{10} = 24055693 \text{kJ/h}$$

令 $Q_入 = Q_出$

$$15359591 + Q_4 = 24055693$$

$$Q_4 = 8696102 \text{kJ/h}$$

即加热富油所需要管式炉的供热量 $Q_4 = 8696102 \text{kJ/h}$。

B　水蒸气加热部分

进入管式炉（经稳压装置后）的 0.6MPa（表）饱和蒸汽的热熔 $i = 2767 \text{kJ/kg}$。离开管式炉过热蒸汽的压力为 0.25MPa（表），蒸汽温度过热至 450℃，其热熔 $i = 3324 \text{kJ/kg}$，蒸汽量为 1045kg/h。则管式炉过热水蒸气所需的热量 $Q_汽$ 为：

$$Q_汽 = 1045 \times (3324 - 2767) = 582065 \text{kJ/h}$$

管式炉加热富油和水蒸气所需供给的热量为：

$$Q = Q_4 + Q_汽 = 8696102 + 582065 = 9278167 \text{kJ/h}$$

管式炉的热平衡见表 5-29。

表 5-29　管式炉的热平衡

输　　入	热量/kJ·h⁻¹	输　　出	热量/kJ·h⁻¹
洗油带入的热量	14882400	富油（液相）带出的热量	21407832
粗苯带入的热量	335880	富油（气相）带出的热量	1241861
水分带入的热量	141311	管式炉的散热损失	1406000
水蒸气带入的热量	2891515	过热蒸汽带出的热量	3473580
管式炉的供热量	9278167		
共　　计	27529273	共　　计	27529273

5.6.3.3　管式炉加热面积的计算

管式炉加热富油所需的热量 $Q_1 = 8696102 \text{kJ/h}$；管式炉加热水蒸气所需的热量 $Q_2 =$

582065kJ/h。则管式炉的总供热量 Q 为：

$$Q = Q_1 + Q_2 = 9278167kJ/h$$

在管式炉加热富油时供给的热量 Q_1 中，90%是由辐射段供给的，10%由对流段供给，辐射段的热强度为104670kJ/（m² · h）。辐射段所需的加热面积 F_1 为：

$$F_1 = \frac{0.9 \times 8696102}{104670} = 77.77m^2$$

管式炉对流段的热强度为20934kJ/（m² · h）。对流段加热洗油和蒸气所需的加热面积 F_2 为：

$$F_2 = \frac{0.1 \times 8696102}{104670} + \frac{582065}{20934} = 8.31 + 27.8 = 36.11m^2$$

管式炉的总面积 F 为：

$$F = F_1 + F_2 = 113.88m^2$$

取管式炉的热效率为75%，煤气发热量为17790kJ/m³，则加热煤气的耗量 V 为：

$$V = \frac{9278167}{0.75 \times 17790} = 695m^3/h$$

选择 $1130 \times 10^4 kJ/h$ 的圆筒管式炉1台。

5.6.4　再生器的工艺计算

在粗苯的蒸馏系统中，均需要设置再生器。使用再生器的目的是将循环洗油中的一部分进行连续再生。在再生器内，洗油被加热到一定温度，使洗油中的不饱和化合物聚合，并将这种聚合物和高沸点残渣从再生器排出，以保证循环洗油的质量。循环洗油质量的恶化会使洗油黏度和密度增加，洗油相对分子质量增高，直接影响苯的吸收操作，从而造成粗苯回收率的下降。因此，再生器的正常操作是保持和稳定循环洗油质量、保证粗苯装置正常生产的重要因素。

5.6.4.1　计算条件

循环洗油量	53t/h
粗苯产量	1045kg/h
直接蒸汽单耗	1t/t 粗苯
再生洗油量占循环洗油量的比例	1.5%
循环洗油300℃前的馏出量	90%
再生残渣300℃前的馏出量	25%

因此

直接蒸汽量	$1045 \times 1 = 1045kg/h$
再生洗油量	$53000 \times 1.5\% = 795kg/h$

残渣量，设300℃以后的馏分在再生器中不汽化，

$$795 \times \frac{100-90}{100} \times \frac{100}{100-25} = 106kg/h$$

汽化的洗油量为：

$$795 - 106 = 689kg/h$$

5.6.4.2　再生器顶部油气温度的计算

洗油再生器的操作原理与水蒸气蒸馏十分吻合，洗油可视为同一组成，采用水蒸气蒸馏的计算公式。根据道尔顿定律，气相中水蒸气与洗油蒸汽的摩尔数之比等于其分压之比，其计算公式为：

$$\frac{\varphi N_{蒸汽}}{N_{洗油}} = \frac{p - p_t}{p_t}$$

式中，$N_{蒸汽}$为水蒸气的摩尔数，$1045/18 = 58\text{kmol/h}$；$N_{洗油}$为再生洗油气的摩尔数，$689/170 = 4.05\text{kmol/h}$；$p$ 为再生器的操作压力，$p = 120\text{kPa}$；p_t 为温度 $t℃$ 时的洗油蒸气压，kPa；φ 为水蒸气对洗油蒸汽的饱和系数，一般取 $0.5 \sim 0.7$。代入式（5 - 18）后得：

$$\frac{0.6 \times 58}{4.05} = \frac{120 - p_t}{p_t} \tag{5 - 18}$$

$$p_t = 12.5\text{kPa}$$

查表得，相当于洗油气的温度 $t = 205.8℃$。

5.6.4.3　直接蒸汽过热温度的计算

如果为了保持再生器的操作温度，所需的热量全部依靠直接蒸汽的过热来供给，那么可根据洗油再生器的热平衡求得过热蒸汽的温度。

A　物料衡算

物料衡算见表 5 - 30。

表 5 -30　再生器的物料平衡

输　入	物料量/kg·h⁻¹	输　出	物料量/kg·h⁻¹
洗　油	795	洗油气	689
水蒸气	1045	再生残渣	106
		水蒸气	1045
共　计	1840	共　计	1840

B　热量衡算

a　输入热量

（1）洗油带入的热量 Q_1。洗油温度 $t = 180℃$，比热容 $c = 2.231\text{kJ/(kg·℃)}$，则：

$$Q_1 = 795 \times 2.231 \times 180 = 319256\text{kJ/h}$$

（2）过热蒸汽带入的热量 Q_2，过热蒸汽压力 $p = 0.25\text{MPa}$（表），热焓 i，则带入的热量 Q_2 为：

$$Q_2 = 1045i \text{ kJ/h}$$

输入总热量为：

$$Q_入 = Q_1 + Q_2 = (319256 + 1045i)\text{kJ/h}$$

b　输出热量

（1）洗油气带出的热量 Q_3，洗油汽温度 $t = 205.8℃$，其热焓 i 为：

$$i = 260.4 + 1.687 \times 205.8 = 607.6\text{kJ/kg}$$

$$Q_3 = 689 \times 607.6 = 418640\text{kJ/h}$$

（2）水汽带出的热量 Q_4。水汽温度 $t = 205.8℃$，其热焓 $i = 2796\text{kJ/kg}$，则：

$$Q_4 = 1045 \times 2796 = 2921820 \text{kJ/h}$$

（3）再生残渣带出的热量 Q_5。残渣温度 $t = 200℃$，比热容 $c = 2.3 \text{kJ/(kg · ℃)}$，则：

$$Q_5 = 106 \times 2.3 \times 200 = 48760 \text{kJ/h}$$

（4）热损失 Q_6。热损失约为供热量的 8% ~ 10%，则：

$$Q_6 = 316500 \text{kJ/h}$$

输出总热量为：

$$Q_出 = Q_3 + Q_4 + Q_5 + Q_6 = 3705720 \text{kJ/h}$$

令 $Q_入 = Q_出$

$$319256 + 1045i = 3705720$$

$$i = 3240 \text{kJ/kg}$$

查表得，当蒸气压力为 0.25MPa（表）时，过热蒸汽的温度 $t = 385℃$。

从上述计算可知，当采用管式炉加热时，富油预热温度为 180℃，脱苯塔用的直接蒸汽单耗为 1t/t 粗苯，再生洗油量为循环洗油量的 1.5%，全部直接蒸汽均通过再生器时，要想达到合格的再生残渣，再生器的操作温度应为 205.8℃。靠直接蒸汽的过热温度供热时，过热蒸汽的温度应达到 385℃以上。这完全可以说明，采用管式炉加热生产粗苯的工艺流程时，在直接蒸汽大幅度减少的情况下（与蒸汽法相比），提高再生器的操作温度是保证洗油再生器正常操作的重要因素。

6　焦炉煤气脱硫脱氰

焦炉煤气中的硫化氢含量主要取决于炼焦用煤料中所含的硫分，而氰化氢则是煤在焦炉中炭化时，煤气中的氨与红焦发生反应而生成的产物，即：

$$C + NH_3 \longrightarrow HCN + H_2 \tag{6-1}$$

在焦炉的炉顶空间，荒煤气中烃类化合物或 CO 与氨反应生成氰化氢，其反应如下：

$$C_2H_4 + 2NH_3 \longrightarrow 2HCN + 4H_2 \tag{6-2}$$

$$CH_4 + NH_3 \longrightarrow HCN + 3H_2 \tag{6-3}$$

$$CO + NH_3 \longrightarrow HCN + H_2O \tag{6-4}$$

反应式（6-1）是炼焦过程中生成氰化氢的主要反应。可见，炼焦过程中氰化氢的生成是不可避免的。

焦炉煤气中的硫化氢和氰化氢主要分布在初冷器后的焦炉煤气和初冷过程中形成的剩余氨水中。粗煤气中一般含有硫化氢 $4 \sim 8 g/m^3$、氰化氢 $1 \sim 2 g/m^3$，二者都是煤气中的有害杂质，既危害人体健康，又腐蚀损坏设备。没有经过脱硫脱氰的煤气作为燃料燃烧时，会生成 SO_2 和 NO_x，在空气中与水接触而形成酸雨。我国大气环境受酸雨的危害已十分严重，酸雨不仅对人体有害，且落到建筑物和设备上，还会造成严重腐蚀，影响其使用寿命，尤其是酸雨落到农田里，会造成大面积农作物减产，土地酸化，其危害十分严重。

根据国家环保总局、国家发改委下发的《国家酸雨和二氧化硫污染防治"十一五"规划》，对每一地区二氧化硫的排放总量实行严格控制。而国家发改委颁布的《焦化行业准入条件》中规定，净化后的焦炉煤气中的硫化氢含量应不大于 $250mg/m^3$。因此，焦炉煤气的脱硫脱氰工序，在煤气净化工艺中是十分重要的环节。

焦炉煤气脱硫脱氰的方法有干法和湿法两种工艺。干法脱硫工艺为间歇操作，占地面积大，脱硫剂更换和再生的劳动强度大，一般只在供民用煤气时小规模使用。现代化的大型焦化厂均采用湿法脱硫脱氰工艺。湿法脱硫脱氰工艺又分为湿式吸收法和湿式氧化法。目前，湿式脱硫脱氰工艺在我国已建成和投产的方法有以下几种：

（1）湿式氧化法有以氨为碱源的 TH 法、以氨为碱源的 FRC 法、以碳酸钠为碱源的改良 ADA 法和以氨为碱源的 HPF 法。

（2）湿式吸收法有索尔菲班法（单乙醇胺法）、氨硫循环洗涤法（AS 法）、真空碳酸钾法和以氨为碱源并采用压力脱酸的氨水脱硫法（FAS 法）。

目前，国内采用较多的方法有 HPF 法、AS 法和真空碳酸钾法。最近由鞍山立信焦耐工程技术有限公司开发的 FAS 法也已有投产的厂家。

6.1　HPF 法煤气脱硫脱氰

HPF 法是以氨为碱源，HPF 为催化剂（由对苯二酚、双核钛氰钴磺酸盐、PDS 和硫酸亚铁组成的醌、钴、铁类复合型催化剂）的氧化法脱硫脱氰工艺。用 HPF 催化剂脱硫脱氰是一种液相催化氧化反应，具有在脱硫和再生全过程中催化活性高和流动性好等突出优点。

6.1.1 HPF 法煤气脱硫脱氰的反应机理

（1）吸收反应。

$$NH_3(气) + H_2O \Longrightarrow NH_4^+ + OH^- \Longrightarrow NH_3 \cdot H_2O$$

$$H_2S(气) \Longrightarrow H_2S(液) \Longrightarrow HS^- + H^+$$

$$HCN(气) \Longrightarrow HCN(液) \Longrightarrow H^+ + CN^-$$

$$H_2O + CO_2(气) \Longrightarrow H_2CO_3(液) \Longrightarrow HCO_3^- + H^+$$

$$NH_4OH + H_2S \Longrightarrow NH_4HS + H_2O$$

$$NH_4OH + NH_4HS \Longrightarrow (NH_4)_2S + H_2O$$

$$NH_4OH + HCN \Longrightarrow NH_4CN + H_2O$$

$$NH_4OH + CO_2 \Longrightarrow NH_4HCO_3$$

$$NH_4OH + NH_4HCO_3 \Longrightarrow (NH_4)_2CO_3 + H_2O$$

（2）催化多硫化反应（在 HPF 催化剂存在下）。

$$NH_4OH + NH_4HS + (x-1)S \Longrightarrow (NH_4)_2S_x + H_2O$$

$$2NH_4HS + (NH_4)_2CO_3 + 2(x-1)S \Longrightarrow 2(NH_4)_2S_x + CO_2 + H_2O$$

$$2NH_4HS + (NH_4)_2CO_3 + 2(x-1)S \Longrightarrow 2(NH_4)_2S_x + CO_2 + H_2O$$

$$NH_4CN + (NH_4)_2S_x \Longrightarrow NH_4CNS + (NH_4)_2S_{(x-1)}$$

$$(NH_4)_2S_{(x-1)} + S \Longrightarrow (NH_4)_2S_x$$

（3）催化再生反应（在 HPF 催化剂存在下）。

$$NH_4HS + 1/2O_2 \Longrightarrow S\downarrow + NH_4OH$$

$$(NH_4)_2S + 1/2O_2 + H_2O \Longrightarrow S\downarrow + 2NH_4OH$$

$$(NH_4)_2S_x + 1/2O_2 + H_2O \Longrightarrow S_x + 2NH_4OH$$

$$NH_4CNS \Longrightarrow H_2N-CS-NH_2 \Longrightarrow H_2N-CHS-NH$$

$$H_2N-CS-NH_2 + 1/2O_2 \Longrightarrow NH_2-CO-NH_2 + S\downarrow$$

$$NH_2-CO-NH_2 + 2H_2O \Longrightarrow (NH_4)_2CO_3 + H_2O \Longrightarrow 2NH_4OH + CO_2$$

（4）副反应。

$$2NH_4HS + 2O_2 \Longrightarrow (NH_4)_2S_2O_3 + H_2O$$

$$2(NH_4)_2S_2O_3 + O_2 \Longrightarrow 2(NH_4)_2SO_4 + 2S\downarrow$$

$$(NH_4)_2S_x + NH_4CN \Longrightarrow NH_4CNS + (NH_4)_2S_{(x-1)}$$

6.1.2 HPF 法煤气脱硫脱氰的工艺流程

HPF 法煤气脱硫可分为正压流程（脱硫装置位于鼓风机后）和负压流程（脱硫装置位于鼓风机前）。在正压流程中，鼓风机后的煤气首先进入预冷塔，与塔顶喷洒液逆流接触，煤气被冷却到 30℃后进入脱硫塔。为了提高脱硫系统的氨硫比，剩余氨水蒸馏后的氨气兑入预冷塔前的煤气中，或将氨气冷凝成浓氨水后兑入脱硫液中。预冷后的煤气进入脱硫塔，与塔顶喷淋下来的脱硫贫液逆流接触，以吸收煤气中的硫化氢和氰化氢，脱硫塔后的煤气送至后续工序处理。

　　脱硫富液从塔底流入反应槽，然后用泵抽送至再生塔。同时，自再生塔底部通入压缩空气，使脱硫富液在塔内得以氧化再生。再生后的脱硫贫液从再生塔顶经液位调节器自流回脱硫塔循环使用。

　　悬浮于再生塔顶的硫黄泡沫利用位差自流入泡沫槽，硫泡沫再经浓缩后装入熔硫釜，经加热脱水、熔融后制得硫黄产品。为避免脱硫液因副产盐类的积累而影响脱硫效率，需定期将系统中的部分脱硫液作为脱硫废液外排。脱硫废液经添加装置回兑入炼焦煤中，其工艺流程如图6-1所示。

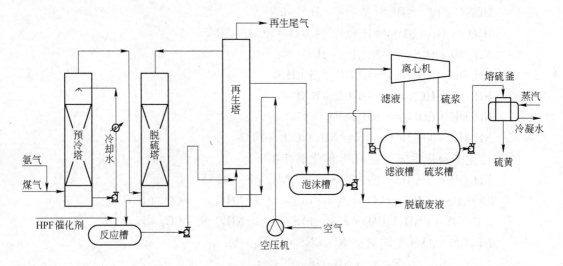

图6-1　HPF法煤气脱硫脱氰装置的工艺流程

6.1.3　脱硫废液的处理

　　根据HPF法煤气脱硫的机理，在脱硫装置运行过程中，总是伴随着副反应。在脱硫循环液中会不断积累包括NH_4CNS、$(NH_4)_2S_2O_3$和$(NH_4)_2SO_4$等盐类。当脱硫循环液中的盐类含量超过300mg/L时，脱硫效率会明显下降。因此，必须排出一定量的脱硫废液。由于脱硫废液中的含盐量过高，难以直接送生化系统处理，若直接外排会对环境造成严重污染。因此，必须对脱硫废液进行处理。鞍山焦化耐火材料设计研究总院在推广HPF法煤气脱硫技术时，推荐将脱硫废液回配入炼焦煤中的办法进行处理。

　　鞍山热能研究院的试验研究表明，脱硫废液中的NH_4CNS和$(NH_4)_2S_2O_3$在煤软化前绝大部分已分解成气体逸出。NH_4CNS的完全分解温度为600℃，400℃前已有90%分解，而$(NH_4)_2S_2O_3$的完全分解温度仅为360℃。这些副盐中的硫分解后产生硫化氢，绝大部分转入焦炉煤气中。NH_4CNS受热分解时，在170~180℃的温度下，首先变成其同分异构体硫脲，其反应如下：

$$NC-SH-NH_3 \rightleftharpoons H_2N-CS-NH_2$$

　　因硫脲的分子中已不再含有氰基（—CN），所以进一步热分解时就不会产生氰化氢，而主要转化为N_2、NH_3和CO_2，因此对脱硫脱氰装置运行中NH_4CNS的积累没有影响。试验结果表明，废液配入炼焦煤中以后，对焦炭强度和耐磨性无明显变化，焦炭含硫量的增加也很少，一般仅为0.03%~0.05%。脱硫废液添加装置如图6-2所示。

从图 6-2 中可以看出，由脱硫装置来的脱硫废液储存在脱硫废液槽，在运煤皮带启动向煤塔输送煤料的过程中，启动废液泵，将脱硫废液均匀地掺入炼焦煤中，直到添加完毕。

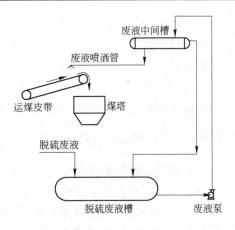

由于脱硫废液中含有高浓度的氨等易挥发性物质，致使工人的操作现场及周边环境会受到严重污染，同时也会腐蚀设备和建筑物。目前，大多数焦化企业已不采用此办法，有的将其直接洒向煤场，也有的将其直接排放而造成污染。

鉴于上述情况，有些企业采用了梯度浓缩结晶法从脱硫废液中提取粗制盐的方法。该法的工作原理是从脱硫废液中回收硫氰酸铵，核心技术

图 6-2　脱硫废液添加装置的工艺流程

是分步结晶。根据 $NH_4CNS - (NH_4)_2S_2O_3 - H_2O$ 系统的三相分步结晶，再利用 NH_4CNS 和 $(NH_4)_2S_2O_3$ 的溶解度差进行结晶分离。梯度浓缩结晶法的工艺流程如图 6-3 所示。

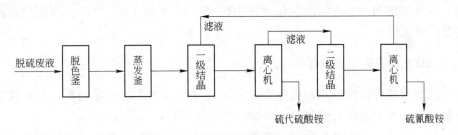

图 6-3　梯度浓缩结晶法从脱硫废液提盐的工艺流程

该技术相对较成熟，设备投资少，可回收一定量高附加值的硫氰酸铵和硫代硫酸铵等产品，是脱硫废液资源化处理的可行技术之一，目前在国内已有工业应用，但此法仍存在如下不足：

（1）受脱硫废液的化学组成波动较大的影响，操作难度较大，产品纯度较低。该技术的主产品是硫氰酸铵，其回收率较低，一般仅为 70%，仍有部分盐类随废水排放，流失了部分高附加值组分。

（2）由于溶解度差异较小，易形成大量不具备使用价值的混合盐而造成二次污染。

（3）该技术的产品较少，处理过程的经济效益较低，投资回收期较长。

（4）产品需求定位不够准确。目前，我国每年的硫氰酸铵市场需求量仅为 2×10^4 t，而硫氰酸钠的需求量较大。因此，为打开市场和销路，还需要另加投资，将硫氰酸铵转化成硫氰酸钠，导致处理成本大幅增加。

6.1.4　HPF 法脱硫装置的操作制度

预冷后煤气温度	约 30℃
进入预冷塔的循环液温度	约 28℃
进入脱硫塔的脱硫液温度	约 35℃
预冷塔阻力	≤1.0kPa

脱硫塔阻力	≤1.5kPa
脱硫效率	约98%
脱氰效率	约80%
催化剂耗量	约3.0kg/t 硫黄
脱硫废液生成量	$20\sim25kg/m^3$ 煤气

6.1.5　HPF 法脱硫装置的操作要点

HPF 法脱硫装置的操作要点如下：

（1）必须确保初冷器和电捕焦油器的正常操作，最大限度地将煤气中的焦油和萘去除掉，否则会引起催化剂中毒，严重影响脱硫效率。

（2）应保证预冷塔的稳定操作，预冷塔后的煤气温度一般应控制在30℃左右。

（3）循环脱硫液中的悬浮硫应控制在 $1\sim1.5g/L$ 之间，否则会造成脱硫塔的堵塞事故，并使阻力加大。

（4）脱硫循环液中的总盐类含量不应大于300g/L。

（5）再生塔的再生空气强度应保证在 $100\sim200m^3/(m^2\cdot h)$ 之间，否则会造成循环液中的悬浮硫量增高。

6.1.6　对 HPF 法脱硫工艺的评价

HPF 法脱硫装置具有脱硫和再生全过程中催化活性和流动性好的优点。脱硫效率可满足《焦化企业准入条件》的要求，但该法还存在下列难以克服的缺点。

（1）煤气脱硫过程中会产生富含硫氰酸铵和硫代硫酸铵等副盐的脱硫废液，且该废液难以处理。以煤气处理量为 $5\times10^4m^3/h$ 的脱硫装置为例，脱硫废液的排放量为 24t/d，处理不好就会造成二次污染。

（2）从再生塔顶排出的再生尾气带有大量氨（平均为 $2.46g/m^3$），直接排放后就会造成严重的二次污染。

（3）脱硫装置的产品硫黄纯度低，质量差，销路不畅，若随意丢弃也会造成严重的环境污染。

（4）由于再生塔排出的废气和脱硫废液都会带走部分氨，致使焦炉煤气中的氨损失大，一般可达16%左右。

（5）因脱硫塔的空塔速度低、液气比大和再生强度高，从而使脱硫装置的设备庞大，能耗高。以煤气处理量 $5\times10^4m^3/h$ 的脱硫装置为例，仅 2 台直径 5.5m 的脱硫塔需钢材584t，2 台直径3.8m 再生塔的钢材耗量178t。每台脱硫塔的循环洗液量近 $1000m^3/h$，2 台循环泵的电机耗电量高达 630kW，再加上 2 台空压机的耗电量370kW。这样高的能耗，势必提高操作费用，生产成本也居高不下。

由于焦炉煤气的脱硫脱氰装置是非常重要的，如果上述的致命缺点得不到很好解决，即使表面上可将煤气中的硫化氢脱除得很低，但脱除的硫部分转入了脱硫废液中造成二次污染，低质量的产品硫黄因销路不畅也难以处理，实质上造成了污染的二次转移。此外，再生塔的含氨尾气的外排，不仅污染了大气，而且造成了氨资源的损失。因此，HPF 法煤气脱硫工艺在上述问题得到妥善解决前，就不应再继续推广使用。

6.2　氨硫循环洗涤法煤气脱硫

氨水法煤气脱硫工艺是以焦炉煤气中的氨为碱源，含氨水溶液为介质，采用氨硫循环洗涤法（简称 AS 法）脱除焦炉煤气中的硫化氢。该法由洗涤装置和脱酸蒸氨装置组成。在煤气洗涤装置中，将脱硫塔配置在洗氨塔前，以水洗氨得到的富氨水和脱酸蒸氨装置返回的脱酸贫液为洗涤水来脱除煤气中的硫化氢。形成含氨和硫化氢的富液，送往脱酸蒸氨装置。在脱酸蒸氨装置中，富液通过解析得到脱酸贫液和蒸氨废水，再送回煤气洗涤装置循环使用。解析得到的含硫化氢的酸性气体用于制取元素硫，氨气在还原气氛下分解，回收低热值尾气。

在蒸氨装置中，为分解氨水中的固定铵盐所需的碱液（NaOH），先在洗氨塔底部的碱洗段喷洒，再返回蒸氨装置去分解固定铵盐。

氨硫循环洗涤法煤气脱硫装置，一般设置在鼓风机前进行负压操作，也可设置在鼓风机后进行正压操作，但这时需在脱硫塔前增设煤气预冷装置。

6.2.1　氨和硫化氢的洗涤装置

6.2.1.1　AS 法煤气脱硫的反应机理

水洗氨　　　　　$NH_3 + H_2O \longrightarrow NH_4OH$

脱硫　　　　　$H_2S + NH_4OH \longrightarrow NH_4HS + H_2O$

脱氰　　　　　$HCN + NH_4OH \longrightarrow NH_4CN + H_2O$

副反应　　　　$CO_2 + NH_4OH \longrightarrow (NH_4)_2CO_3 + H_2O$

以上的反应为可逆反应，且是放热反应。为了维持脱硫塔的恒温操作，必须增加中段循环用冷却水，对洗涤液进行冷却，以保证其脱硫效率。

碱洗段　　　　$H_2S + NaOH \longrightarrow Na_2S + H_2O$

　　　　　　　$HCN + NaOH \longrightarrow NaCN + H_2O$

　　　　　　　$CO_2 + NaOH \longrightarrow Na_2CO_3 + H_2O$

碱洗段的反应也是放热反应。NaOH 的使用量是依据剩余氨水中的固定铵含量来确定的，一般分解 1kg 固定铵需耗用 2.35~2.5kg 的 NaOH（100%）。

6.2.1.2　AS 法煤气脱硫的工艺流程

图 6-4 为洗氨和脱硫装置的工艺流程。因脱硫过程是吸收操作，故操作温度越低越有利于硫化氢的吸收，一般要保证洗涤系统在尽可能低的温度下操作。由于水洗氨为放热反应，必须及时将加入系统的热量和吸收反应热除掉。生产实践表明，洗涤温度每升高 2~3℃，脱硫效率约下降 4%~5%。为此，半富氨水在进入脱硫塔上段之前要增加冷却器，可将入塔半富氨水的温度从 26℃下降到 22℃，以确保整个脱硫塔从下至上达到等温操作。

在 CO_2 存在的情况下，用氨吸收硫化氢是选择性吸收，必须在足够的传质面积下，尽量缩短气液的接触时间，一般将其控制在 5s 以内。尤其是在煤气量不足，不能在满负荷操作时，要注意调整脱酸贫液进塔的位置，以控制气液接触时间，否则将会影响脱硫效率，并产生碳铵盐类而造成堵塞。

当脱硫塔采用钢板网填料，并要求塔后煤气中的硫化氢含量达到 500mg/m³ 时，实际

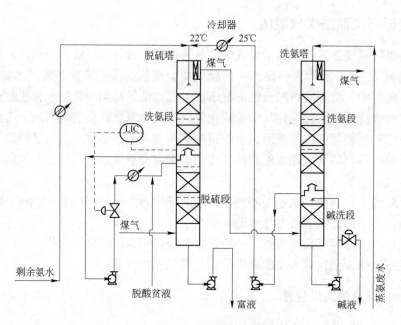

图 6-4　洗氨和脱硫装置的工艺流程

的生产操作表明，NH_3/H_2S 比值必须达到 4 以上。此时，脱硫塔塔底富液中的 CO_2/H_2S 比值可达到 3 左右，脱酸贫液中的硫化氢含量不会高于 2.5g/L，含氨量在 20~25g/L。为了在操作中保持脱硫塔脱硫段内的 NH_3/H_2S 比值，强化脱硫塔上段洗氨段的洗氨操作是非常重要的。如果脱硫塔上段洗氨段的洗氨效果不好，就会把氨转移到后面的洗氨塔，加重了洗氨塔的负荷，直接影响煤气的最终净化，同时也会造成进入脱硫塔下段富液中氨浓度的降低，影响脱硫段的脱硫效果。

使用自动调节装置控制脱硫塔中部的液面，以避免由于剩余氨水变化而造成中部液位的不稳定，部分温度较高的富氨液不经换热而从断塔板的升气孔溢流至脱硫段，使洗涤温度升高而影响脱硫效率。

6.2.2　脱酸蒸氨装置

6.2.2.1　脱酸蒸氨装置的工艺流程

与其他吸收过程一样，必须把吸收液的吸收和再生看成是一个整体。吸收液的再生是在脱酸蒸氨工序中完成的，其工艺流程如图 6-5 所示。

6.2.2.2　脱酸蒸氨装置的操作要领

脱酸操作的好坏直接关系到脱酸塔的脱酸效率、贫液指标的稳定和外排蒸氨废水的质量。因此，该工序在氨硫循环洗涤脱硫工艺中占有重要地位。生产实践表明，控制的关键是确保脱酸贫液的组成。

（1）严格控制进入脱酸塔的富液温度。实践表明，将进入脱酸塔的富液温度控制在 80~90℃之间（不得低于 75℃）是脱酸塔正常操作的关键。富液温度过低，会使脱酸塔的部分传质表面变成传热面积，降低了塔板效率，使硫化氢的脱除率大大降低。如果维持解析操作，必然要增加进入脱酸塔的蒸汽量以增加热能，这样不但增加了蒸汽耗量，而且

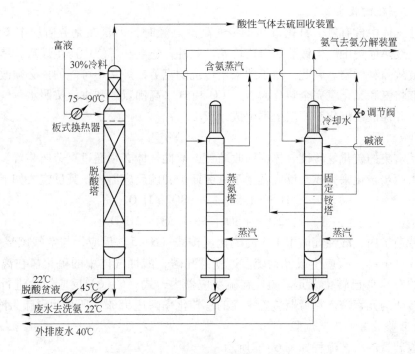

图 6-5 脱酸蒸氨装置的工艺流程

蒸汽大部分冷凝后稀释了贫液,增加了贫液量,影响了贫液的组成。为了维持贫液中的含氨量,又不得不从固定铵塔增加氨的补给量,加大了所在系统的循环量,使能耗增加。因此在设计时,贫－富液换热用的板式换热器面积必须满足工艺要求,生产过程中应及时清扫换热器,以确保板式换热器在良好的状态下操作,这也是保证换热后的富液温度能达到规定指标的重要手段。

(2) 控制进入脱酸塔塔顶的冷料量。操作经验表明,进入脱酸塔塔顶的冷料量一般应控制在富液量的 30% 左右。其作用是控制酸性气体浓度和减少氨的损失,当进入脱酸塔的富液温度低时,可适当减少冷料量,否则脱酸贫液中的硫化氢含量将会增高。

(3) 保证脱酸贫液的组成,使其硫化氢浓度在 2.5g/L 以下,含氨量在 20～25g/L 之间。调节手段之一是调整脱酸塔塔顶的温度,以控制送硫回收装置的酸性气体量。当贫液中的硫化氢浓度偏高时,应增加送硫回收装置的酸性气体量;反之则减少。调节手段之二是调整固定铵塔侧线的氨气补给量,以保证贫液中氨的浓度达到规定值。

6.2.3 氨分解和硫回收装置

氨分解和硫回收工序是 AS 法煤气脱硫工艺通常的配套装置。氨分解是在催化剂作用下,在还原气氛中把氨分解为氮气和氢气。硫回收是采用克劳斯法将酸性气体中的硫化氢部分燃烧,并进一步在催化剂作用下转化为元素硫。一般将氨分解和硫回收配置在一起,简称氨分解硫回收装置。

6.2.3.1 氨分解装置

详见第四章氨回收部分的第 4.3.3 节内容。

6.2.3.2　硫回收装置

当酸性气体中含有氨、氰化氢和少量的高沸点烃时，因氨在克劳斯炉中不能完全转化，就会在废热锅炉中产生铵盐而造成堵塞。此外，还会在燃烧中产生烟灰，堵塞催化剂床层，造成故障和污染。因此，简单地采用传统的克劳斯炉是不可能的。必须改进克劳斯炉使其能够将氨和氰化氢完全转化为 N_2、CO 和 H_2，高沸点烃和水汽按照水－气平衡关系进行反应，并保证在催化剂床层上不生成烟灰。

A　反应机理

为了从富集的硫化氢酸性气体中回收硫黄，酸性气体必须通过克劳斯装置。克劳斯工艺的原理由两步转化来完成，反应发生于克劳斯炉和硫反应器内，其反应式如下：

$$H_2S + 1.5O_2 \longrightarrow SO_2 + H_2O \tag{6-5}$$

$$2H_2S + SO_2 \longrightarrow 1.5S_2 + 2H_2O \tag{6-6}$$

在克劳斯炉内，酸性气体中 1/3 的硫化氢按式（6－5）反应，与空气燃烧生成 SO_2，同时也按式（6－6）反应生成元素硫。这就意味着，酸性气体中的硫化氢在离开克劳斯炉之前大约有 60% 已转化为元素硫。在硫反应器内，式（6－6）反应继续进行，将剩余的硫化氢转化为元素硫。克劳斯装置中硫的总转化率高达 95%，所得元素硫为液态硫黄。

B　硫回收装置的工艺流程。

硫回收装置的工艺流程如图 6－6 所示。

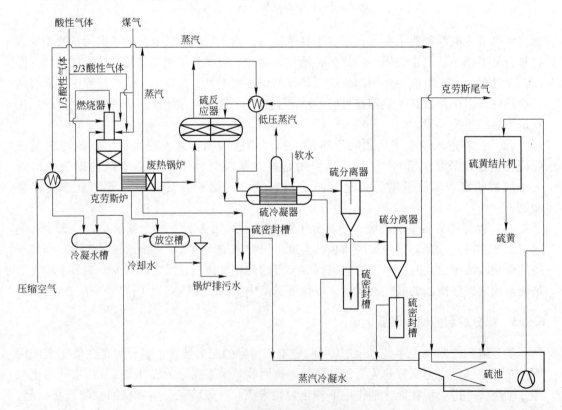

图 6－6　硫回收装置的工艺流程

从图 6－6 中可以看出，脱酸塔塔顶逸出的酸性气体经克劳斯炉的燃烧器燃烧后产生的过程气中，H_2S 和 SO_2 的最佳比例是 2：1。酸性气体是按 2：1 的比例分配的。即 1/3 酸性气体中的硫化氢与理论空气量燃烧生成 SO_2，炉内过程气的温度应保持在 1100℃。仅靠硫化氢燃烧不能达到此温度时，需要加入一定量的焦炉煤气助燃。2/3 酸性气体经燃烧器的旁通管进入克劳斯炉内，使酸性气体中的硫化氢与过程气中的 SO_2 发生克劳斯反应生成元素硫。酸性气体中少量的氨和氰化氢，在炉内镍催化剂的作用下，按式（6-7）和式（6-8）进行分解反应，以避免生成铵盐而造成设备和管道的腐蚀和堵塞。

$$NH_3 \longrightarrow 1.5H_2 + 0.5N_2 \tag{6-7}$$

$$HCN + H_2O \longrightarrow 1.5H_2 + 0.5N_2 + CO \tag{6-8}$$

酸性气体中的 CO_2，根据克劳斯炉内的平衡状态，按式（6-9）生成 COS。

$$CO_2 + H_2S \longrightarrow COS + H_2O \tag{6-9}$$

酸性气体燃烧所需的空气由空气鼓风机供给。空气先在换热器内用蒸汽加热到 130℃，多余的空气通过压力调节器排出。助燃所需的焦炉煤气由增压机送入燃烧器，多余的煤气经压力控制器送回净煤气管道。燃烧器由自动点火装置点燃。

克劳斯炉内填充了高 2m 的镍催化剂床层，在 1100℃ 的催化剂床层中，过程气中的氨和氰化氢被分解，为避免火焰与催化剂接触，在催化剂层上面放置了 250mm 厚的隔离陶瓷球。

废热锅炉配置在克劳斯炉后面，过程气在废热锅炉中被冷却的同时，就有部分硫黄被冷凝下来。废热锅炉中回收的热量用于生产蒸汽。在废热锅炉内过程气的流量按比例分配，经混合室将过程气的温度调节至 270~300℃ 后进入硫反应器（克劳斯反应器）。冷凝的硫黄经硫密封槽进入硫池。

硫反应器分为两段。270~300℃ 的过程气进入一段硫反应器后，硫化氢和 SO_2 在催化剂床层中反应生成元素硫，同时，过程气中的 COS 被水解。在一段硫反应器内，过程气的反应温升为 20~30℃。离开一段硫反应器的过程气进入换热器中，与进入二段硫反应器的过程气换热后进入一段硫冷凝器。在此，过程气释放出的热量可产生 0.25MPa 的蒸汽，冷凝成液态的硫黄在一段硫分离器中与过程气分离后，经硫密封槽送入硫池。

离开一段硫分离器的过程气在换热器内与一段硫反应器后的过程气换热后，被加热到 220℃ 进入二段硫反应器。过程气中的硫化氢和 SO_2 在催化剂床层中反应生成元素硫。从二段硫反应器离开的过程气进入二段硫冷凝器，过程气的温度由 230℃ 冷却到 150℃，释放出热量产生 0.25MPa 的蒸汽。冷凝下来的硫黄在二段硫分离器中分离后，经硫密封槽流入硫池。离开二段硫分离器的过程气（尾气）返回煤气鼓风机前的吸煤气管道。

采用需氧分析仪监测克劳斯尾气中 H_2S：SO_2 = 2：1 的比例，通过计算机自动调节空气与煤气的流量。积存在硫池内的液态硫黄用液下泵抽送至硫黄结片机制成固体片状硫黄，硫黄的纯度可达 99.7%。

硫冷凝器的蒸汽发生器所需的锅炉用软水由外界供给，28℃ 的软水经锅炉供水处理槽加热后供给蒸汽发生器，所产蒸汽作为加热的热源。

6.2.4 对氨硫循环洗涤法煤气脱硫工艺的评述

AS 法煤气脱硫工艺是以氨为碱源的氨水脱硫法。脱硫装置设置在鼓风机前采用负压操作，具有煤气温度制度合理和节省能耗的特点。AS 法利用焦炉煤气自身的氨作为碱源，不需另加脱硫用碱，且无二次污染，所得产品硫黄的产量高、质量好，纯度可达99.7%以上，且产品畅销，但也存在着以下不足之处：

（1）AS法煤气脱硫工艺存在着脱硫效率低，塔后煤气含硫量一般在500mg/m³以上，有的甚至高达800mg/m³，难以达到我国对焦化企业准入条件的要求。

（2）AS法脱硫装置与脱氨装置间环环相扣，影响正常操作的因素极为复杂，故对操作技术的要求较高。

（3）蒸氨装置所得的氨气用氨分解装置将氨破坏，故没有氨的产品。

6.3　真空碳酸钾法煤气脱硫

真空碳酸钾法煤气脱硫是利用碳酸钾溶液吸收焦炉煤气中的硫化氢和氰化氢。由于碳酸钾的溶解度高于碳酸钠，即真空碳酸钾法煤气脱硫工艺脱硫液的碱度大于真空碳酸钠法，故脱硫效率略高于真空碳酸钠法。在脱硫塔上部设置碱洗段的情况下，真空碳酸钾法出口煤气的硫化氢含量可达到200mg/m³，可满足焦化企业准入条件的要求。

6.3.1　真空碳酸钾法煤气脱硫的基本原理

吸收反应

$$K_2CO_3 + H_2S \longrightarrow KHCO_3 + KHS$$
$$K_2CO_3 + HCN \longrightarrow KCN + KHCO_3$$
$$K_2CO_3 + CO_2 + H_2O \longrightarrow 2KHCO_3$$

解析反应

$$KHS + KHCO_3 \longrightarrow K_2CO_3 + H_2S$$
$$KCN + KHCO_3 \longrightarrow K_2CO_3 + HCN$$
$$2KHCO_3 \longrightarrow K_2CO_3 + CO_2 + H_2O$$

副反应

$$2KHS + 2O_2 \longrightarrow K_2S_2O_3 + H_2O$$
$$K_2CO_3 + H_2S + 0.5O_2 + HCN \longrightarrow KSCN + KHCO_3 + H_2O$$

6.3.2　真空碳酸钾法煤气脱硫的工艺流程

真空碳酸钾法煤气脱硫的工艺流程如图6-7所示。

从图6-7中可以看出，焦炉煤气从脱硫塔下部进入，自下而上地与碳酸钾溶液逆流接触，煤气中的硫化氢和氰化氢等酸性气体被吸收后，煤气从脱硫塔塔顶离开，再经除雾器除去夹带的液滴后送后续工序处理。

脱硫塔底部吸收了酸性气体的富液与来自再生塔的热贫液换热后，送至再生塔顶部进行再生。再生塔在真空下操作，富液与再生塔底上升的水蒸气逆流接触，使酸性气体从富液中解析出来。再生塔所需的热量取自荒煤气的余热，是将再生塔底的循环液直接送往初冷器的上段与荒煤气换热。再生后的贫液经贫富液换热器换热及冷却器冷却后进入脱硫塔顶部循环使用。从再生塔塔顶逸出的酸性气体，经冷凝冷却并除水后，由真空泵抽送并加压送往克劳斯装置或湿接触法制酸装置，回收硫黄或制硫酸。为了提高脱硫效率，脱硫塔和再生塔均采用分段操作。

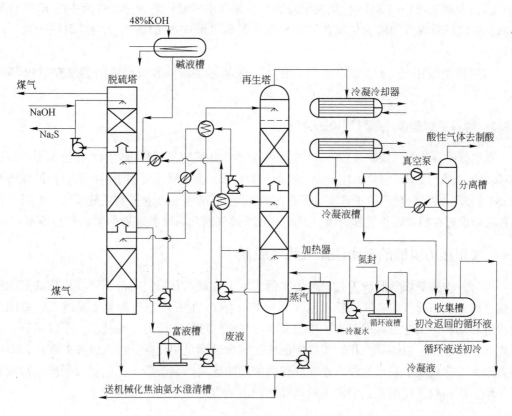

图6-7 真空碳酸钾法煤气脱硫的工艺流程

脱硫液在循环过程中因氧的存在而生成 KSCN 和 $K_2S_2O_3$ 等盐类,为了保证脱硫效率,必须外排少量的脱硫废液,该废液可送机械化焦油氨水澄清槽处理。

6.3.3 真空碳酸钾法煤气脱硫的操作制度

脱硫塔入口的煤气温度	27~30℃
脱硫塔入口的贫液温度	28~30℃
再生塔塔顶的酸性气体温度	55℃
真空泵前的酸性气体温度	25℃
再生塔塔顶压力(绝对)	18kPa
真空泵出口压力(表压)	30kPa

6.3.4 真空碳酸钾法煤气脱硫的操作要点

真空碳酸钾法煤气脱硫的操作要点如下:

(1)脱硫塔的操作温度一般应维持在30℃左右。温度过低易出现盐类结晶堵塞设备,并且不利于硫化氢的吸收;温度过高会加速副反应的进行,使脱硫废液量增大。

(2)脱硫贫液中 K_2CO_3 的含量宜控制在 50g/L 以上。在防止出现 K_2CO_3 和 $KHCO_3$ 结晶的前提下,应尽可能地提高脱硫液中的 K_2CO_3 含量,以利于硫化氢的吸收。

（3）脱硫贫液中的 KHS 含量决定脱硫塔后煤气中的硫化氢含量。贫液中的 KHS 含量越低，脱硫塔后煤气中的硫化氢含量就越低。脱硫贫液中的 KHS 含量主要取决于再生塔的操作。

（4）再生塔在真空和低温状态下操作。一般将再生塔塔底脱硫液的温度控制在 55 ~ 60℃之间。

6.3.5　对真空碳酸钾法煤气脱硫的评述

真空碳酸钾法煤气脱硫装置需外购碱源，富液采用真空解析法再生的操作温度低，能耗相对较低，脱硫效率可满足焦化企业准入条件的要求。酸性气体可用于生产质量高的硫酸和硫黄。但真空碳酸钾法脱硫工艺本身仍存在因副反应而产生的少量外排脱硫废液。此外，该装置必须设置在粗苯回收装置后面，因此对减缓煤气净化系统各装置的腐蚀和污染不利。

6.4　采用压力脱酸的氨水法煤气脱硫脱氰

综合各种焦炉煤气脱硫工艺，鞍山立信焦耐工程技术有限公司最新开发成功的采用压力脱酸的氨水法煤气脱硫脱氰新工艺（简称 FAS 法）。它是在已有的氨水脱硫工艺基础上的改进和创新。工艺过程中引入了脱硫富液加热水解脱氰和压力脱酸技术，不仅可有效提高煤气脱硫效率，以达到净化后煤气中的硫化氢含量满足焦化企业准入条件的要求，而且不会产生二次污染、易于操作，还能获得高纯度的硫黄产品。新工艺由煤气脱硫、富液脱氰脱酸、硫回收工序组成，而富液脱氰和压力脱酸则是新工艺的关键技术。

6.4.1　FAS 法煤气脱硫的工艺流程

FAS 法煤气脱硫脱氰的工艺流程如图 6 - 8 所示。

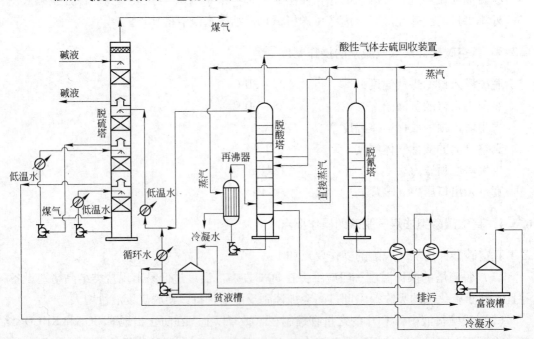

图 6 - 8　FAS 法煤气脱硫脱氰的工艺流程

从图 6-8 中可以看出，来自鼓风机的焦炉煤气以 45℃（露点 22℃）进入脱硫塔下部的煤气预冷段，在此用 16℃的低温水将煤气间接冷却到 22℃后进入脱硫段。煤气在脱硫段与含氨浓度约为 10~14g/L 的洗涤液接触，吸收了硫化氢的富液从脱硫段底部自流至富液槽。由于蒸氨工序来的氨气中含有硫化氢和其他酸性气体，故需送入脱硫塔前的煤气管道中，或将氨气冷凝冷却成浓氨水送至富液槽中。氨水脱硫过程为放热反应，为了保持脱硫全过程的低温操作，脱硫塔中部设置了再冷却装置，用低温水进行冷却。脱硫塔塔顶设置有碱洗段，用氢氧化钠碱液进一步脱除煤气中残留的硫化氢和其他酸性组分，离开碱洗段的碱液送蒸氨塔用于分解固定铵。从脱硫塔塔顶引出的煤气中的硫化氢含量可降至 250mg/m³ 以下，氰化氢含量可降至 100mg/m³ 以下。

吸收了硫化氢的富液从富液槽用高压泵加压，经与脱酸塔底的热贫液换热、蒸汽加热至 140℃后进入脱氰塔。富液经水解后，氰化氢的含量可降至 0.2~0.3g/L，从脱氰塔顶流出的脱氰富液送入脱酸塔中部，富液在脱酸塔内进行压力脱酸，塔底设再沸器加热，并吹入直接蒸汽。富液中的硫化氢和二氧化碳等酸性组分从脱酸塔顶逸出，可直接送硫回收装置生产高纯度硫黄（硫回收的工艺流程详见 6.2.3.2 节内容）。由于酸性气体中所含的氨对硫黄的回收操作不利，故将部分富液经冷却后作为冷料送入脱酸塔顶，用以吸收酸性气体中的氨。冷热料的比例约为 3:7。脱除硫化氢的贫液经换热和冷却后送入贫液槽。温度为 22℃的贫液用泵抽送至脱硫塔循环使用。脱酸塔在 0.3~0.4MPa 的压力下操作，塔顶温度控制在 40℃左右。在脱酸塔的操作中，要求硫化氢和二氧化碳等酸性气体的脱除效率要高，以使返回脱硫塔贫液中的硫化氢含量尽可能的低，确保煤气脱硫的高效率。

脱硫液循环过程中，多少会出现副产品盐类的积累，故须连续抽出部分贫液作为排污，排污的贫液可送至蒸氨原料槽与剩余氨水一起送蒸氨塔蒸氨。

6.4.2 压力脱酸氨水脱硫工艺的基本原理

6.4.2.1 氨水对煤气中硫化氢的选择吸收原理

在含有大量二氧化碳的焦炉煤气中吸收硫化氢，可用氨水溶液在短时间的气液接触过程中完成选择性吸收硫化氢的任务。氨水对硫化氢的吸收速度要比对 CO_2 的吸收速度大 80 倍左右。这是因为硫化氢在溶液中可立即离解成 HS^- 和 H^+，而 H^+ 在碱性溶液中会很快与 OH^- 反应，故硫化氢在氨水溶液中的吸收速度很快。当气液接触面上的氨浓度足够时，吸收速度基本上为气膜阻力所控制。而 CO_2 却必须先与水反应生成碳酸 H_2CO_3，然后再离解成 HCO_3^-、H^+ 或 CO_3^{2-}、H^+，再与 NH_4^+ 进行离子反应。因 CO_2 的水化反应速度很慢，因此用水或弱碱溶液吸收 CO_2 可认为是典型的液膜控制过程。

选择性吸收受到气体与液体间接触方法的影响，例如，在 1 个大气压（101.325kPa）、室温和静止的稀氨水溶液（0.5%~2%）面上，硫化氢的溶解速度要比 CO_2 快两倍。在相同的温度和压力下，用下降的滴状液体吸收时，硫化氢的溶解速度要比 CO_2 快 85 倍。以硫化氢含量为 0.5% 和 CO_2 含量为 2% 的焦炉煤气做实验，用 21℃的过量稀氨水在喷洒塔中与气体接触时，硫化氢的溶解速度要比 CO_2 快 17 倍。

氨在水中的吸收速度非常快，差不多全部为气膜阻力控制。硫化氢在氨水溶液中的吸收速度也很快，但其速度取决于氨的浓度。当吸收面上氨的浓度足够时，吸收速度大致也受气膜阻力控制。用水与弱碱溶液吸收 CO_2 可认为是典型的液膜控制过程。所以在工业生产上，通常采用增加气速、缩短气液接触时间、降低气膜阻力、增加液膜阻力等措施，以利于选择性吸收的进行。

　　总之，氨水脱硫所用吸收设备的传质面积应尽可能的大，并在气速高、接触时间短和滴状液相的状态下操作。

6.4.2.2　压力脱酸的基本原理

　　氨水脱硫的最大缺点是脱硫效率达不到焦化企业准入条件的要求，其主要原因是再生系统的效率低，即脱酸塔的脱酸效率低。从德国引进的 AS 法的脱酸效率仅为 42%，脱酸塔后贫液中的硫化氢含量高达 2.5g/L，它与洗氨塔后富氨水混合形成的洗涤液中，硫化氢含量为 1.5g/L 左右，远高于对洗涤液中硫化氢含量 0.2 ~ 0.3g/L 的目标。因此，提高脱酸塔的脱酸效率是提高煤气脱硫效率的关键所在。

　　为了说明脱硫富液在压力下脱酸的技术，首先应从理论上阐明采用压力脱酸的必要性。由于硫化氢和氨同时存在于水溶液中，实质上就构成了 $H_2S - NH_3 - H_2O$ 的三元体系。它们在水中的状态由三种平衡引起，即化学平衡、电离平衡和相平衡，可用式(6 - 10)表示：

$$NH_4HS \longrightarrow NH_4^+ + HS^- \Longleftrightarrow (NH_3 + H_2S)_{液} \Longleftrightarrow (NH_3 + H_2S)_{气} \qquad (6 - 10)$$

　　分析脱酸塔的操作状态可看出，脱酸塔进料盘以下主要是将液相中的硫氢化铵尽量分解成氨和硫化氢，并向气相转移。根据气液平衡试验，操作温度达到 145℃ 以上就可使其全部转入气相。而脱酸塔进料盘以上主要是相平衡，也就是气体在水中的溶解度问题。一般来说，介质在水中的溶解度随着压力的升高和温度的降低而增加。比较氨和硫化氢在水中的溶解度可知，氨的溶解度要比硫化氢大，例如在 40℃ 和 0.8MPa 条件下，水溶液中的氨含量为 61%，而在同样的温度下，即使压力增高到 1.4MPa，在水溶液中硫化氢的含量也仅为 3%。在脱酸塔的操作中，要求从塔顶尽可能多地将硫化氢提取出来，以提高其脱酸效率。这样就应该降低塔顶的温度，以提高氨在液体中的溶解度，使塔顶的酸性气体带出的氨量减少。

　　分析脱酸塔内 A/S 比值的变化还可知道，塔底的脱酸贫液应尽量将脱硫富液中的氨带走，而带走的硫化氢越少越好。因此，塔底的物料中的 A/S 比值是很大的。相反，从塔顶逸出的酸性气体中要求带走的氨越少越好，其 A/S 比值接近于零。可以看出，脱酸塔内从塔底到塔顶的 A/S 比值是逐渐减小的，直到接近于零。如图 6 - 9 所示。

　　那么，在什么条件下才能满足脱酸塔操作的上述要求呢？试验表明，只有温度达到 147.45℃ 以上时，同一层塔盘上气相组成的 A/S 比值才能小于液相组成的 A/S 比值。如果$(A/S)_{气} > (A/S)_{液}$，那么就满足不了脱酸塔的操作要求。因此，要想提高脱酸塔的脱酸效率，其操作温度必须控制在 147.45℃ 以上，其操作压力也必须相应提高。这就充分说明了为什么要采用压力脱酸的基本原理，也指出了脱酸塔在常压下操作时，脱酸效率低的原因所在。

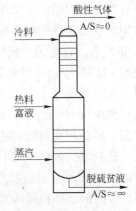

图 6 - 9　脱酸塔中的 A/S 比值变化

6.4.2.3　脱除富液中氰化氢是压力脱酸的前提

　　加压脱酸能够提高脱酸塔的脱酸效率，但在压力脱酸时，必须提高脱酸塔的操作温度，这会造成不可抗拒的严重腐蚀问题。因此，要想采用压力脱酸，就必须解决腐蚀问题。那么腐蚀因素是什么呢？据资料介绍，当脱硫液中的氰化氢含量低时，即使在较高的温度下，铸铁材质的塔体已有足够的抗腐蚀能力。而当脱硫液中的硫化氢含量超过 5 ～ 6g/L、氰化氢含量超过 0.3～0.4g/L 时，铸铁就无能为力了。特别是在压力脱酸时，蒸出酸性气体的腐蚀性更强。研究结果表明，氰化氢是引起腐蚀的主要原因，只有将脱硫液中的氰化氢降低到 0.2g/L 时，腐蚀程度才会大幅度下降。因此，要解决脱酸塔的腐蚀问题，首先要从降低脱硫液中的氰化氢含量着手。

加热水解法处理脱硫液中氰化氢的基本原理：在碱性溶液中加热至一定温度，使氰化氢水解成无毒的羧酸和氨。

$$HCN + 2H_2O \longrightarrow HCOOH + NH_3$$

工业生产的实践表明，加热水解脱氰时需要具备三个条件。一是在碱性溶液里，pH 值应为 9.2 左右；二是反应温度随氰化物类别而异，对于 NH_4CN 这样的单质氰化物，反应温度应大于 130℃，对于氰的络合物，反应温度还高些；三是反应时间，一般为 40 ～ 60min。只要满足上述三个条件，脱氰效率就可达到 95% 以上，且硫化物不发生反应。氨水脱硫的洗涤液含氨在 10 ～ 14g/L 之间，本身即为碱性，只要满足反应温度和反应时间，即可在脱硫液再生过程中采用水解脱氰工艺。

6.4.3　脱硫装置的正常操作及生产调整

6.4.3.1　脱硫装置的正常操作的必要条件

（1）脱硫塔前或初冷器后的煤气温度　　　　≤22℃
（2）电捕焦油器后煤气含焦油量　　　　　　≤20mg/m³
（3）煤气处理量/设计值　　　　　　　　　　≥80%
（4）进入脱硫装置的中压蒸气压力　　　　　≥0.8MPa
（5）进入脱硫装置的低温水温度　　　　　　16～18℃

6.4.3.2　各部位的操作要求

（1）煤气脱硫部位。
　　进入脱硫塔的贫液温度　　　　　　　　　22℃
　　贫液喷洒量　　　　　　　　　　　　　　保持设计值
　　一段贫液冷却器后的贫液温度　　　　　　≤40℃
（2）脱氰脱酸部位。
　　进入脱氰塔的富液温度　　　　　　　　　≥140℃
　　脱酸塔塔顶压力　　　　　　　　　　　　≥0.3MPa
　　脱酸塔的冷热料比　　　　　　　　　　　1：0.25
　　再沸器出口温度　　　　　　　　　　　　155～160℃
　　脱酸塔的进料温度　　　　　　　　　　　130～140℃
　　脱酸塔塔顶温度　　　　　　　　　　　　40～50℃

6.4.3.3　脱硫装置的生产调整

（1）影响脱硫塔脱硫效率的主要因素有脱硫塔的操作温度、煤气处理量、填料的传质面积、进塔贫液的流量及组成等。在达到正常操作的必备条件下，可调节的参数有两个，一是贫液量，它是控制脱硫操作氨硫比的重要手段，如果煤气中的硫化氢含量高时，可将贫液量控制得大些；二是贫液的组成，设计上要求贫液中的硫化氢浓度为 0.2 ~ 0.3g/L，贫液含氨 10 ~ 14g/L。达到此指标的关键是如何调节和控制脱酸塔的操作，以保证脱酸塔的脱酸效率。

（2）分析脱酸塔操作表明，影响脱酸效率的主要因素有进料量及其温度、塔顶冷料量、塔顶的温度和压力、再沸器出口温度和直接蒸汽用量等。脱酸塔的进料温度和再生器出口温度都与蒸气压力直接关联。在蒸气压力保持稳定的前提下，再把进料温度和再沸器出口温度稳定住。脱酸塔塔顶压力、进料量、冷料量由自动调节阀控制，这些条件的变化都会使塔顶温度发生变化。在温度、压力稳定的前提下，根据检查塔底的贫液组成是否达标，用直接蒸汽量调节塔顶温度，使其保持在可控范围内，一般控制在 40 ~ 50℃ 之间。

脱酸塔操作的关键是温度、流量和压力制度的稳定，在此前提下进行调整，找出适宜的操作制度。

6.4.4　FAS 法煤气脱硫新工艺的特点

FAS 法煤气脱硫新工艺的特点如下：

（1）在焦炉煤气中的二氧化碳含量为硫化氢的 5 ~ 10 倍时，以氨为碱源的吸收液在脱硫塔内尽可能多地吸收硫化氢，而少吸收二氧化碳。故脱硫塔的设计应尽可能做到传质面积大、高气速和接触时间短，使液相以滴状分布，有利于选择性地吸收硫化氢。

（2）在脱酸塔前设置脱硫富液的预脱氰装置，加压水解可使脱硫富液中的氰化氢含量降低到 0.2g/L 以下。其主要目的是提高煤气的脱氰效率，使塔后煤气中的氰化氢含量小于 100mg/m³，其次是降低脱硫富液的腐蚀性，使脱酸在压力下的操作得以实现。

（3）采用压力脱酸，不仅能提高脱酸塔的脱酸效率，而且可使脱硫富液中的酸性气体与氨能较好地分离，以保证脱酸贫液中的硫化氢含量小于 0.2g/L，并可提高脱硫塔的脱硫效率，使脱硫塔后煤气中的硫化氢含量满足焦化企业准入条件的要求，还可使酸性气体中的含氨量维持在较低水平，有利于克劳斯装置的正常操作。

（4）酸性气体在硫回收装置中能生产出高纯度硫黄，克劳斯装置的尾气可回兑到焦炉煤气的负压系统中，整个脱硫系统无废液产生，也不会产生二次污染。

（5）以焦炉煤气处理量为 $5 \times 10^4 \mathrm{m}^3/\mathrm{h}$ 的脱硫装置为例，每年可生产元素硫 2236t，相当于 SO_2 的排放量每年减少 4472t。另外，由于采用了加热水解脱氰技术，氰化氢水解为氨，相当于 NO_x 的排放量每年减少 1000t；同时还可增产化肥硫铵 1430t，达到了节能、减排、环保、增效的良好效果。

6.5　改良 ADA 法煤气脱硫脱氰

改良 ADA 法脱硫与原来 ADA 脱硫的不同之处是在脱硫液中添加了适量的酒石酸钾钠及偏钒酸钠，该工艺由脱硫、再生和废液处理两部分组成。脱硫部分是以钠为碱源，ADA 为催化剂的湿式氧化法脱硫脱氰技术。以梅山焦化厂为代表的多数焦化厂、煤气厂脱硫装置均配置在粗苯回收的后面，而上海浦东煤气厂的 ADA 脱硫配置在粗苯回收的前面，废液处理是采用蒸发、结晶法制取粗制 $Na_2S_2O_3$ 及 NaCNS。

6.5.1　改良 ADA 法煤气脱硫和再生

如图 6-10 所示，焦炉煤气进入脱硫塔底，ADA 脱硫溶液由塔上部进入，自上而下喷淋，吸收煤气中的硫化氢。吸收了硫化氢的 ADA 溶液从脱硫塔底流出，经液封槽进入反应槽。反应后的溶液由溶液循环泵经加热（夏季为冷却）后送入再生塔。与此同时，送入塔底的压缩空气自下而上并流接触氧化再生，再生的 ADA 溶液由再生塔上部流出，经液位调节器返回脱硫塔循环使用。

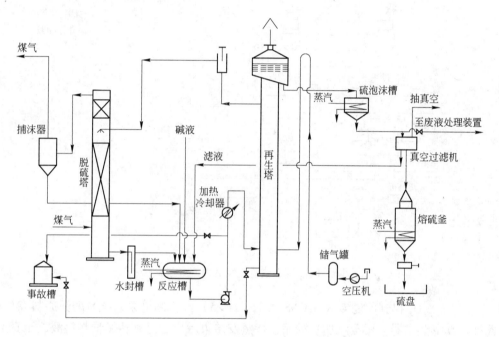

图 6-10　改良 ADA 法煤气脱硫工艺流程

再生塔中生成的大量硫泡沫浮于塔顶扩大部分，利用位差自流入硫泡沫槽，通过加热搅拌、澄清分层后，清液经碱液漏斗返回反应槽，硫泡沫则放至真空过滤机过滤得到硫膏，滤液经滤液收集器再返回反应槽。

硫膏经贮斗放入熔硫釜，熔融后的熔融硫加入硫黄冷却盘，自然冷却为产品硫黄。

当循环溶液中的硫氰酸钠及硫代硫酸钠积累到一定程度后（一般其总含量大于250g/L 时），需从系统抽取部分溶液去提取硫氰酸钠和硫代硫酸钠。

6.5.2　脱硫废液的处理

如图 6-11 所示，硫泡沫槽澄清后的清液，自流入硫代硫酸钠（大苏打）原料高位槽，抽入真空蒸发器用蒸汽加热浓缩，待蒸发结束后通过可旋转的溜槽将料液放至真空过滤器，热过滤除去 Na_2CO_3 等杂质。滤渣在溶解槽中可用脱硫液溶解后回收。滤液至结晶槽用夹套冷却水冷却至 5℃ 左右，加入同质晶种使其结晶，最后在离心机中分离得到粗制 $Na_2S_2O_3$ 产品。

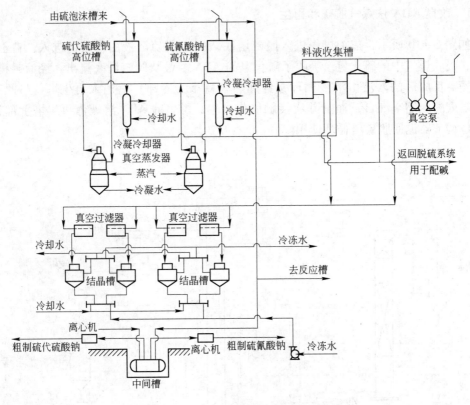

图 6-11　ADA 法脱硫废液提盐工艺流程

分离 $Na_2S_2O_3$ 得到的滤液（$NaCNS/Na_2S_2O_3 > 5$）经中间槽泵入硫氰酸钠原料高位槽，由此抽入真空蒸发器。用蒸汽加热浓缩，待蒸发结束后，通过旋转溜槽将料液放至真空过滤器，进一步除去碳酸钠等杂质。滤渣在溶解槽内溶解后返回脱硫系统。

滤液流入结晶槽冷却结晶，当溶液冷却至 25℃ 左右时加入同质晶种，最后在离心机中分离获得粗制硫氰酸钠。离心滤液可返回蒸发器循环使用。

6.5.3　改良 ADA 法脱硫的主要特点

改良 ADA 法脱硫的主要特点如下：

（1）脱硫脱氰效率高，塔后煤气 H_2S 和 HCN 含量分别可达 20mg/m³ 和 50mg/m³ 以下，符合城市煤气标准。

（2）由于是以钠为碱源，碱耗大，此外硫黄质量低，收率低。因此，综合经济效益差。

（3）改良 ADA 脱硫装置位于粗苯回收工序之后，即煤气净化流程的末端，使得煤气净化系统设备和管道的腐蚀问题复杂化，增加了难度。

（4）废液处理流程过长；操作复杂，产品品位低，介质腐蚀性强，故设备、管道材质要求高，致使投资高。

6.6 其他的焦炉煤气脱硫方法

6.6.1 TH 法煤气脱硫脱氰

6.6.1.1 TH 法煤气脱硫脱氰的工艺流程

TH 法技术为宝钢一期工程从日本新日铁公司成套引进的，它由塔卡哈克斯（Taka-hax）法脱硫脱氰和希罗哈克斯（Hirohax）法废液处理两部分组成。脱硫部分采用煤气中的氨为碱源，以 1，4 - 萘醌 - 2 - 磺酸钠为催化剂的湿式氧化法脱硫脱氰工艺。废液处理部分采用高温（273℃）高压（7.5MPa）下湿式氧化，将废液中的硫代硫酸铵及硫氰酸铵转化为硫铵和硫酸作为母液送往硫铵生产装置。TH 法煤气脱硫脱氰的工艺流程如图 6 - 12 所示。

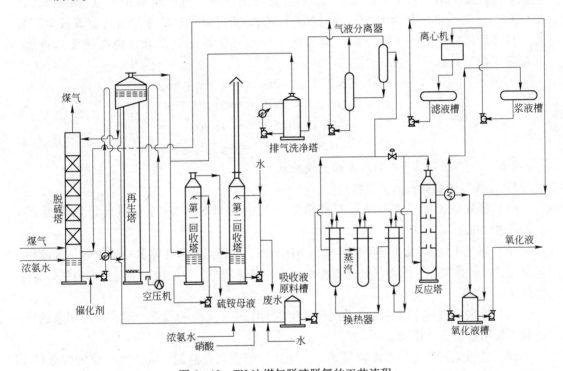

图 6 - 12   TH 法煤气脱硫脱氰的工艺流程

煤气与添加了催化剂的脱硫液在脱硫塔中逆流接触，煤气中的 H_2S、HCN 被脱硫液吸收，吸收温度为 35 ~ 40℃，然后将脱硫液冷却后送到再生塔与空气并流而上，脱硫液即被氧化再生，使吸收的 H_2S、HCN 形成硫代硫酸铵、硫氰酸铵、硫酸铵等盐类和少量的硫黄粒子，同时催化剂也由氢醌型转化为醌型。再生后的脱硫液大部分返回脱硫塔循环使用，小部分送往 Hirohax 装置进行处理，以防止盐类及硫黄粒子在循环液中的积累。再生后的尾气经第一回收塔、第二回收塔洗涤后排往大气。其化学反应式如下：

吸收反应

$$H_2S + NH_4OH \Longrightarrow NH_4HS + H_2O$$
$$NH_4HS + R = O + H_2O \Longrightarrow R - OH + NH_4OH + S$$

$$HCN + NH_4OH \Longrightarrow NH_4CN + H_2O$$
$$NH_4CN + S \Longrightarrow NH_4SCN$$

再生反应

$$R - OH + 0.5O_2 \Longrightarrow R = O + 0.5H_2O$$
$$NH_4HS + 0.5O_2 \Longrightarrow NH_4OH + S \downarrow$$
$$NH_4CN + S \Longrightarrow NH_4SCN$$
$$2NH_4HS + 2O_2 \Longrightarrow (NH_4)_2S_2O_3 + H_2O$$
$$NH_4HS + 2O_2 + NH_4OH \Longrightarrow (NH_4)_2SO_4 + H_2O$$

送往 Hirohax 装置的脱硫液在原料槽中尚需加入适量浓氨水,以控制生成氧化液的酸度,并加入少量硝酸作为缓蚀剂,升压后与高压空气混合,再送经换热器与反应气换热后进入反应塔,在 273℃ 与 7.5MPa 压力的条件下,将脱硫液中的 $(NH_4)_2S_2O_3$、NH_4SCN、S 等全部氧化为 H_2SO_4 与 $(NH_4)_2SO_4$,所得氧化液经冷却后送至硫铵生产装置。换热后的反应气经气液分离、废气洗净后与再生塔尾气混合,再次洗涤后排放,其反应式如下:

$$NH_4SCN + 2H_2O + 2O_2 \Longrightarrow (NH_4)_2SO_4 + CO_2$$
$$(NH_4)_2S_2O_3 + H_2O + 2O_2 + 2NH_3 \Longrightarrow 2(NH_4)_2SO_4$$
$$S + H_2O + 1.5O_2 \Longrightarrow H_2SO_4$$
$$H_2SO_4 + 2NH_3 \Longrightarrow (NH_4)_2SO_4$$

6.6.1.2　TH 法煤气脱硫脱氰的主要特点

TH 法煤气脱硫脱氰的主要特点如下:

(1) 脱硫脱氰的效率较高,脱硫塔后煤气中的 H_2S 和 HCN 含量可分别降至 200 mg/m^3 和 150mg/m^3 以下。

(2) 煤气中的 HCN 先经脱硫转化为 NH_4SCN,再经湿式氧化将其中的氮转化为硫铵,随母液送往硫铵装置,因而与其他流程相比可使硫铵增产。但该法必须与生产硫铵装置配套使用。

(3) 在脱硫过程中硫的生成量仅满足生成 NH_4SCN 反应的需要,不会析出多余的硫,因此不易堵塞设备及管道。

(4) 废液处理装置虽然流程简单,占地少,但因其在高温、高压和强腐蚀性条件下操作,所以主要设备的材质要求较高、制造难度大。

(5) 因吸收所需液气比大,再生所需空气量大,以及废液处理操作压力高,故整个装置的电耗大。

由于上述原因,目前除宝钢外,国内其他焦化厂尚未采用此法。

6.6.2　FRC 法煤气脱硫脱氰

FRC 法脱硫技术是从日本大阪煤气公司引进的,在天津第二煤气厂和宝钢三期工程中采用。它由弗玛克斯 – 洛达科斯(Fumks-Rhodacs)法脱硫脱氰和昆帕库斯(Compacs)法废液焚烧、干接触法制取浓硫酸组成。

6.6.2.1　FR 法煤气脱硫脱氰的工艺流程

FR 法脱硫脱氰是以煤气中的氨为碱源,以苦味酸为催化剂的湿式氧化脱硫法。如图

6－13 所示，煤气从脱硫塔下部进入，向上通过填料层与由塔顶喷淋的循环吸收液逆流接触，煤气中的 H_2S、HCN 被吸收脱除。吸收了 H_2S、HCN 的循环液从塔底抽出，经预混合喷嘴与来自空压机的压缩空气充分混合后送入再生塔底部，与高度分散的气泡在再生塔上升的过程中进行充分的氧化还原反应。析出的元素硫随气泡上升聚积在塔顶。循环液由再生塔的中部经气泡分离器引出，再用泵经循环液冷却器送往吸收塔顶部循环喷洒。从再生塔顶排出的硫泡沫送入缓冲槽，再用泵抽出，一部分送回再生塔顶用以消泡，另一部分送入离心机进行硫黄分离。分离所得硫浆存于硫浆槽。所得滤液存于滤液槽，经滤液泵抽出送往废液浓缩装置的加热器循环液管路中。经浓缩的废液从循环液管路中引出，配入上述硫浆槽中，与硫浆一起经硫浆泵抽送至浓缩液储槽，再用浓缩液泵送往制酸装置。由废液浓缩塔顶排出的含氨蒸汽送入初冷器前的吸煤气管道。由再生塔顶排出的含氨空气引入脱硫塔后的焦炉煤气管道中。

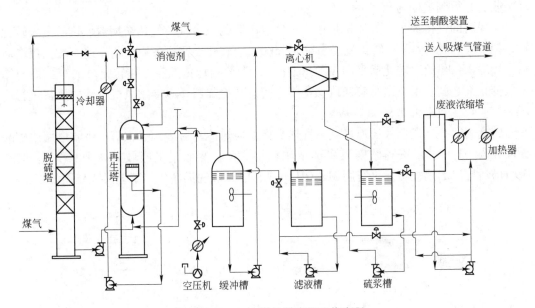

图 6－13　FR 法煤气脱硫的工艺流程

　　脱硫塔与再生塔的材质选择取决于循环液中具有腐蚀性的 NH_4SCN 的浓度。选择依据一般如下：

NH_4SCN 浓度/g·L^{-1}	< 100	100 ~ 150	> 150
设备材质	SS41	SS304	SS316L

　　该流程中的再生塔有两个关键部件，即塔底的预混喷嘴及塔中部的气泡分离器。循环液与压缩空气经预混喷嘴进行强烈的混合，形成分散性极好的细气泡，可使再生效率大大提高，还可使再生空气用量大为减少，仅为过去的 1/8，空气过剩系数由 5 ~ 10 减小到 1.2 ~ 1.5，这就为再生尾气回焦炉煤气创造了条件。尾气回配后的焦炉煤气热值仅下降 209 ~ 418kJ/m^3，含氧量增加不到 0.2%，从而可省掉一系列的废气净化设备。气泡分离器在分离气泡的同时，也分离了附着于气泡表面的元素硫，从而使再生塔引出的循环液含悬浮硫量降到很低，由过去的 10 ~ 20g/L 下降至 0.5 ~ 1g/L，这也是防止脱硫塔堵塞的根本措施。

6.6.2.2　昆帕库斯（Compacs）法制硫酸工艺

从脱硫脱氰部分送来的混有硫黄的浓缩废液经预热至 $60 \sim 70℃$（$p = 0.6MPa$），然后在燃烧炉内进行喷雾燃烧（喷雾空气预热至 $180℃$，$p = 0.6MPa$），使其生成 SO_2。燃烧炉分为两段，一段燃烧要处于还原气氛下，空气预热至 $200℃$，出炉压力保持 ±0。燃烧温度控制在 $1000 \sim 1200℃$ 之间。助燃剂采用焦炉煤气。

SO_2 的混合气体流经废热锅炉，使温度降到 $400 \sim 500℃$，为不使 SO_2 在余热锅炉的炉管上冷凝造成腐蚀，故必须保持饱和蒸气压力不小于 $2.8MPa$（即保持蒸汽温度高于 SO_3 的露点温度）。

离开废热锅炉的 $400 \sim 500℃$ SO_2 混合气，先经洗涤塔用循环液除尘冷却至 $70 \sim 80℃$，然后进入气体冷却器，再用水间接冷却至 $20 \sim 25℃$ 后进入电除雾器，除去气体中所带的酸雾及水滴。电除雾后的 SO_2 混合气进入干燥塔，在干燥塔中用 $40 \sim 50℃$ 浓硫酸进行循环吸收，并得到浓度为 95% 的硫酸。

干燥后的气体经 SO_2 鼓风机加压后，经过串联的三台气－气热交换器加热后进入转化塔，使 SO_2 转化为 SO_3。转化温度为 $400 \sim 500℃$。转化所需空气由风机压送至酸气提塔后从干燥塔入口供给。转化塔采用 V_2O_5 催化剂，为控制转化温度，在转化塔的第二段与第三段催化剂之间、第三段与第四段催化剂之间设有冷却器，以专用风机供给的风量进行冷却调节，转化效率可达 95% $\sim$ 98%。

转化后的 SO_3 混合气经前述气－气热交换器换热冷却后进入吸收塔。吸收塔用浓硫酸循环吸收 SO_3 气体，获得浓度为 98% 的浓硫酸产品。吸收塔的吸收效率为 95% $\sim$ 98%。吸收塔后排出的尾气经除害塔用 $Mg(OH)_2$ 或其他碱液洗涤净化。工艺过程框图如下：

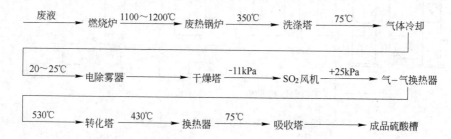

6.6.2.3　FRC 法煤气脱硫脱氰的特点

FRC 法煤气脱硫脱氰的特点如下：

（1）脱硫脱氰效率高，塔后煤气含 H_2S 和 HCN 可分别降至 $20mg/m^3$ 及 $100mg/m^3$ 以下，符合城市煤气标准。

（2）再生塔采用高效预混喷嘴，可大大降低再生空气用量，因此含氨尾气不必排放，可直接兑入吸收塔后的煤气中，省去了一套再生尾气处理设备，彻底防止了对大气的二次污染。

（3）所需苦味酸催化剂价廉易得，且消耗少，但是苦味酸是爆炸危险品，其安全存放存在极大的困难。

（4）废液焚烧、干接触法制浓硫酸。焚烧废液的同时氨也遭到了破坏，经脱硫后煤气中氨的损失量达 25% $\sim$ 30%。另外，该工艺的流程长，占地大，制酸尾气处理不经济。当制酸装置的规模太小时并不经济，也不好操作。

6.6.3 索尔菲班法煤气脱硫脱氰

索尔菲班（Sulfiban）法脱硫是使用弱碱性的单乙醇胺（简称 MEA）水溶液直接吸收煤气中的 H_2S 和 HCN，属于湿式吸收法的范畴。该脱硫方法为美国 A. T. C 公司首创，现属 B. S&B 公司专利，索尔菲班法脱硫的产品为含 H_2S、HCN 的酸性气体，它可以经克劳斯炉生产元素硫，也可以用接触法生产硫酸。宝钢二期工程引进了索尔菲班法脱硫、接触法生产硫酸装置，所生产硫酸用于一期的硫铵生产。

6.6.3.1 索尔菲班法煤气脱硫脱氰的工艺流程

索尔菲班法脱硫装置在粗苯回收装置之后，位于焦炉煤气净化流程的末端。煤气通过脱硫塔与贫液接触，吸收煤气中的酸性气体 H_2S、HCN 及部分 CO_2，富液在气提塔中用再沸器及再生器发生的贫液蒸汽进行气提，蒸出大部分酸性气体后贫液循环使用。酸性气体采用接触法制取硫酸。索尔菲班法脱硫装置工艺流程如图 6-14 所示。

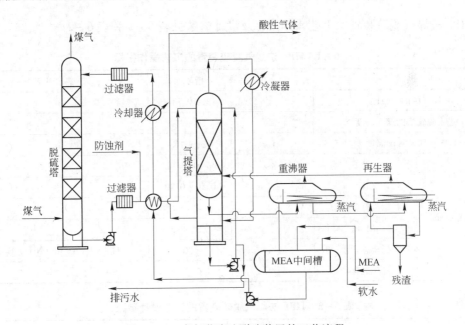

图 6-14 索尔菲班法脱硫装置的工艺流程

从图 6-14 中可以看出，焦炉煤气在脱硫塔中与 15% 的 MEA 溶液对流接触，除脱除焦炉煤气中的 H_2S 外，还吸收 HCN 和部分 CO_2。吸收液（富液）经过滤器和溶液换热器后送入气提塔，与重沸器产生的蒸汽对流接触，大部分 H_2S、HCN、CO_2 等酸性气体被解析。脱酸贫液从气提塔塔底流入重沸器，通过蒸汽间接加热，部分溶液蒸发，作为气提用蒸汽，剩下的溢流进入 MEA 中间槽，并用泵抽出，经溶液换热器、冷却器和过滤器后送至脱硫塔循环使用。

从气提塔顶逸出的酸性气体经冷凝器冷却后生成的气液混合物在气提塔底部的储槽内进行气液分离。分离的酸性气体送往制硫酸装置用来生产 98% 的浓硫酸。冷凝液经回流泵返回蒸馏塔顶，同时还有一部分作为排污水送往废水处理装置。

为保持溶液纯度，将重沸器内的部分溶液引到再生器中，用蒸汽间接加热。产生的

MEA 蒸汽与来自重沸器的蒸汽汇合后进入气提塔。部分再生液经残渣分离槽分离残渣外排。

6.6.3.2　索尔菲班法煤气脱硫脱氰的特点

索尔菲班法煤气脱硫脱氰的特点如下：

（1）脱硫脱氰效率较高。当焦炉煤气中的 H_2S 含量不大于 6g/m³、HCN 含量不大于 2g/m³ 时，脱硫塔后的 H_2S 可降至 200mg/m³、HCN 可达 150mg/m³，除能脱除无机硫外，还能脱除有机硫。

（2）利用弱碱性 MEA 作吸收剂，不需催化剂，不生成盐类，不会产生二次污染。

（3）MEA 消耗量大，蒸汽耗量大，影响经济效益。

（4）由于该法只能配置在粗苯回收后面，不能缓解煤气净化系统设备和管道的腐蚀。

6.7　煤气脱硫装置的工艺操作指标及设计参数

6.7.1　HPF 法煤气脱硫装置的工艺操作指标及设计参数

HPF 法煤气脱硫装置的工艺操作指标及设计参数见表 6－1 和表 6－2。

表 6－1　HPF 法煤气脱硫装置的工艺操作指标

项　目		单　位	指　标	备　注
煤气中的氨硫比			＞0.7	
进入脱硫塔的煤气温度		℃	30～35	
循环脱硫液的温度		℃	35～40	
脱硫液组成	P	%	$(6～10)×10^{-4}$	
	H	g/L	0.10～0.20	
	游离氨含量	g/L	4～5	
	pH 值		8.3～8.5	
	副盐总含量	g/L	＜300	包括 NH_4CNS 和 $(NH_4)_2S_2O_3$
	悬浮硫含量	g/L	1.0～1.5	

表 6－2　HPF 法煤气脱硫装置的工艺设计参数

项　目	单　位	指　标	备　注
脱硫塔的煤气流速	m/s	0.4	
脱硫塔的液气比	L/m³ 煤气	33～38	
再生塔空气的鼓风强度	m³/(m²·h)	100～110	
再生空气在塔内的停留时间	min	20	
脱硫塔的填料面积	m²/(m²·h)	0.7～1.0	用 KHSS-1 聚丙烯填料，比表面积 100m²/m³
脱硫塔后煤气含硫化氢量	mg/m³	＜50	

6.7.2　AS 法煤气脱硫装置的工艺操作指标及设计参数

AS 法煤气脱硫装置的工艺操作指标及设计参数见表 6－3 和表 6－4。

表6-3 AS法煤气脱硫装置的工艺操作指标

项 目	单位	指标	项 目	单位	指标
进入脱硫塔的煤气温度	℃	22	脱硫塔前煤气焦油含量	mg/m³	≤20
脱硫塔后的煤气温度	℃	22~25	进入脱硫塔上段的半富氨水温度	℃	约25
进入脱硫塔中段的贫液温度	℃	22	进入洗氨塔中部的剩余氨水温度	℃	22
碱洗段循环碱液的碳酸钠含量（质量分数）	%	<5	进入洗氨塔上段的蒸氨废水温度	℃	22
脱硫塔的阻力	Pa	<1800	洗氨塔的阻力	Pa	<1500

表6-4 AS法煤气脱硫装置的工艺设计参数

项 目	单位	指标	项 目	单位	指标
脱硫塔的空塔速度	m/s	1.3~1.4	煤气在脱硫段停留时间	s	5
脱硫段有效氨硫比		≥5	脱硫塔喷淋密度	m³/m²	12~13
脱硫塔的接触面积（钢板网填料）	m²/km³煤气	45~60	洗氨塔的接触面积（钢板网填料）	m²/km³煤气	200~220
洗氨塔的空塔速度	m/s	1.0~1.3	洗氨塔数量	台	2
洗氨塔喷淋密度	m³/m²	3~5			

6.7.3 脱酸蒸氨装置的工艺操作指标及设计参数

脱酸蒸氨装置的工艺操作指标及设计参数见表6-5和表6-6。

表6-5 脱酸蒸氨装置的工艺操作指标

项 目	单位	指标	项 目	单位	指标
脱酸塔顶的温度	℃	约70	脱酸塔进料温度	℃	83~85
脱酸塔底的温度	℃	98~100	固定铵塔顶温度	℃	约98
蒸氨塔塔顶温度	℃	约96	固定铵塔底温度	℃	约115
蒸氨塔塔底温度	℃	约110	分缩器后氨气温度	℃	约85
气提水中游离氨含量	mg/L	<100	蒸氨废水全氨含量	mg/L	<200

表6-6 脱酸蒸氨装置的工艺设计参数

项 目	单位	指标	备 注
脱酸塔顶部的空塔速度	m/s	0.5	φ50mm塑料环填料
脱酸塔底部的空塔速度	m/s	0.9~1.0	
脱酸塔的填料高度	m	8~10	
蒸氨塔至脱酸塔的氨气（蒸汽）量	kg/kg	79~85	分母kg是指每1m³富液中的水量

项　目	单　位	指标	备　注
蒸氨塔的直接蒸汽用量	kg/m³ 原料水	200	全部用 0.7MPa 蒸汽
蒸汽喷射回收蒸汽/直接汽量	%	16 ~ 20	
蒸氨塔的空塔速度	m/s	0.4 ~ 0.6	
固定铵塔的直接蒸汽用量	kg/m³ 原料水	200	全部用 0.7MPa 蒸汽
蒸汽喷射回收蒸汽/直接汽量	%	16 ~ 20	
固定铵塔顶部的空塔速度	m/s	0.2	
固定铵塔底部的空塔速度	m/s	0.4 ~ 0.6	
固定铵塔与挥发氨塔的塔板数	层	26	可互为备用，泡罩塔盘
塔板间距	mm	400 ~ 450	

6.7.4　硫回收装置的工艺操作指标及设计参数

硫回收装置的工艺操作指标及设计参数见表 6 - 7 和表 6 - 8。

表 6 - 7　硫回收装置的工艺操作指标

项　目	单位	指标	项　目	单位	指标
克劳斯炉的温度	℃	1100 ~ 1200	硫反应器一段入口的过程气温度	℃	240 ~ 270
硫反应器二段入口的过程气温度	℃	约 220	二段硫冷凝器出口的尾气温度	℃	135 ~ 154
克劳斯炉压力	kPa	约 20	废热锅炉产生蒸气压力	MPa	0.55（绝对）
尾气需氧分析仪的 H_2S/SO_2 比值		2.00 ~ 2.35	硫冷凝器产生蒸气压力	MPa	0.25（绝对）

表 6 - 8　硫回收装置的工艺设计参数

项　目	单位	指标	项　目	单位	指标
过程气在克劳斯炉内的停留时间	s	6 ~ 8	过程气在燃烧区的停留时间	s	2 ~ 3
过程气在催化剂床层内的停留时间	s	2	克劳斯炉炉膛内的热强度	kJ/(m³·h)	(41.9 ~ 58.6)×10⁴
克劳斯炉内的空气过剩系数		1	过程气在克劳斯炉内的线速度	m/s	0.8
废热锅炉过程气流量　主气流　中央管	%　%	86　14	硫反应器催化剂层空速	m³/(m³·h)	800
			硫反应器内过程气平均线速度	m/s	0.2
液硫池存储硫的时间	d	10	硫黄贮斗存硫时间	h	8

6.7.5　FAS法煤气脱硫装置的工艺操作指标及设计参数

FAS法煤气脱硫装置的工艺操作指标及设计参数见表6-9和表6-10。

表6-9　FAS法煤气脱硫装置的工艺操作指标

项　目		单　位	指　标	备　注
脱硫装置正常操作的必要条件	脱硫塔前或初冷器后的煤气温度	℃	≤22	
	电捕焦油器后煤气的焦油含量	mg/m³	≤20	
	煤气处理量/设计值	%	≥80	
	进入脱硫装置的中压蒸汽压力	MPa	≥0.8	
	进入脱硫装置的低温水温度	℃	16~18	
工艺操作指标	煤气脱硫部分　进入脱硫塔的贫液温度	℃	22	
	一段贫液冷却器后的贫液温度	℃	≤40	
	脱硫塔后煤气中的硫化氢含量	mg/m³	≤250	
	脱氰脱酸部分　进入脱氰塔的富液温度	℃	≥140	
	脱氰塔的操作压力	MPa	≥0.3	
	脱酸塔塔顶的压力	MPa	≥0.3	
	脱酸塔的冷热料比		1:0.25	
	再沸器的出口温度	℃	150~160	
	脱酸塔的进料温度	℃	130~140	
	脱酸塔塔顶的温度	℃	40~50	
	硫回收部分　克劳斯炉的温度	℃	1100~1200	
	一段硫反应器入口的过程气温度	℃	270~300	
	二段硫反应器入口的过程气温度	℃	约200	
	二段硫冷凝器出口的尾气温度	℃	约150	
	克劳斯炉的压力	kPa	约20	

表6-10　FAS法煤气脱硫装置的工艺设计参数

项　目		单　位	指　标	备　注
煤气脱硫部分	脱硫塔的空塔速度	m/s	1.3~1.4	
	煤气在脱硫段的停留时间	s	5	
	脱硫段的有效氨硫比		≥5	
	脱硫段的液气比	L/m³	2.5~3.0	
脱氰脱酸部分	富液在脱氰塔内的停留时间	min	40~60	
	脱氰塔的操作温度	℃	130~140	
	脱氰塔后富液含氰化氢量	g/L	0.2~0.3	
	脱酸塔的空塔速度	m/s	0.5	
	脱酸塔塔底贫液含硫化氢量	g/L	0.2~0.3	

续表 6 – 10

项　目		单　位	指　标	备　注
硫回收部分	过程气在克劳斯炉内停留时间	s	6 ~ 8	
	过程气在燃烧区停留时间	s	2 ~ 3	
	过程气在催化床停留时间	s	2	
	克劳斯炉的体积热强度	kJ/(m^3·h)	(41.9 ~ 58.6) × 10^4	
	硫黄回收率	%	93 ~ 94	

6.7.6　改良 ADA 法煤气脱硫装置的工艺操作指标及设计参数

改良 ADA 法煤气脱硫装置的工艺操作指标及设计参数见表 6 – 11 和表 6 – 12。

表 6 – 11　改良 ADA 法煤气脱硫装置的工艺操作指标

项　　目	单　位	指　标	备　注
进入脱硫塔的煤气温度	℃	30 ~ 40	
脱硫塔的煤气阻力	kPa	≤1.5	
脱硫塔的脱硫液温度	℃	35 ~ 45	
脱硫塔的脱硫液总碱度	mol/L	0.36 ~ 0.50	
脱硫塔的脱硫液中 Na$_2$CO$_3$ 浓度	mol/L	0.06 ~ 0.10	
脱硫塔的脱硫液中 NaHCO$_3$ 浓度	mol/L	0.3 ~ 0.4	
脱硫塔的脱硫液中 ADA 浓度	g/L	2 ~ 5	
脱硫塔的脱硫液中 NaVO$_3$ 浓度	g/L	1 ~ 2	
脱硫塔的脱硫液中 NaKC$_4$H$_4$O$_6$ 浓度	g/L	1	
脱硫塔的脱硫液中 NaCNS + Na$_2$S$_2$O$_3$ 含量	g/L	≤250	
脱硫塔脱硫液的 pH 值		8.5 ~ 9.1	
硫泡沫槽内的温度	℃	65 ~ 70	
熔硫釜内的压力	MPa	<0.6	
熔硫釜夹套的蒸汽压力	MPa	>0.4	
熔硫釜内的温度	℃	130 ~ 150	
真空蒸发器的真空度	kPa	66 ~ 74	
真空蒸发器的最终温度	℃	90 ~ 95	
Na$_2$S$_2$O$_3$ 结晶槽的冷却温度	℃	5	
NaCNS 结晶槽的冷却温度	℃	20 ~ 25	

表 6 – 12　改良 ADA 法煤气脱硫装置的工艺设计参数

项　目	单　位	指　标	备　注
脱硫塔的空塔速度	m/s	0.5 ~ 0.7	
脱硫塔的脱硫效率	%	≥99	

项　目	单　位	指　标	备　注
ADA 溶液的硫容量	kg(H_2S)/m^3	0.20 ~ 0.25	
脱硫塔的传质系数 K	kg/($m^2 \cdot h$)	1.520 ~ 2.027	在 1 个标准大气压下
脱硫塔的液气比	L/m^3	>16	
脱硫塔溶液的喷淋密度	kg/($m^2 \cdot h$)	>27.5	
反应槽内溶液的停留时间	min	8 ~ 10	
再生塔内溶液的停留时间	min	25 ~ 30	
再生塔的空气鼓风强度	m^3/($m^2 \cdot h$)	100 ~ 130	
再生塔的空气用量	m^3/kg 硫	9 ~ 13	
喷射再生槽溶液的停留时间	min	6 ~ 10	采用喷射再生槽
喷射再生槽的空气用量	m^3/m^3 溶液	3.5 ~ 4.0	
喷射再生槽的空气鼓风强度	m^3/($m^2 \cdot h$)	80 ~ 145	
喷射再生槽喷嘴的喷射速度	m/s	15 ~ 20	

6.8　FAS 法煤气脱硫装置的工艺计算

6.8.1　基本数据

煤气处理量　　　　　　　60000m^3/h

煤气含 H_2S　　　　　　6g/m^3

煤气含 NH_3　　　　　　8g/m^3

煤气含 CO_2　　　　　　48g/m^3

煤气含 HCN　　　　　　1.5g/m^3

煤气含 H_2O　　　　　　21.63g/m^3（22℃露点）

剩余氨水　　　　　　　25m^3/h

氨水含 NH_3　　　　　　1.5g/L

氨水含 H_2S　　　　　　0.2g/L

氨水含 CO_2　　　　　　1g/L

氨水含 HCN　　　　　　0.15g/L

脱硫温度　　　　　　　25℃

脱硫塔后煤气含 H_2S　　≤0.2g/m^3

脱硫塔后煤气含 HCN　　≤0.1g/m^3

脱硫塔后煤气含 CO_2　　40g/m^3

6.8.2　物料平衡及热平衡

6.8.2.1　脱硫塔排出的富液组成

在氨水脱硫装置中，当要求脱硫塔后煤气中 H_2S 含量不大于 0.2g/m^3 时，必须使脱

硫塔后的富液中 NH_3/H_2S 比值在 4~5 之间，所需的氨由返回脱硫塔的脱酸贫液供给。设脱酸塔后的贫液组成为：

$$NH_3 \qquad 14g/L$$
$$H_2S \qquad 0.2g/L$$
$$CO_2 \qquad 1.2g/L$$
$$HCN \qquad 0.05g/L（因有加热水解脱氰，故较低）$$

剩余氨水经蒸氨后的浓氨水返回脱硫塔，设其全部杂质均转入脱硫系统中。则：

$$NH_3 \qquad 25 \times 1.5 = 37.5kg/h$$
$$H_2S \qquad 25 \times 0.2 = 5.0kg/h$$
$$HCN \qquad 25 \times 0.15 = 3.75kg/h$$
$$CO_2 \qquad 25 \times 1 = 25kg/h$$

系统中的 HCN 经加热水解后产生的 NH_3 转入脱硫系统，则：

$$\left[\frac{(1.5 - 0.1) \times 60000}{1000} + 25 \times 0.15 \right] \times 90\%（HCN 的水解率按 90\% 计）$$
$$= (84 + 3.75) \times 90\% = 79kg/h（HCN 量）$$

根据

$$HCN + 2H_2O \xrightarrow{加热} HCOOH + NH_3$$

转化为 NH_3 的量为：

$$79 \times \frac{17}{27} = 49.74kg/h \approx 50kg/h$$

计算需供给脱硫系统的氨量。煤气中 H_2S 含量为 360kg/h，剩余氨水中 H_2S 含量为 5kg/h。取 NH_3/H_2S 比值为 5，则需要补充的 NH_3 量为：

$$(360 - 12 + 5) \times 5 = 1765kg/h$$

脱酸贫液每 $1m^3$ 能补入的氨量为：

$$14 - 0.2 \times 5 = 13kg$$

脱酸贫液量为：

$$1765/13 = 135.76m^3/h \approx 136m^3/h$$

脱硫塔的液气比为：

$$136000/60000 = 2.26L/m^3 \approx 2.3L/m^3$$

脱酸贫液各组分量为：

$$NH_3 \qquad 136 \times 14 = 1904kg/h$$
$$H_2S \qquad 136 \times 0.2 = 27.2kg/h$$
$$HCN \qquad 136 \times 0.05 = 6.8kg/h$$
$$CO_2 \qquad 136 \times 1.2 = 163.2kg/h$$

脱硫塔后的富液组成见表 6-13。

表 6-13 脱硫塔后的富液组成

组 成	组成计算式	换算值
NH_3	$1904 - 50 = 1854kg/h$	13.6g/L
H_2S	$27.2 + 360 + 5 - 12 = 380.2kg/h$	2.8g/L
HCN	$6.8 + 90 + 3.75 - 6 = 94.6kg/h$	0.7g/L
CO_2	$163.2 + 2880 + 25 - 2400 = 668.2kg/h$	4.9g/L
H_2O	133003kg/h	
小计	136000kg/h	

6.8.2.2 加热水解脱氰

A 物料平衡

取水解率为90%，则被水解的 HCN 量为：

$$94.6 \times 90\% = 85.14kg/h$$

根据反应式

$$HCN + 2H_2O \xrightarrow{加热} HCOOH + NH_3$$

CN^- 转化为 NH_3　　　$85.14 \times 17/26 = 55.7kg/h$

CN^- 转化为 $HCOO^-$　　$85.14 \times 45/26 = 147.4kg/h$

CN^- 转化时耗 H_2O　　$85.14 \times 36/26 = 117.9kg/h$

水解热源采用间接蒸汽加热，通过如下物料平衡及热平衡计算所需蒸汽量。脱氰塔的物料平衡如图6-15所示。

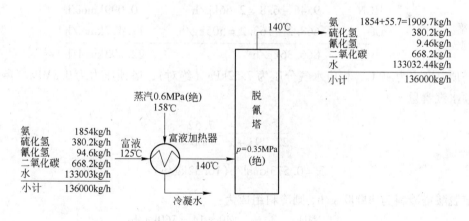

图 6-15 脱氰反应塔的物料平衡

B 热平衡

通过热平衡来确定蒸汽量。

入方：富液　　　　　$136000 \times 4.187 \times 125 = 71179000kJ/h$

　　　蒸汽供热量　　Q kJ/h

　　　　　　　　　　$Q_入 = 71179000 + Q$ kJ/h

出方：富液　　　　　　　$136000 \times 4.187 \times 140 = 79720480$ kJ/h

散热损失　　　　　$(71179000 + Q) \times 2\% = 1423580 + 0.02Q$ kJ/h

$$Q_{出} = 81144060 + 0.02Q \text{ kJ/h}$$

令 $Q_{入} = Q_{出}$

$$71179000 + Q = 81144060 + 0.02Q$$

$$Q = 10168429 \text{kJ/h}$$

则加热蒸汽消耗量为：

$$W = \frac{10168429}{2088.8} = 4868 \text{kg/h}$$

式中，2088.8 为蒸汽冷凝潜热，kJ/kg。

经水解脱氰后的富液组成为：

NH_3	1909.7kg/h	约 14g/L
H_2S	380.2kg/h	2.8g/L
HCN	9.46kg/h	0.07g/L
CO_2	668.2kg/h	4.91g/L
H_2O	133032.44kg/h	
小计	136000kg/h	

6.8.2.3　加压脱酸

A　脱酸塔顶酸性气体的组成

NH_3	$1909.7 - 1904 = 5.7$kg/h	0.335kmol/h
H_2S	$380.2 - 27.2 = 353$kg/h	10.382kmol/h
HCN	$9.46 - 6.8 = 2.66$kg/h	0.099kmol/h
CO_2	$668.2 - 163.2 = 505$kg/h	11.477kmol/h
小计	866.36kg/h	22.293kmol/h

塔顶温度定为 40℃，相应水气分压为 7.52kPa（绝对），塔顶压力为 0.3MPa（绝对），则塔顶水汽含量 x 为：

$$\frac{x}{22.293 + x} = \frac{7.52}{300}$$

$$x = 0.573 \text{kmol/h}(10.32 \text{kg/h})$$

取脱酸塔冷料为 40000kg/h，则冷料组成为：

NH_3	$40 \times 14 = 560$kg/h	
H_2S	$40 \times 0.2 = 8$kg/h	
HCN	$40 \times 0.05 = 2$kg/h	
CO_2	$40 \times 1.2 = 48$kg/h	
H_2O	39382kg/h	
小计	40000kg/h	

脱酸塔的物料平衡如图 6-16 所示。

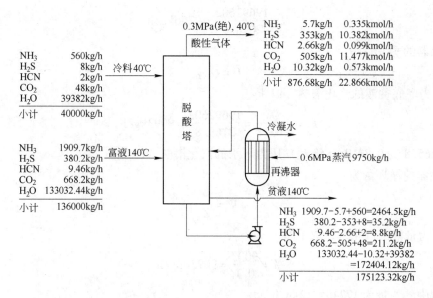

图 6-16 脱酸塔的物料平衡

B 热平衡

入方:

冷料　　　　　$40000 \times 4.187 \times 40 = 6692200 \text{kJ/h}$

热料　　　　　$136000 \times 4.187 \times 140 = 79720480 \text{kJ/h}$

再沸器供热量　$Q \text{ kJ/h}$

$$Q_入 = (86412680 + Q) \text{kJ/h}$$

出方:

酸性气体　　　$(5.7 \times 2.114 + 353 \times 1.05 + 505 \times 0.858) \times 40 + 10.32 \times 2573.6$
　　　　　　　$= 59200 \text{kJ/h}$

贫液　　　　　$(175123.32 \times 4.187 \times 140) = 102653788 \text{kJ/h}$

分解及解析热　$5.7 \times 2056 + 353 \times (583.2 + 763.3) + 505 \times (532.6 + 1018.2)$
　　　　　　　$= 1270188 \text{kJ/h}$

散热　　　　　$0.02 Q_入 \text{ kJ/h}$

$$Q_出 = 103983176 + 0.02 Q_入 \text{ kJ/h}$$

式中, 2.114、1.05、0.858 分别为 NH_3、H_2S、CO_2 的比热容, kJ/(kg·℃); 2056、583.2、532.6 分别为 NH_3、H_2S、CO_2 的解析热, kJ/kg; 763.3、1018.2 分别为 $(NH_4)_2S$、$(NH_4)_2CO_3$ 的分解热, kJ/kg。

令 $Q_入 = Q_出$

$$86412680 + Q = 103983176 + 0.02 \times (86412680 + Q)$$

解得需再沸器供热量为:

$$Q = 19692602 \text{kJ/h}$$

C 再沸器蒸汽耗量 G 的计算

再沸器用 0.6MPa (绝对) 蒸汽加热, 其蒸发潜热为 2018.5kJ/kg, 则

$$G = \frac{19692602}{2018.5} = 9756 \text{kg/h}$$

再沸器的蒸发量为：

$$P = Q/\gamma$$

式中，γ 为塔底贫液的汽化潜热，kJ/kg。

$$P = \frac{Q}{2165.8} = \frac{19692602}{2165.8} = 9093 \text{kg/h}$$

式中，2165.8 为 0.3MPa（绝对）压力下水的汽化潜热，kJ/kg。

再沸器的循环量为：

$$W = \frac{P}{Z}$$

式中，Z 为贫液的汽化率，取 10%。

$$W = \frac{9093}{0.1} = 90930 \text{kg/h}$$

贫液中的水量为 172404.12kg/h。

则贫液组成如下：

NH$_3$	2464kg/h	14g/L
H$_2$S	35.2kg/h	0.2g/L
HCN	8.8kg/h	0.05g/L
CO$_2$	211.2kg/h	1.21g/L
H$_2$O	172404.12kg/h	
小计	175123.32kg/h	

脱硫循环液在循环洗涤过程中的排污量约为 2.5%。

$$175123.32 - 40000 = 135123.32 \text{kg/h}$$
$$135123.32 \times 2.5\% = 3378 \text{kg/h}$$

式中，40000kg/h 为去脱酸塔的冷料，则随之送往蒸氨的其他组分量及总量为：

NH$_3$	$(3378/175123.32) \times 2464 = 47.6$kg/h
H$_2$S	$(3378/175123.32) \times 35.2 = 0.68$kg/h
HCN	$(3378/175123.32) \times 8.8 = 0.17$kg/h
CO$_2$	$(3378/175123.32) \times 211.2 = 4.08$kg/h
H$_2$O	$(3378/175123.32) \times 172404.12 = 3325.47$kg/h
小计	3378kg/h

送回脱硫塔的贫液量为：

$$175123.32 - 40000 - 3378 = 131745.32 \text{kg/h}$$

补充软水 3013.35kg/h。

其中各组分的量为：

NH$_3$	$2464 - 560 - 47.6 = 1856.4$kg/h
H$_2$S	$35.2 - 8 - 0.68 = 26.52$kg/h

HCN	$8.8 - 2 - 0.17 = 6.63$ kg/h
CO_2	$211.2 - 48 - 4.08 = 159.12$ kg/h
H_2O	$172404.12 - 39382 - 3325.47 + 3013.35 = 132710$ kg/h
小计	134758.67 kg/h

6.8.2.4 常压蒸氨

A 蒸氨塔的原料组成

剩余氨水量为：

NH_3	$25 \times 1.5 = 37.5$ kg/h
H_2S	$25 \times 0.2 = 5.0$ kg/h
HCN	$25 \times 0.15 = 3.75$ kg/h
CO_2	$25 \times 1 = 25$ kg/h
H_2O	24928.75 kg/h
小计	25000 kg/h

送入蒸氨塔的排污水（贫液）为：

NH_3	$1904 \times 2.5\% = 47.6$ kg/h
H_2S	$27.2 \times 2.5\% = 0.68$ kg/h
HCN	$6.8 \times 2.5\% = 0.17$ kg/h
CO_2	$163.2 \times 2.5\% = 4.08$ kg/h
H_2O	3325.47 kg/h
小计	3378 kg/h

送往蒸氨塔的原料氨水量为：

NH_3	$37.5 + 47.6 = 85.1$ kg/h
H_2S	$5 + 0.68 = 5.68$ kg/h
HCN	$3.75 + 0.17 = 3.92$ kg/h
CO_2	$25 + 4.08 = 29.08$ kg/h
H_2O	$24928.75 + 3325.47 = 28254.22$ kg/h
小计	28378 kg/h

B 氨分凝器后成品氨气组成及含氨浓度的确定

设氨在蒸氨塔中的解析率为99%，其他组分全部进入分凝器后的成品氨气中，则成品氨气中各组分的量如下：

NH_3	$85.1 \times 99\% = 84.25$ kg/h	111.01 m³/h
H_2S	5.68 kg/h	3.74 m³/h
HCN	3.92 kg/h	3.25 m³/h
CO_2	29.08 kg/h	14.80 m³/h
H_2O	$G_{水}$ kg/h	$V_{水}$ m³/h
小计	$G = 122.93 + G_{水}$	$V = 132.8 + V_{水}$

分凝器后氨气操作温度为96.7℃，操作压力 p 为0.125MPa（绝对）。

根据

$$\frac{V_{水}}{V} = \frac{p_{水}}{p}$$

式中，$p_{水}$ 为96.7℃时水蒸气分压，$p_{水} = 0.0916MPa$。

$$\frac{V_{水}}{132.8 + V_{水}} = \frac{0.0916}{0.125}$$

$$V_{水} = 364.22m^3/h$$

换算成质量为：　　　　　$G_{水} = 364.22 \times 18/22.4 = 293kg/h$

则成品氨气组成为：

NH_3	84.25kg/h	111.01m³/h
H_2S	5.68kg/h	3.74m³/h
HCN	3.92kg/h	3.25m³/h
CO_2	29.08kg/h	14.80m³/h
H_2O	293kg/h	364.22m³/h
小计	415.93kg/h	497.02m³/h

经冷凝冷却后的浓氨水返回到贫液槽。

6.8.2.5　脱硫塔

A　物料平衡

入口煤气的组成（只计入 NH_3、H_2S、CO_2、HCN、H_2O 的量）

NH_3	$60000 \times 8/1000 = 480kg/h$
H_2S	$60000 \times 6/1000 = 360kg/h$
CO_2	$60000 \times 48/1000 = 2880kg/h$
HCN	$60000 \times 1.5/1000 = 90kg/h$
H_2O	$60000 \times 21.63/1000 = 1298kg/h$
小计	5108kg/h

已知入塔贫液、浓氨水及出塔富液组成，通过全塔总物料平衡，可求出煤气出口组成：

NH_3	$(480 + 1856.4 + 84.25) - 1854 = 566.65kg/h$	9.4g/m³ 煤气
H_2S	$(360 + 26.52 + 5.68) - 380.2 = 12kg/h$	0.2g/m³ 煤气
CO_2	$(2880 + 159.12 + 29.08) - 668.2 = 2400kg/h$	40g/m³ 煤气
HCN	$(90 + 6.63 + 3.92) - 94.6 = 5.95kg/h$	0.1g/m³ 煤气
H_2O	$(1298 + 132710 + 293) - 133003 = 1298kg/h$	
小计	4282.6kg/h	

脱硫塔脱除 H_2S 和 HCN 的效率分别为：

$$H_2S = (6 - 0.2)/6 = 96.7\%$$

$$HCN = (1.5 - 0.1)/1.5 = 93.3\%$$

脱硫塔的物料平衡如图 6-17 所示。

B　脱硫塔气液平衡计算

（1）脱硫塔上段 H_2S 气液平衡。喷洒贫液温度25℃，其组成为：

NH$_3$	1940.65kg/h
H$_2$S	32.20kg/h
HCN	10.55kg/h
CO$_2$	188.2kg/h
H$_2$O	133003kg/h
小计	135174.6kg/h

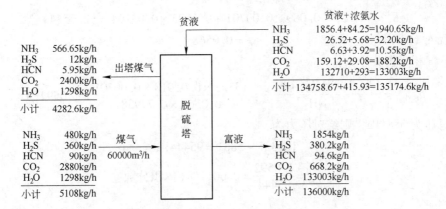

图6-17 脱硫塔的物料平衡图

$$A = 1940.65 \div 17 \div 135.17 = 0.84454\,\text{kmol/m}^3$$

$$C = 188.2 \div 44 \div 135.17 = 0.03164\,\text{kmol/m}^3$$

$$R = C/A = 0.03164/0.84454 = 0.03746$$

$$S = 32.2 \div 34 \div 135.17 = 0.00701\,\text{kmol/m}^3$$

25℃时，$K_3 = 3.745$，$K_4 = 0.1115$。

设 $[\text{HCO}_3^-] = X$，

$$\left(\frac{K_4}{S+C} + K_3\right)X^2 + \left[\left(\frac{K_4}{S+C} + K_3\right)(A - 2C - S) + 1\right]X - C = 0$$

$$\left(\frac{0.1115}{0.00701 + 0.03164} + 3.745\right)X^2 + \left[\left(\frac{0.1115}{0.00701 + 0.03164} + 3.745\right) \times (0.84454 - 2 \times\right.$$

$$\left.0.03164 - 0.00701) + 1\right]X - 0.03164 = 0$$

$$6.63X^2 + 6.1333X - 0.03164 = 0$$

$$X = \frac{-b \pm \sqrt{b^2 - 4ac}}{2a} = \frac{-6.1333 \pm \sqrt{6.1333^2 - 4 \times 6.63 \times (-0.03164)}}{2 \times 6.63} = 0.00513\,\text{kmol/L}$$

$$[\text{NH}_3] = [\text{HCO}_3^-] + A - 2C - S$$

$$= 0.00513 + 0.84454 - 2 \times 0.03164 - 0.00701 = 0.77938\,\text{kmol/L}$$

$$[\text{CO}_3^{2-}] = K_4[\text{HCO}_3^-][\text{NH}_3]/(C + S)$$

$$= 0.1115 \times 0.00513 \times 0.77938/(0.03164 + 0.00701) = 0.01153\,\text{kmol/L}$$

$$[\text{NH}_4^+] = C + S + [\text{CO}_3^{2-}] = 0.03164 + 0.00701 + 0.01153 = 0.05018\,\text{kmol/L}$$

$$[\text{NH}_2\text{COO}^-] = K_3[\text{HCO}_3^-][\text{NH}_3] = 3.745 \times 0.00513 \times 0.77938 = 0.01497\,\text{kmol/L}$$

氨平衡核算如下：

$$A = [NH_3] + [NH_4^+] + [NH_2COO^-] = 0.77938 + 0.05018 + 0.01497 = 0.84453 kmol/L$$

说明计算的液相组成正确，液相中 NH_3 以分子状态存在的占总 NH_3 的百分数为：

$$0.77938/0.84453 = 92.3\%$$

（2）脱硫塔顶硫化氢的气液平衡。

$$lgK_1 = a + 0.089S + mC$$

25℃时，$a = -1.25$，$m = 0.1193$，

$$lgK_1 = -1.25 + 0.089 \times 0.00701 + 0.1193 \times 0.03164 = (\overline{2}.7544)$$

查反对数表得　　　　　　　　　　$K_1 = 0.0568$

H_2S 气相平衡分压为：

$$p_{硫化氢} = \frac{133.3[NH_4^+][HS^-]}{K_1[NH_3]} = \frac{133.3 \times 0.05018 \times 0.00701}{0.0568 \times 0.77938} = 1.0592 Pa$$

若总压为 5881Pa，则绝对压力为：

$$101325 - 5881 = 95444 Pa$$

$$y_{硫化氢} = \frac{1.0592}{95444} = 0.0011\%（体积分数）$$

相当于

$$0.0011 \times 1000 \times \frac{34}{22.4} \div 100 = 0.02 g/m^3 \text{ 煤气}$$

所以预计达到塔后煤气中的 H_2S 含量不小于 $0.2g/m^3$ 是可能的。

6.8.2.6　FAS 法脱硫装置的总物料平衡图

FAS 法脱硫装置的总物料平衡图如图 6-18 所示。

6.8.3　主要设备选择

6.8.3.1　脱硫塔

采用金属孔板波纹板填料的脱硫塔。空塔速度取 1.3m/s，煤气实际体积为：

$$60000 \times \frac{273 + 25}{273} \times \frac{101325}{101325 + 14710} = 57192 m^3/h$$

脱硫塔直径为

$$D = \sqrt{\frac{57192}{3600 \times 0.785 \times 1.3}} = 3.95 m$$

取 $D = 4.0m$。

A　预留预冷段传热面积 F 的计算

当脱硫塔布置在鼓风机后，进行正压操作时，脱硫塔需增设预冷段，将煤气温度从 45℃冷却到 25℃，需吸收的热量为：

$$Q = 60000 \times [(45 - 25) \times 1.382] = 1658400 kJ/h$$

取循环量为 100m³/h，则循环液的温升为：

$$\Delta t = \frac{1658400}{100 \times 4187} = 4℃$$

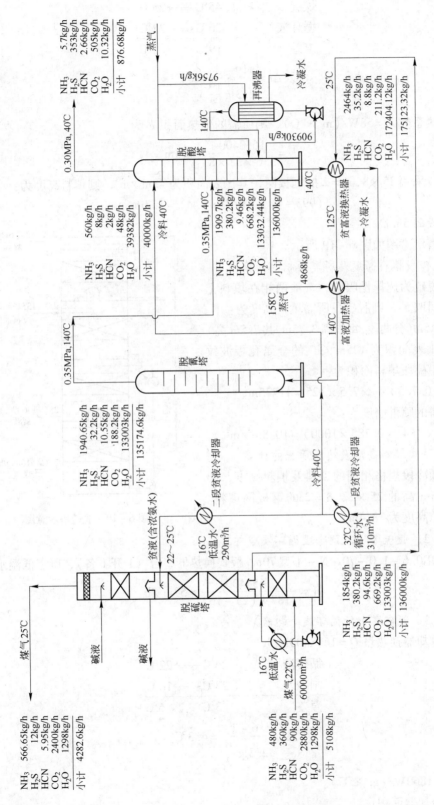

图6-18 FAS法脱硫装置的总物料平衡图

煤气	45℃ ——→ 25℃
循环液	26℃ ←—— 22℃
温差	19℃　　　 3℃

$$\Delta t = \frac{19 - 3}{2.3 \lg \dfrac{19}{3}} \approx 8℃$$

取传热系数 $K = 58 \mathrm{W}/(\mathrm{m}^2 \cdot ℃)$，则所需的传热面积 F 为：

$$F = \frac{1658400}{3.6 \times 58 \times 8} = 993 \mathrm{m}^2$$

预冷段采用 25×8，$\delta = 2$ 的钢板网，其比表面积为 $48\mathrm{m}^2/\mathrm{m}^3$，则填料高度为：

$$(993 \div 48)/(0.785 \times 4^2) \approx 1.7 \mathrm{m}$$

取 1 段 2.5m 高。

脱硫塔示意图如图 6-19 所示。

B　脱硫段填料高度及所需面积的计算

氨水脱硫为选择性吸收，气液两相在填料上的接触时间取 5s，则脱硫段所需填料高度为：

$1.3 \times 5 = 6.5 \mathrm{m}$（分两段，每段高 3.75m，共 7.5m 高）

采用比表面积为 $125 \mathrm{m}^2/\mathrm{m}^3$ 的金属孔板波纹填料，则脱硫段填料面积为：

$$F_2 = 0.785 \times 4^2 \times 7.5 \times 125 = 11775 \mathrm{m}^2$$

脱硫塔的喷淋密度为：

$$135174.6/(4^2 \times 0.785 \times 1000) = 10.8 \mathrm{m}^3/\mathrm{m}^2$$

C　碱洗段填料高度及填料面积的计算

取与预冷段规格相同的填料及填料高度，即取 1 段 2.5m 高的 25×8，$\delta = 2$ 的钢板网填料。则脱硫塔总高度为 38.4m。

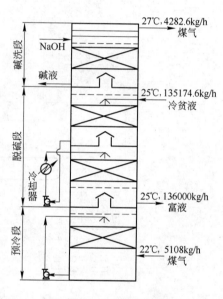

图 6-19　脱硫塔示意图

6.8.3.2　脱硫塔下段预冷段循环液冷却器

选用 BR0.6-1.0-70-N-Ⅰ型 $70\mathrm{m}^2$ 板式换热器 2 台（1 开 1 备），所需低温水量为

$$W = \frac{1658400}{4187 \times (23 - 16)} = 57 \mathrm{m}^3/\mathrm{h}$$

6.8.3.3　脱硫塔中段循环液冷却器

所需冷却器换热量 $Q = 1658400 \mathrm{kJ/h}$

循环液	26℃ ——→ 22℃
制冷水	23℃ ←—— 16℃
温差	3℃　　　 6℃

$$\Delta t = \frac{6 - 3}{2.3 \lg \dfrac{6}{3}} = 4.3℃$$

取 $K = 1860 \mathrm{W}/(\mathrm{m}^2 \cdot ℃)$。

所需冷却器面积：

$$F = \frac{1658400}{3.6 \times 1860 \times 4.3} = 58 \, \text{m}^2$$

用以冷却化学反应热及溶解热为：

$$\begin{aligned} Q &= 1856.4 \times 2056 + 26.52 \times (583.2 + 763.3) + 159.2 \times (532.6 + 1018.2) \\ &= 4099355 \, \text{kJ/h} \end{aligned}$$

式中，583.2、532.6 分别为 H_2S、CO_2 的溶解热，kJ/kg；763.3、1018.2 分别为生成 $(NH_4)_2S$、$(NH_4)_2CO_3$ 的生成热，kJ/kg；2056 为 NH_3 的溶解热，kJ/kg。

使循环液温度上升到 t ℃，

$$135174.6 \times 4.187 \times 25 + 4099355 = 135174.6 \times 4.187t$$

$$t = 32 \, \text{℃}$$

循环液	32℃ ——→ 25℃
制冷水	23℃ ←—— 16℃
温差	9℃ 9℃

取 $\Delta t = 9$ ℃，选用板式换热器，取传热系数 $K = 1860 \, \text{W/(m}^2 \cdot \text{℃)}$，所需面积 F 为：

$$F = \frac{4099355}{3.6 \times 1860 \times 9} = 68 \, \text{m}^2$$

选用 BR0.6 – 1.0 – 90 – N – Ⅰ 型 90m² 板式换热器 2 台（1 开 1 备）。

所需低温水量 W 为：

$$W = \frac{4099355}{4187 \times (23 - 16)} = 140 \, \text{m}^3/\text{h}$$

6.8.3.4 脱氰塔

操作压力　　　　　　　0.35MPa（绝对）

富液量　　　　　　　　136m³/h

反应器反应时间　　　　60min

则所需反应塔容积为136m³，取直径 $D = 3\text{m}$、$H = 23.6\text{m}$、$V = 151\text{m}^3$ 的脱氰塔一台，材质为304L，弓型板21层。

6.8.3.5 脱酸塔

操作压力　　　　　　　0.3MPa（绝对）

塔顶汽量　　　　　　　876.68kg/h（22.866kmol/h）

再沸器蒸发量　　　　　9093kg/h（505kmol/h）

则塔内最大上升汽量为：

$$22.866 + 505 = 528 \, \text{kmol/h}$$

折合体积流量为：

$$V = 528 \times 22.4 \times \frac{273 + 140}{273} \times \frac{1}{3} = 5964 \, \text{m}^3/\text{h}$$

采用泡罩塔，取空塔速度0.5m/s，则脱酸塔直径为：

$$D = \sqrt{\frac{5964}{3600 \times 0.785 \times 0.5}} = 2.05 \, \text{m}$$

塔板数：解析段　　　　15 块

　　　　　吸收段　　　　15 块

　　　　总计　　　　　　　30 块塔板

　　　　板间距　　　　　　500mm

　　为留有余地，选用直径 $D = 2.2m$、塔高 23.65m 的脱酸塔 2 台（1 开 1 备），塔材质选用 SUS316L。

6.8.3.6　贫富液换热器

富液从 25℃换热至 125℃的换热热量为：

$$136000 \times 4.187 \times (125 - 25) = 56943200 kJ/h$$

贫液从 140℃冷却至 t℃时，

$$(175123.32 \times 4.187 \times 140) - (175123.32 \times 4.187t) = 56943200$$

$$t = 62.3℃$$

则　　　　　　　　贫液　　　　　140℃ ———→ 62.3℃

　　　　　　　　　富液　　　　　125℃ ←——— 25℃

　　　　　　　　　温差　　　　　15℃　　　　37.3℃

$$\Delta t = \frac{37.3 - 15}{2.3 \lg \frac{37.3}{15}} = 24.8℃$$

选用板式换热器，取传热系数 $K = 1860 W/(m^2 \cdot ℃)$，所需面积 F 为：

$$F = \frac{56943200}{3.6 \times 1860 \times 24.8} = 343 m^2$$

选用 BR1.0 - 1.6 - 200 - E - Ⅰ型 200m² 板式换热器 3 台（2 开 1 备）。

6.8.3.7　贫液冷却器（Ⅰ段）

送脱硫塔的贫液量为：

　　175123.32 - 3378 + 3013.35（补充软水）+ 415.93（浓氨水）= 175174.6 kg/h

进入贫液冷却器Ⅰ段的贫液温度为：

　　$(175123.32 \times 4.187 \times 62.3) + (3013.35 \times 4.187 \times 28) + (415.93 \times 4.187 \times 40)$

　　$= 175174.6 \times 4.187t$

$$t = 63℃$$

$$Q = 175174.6 \times 4.187 \times (63 - 40) = 16869489 kJ/h$$

　　　　　　　　　贫液　　　　　63℃ ———→ 40℃

　　　　　　　　　循环水　　　　45℃ ←——— 32℃

　　　　　　　　　温差　　　　　18℃　　　　8℃

$$\Delta t = \frac{18 - 8}{2.3 \lg \frac{18}{8}} = 12.3℃$$

选用板式换热器，取传热系数 $K = 1280 W/(m^2 \cdot ℃)$，则所需面积 F 为：

$$F = \frac{16869489}{3.6 \times 1286 \times 12.3} = 296 m^2$$

选用 BR1.0 - 1.6 - 300 - E - Ⅰ型 300m² 板式换热器 2 台（1 开 1 备）。

所需循环水量为：

$$W = \frac{16869489}{4187 \times (45 - 32)} = 310 m^3/h$$

6.8.3.8　贫液冷却器（Ⅱ段）

$$Q = 135174.6 \times 4.187 \times (40 - 25) = 8489640 \text{kJ/h}$$

贫液	40℃ $\longrightarrow$ 25℃	
冷却水	23℃ $\longleftarrow$ 16℃	
温差	17℃	9℃

$$\Delta t = \frac{17 - 9}{2.3 \lg \dfrac{17}{9}} = 12.6℃$$

选用板式换热器，取传热系数 $K = 1860 \text{W}/(\text{m}^2 \cdot ℃)$，则所需面积 F 为：

$$F = \frac{8489640}{3.6 \times 1860 \times 12.6} = 101 \text{m}^2$$

选用 BR0.6 - 1.6 - 130 - N - Ⅰ型 130m² 板式换热器 2 台（1 开 1 备），所需冷却用低温水量 W 为：

$$W = \frac{8489640}{4187 \times (23 - 16)} = 290 \text{m}^3/\text{h}$$

6.8.3.9　脱酸塔底的再沸器

再沸器的热负荷 $Q = 19692602 \text{kJ/h}$；再沸器总传热系数取 $1163 \text{W}/(\text{m}^2 \cdot ℃)$；再沸器的传热温差为：

$$\Delta t = 158 - 140 = 18℃$$

所需再沸器的传热面积为：

$$F = \frac{19692602}{3.6 \times 1163 \times 18} = 261 \text{m}^2$$

选用特殊型 $F = 160 \text{m}^2$ 的螺旋板式再沸器 3 台（2 开 1 备），材质为 SUS316L。

6.8.3.10　脱氰塔富液加热器

$$Q = 10168429 \text{kJ/h}$$

富液由 125℃ 被加热至 140℃，采用 0.6MPa（绝对）蒸汽加热。

富液	125℃ $\longrightarrow$ 140℃	
蒸汽	158℃ $\longrightarrow$ 158℃	
温差	33℃	18℃

$$\Delta t = \frac{33 - 18}{2.3 \lg \dfrac{33}{18}} = 25℃$$

采用板式换热器，取传热系数 $K = 1860 \text{W}/(\text{m}^2 \cdot ℃)$，则所需面积 F 为：

$$F = \frac{10168429}{3.6 \times 1860 \times 25} = 61 \text{m}^2$$

选用 BR0.6 - 1.6 - 100 - E - Ⅰ型 100m² 板式换热器 2 台（1 开 1 备）。

6.9　AS 法煤气脱硫装置的工艺计算

6.9.1　基本数据

煤气处理量　　　　　　　　　　　　　30000m³/h

含	H_2S	$5g/m^3$
	NH_3	$7g/m^3$
	CO_2	$48g/m^3$
	HCN	$1.2g/m^3$

送脱硫段的剩余氨水　　　　　　$14m^3/h$

含	NH_3	$1.5g/L$
	总氨	$2.57g/L$
	H_2S	$0.2g/L$
	HCN	$0.15g/L$
	CO_2	$1g/L$

脱硫温度　　　　　　　　　　　$22\sim23℃$
氨水脱硫后煤气含 H_2S 量　　　$\leqslant0.5g/m^3$
经碱液脱硫后煤气含 H_2S 量　　$\leqslant0.2g/m^3$
出洗氨塔后 HCN 含量　　　　　$\leqslant0.5g/m^3$
洗氨塔后煤气含 NH_3 量　　　　$\leqslant0.1g/m^3$

6.9.2　脱硫塔

6.9.2.1　物料衡算

A　输入物料

（1）进脱硫段煤气带入。

$$NH_3 \quad \frac{30000\times7}{1000}=210kg/h$$

$$H_2S \quad \frac{30000\times5}{1000}=150kg/h$$

$$CO_2 \quad \frac{30000\times48}{1000}=1440kg/h$$

$$HCN \quad \frac{30000\times1.2}{1000}=36kg/h$$

$$H_2O \quad \frac{30000\times21.63}{1000}=649kg/h$$

式中，21.63 为 22℃露点煤气所含的水蒸气量，g/m^3。

（2）进脱硫段剩余氨水。

NH_3	$14\times1.5=21kg/h$
H_2S	$14\times0.2\approx3kg/h$
HCN	$14\times0.15\approx2kg/h$
CO_2	$14\times1=14kg/h$
NH_3（固定铵）	$14\times1.07\approx15kg/h$
H_2O	$13945kg/h$
小计	$14000kg/h$

（3）进脱硫段半富氨水。

半富氨水浓度设为 1.5g/L，吸收的 NH_3 量为：

$$25 + 2 - 3 = 24kg/h$$

式中，2 为废水带入的氨量，kg/h。

半富氨水量为：

$$(24/1.5) \times 1000 = 16000kg/h$$

其组成如下：

NH_3	$\dfrac{16000 \times 1.5}{1000} = 24kg/h$
H_2S	$\dfrac{16000 \times 0.06}{1000} \approx 1kg/h$
CO_2	$\dfrac{16000 \times 2}{1000} = 32kg/h$
HCN	$\dfrac{16000 \times 0.3}{1000} \approx 5kg/h$
NH_3（固定铵）	$\dfrac{16000 \times 0.6}{1000} \approx 10kg/h$
H_2O	15928kg/h
小计	16000kg/h

（4）进脱硫段的贫液。

氨水法脱硫预定达到塔后 H_2S 含量不大于 $0.5g/m^3$，氨硫比必须达到 4~5，而煤气中的氨硫比仅为 1.4，必须用返回的脱酸贫液予以补充氨。脱硫塔后的贫液组成一般为：

NH_3	23~24g/L
H_2S	2.5~2.6g/L
CO_2	3~3.2g/L
HCN	1.2~1.3g/L

煤气中 H_2S 含量为 150kg/h 设氨硫比为 5，需要的氨量为：

$$(150 - 15 + 3 + 1) \times 5 = 695kg/h$$

需要补充的氨量为：

$$695 - (210 - 25 + 24 + 21) = 465kg/h$$

每 $1m^3$ 返回的脱酸贫液中实际可补入的氨量为：

$$24 - (2.5 \times 5) = 11.5kg/m^3$$

则返回的脱酸贫液量为：

$$\frac{465}{11.5} \approx 40m^3/h$$

返回的贫液各组分如下：

NH_3　　　　　　　$40000 \times \dfrac{24}{1000} = 960 \mathrm{kg/h}$

H_2S　　　　　　　$40000 \times \dfrac{2.5}{1000} = 100 \mathrm{kg/h}$

CO_2　　　　　　　$40000 \times \dfrac{3}{1000} = 120 \mathrm{kg/h}$

HCN　　　　　　　$40000 \times \dfrac{1.2}{1000} = 48 \mathrm{kg/h}$

NH_3（固定铵）　　$26 \mathrm{kg/h}$

H_2O　　　　　　　$40000 \mathrm{kg/h}$

小计　　　　　　　　$41254 \mathrm{kg/h}$

（5）进入脱硫段的混合洗涤水各组分质量及浓度。

NH_3　　　　$960 + 24 + 21 = 1005 \mathrm{kg/h}$　　　　$\dfrac{1005}{71254} \times 1000 \approx 14.1 \mathrm{g/L}$

H_2S　　　　$100 + 1 + 3 = 104 \mathrm{kg/h}$　　　　$\dfrac{104}{71254} \times 1000 \approx 1.46 \mathrm{g/L}$

CO_2　　　　$120 + 32 + 14 = 166 \mathrm{kg/h}$　　　　$\dfrac{166}{71254} \times 1000 \approx 2.33 \mathrm{g/L}$

HCN　　　　$48 + 5 + 2 = 55 \mathrm{kg/h}$　　　　$\dfrac{55}{71254} \times 1000 \approx 0.77 \mathrm{g/L}$

NH_3（固定铵）　$51 \mathrm{kg/h}$

H_2O　　　　$40000 + 15928 + 13945 = 69873 \mathrm{kg/h}$

小计　　　　　$71254 \mathrm{kg/h}$

B　输出物料

离开脱硫段煤气组成：　　　　　　　离开洗氨塔煤气组成：

NH_3	$25 \mathrm{kg/h}$		NH_3	$3 \mathrm{kg/h}$
H_2S	$15 \mathrm{kg/h}$		H_2S	$6 \mathrm{kg/h}$
CO_2	$893 \mathrm{kg/h}$		CO_2	$835 \mathrm{kg/h}$
HCN	$24 \mathrm{kg/h}$		HCN	$15 \mathrm{kg/h}$
H_2O	$649 \mathrm{kg/h}$		H_2O	$709 \mathrm{kg/h}$
小计	$1606 \mathrm{kg/h}$		小计	$1568 \mathrm{kg/h}$

脱硫塔后富液组成：

NH_3　　　　$1005 + (210 - 25) = 1190 \mathrm{kg/h}$　　　　$\dfrac{1190}{72133} \times 1000 \approx 16.49 \mathrm{g/L}$

H_2S　　　　$104 + (150 - 15) = 239 \mathrm{kg/h}$　　　　$\dfrac{239}{72133} \times 1000 \approx 3.31 \mathrm{g/L}$

CO_2　　　　$166 + (1440 - 893) = 713 \mathrm{kg/h}$　　　　$\dfrac{713}{72133} \times 1000 \approx 9.88 \mathrm{g/L}$

HCN　　　　$55 + (36 - 24) = 67 \mathrm{kg/h}$　　　　$\dfrac{67}{72133} \times 1000 \approx 0.93 \mathrm{g/L}$

NH_3（固定铵）	51kg/h
H_2O	69873kg/h
小计	72133kg/h

6.9.2.2 脱硫塔脱硫脱氰效率

脱硫化氢效率　　　　　$\dfrac{150-15}{150} \times 100 = 90\%$

总脱硫效率　　　　　　$\dfrac{150-6}{150} \times 100 = 96\%$

脱氰化氢效率　　　　　$\dfrac{36-24}{36} \times 100 = 33.3\%$

总脱氰化氢效率　　　　$\dfrac{36-15}{36} \times 100 = 58.3\%$

6.9.2.3 脱硫塔直径及填料面积计算

采用钢板网填料脱硫塔,空塔速度为 1.2～1.5m/s,煤气体积为:

$$30000 \times \frac{273+23}{273} \times \frac{101325}{111457} = 29570\text{m}^3/\text{h}$$

脱硫塔直径 D 为:

$$D = \sqrt{\frac{29570}{3600 \times 0.785 \times 1.4}} = 2.73\text{m}$$

取 $D = 2.8\text{m}$。

由于氨水脱硫是选择性吸收,根据德国公司经验,采用两段钢板网填料,每段填料高度 3m,中间设再分布装置。填料总体积为:

$$2.8^2 \times 0.785 \times 2 \times 3 \approx 37\text{m}^3$$

国产钢板网 $43 \times 15 \times 2$,每 1m^3 填料表面积为 $56\text{m}^2/\text{m}^3$,填料接触面积为:

$$37 \times 56 = 2072\text{m}^2$$

每 1000m^3 煤气的接触面积为:

$$\frac{2072}{30000} \times 1000 = 69\text{m}^2$$

脱硫塔喷淋密度为:

$$\frac{71254}{2.8^2 \times 0.785 \times 1000} = 11.6\text{m}^3/\text{m}^2$$

6.9.3 洗氨塔

根据德国公司的经验,洗氨塔也采用钢板网填料,空塔速度采用 1.2～1.5m/s,故煤气处理量为 $3 \times 10^4\text{m}^3/\text{h}$ 时,也采用直径为 2.8m 的洗氨塔。2 台洗氨塔分 6 段设计,并设碱洗脱硫段（兼洗氨作用）,每段 3m,每段之间设再分布装置。其填料总体积为:

$$2.8^2 \times 0.785 \times 7 \times 3 = 129\text{m}^3$$

填料的总接触面积为:

$$129 \times 56 = 7224\text{m}^2$$

每 1000m^3 煤气的接触面积为:

$$\frac{7224}{30000} \times 1000 = 240\text{m}^2\text{（含碱洗段）}$$

洗氨塔的喷淋密度为：

前5段

$$\frac{16}{2.8^2 \times 0.785} = 2.6 \text{m}^3/\text{m}^2$$

后2段

$$\frac{16+14}{2.8^2 \times 0.785} = 4.9 \text{m}^3/\text{m}^2$$

6.9.4　AS 法脱硫单元物料平衡

AS 法脱硫单元物料平衡如图 6-20 所示。

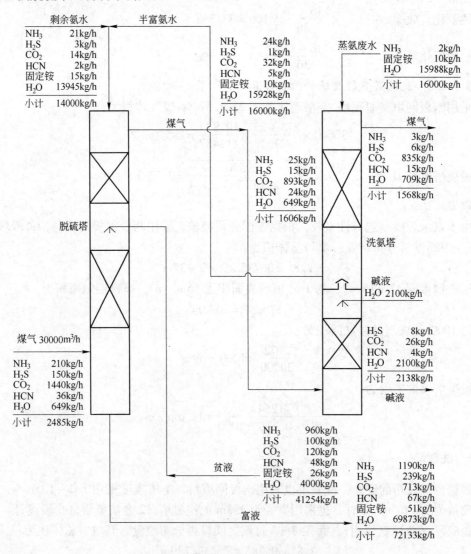

图 6-20　AS 法煤气脱硫单元的物料平衡

6.9.5　脱酸塔

6.9.5.1　物料衡算

每小时约有 72m³ 的富液进入脱酸塔，其中 1/3 以冷态从塔顶进入，另外 2/3 换热至

83℃从脱酸塔中部进入。

A 进入脱酸塔的富液量

进入脱酸塔的富液等于脱硫后的富液加上酸性气体进入元素硫装置前的冷凝液量，即：

NH_3	$1190 + 3 = 1193kg/h$
H_2S	$239 + 4 = 243kg/h$
CO_2	$713 + 1 = 714kg/h$
HCN	$67kg/h$
NH_3（固定铵）	$51kg/h$
H_2O	$69873 + 2300 = 72173kg/h$
小计	$74441kg/h$

其中 1/3 从顶部进入，$t = 25℃$。

NH_3	$398kg/h$
H_2S	$81kg/h$
CO_2	$238kg/h$
HCN	$22kg/h$
NH_3（固定铵）	$17kg/h$
H_2O	$24055kg/h$
小计	$24811kg/h$

2/3 换热后从中部进入，$t = 83℃$。

NH_3	$795kg/h$
H_2S	$162kg/h$
CO_2	$476kg/h$
HCN	$45kg/h$
NH_3（固定铵）	$34kg/h$
H_2O	$48118kg/h$
小计	$49630kg/h$

B 脱酸塔顶部排出酸性气体组成

NH_3	$210 - 3 + 21 + 3 = 231kg/h$
H_2S	$150 - 6 + 3 + 4 = 151kg/h$
CO_2	$1440 - 835 + 14 + 1 = 620kg/h$
HCN	$36 - 15 + 2 = 23kg/h$
H_2O	$1364kg/h$
小计	$2389kg/h$

塔顶温度为 95℃，压力约 0.121MPa，各组分体积组成为：

$$NH_3 \qquad 231 \times \frac{22.4}{17} = 304 m^3/h$$

$$H_2S \qquad 151 \times \frac{22.4}{34} \approx 100 m^3/h$$

$$CO_2 \qquad 620 \times \frac{22.4}{44} = 316 m^3/h$$

$$HCN \qquad 23 \times \frac{22.4}{27} = 19 m^3/h$$

小计　　　　$739 m^3/h$

带出水的体积为：$V_水 = V_G \times \dfrac{p'}{p - p'} = 739 \times \dfrac{84.5}{121.3 - 84.5} = 1697 m^3/h$

式中，84.5 为 95℃时水的蒸汽分压，kPa。

带出的水量为：$\qquad \dfrac{1697}{22.4} \times 18 = 1364 kg/h$

酸性气体密度为：$\qquad \dfrac{2389}{739 + 1697} = 0.98 kg/m^3$

C　脱酸塔底部排出的脱酸贫液组成

因贫液所含的水均从挥发氨蒸馏塔及固定铵蒸氨塔送来，均为变数。按德国公司的经验数字，首先假定送入蒸汽量一般为 79～85kg/m³（富液中的水量）。现按 83kg/m³（富液中的水量）进行计算，脱酸塔底部排出脱酸贫液组成为：

$H_2O \qquad 72173 \times 1.083 - 1364 = 76799 kg/h$

$NH_3 \qquad 76799 \times \dfrac{24}{1000} = 1843 kg/h$

$H_2S \qquad 76799 \times \dfrac{2.5}{1000} = 192 kg/h$

$CO_2 \qquad 76799 \times \dfrac{3}{1000} = 230 kg/h$

$HCN \qquad 76799 \times \dfrac{1.2}{1000} = 92 kg/h$

NH_3（固定铵）　　51kg/h

小计　　　　79207kg/h

D　送往蒸氨系统的脱酸贫液

（1）扣除送回脱硫塔的脱酸贫液，即为送往蒸氨系统的脱酸贫液。

NH_3　　　　　1843 - 960 = 883kg/h
H_2S　　　　　192 - 100 = 92kg/h
CO_2　　　　　230 - 120 = 110kg/h
HCN　　　　　92 - 48 = 44kg/h
NH_3（固定铵）　51 - 26 = 25kg/h
H_2O　　　　　76799 - 40000 = 36799kg/h
小计　　　　　37953kg/h

（2）送往挥发氨蒸氨塔的脱酸贫液。

$$NH_3 \qquad 15928 \times \frac{24}{1000} = 382kg/h$$

$$H_2S \qquad 15928 \times \frac{2.5}{1000} = 40kg/h$$

$$CO_2 \qquad 15928 \times \frac{3}{1000} = 47kg/h$$

$$HCN \qquad 15928 \times \frac{1.2}{1000} = 19kg/h$$

NH_3（固定铵） $\qquad$ 10kg/h

H_2O $\qquad$ 15928kg/h

小计 $\qquad$ 16426kg/h

（3）送往固定铵蒸氨塔的脱酸贫液。

NH_3 $\qquad$ 883 − 382 = 501kg/h

H_2S $\qquad$ 92 − 40 = 52kg/h

CO_2 $\qquad$ 110 − 47 = 63kg/h

HCN $\qquad$ 44 − 19 = 25kg/h

NH_3（固定铵） $\qquad$ 25 − 10 = 15kg/h

H_2O $\qquad$ 36799 − 15928 = 20871kg/h

小计 $\qquad$ 21527kg/h

E 进入脱酸塔中部及底部的氨气组成

NH_3 $\qquad$ 883kg/h

H_2S $\qquad$ 92 + 8 = 100kg/h

CO_2 $\qquad$ 110 + 26 = 136kg/h

HCN $\qquad$ 44 + 4 = 48kg/h

$$H_2O \qquad 72173 \times \frac{83}{1000} = 5990kg/h$$

小计 $\qquad$ 7157kg/h

F 脱酸蒸氨单元物料平衡

脱酸蒸氨单元物料平衡如图6-21所示。

6.9.5.2 热平衡

A 输入热量

（1）富液从顶部带入热量 Q_1（$t = 25℃$）。

NH_3 $\qquad$ 398 × 2.14 × 25 = 21293kJ/h

H_2S $\qquad$ 81 × 1.017 × 25 = 2060kJ/h

CO_2 $\qquad$ 238 × 0.87 × 25 = 5177kJ/h

HCN $\qquad$ 22 × 1.407 × 25 = 774kJ/h

H_2O $\qquad$ 24055 × 4.187 × 25 = 2517957kJ/h

$$Q_1 = 2547261kJ/h$$

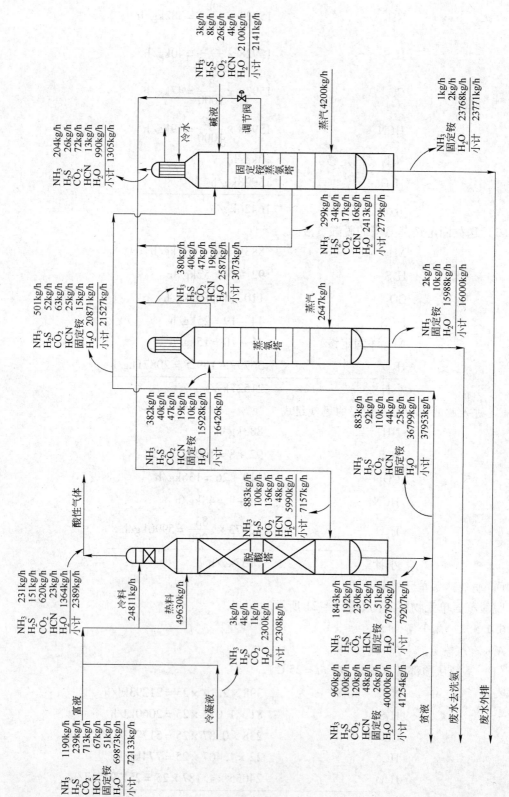

图 6-21　脱酸蒸氨单元的物料平衡

式中，2.14、1.017、0.87、1.407 分别为氨、硫化氢、二氧化碳、氰化氢的比热容，kJ/(kg·℃)。

（2）富液从中部被带入热量 Q_2（$t = 83℃$）。

$$
\begin{aligned}
NH_3 \qquad & 795 \times 2.14 \times 83 = 141208 kJ/h \\
H_2S \qquad & 162 \times 1.017 \times 83 = 13675 kJ/h \\
CO_2 \qquad & 476 \times 0.87 \times 83 = 34372 kJ/h \\
HCN \qquad & 45 \times 1.407 \times 83 = 5255 kJ/h \\
H_2O \qquad & 48118 \times 4.187 \times 83 = 16722016 kJ/h
\end{aligned}
$$

$$Q_2 = 16916526 kJ/h$$

（3）从挥发蒸氨塔及固定铵蒸氨塔带入的热量 Q_3（$t = 101.5℃$）。

$$
\begin{aligned}
NH_3 \qquad & 892 \times 2.14 \times 101.5 = 193751 kJ/h \\
H_2S \qquad & 98 \times 1.017 \times 101.5 = 10116 kJ/h \\
CO_2 \qquad & 134 \times 0.87 \times 101.5 = 11833 kJ/h \\
HCN \qquad & 46 \times 1.407 \times 101.5 = 6569 kJ/h \\
H_2O \qquad & 5990 \times 4.187 \times 640 = 16051283 kJ/h
\end{aligned}
$$

$$Q_3 = 16273552 kJ/h$$

（4）带入氨气各组分的溶解反应热 Q_4。

$$
\begin{aligned}
NH_3 \qquad & 892 \times 2056 = 1833952 kJ/h \\
H_2S \qquad & 98 \times 1360 = 133280 kJ/h \\
CO_2 \qquad & 134 \times 2119 = 283946 kJ/h \\
HCN \qquad & 46 \times 1264 = 58144 kJ/h
\end{aligned}
$$

$$Q_4 = 2309322 kJ/h$$

式中，2056、1360、2119、1264 分别为氨、硫化氢、二氧化碳、氰化氢的反应热，kJ/kg。

（5）带入氨气各组分生成 $(NH_4)_2CO_3$ 和 $(NH_4)_2S$ 的化学反应热 Q_5。

$$134 \times 1018.6 = 136492 kJ/h$$

$$98 \times 763.3 = 74803 kJ/h$$

$$Q_5 = 211295 kJ/h$$

式中，1018.6、763.3 分别为 $(NH_4)_2CO_3$、$(NH_4)_2S$ 的生成热，kJ/kg。

$$Q = Q_1 + Q_2 + Q_3 + Q_4 + Q_5 = 38257956 kJ/h$$

B 输出热量

（1）脱酸塔顶排出的酸性气带出热量 Q_6（$t = 95℃$）。

$$
\begin{aligned}
NH_3 \qquad & 242 \times 2.14 \times 95 = 49199 kJ/h \\
H_2S \qquad & 149 \times 1.017 \times 95 = 14396 kJ/h \\
CO_2 \qquad & 618 \times 0.87 \times 95 = 51078 kJ/h \\
HCN \qquad & 21 \times 1.407 \times 95 = 2807 kJ/h \\
H_2O \qquad & 1417 \times (2491 + 1.84 \times 95) = 3773439 kJ/h
\end{aligned}
$$

$$Q_6 = 3890919 kJ/h$$

（2）酸气组分从液相分出带出的溶液热 Q_7。

$$
\begin{array}{ll}
NH_3 & 242 \times 2056 = 497552 \text{kJ/h} \\
H_2S & 149 \times 1360 = 202640 \text{kJ/h} \\
CO_2 & 618 \times 2119 = 1309542 \text{kJ/h} \\
HCN & 21 \times 1264 = 26544 \text{kJ/h} \\
\hline
& Q_7 = 2036278 \text{kJ/h}
\end{array}
$$

（3）$(NH_4)_2CO_3$ 和 $(NH_4)_2S$ 的分解热 Q_8。

$$
\begin{array}{l}
618 \times 1018.6 = 629495 \text{kJ/h} \\
149 \times 763.3 = 113732 \text{kJ/h} \\
\hline
Q_8 = 743227 \text{kJ/h}
\end{array}
$$

（4）脱酸塔底脱酸贫液带出的热量 $Q_9(t = 97℃)$。

$$
\begin{array}{ll}
NH_3 & 1842 \times 2.14 \times 97 = 382362 \text{kJ/h} \\
H_2S & 192 \times 1.017 \times 97 = 18941 \text{kJ/h} \\
CO_2 & 230 \times 0.87 \times 97 = 10410 \text{kJ/h} \\
HCN & 92 \times 1.407 \times 97 = 12556 \text{kJ/h} \\
H_2O & 76746 \times 4.187 \times 97 = 31169544 \text{kJ/h} \\
\hline
& Q_9 = 31593813 \text{kJ/h}
\end{array}
$$

$$
Q_{出} = Q_6 + Q_7 + Q_8 + Q_9 = 38264237 \text{kJ/h}
$$

输入与输出热量基本平衡，相差：

$$
38264237 - 38257956 = 6281 \text{kJ/h}
$$

相当于

$$
\frac{6281}{38264237} = 0.0164\%
$$

说明原设定的蒸汽量 83kg/m^3（富液中的水量）是正确的。

6.9.5.3　脱酸塔直径及填料接触面积

脱酸塔顶部气体体积（$t = 95℃$，$p = 20.3 \text{kPa}$）为：

$$
\left(\frac{1417}{18} + \frac{242}{17} + \frac{149}{34} + \frac{618}{44} + \frac{21}{27} + \frac{55}{65} \right) \times 22.4 \times \frac{273 + 95}{273} \times \frac{101.33}{101.33 + 20.3}
$$
$$
= (78.72 + 14.24 + 4.38 + 14.05 + 0.77 + 0.84) \times 22.4 \times 1.348 \times 0.833
$$
$$
= 2842 \text{m}^3/\text{h}
$$

顶部填料塔空塔速度采用 0.5m/s

$$
顶部 D = \sqrt{\frac{2842}{3600 \times 0.785 \times 0.5}} = 1.4 \text{m}
$$

脱酸塔底部气体体积（$t = 97℃$，$p = 22.2 \text{kPa}$）为：

$$\left(\frac{5990}{18} + \frac{892}{17} + \frac{98}{34} + \frac{134}{44} + \frac{46}{27}\right) \times 22.4 \times \frac{370}{273} \times \frac{101.33}{101.33 + 22.2}$$

$$= (332.78 + 52.5 + 2.88 + 3.05 + 1.7) \times 22.4 \times 1.355 \times 0.82$$

$$= 9779 m^3/h$$

底部填料塔空塔速度采用 0.95m/s

$$底部 D = \sqrt{\frac{9779}{3600 \times 0.785 \times 0.95}} = 1.9m$$

取 $D = 2m$。

选用 $\phi 50mm$ 塑料花环填料；填料高度为 8m，共装 $22m^3$。

6.9.6 挥发氨蒸氨塔

6.9.6.1 物料衡算

A 输入物料

(1) 脱酸水带入的物料。

NH_3	382kg/h
H_2S	40kg/h
CO_2	47kg/h
HCN	19kg/h
NH_3（固定铵）	10kg/h
H_2O	15928kg/h
小计	16426kg/h

(2) 直接蒸汽量为 G kg/h。

B 输出物料

(1) 顶部带酸性组分的氨气带出（$t = 101℃$）。

NH_3	380kg/h
H_2S	40kg/h
CO_2	47kg/h
HCN	19kg/h
H_2O	2587kg/h
小计	3073kg/h

塔顶温度为101℃，压力为123.5kPa，各组分体积为：

$$NH_3 \qquad 380 \times \frac{22.4}{17} = 501 m^3/h$$

$$H_2S \qquad 40 \times \frac{22.4}{34} = 26 m^3/h$$

$$CO_2 \qquad 47 \times \frac{22.4}{44} = 24 m^3/h$$

$$HCN \qquad 19 \times \frac{22.4}{27} = 16 m^3/h$$

小计 $\qquad 567 m^3/h$

带出水的体积为：$V_{水} = V_G \times \dfrac{p'}{p-p'} = 567 \times \dfrac{105}{123.5-105} = 3219 \text{m}^3/\text{h}$

带出水的质量为：$\dfrac{3219}{22.4} \times 18 \approx 2587 \text{kg/h}$

式中，p 为塔顶压力，123.5kPa；p' 为 101℃时水蒸气分压，105kPa。

（2）蒸氨废水带出的物料。

NH_3	2kg/h
NH_3（固定铵）	10kg/h
H_2O	15988kg/h
小计	16000kg/h

6.9.6.2　热平衡

A　输入热量

（1）脱酸水带入的热量 Q_1（$t=97$℃）。

NH_3	$382 \times 2.14 \times 97 = 79296 \text{kJ/h}$
H_2S	$40 \times 1.017 \times 97 = 3946 \text{kJ/h}$
CO_2	$47 \times 0.87 \times 97 = 3966 \text{kJ/h}$
HCN	$19 \times 1.407 \times 97 = 2593 \text{kJ/h}$
H_2O	$15928 \times 4.187 \times 97 = 6468982 \text{kJ/h}$
	$Q_1 = 6558783 \text{kJ/h}$

（2）蒸汽带入的热量为 Q_2 kJ/h。

B　输出热量

（1）顶部带酸气组分的氨气带出热量 Q_3（$t=101$℃）。

NH_3	$380 \times 2.14 \times 101 = 82133 \text{kJ/h}$
H_2S	$40 \times 1.017 \times 101 = 4109 \text{kJ/h}$
CO_2	$47 \times 0.87 \times 101 = 4130 \text{kJ/h}$
HCN	$19 \times 1.407 \times 101 = 2700 \text{kJ/h}$
H_2O	$2587 \times 2678.7 = 6929797 \text{kJ/h}$
	$Q_3 = 7022869 \text{kJ/h}$

（2）氨气各组分从溶液分出所需溶解热 Q_4。

NH_3	$380 \times 2056 = 781280 \text{kJ/h}$
H_2S	$40 \times 1360 = 54400 \text{kJ/h}$
CO_2	$47 \times 2119 = 99593 \text{kJ/h}$
HCN	$19 \times 1264 = 24016 \text{kJ/h}$
	$Q_4 = 959289 \text{kJ/h}$

（3）$(NH_4)_2CO_3$ 及 $(NH_4)_2S$ 的分解热 Q_5。

$$47 \times 1018.6 = 47874 \text{kJ/h}$$

$$40 \times 763.3 = 30352 \text{kJ/h}$$

$$Q_5 = 78406 \text{kJ/h}$$

（4）废水排出热量 $Q_6(t=111℃)$。

$$Q_6 = 16000 \times 4.187 \times 111 = 7436112kJ/h$$

输入 = 输出

$$Q_1 + Q_2 = Q_3 + Q_4 + Q_5 + Q_6$$
$$6558783 + Q_2 = 7022869 + 959289 + 78406 + 7436112$$
$$Q_2 = 8937893kJ/h$$

需直接蒸汽量为：$p = 0.7MPa$（绝对）

$$G = \frac{8937893}{2763} = 3235kg/h$$

采用蒸汽喷射利用再生蒸汽一般可节省直接蒸汽 17% ~ 20%，故直接蒸汽用量约为 2647kg/h。

6.9.6.3 挥发氨蒸氨塔直径的计算

已知塔顶温度为 101℃，压力为 123.5kPa；底部温度为 111℃，压力为 147.1kPa。顶部气体体积为：

$$\left(\frac{2587}{18} + \frac{380}{17} + \frac{40}{34} + \frac{47}{44} + \frac{19}{27}\right) \times 22.4 \times \frac{374}{273} \times \frac{101.33}{123.5}$$
$$= (143.72 + 22.35 + 1.18 + 1.07 + 0.7) \times 22.4 \times 1.37 \times 0.82$$
$$= 4253m^3/h$$

取空塔速度 0.4m/s

$$D = \sqrt{\frac{4253}{3600 \times 0.785 \times 0.4}} = 1.94m$$

取 $D = 2m$。

考虑到挥发氨蒸氨塔和固定铵蒸氨塔不设备品，为了能在任何一个塔停工检修时还可处理全部原料水，因此塔径要另作计算。

气体体积为：

$$\left(\frac{5990}{18} + \frac{883}{17} + \frac{100}{34} + \frac{136}{44} + \frac{48}{27}\right) \times 22.4 \times \frac{374}{273} \times \frac{101.33}{123.5}$$
$$= (332.78 + 51.94 + 2.94 + 3.09 + 1.78) \times 22.4 \times 1.37 \times 0.82$$
$$= 9877m^3/h$$

空塔速度 0.6m³/h，则：

$$D = \sqrt{\frac{9877}{3600 \times 0.785 \times 0.6}} = 2.41m$$

取 $D = 2400mm$，板距 400 ~ 450mm。

6.9.7 固定铵蒸氨塔

6.9.7.1 物料衡算

A 输入物料

（1）脱酸水带入的物料。

NH_3		501kg/h
H_2S		52kg/h
CO_2		63kg/h
HCN		25kg/h
NH_3（固定铵）		15kg/h
H_2O		20871kg/h
小计		21527kg/h

（2）稀碱液带入的物料。

NH_3		3kg/h
H_2S		8kg/h
CO_2		26kg/h
HCN		4kg/h
H_2O		2100kg/h
小计		2141kg/h

（3）直接蒸汽带入量为 G kg/h。

B　输出物料

（1）顶部带酸性组分的氨气带出的物料。

NH_3		204kg/h
H_2S		26kg/h
CO_2		72kg/h
HCN		13kg/h
H_2O		990kg/h
小计		1305kg/h

（2）侧线带酸性组分的氨气带出的物料。

NH_3		299kg/h
H_2S		34kg/h
CO_2		17kg/h
HCN		16kg/h
H_2O		2413kg/h
小计		2779kg/h

（3）底部废水带出的物料。

NH_3	1kg/h
H_2O	$20871+2100-2413-990+G=(19568+G)$ kg/h
小计	$(19569+G)$ kg/h

6.9.7.2　热平衡

A　输入热量

（1）脱酸水带入热量 Q_1（ $t=97℃$ ）。

NH$_3$	$501 \times 2.14 \times 97 = 103998 \text{kJ/h}$
H$_2$S	$52 \times 1.017 \times 97 = 5130 \text{kJ/h}$
CO$_2$	$63 \times 0.87 \times 97 = 5317 \text{kJ/h}$
HCN	$25 \times 1.407 \times 97 = 3412 \text{kJ/h}$
H$_2$O	$20871 \times 4.187 \times 97 = 8476527 \text{kJ/h}$

$$Q_1 = 8594384 \text{kJ/h}$$

(2) 稀碱液带入热量 Q_2（$t = 98$℃）。

NH$_3$	$3 \times 2.14 \times 98 = 629 \text{kJ/h}$
H$_2$S	$8 \times 1.017 \times 98 = 797 \text{kJ/h}$
CO$_2$	$26 \times 0.87 \times 98 = 2217 \text{kJ/h}$
HCN	$4 \times 1.407 \times 98 = 552 \text{kJ/h}$
H$_2$O	$2100 \times 4.187 \times 98 = 861685 \text{kJ/h}$

$$Q_2 = 865880 \text{kJ/h}$$

(3) 直接蒸汽带入热量 Q_3。

$$Q_3 = 2763 \text{GkJ/h}$$

B 输出热量

(1) 顶部酸性组分氨气带出热量 Q_4（$t = 102$℃）。

NH$_3$	$204 \times 2.14 \times 102 = 44529 \text{kJ/h}$
H$_2$S	$26 \times 1.017 \times 102 = 2697 \text{kJ/h}$
CO$_2$	$72 \times 0.87 \times 102 = 6389 \text{kJ/h}$
HCN	$13 \times 1.407 \times 102 = 1866 \text{kJ/h}$
H$_2$O	$990 \times 2680 = 2653200 \text{kJ/h}$

$$Q_4 = 2708681 \text{kJ/h}$$

式中，2680 为水蒸气的焓，kJ/kg。

(2) 侧线酸性组分的氨气带出热量 Q_5（$t = 102.8$℃）。

NH$_3$	$299 \times 2.14 \times 102.8 = 65778 \text{kJ/h}$
H$_2$S	$34 \times 1.017 \times 102.8 = 3555 \text{kJ/h}$
CO$_2$	$17 \times 0.87 \times 102.8 = 1520 \text{kJ/h}$
HCN	$16 \times 1.407 \times 102.8 = 2314 \text{kJ/h}$
H$_2$O	$2413 \times 2680 = 6466840 \text{kJ/h}$

$$Q_5 = 6540007 \text{kJ/h}$$

(3) 氨气各组分的溶液析出所需溶解热 Q_6。

NH$_3$	$(204 + 299) \times 2056 = 1034168 \text{kJ/h}$
H$_2$S	$(26 + 34) \times 1360 = 81600 \text{kJ/h}$
CO$_2$	$(72 + 17) \times 2119 = 188591 \text{kJ/h}$
HCN	$(13 + 16) \times 1264 = 36656 \text{kJ/h}$

$$Q_6 = 1341015 \text{kJ/h}$$

（4）（NH_4）$_2CO_3$ 及（NH_4）$_2S$ 的分解热量 Q_7。

$$89 \times 1018.6 = 90655 \text{kJ/h}$$
$$60 \times 763.3 = 45798 \text{kJ/h}$$
$$Q_7 = 136453 \text{kJ/h}$$

（5）底部废水排出热量 Q_8（$t = 112℃$）。

$$Q_8 = (19569 + G) \times 4.187 \times 112 = 9176765 + 469G$$

输入 = 输出

$$Q_1 + Q_2 + Q_3 = Q_4 + Q_5 + Q_6 + Q_7 + Q_8$$
$$9460264 + 2763G = 19902921 + 469G$$
$$2294G = 10442657$$
$$G = 4552 \text{kg/h}$$

采用蒸汽喷射再生蒸汽一般可节省 17% ~ 20% 的蒸汽，故直接蒸汽用量约为 4200kg/h。

6.9.7.3　固定铵蒸氨塔直径计算

考虑到固定铵蒸氨塔在有一塔停工检修时可处理全部原料脱酸水，与挥发氨蒸氨塔相同，采用 $D = 2.4$m（板数 26 层泡罩板距 400 ~ 500mm）固定铵蒸氨塔一台。

6.9.8　硫化氢洗涤水冷却器

每小时将有 14000kg 剩余氨水和 16000kg 半富氨水（温度约为 27.5℃），作为硫化氢洗涤水，需要采用 16℃ 制冷水冷却至 22℃ 后进入脱硫塔。放出热量为：

$$Q = (14000 + 16000) \times 4.187 \times (27.5 - 22) = 690855 \text{kJ/h}$$

洗涤水	27.5℃ ⟶ 22℃
制冷水	23℃ ⟶ 16℃
温差	4.5℃　　　6℃

$$\Delta t = \frac{6 - 4.5}{2.3 \lg \dfrac{6}{4.5}} = \frac{1.5}{0.2873} = 5.22℃$$

取传热系数 $K = 1860 \text{W/(m}^2 \cdot ℃)$，所需冷却器面积为：

$$F = \frac{690855}{3.6 \times 1680 \times 5.22} = 22\text{m}^2$$

制冷水消耗量为：

$$W = \frac{690855}{(23 - 16) \times 4187} = 24\text{m}^3\text{/h}$$

采用 $F = 30\text{m}^2$ 板式换热器 2 台，1 台操作，1 台备用。

6.9.9　富液换热器

进入脱酸塔中部的富液（热料）需从 25℃ 被换热至 83℃，其总换热量为：

$$49630 \times 4.187 \times (83 - 25) = 12052447 \text{kJ/h}$$

6.9.9.1　与脱酸塔贫液换热

与脱酸塔底返回脱硫塔的贫液换热时，脱酸塔贫液从 97℃ 冷却至 50℃，其换热量为：

$$Q = 41254 \times 4.187 \times (97 - 50) = 8118333 \text{kJ/h}$$

富液	83℃	⟶	25℃
贫液	97℃	⟵	50℃
温差	14℃		25℃

$$\Delta t = \frac{25 - 14}{2.3 \lg \frac{25}{14}} = 19℃$$

取传热系数 $K = 1860 \text{W}/(\text{m}^2 \cdot ℃)$，则所需面积 F 为：

$$F = \frac{8118333}{3.6 \times 1860 \times 19} = 64 \text{m}^2$$

选用 70m² 板式换热器 2 台，1 台操作，1 台备用。

6.9.9.2 与挥发氨蒸氨塔废水换热

蒸氨废水从 93℃（蒸汽喷射器后）降至 64℃，其换热量为：

$$16000 \times 4.187 \times (93 - 64) = 1942768 \text{kJ/h}$$

富液进入量为：

$$\frac{1942768}{(83 - 25) \times 4187} = 8 \text{m}^3/\text{h}$$

废水	93℃	⟶	64℃
富液	83℃	⟵	25℃
温差	10℃		39℃

$$\Delta t = \frac{39 - 10}{2.3 \lg \frac{39}{10}} = 21.3℃$$

取传热系数 $K = 1860 \text{W}/(\text{m}^2 \cdot ℃)$，则所需换热面积 F 为：

$$F = \frac{1942768}{3.6 \times 1860 \times 21.3} = 13.6 \text{m}^2$$

选用 15m² 板式换热器 2 台，1 台操作，1 台备用。

6.9.9.3 与固定铵蒸氨塔底部排出废水换热

废水经蒸汽喷射器后温度为 93℃，固定铵蒸氨塔底的废水量为 23771kg/h，其换热量为：

$$12052447 - 8118333 - 1942768 = 1991346 \text{kJ/h}$$

废水被冷却至

$$93 - \frac{1991346}{23771 \times 4.187} = 73℃$$

废水	93℃	⟶	73℃
富液	83℃	⟵	25℃
温差	10℃		48℃

$$\Delta t = \frac{48 - 10}{2.3 \lg \frac{48}{10}} = 24℃$$

取传热系数 $K = 1860 \text{W}/(\text{m}^2 \cdot ℃)$，则所需换热面积 F 为：

$$F = \frac{1991346}{3.6 \times 1860 \times 24} = 12.4\text{m}^2$$

选用 15m^2 板式换热器 2 台，1 台操作，1 台备用。

6.9.10　贫液冷却器

采用制冷水冷却贫液，贫液从 50℃ 冷却至 22℃，制冷水从 16℃ 至 23℃。贫液量 41254kg/h，需冷量为：

$$41254 \times 4.187 \times (50 - 22) = 4836454\text{kJ/h}$$

贫液	50℃ —→ 22℃
制冷水	23℃ ←— 16℃
温差	27℃　　6℃

$$\Delta t = \frac{27 - 6}{2.3\lg\dfrac{27}{6}} = 14℃$$

取传热系数 $K = 1860\text{W}/(\text{m}^2 \cdot ℃)$，则所需的冷却面积 F 为：

$$F = \frac{4836454}{3.6 \times 1860 \times 14} = 52\text{m}^2$$

选用 60m^2 板式换热器 2 台，1 台操作，1 台备用。制冷水的消耗量 W 为：

$$W = \frac{4836454}{(23 - 16) \times 4187} = 165\text{m}^3/\text{h}$$

6.9.11　挥发氨蒸氨塔废水冷却器

采用冷制水冷却废水，废水从 64℃ 被冷却至 22℃，制冷水从 16℃ 至 23℃。废水量 16000kg/h，需冷量为：

$$16000 \times 4.187 \times (64 - 22) = 2813664\text{kJ/h}$$

贫液	64℃ —→ 22℃
制冷水	23℃ ←— 16℃
温差	41℃　　6℃

$$\Delta t = \frac{41 - 6}{2.3\lg\dfrac{41}{6}} = 24℃$$

取传热系数 $K = 1860\text{W}/(\text{m}^2 \cdot ℃)$，则所需的冷却面积 F 为：

$$F = \frac{2813664}{3.6 \times 1860 \times 24} = 18\text{m}^2$$

选用 20m^2 板式换热器 2 台，1 台操作，1 台备用。制冷水的消耗量 W 为：

$$W = \frac{2813664}{(23 - 16) \times 4187} = 96\text{m}^3/\text{h}$$

6.9.12　固定铵蒸氨塔废水冷却器

采用循环水冷却废水，废水从 73℃ 被冷却至 40℃，循环水从 32℃ 升至 45℃。废水量为 23771kg/h，需冷量为：

$$23771 \times 4.187 \times (73 - 40) = 3284463 \text{kJ/h}$$

取传热系数 $K = 1860 \text{W/(m}^2 \cdot \text{℃)}$，

废水	73℃ $\longrightarrow$ 40℃
循环水	45℃ $\longleftarrow$ 32℃
温差	28℃ 8℃

$$\Delta t = \frac{28 - 8}{2.3 \lg \dfrac{28}{8}} = 16\text{℃}$$

所需冷却面积 $\qquad F = \dfrac{3284463}{3.6 \times 1860 \times 16} = 31\text{m}^2$

选用 35m^2 板式换热器 2 台，1 台操作，1 台备用。循环水消耗量 W 为：

$$W = \frac{3284463}{(45 - 32) \times 4187} = 60.3\text{m}^3/\text{h}$$

6.9.13 剩余氨水冷却器

剩余氨水从 75℃ 被冷却至 22℃，制冷水从 16℃ 升至 22℃。剩余氨水量 14000kg/h，需冷量为：

$$14000 \times 4.187 \times (75 - 22) = 3106754 \text{kJ/h}$$

贫液	75℃ $\longrightarrow$ 22℃
制冷水	23℃ $\longleftarrow$ 16℃
温差	52℃ 6℃

$$\Delta t = \frac{52 - 6}{2.3 \lg \dfrac{52}{6}} = 21.3\text{℃}$$

取传热系数 $K = 1630 \text{W/(m}^2 \cdot \text{℃)}$，则所需的冷却面积 F 为：

$$F = \frac{3106754}{3.6 \times 1630 \times 21.3} = 25\text{m}^2$$

选用 30m^2 板式换热器 2 台，1 台操作，1 台备用。制冷水消耗量 W 为：

$$W = \frac{3106754}{(23 - 16) \times 4187} = 106\text{m}^3/\text{h}$$

6.10 从酸性气体中回收硫黄装置的工艺计算

6.10.1 基础数据

从酸性气体中回收硫黄装置的工艺计算是和煤气处理量 $6 \times 10^4 \text{m}^3/\text{h}$ 的脱硫装置配套使用的。

（1）送入克劳斯炉的酸性气体组成如下：

气体组成

CO_2	505kg/h
NH_3	5.7kg/h

H_2S	353kg/h
HCN	2.66kg/h
苯族烃	24kg/h
H_2O	5.09kg/h
小计	895.45kg/h

温度　　　　　　　　40℃

压力　　　　　　　　0.131MPa

密度　　　　　　　　1.747kg/m³

（2）送入燃烧器的煤气组成（体积分数）如下：

煤气组成

CO_2	2.07%
C_3H_6	2.26%
O_2	0.54%
CO	6.03%
H_2	53.84%
CH_4	23.53%
N_2	8.37%
H_2O	3.36%

温度　　　　　　　　78℃

压力　　　　　　　　0.137MPa

密度　　　　　　　　0.516kg/m³

煤气用量　　　　　　3kg/h

（3）地区自然条件

大气压　　　　　　　100.7kPa

年平均气温　　　　　12.9℃

空气相对湿度　　　　52%（冬季）

　　　　　　　　　　55%（夏季）

（4）锅炉供水

温度　　　　　　　　28℃（入预处理槽）

压力　　　　　　　　0.3MPa（表压）

水质（硬度）　　　　<0.1°dH

（5）自产蒸气压力

废热锅炉　　　　　　0.55MPa

硫冷凝器　　　　　　0.25MPa

（6）外供蒸气压力　　0.50MPa

（7）外供冷却水

循环水进口温度　　　32℃

低温水进口温度　　　16℃

6.10.2 克劳斯炉

6.10.2.1 物料平衡

A 入炉酸性气体组成

入炉酸性气体组成见表 6-14(40℃，0.131MPa)。

表6-14 进入克劳斯炉酸性气体的组成

组成	kg/h	kmol/h	m³/h	% (体积分数)
CO_2	505	11.48	257.15	50.15
NH_3	5.7	0.34	7.62	1.49
H_2S	353	10.38	232.51	45.35
HCN	2.66	0.10	2.24	0.44
C_6H_6	24	0.31	6.94	1.35
H_2O	5.09	0.28	6.27	1.22
总量	895.45	22.89	512.73	100

B 入炉煤气组成

入炉煤气组成见表 6-15(78℃，0.137MPa)

表6-15 进入克劳斯炉煤气的组成

组成	kg/h	kmol/h	m³/h	% (体积分数)
CO_2	0.238	0.005	0.122	2.1
C_3H_6	0.244	0.006	0.13	2.24
O_2	0.044	0.001	0.032	0.55
CO	0.436	0.016	0.35	6.03
H_2	0.28	0.14	3.122	53.84
CH_4	1.0	0.062	1.362	23.48
N_2	0.604	0.022	0.486	8.38
H_2O	0.154	0.009	0.196	3.38
总量	3	0.26	5.8	100

C 入炉理论空气量的计算

a 计算条件

(1) 进入燃烧器 1/3 的酸性气体中的 H_2S 完全燃烧为 SO_2。

(2) 酸性气体中的苯族烃在燃烧炉中以下式计算最大空气耗量：

$$C_6H_6 + 7.5O_2 \longrightarrow 6CO_2 + 3H_2O$$

(3) 酸性气体中的 NH_3、HCN 全部按还原分解反应计算：

$$NH_3 \longrightarrow 0.5N_2 + 1.5H_2$$

$$HCN + H_2O \longrightarrow 0.5N_2 + 1.5H_2 + CO$$

(4) 煤气中的可燃烧成分完全燃烧生成 CO_2 及 H_2O。

b　理论空气量的计算

（1）酸性气体中 H_2S 的燃烧。

$$H_2S + 1.5O_2 \longrightarrow SO_2 + H_2O$$

耗 O_2 量为：

$$(10.38 \times 1.5)/3 = 5.19 \text{kmol/h}(166.08 \text{kg/h})$$

空气中的 N_2 量为：

$$(5.19 \times 79)/21 = 19.52 \text{kmol/h}(546.56 \text{kg/h})$$

干空气量为：

$$5.19 + 19.52 = 24.71 \text{kmol/h}(712.64 \text{kg/h})$$

干空气含水量为：

空气吸入湿度　　　$20℃, \varphi = 53\%$

空气含湿量　　　　0.01kg/kg 干空气

$$712.64 \times 0.01 = 7.13 \text{kg/h}(0.40 \text{kmol/h})$$

（2）酸性气体中 C_6H_6 的燃烧。

$$C_6H_6 + 7.5O_2 \longrightarrow 6CO_2 + 3H_2O$$

耗 O_2 量为：

$$0.31 \times 7.5 = 2.325 \text{kmol/h}(74.4 \text{kg/h})$$

空气中的 N_2 量为：

$$(2.325 \times 79)/21 = 8.746 \text{kmol/h}(244.9 \text{kg/h})$$

干空气量为：

$$2.325 + 8.746 = 11.07 \text{kmol/h}(319.3 \text{kg/h 或 } 247.97 \text{m}^3/\text{h})$$

干空气带水量为：

$$319.3 \times 0.01 = 3.19 \text{kg/h}(0.177 \text{kmol/h})$$

（3）煤气中可燃烧成分的燃烧。

$$C_3H_6 + 4.5O_2 \longrightarrow 3CO_2 + 3H_2O$$
$$CO + 0.5O_2 \longrightarrow CO_2$$
$$H_2 + 0.5O_2 \longrightarrow H_2O$$
$$CH_4 + 2O_2 \longrightarrow CO_2 + 2H_2O$$

耗 O_2 量为：

$$0.006 \times 4.5 + 0.016 \times 0.5 + 0.14 \times 0.5 + 0.062 \times 2 - 0.001$$
$$= 0.228 \text{kmol/h}(7.3 \text{kg/h})$$

式中，0.001 为煤气含氧量。

干空气带 N_2 量为：

$$0.228 \times 79/21 = 0.86 \text{kmol/h}(24.08 \text{kg/h})$$

干空气量为：

$$0.228 + 0.86 = 1.088 \text{kmol/h}(31.38 \text{kg/h})$$

干空气带水量为：

$$31.38 \times 0.01 = 0.31 \text{kg/h}(0.017 \text{kmol/h})$$

燃烧所需的理论干空气量为：

$$712.64 + 319.3 + 31.38 = 1063.32 kg/h$$

干空气带入的水量为：

$$7.13 + 3.19 + 0.31 = 10.63 kg/h$$

燃烧所需的湿空气量为：

$$1063.32 + 10.63 = 1073.95 kg/h$$

克劳斯炉燃烧所需的空气量见表 6-16。

表 6-16 克劳斯炉燃烧所需的空气量

序号	项　目	kg/h	m^3/h
1	酸性气体中燃烧 H_2S 所需的干空气量	712.64	553
2	酸性气体中燃烧 C_6H_6 所需的干空气量	319.3	248
3	煤气燃烧所需的干空气量	31.38	24
4	上述 1、2、3 项干空气所带的水量	10.63	13
	克劳斯炉所需的干空气总量	1063.32	825
	克劳斯炉所需的湿空气总量	1073.95	838

c　炉内反应产物计算

（1）H_2S 的转化反应。

$$H_2S + 0.5O_2 \longrightarrow 0.5S_2 + H_2O \qquad (6-11)$$

$$H_2S + 1.5O_2 \longrightarrow SO_2 + H_2O \qquad (6-12)$$

H_2S 在炉内的转化率取 60%，由式（6-11）得产物：

S_2　　　　$10.38 \times 0.5 \times 0.6 = 3.114 kmol/h$

H_2O　　　$10.38 \times 0.6 = 6.228 kmol/h$

由式（6-12）得产物：

SO_2　　　$(10.38 \times 0.4)/3 = 1.384 kmol/h$

H_2O　　　$(10.38 \times 0.4)/3 = 1.384 kmol/h$

剩余 H_2S　$(10.38 \times 2 \times 0.4)/3 = 2.768 kmol/h$

（2）酸性气体中 NH_3 及 HCN 的还原分解。

$$NH_3 \longrightarrow 1.5H_2 + 0.5N_2 \qquad (6-13)$$

$$HCN + H_2O \longrightarrow 1.5H_2 + 0.5N_2 + CO \qquad (6-14)$$

由式（6-13）得产物：

H_2　　　　$0.34 \times 1.5 = 0.51 kmol/h$

N_2　　　　$0.34 \times 0.5 = 0.17 kmol/h$

由式（6-14）得产物：

H_2　　　　$0.1 \times 1.5 = 0.15 kmol/h$

N_2　　　　$0.1 \times 0.5 = 0.05 kmol/h$

CO　　　　$0.1 \times 1 = 0.1 kmol/h$

耗 H_2O　　$0.1 kmol/h$

（3）酸性气体中 C_6H_6 的燃烧。

$$C_6H_6 + 7.5O_2 \longrightarrow 6CO_2 + 3H_2O \qquad (6-15)$$

由式（6-15）得产物：

$$CO_2 \qquad 0.31 \times 6 = 1.86 kmol/h$$
$$H_2O \qquad 0.31 \times 3 = 0.93 kmol/h$$

（4）酸性气体中的保留成分。

$$CO_2 \qquad 11.48 kmol/h$$
$$H_2O \qquad 0.28 kmol/h$$

（5）煤气中可燃成分的燃烧。

$$C_3H_6 + 4.5O_2 \longrightarrow 3CO_2 + 3H_2O \qquad (6-16)$$
$$CO + 0.5O_2 \longrightarrow CO_2 \qquad (6-17)$$
$$H_2 + 0.5O_2 \longrightarrow H_2O \qquad (6-18)$$
$$CH_4 + 2O_2 \longrightarrow CO_2 + 2H_2O \qquad (6-19)$$

由式（6-16）得产物：

$$CO_2 \qquad 0.006 \times 3 = 0.018 kmol/h$$
$$H_2O \qquad 0.006 \times 3 = 0.018 kmol/h$$

由式（6-17）得产物：

$$CO_2 \qquad 0.016 kmol/h$$

由式（6-18）得产物：

$$H_2O \qquad 0.14 kmol/h$$

由式（6-19）得产物：

$$CO_2 \qquad 0.062 kmol/h$$
$$H_2O \qquad 0.062 \times 2 = 0.124 kmol/h$$

（6）煤气中保留的成分。

$$CO_2 \qquad 0.005 kmol/h$$
$$N_2 \qquad 0.022 kmol/h$$
$$H_2O \qquad 0.009 kmol/h$$
$$O_2 \qquad 已计入耗 O_2 量中$$

（7）空气带来的不反应物。

$$N_2 \qquad 19.52 + 8.746 + 0.86 = 29.126 kmol/h$$
$$H_2O \qquad 0.4 + 0.177 + 0.017 = 0.594 kmol/h$$

产物初步汇总：

$CO_2 \qquad 1.86 + 11.48 + 0.016 + 0.062 + 0.018 + 0.005 = 13.441 kmol/h$

$CO \qquad 0.1 kmol/h$

$H_2 \qquad 0.51 + 0.15 = 0.66 kmol/h$

$H_2S \qquad 2.768 kmol/h$

$SO_2 \qquad 1.384 kmol/h$

$S_2 \qquad 3.114 kmol/h$

$N_2 \qquad 0.17 + 0.05 + 0.022 + 29.126 = 29.368 kmol/h$

$H_2O \qquad 6.228 + 1.384 + 0.93 + 0.28 - 0.1 + 0.018 + 0.14 + 0.124 + 0.009 + 0.594$
$= 9.607 kmol/h$

反应产物的初步汇总见表6-17。

表6-17　克劳斯炉反应产物的初步汇总

项目	kg/h	kmol/h	m^3/h	%（体积分数）
CO_2	591.4	13.441	301.08	22.24
CO	2.8	0.1	2.24	0.17
H_2	1.32	0.66	14.78	1.09
H_2S	94.11	2.768	62	4.58
SO_2	88.58	1.384	31	2.29
S_2	199.3	3.114	69.75	5.15
N_2	822.3	29.368	657.84	48.59
H_2O	172.93	9.607	215.2	15.89
合计	1972.74	60.442	1353.89	100.00

但是，在克劳斯炉内 CO_2、H_2 与 H_2O、CO 存在如下平衡：

$$CO_2 + H_2 \rightleftharpoons CO + H_2O$$

得知：

$$K_p = \frac{p_{CO} \times p_{H_2O}}{p_{CO_2} \times p_{H_2}} = \frac{n_{CO} \times n_{H_2O}}{n_{CO_2} \times n_{H_2}} = \frac{1}{0.465}$$

将上述炉内有关组分带入，设达到平衡时 CO_2 有 x kmol 转化为 CO，则：

$$(0.1+x)(9.607+x)/(13.441-x)(0.66-x) = 1/0.465$$

解方程得：

$$x = 0.46\,kmol/h$$

按此反应，平衡时的产物如下：

CO_2　　13.441 - x = 13.441 - 0.46 = 12.981kmol/h（571.16kg/h 或 290.77m^3/h）

H_2　　0.66 - x = 0.66 - 0.46 = 0.2kmol/h（0.4kg/h 或 4.48m^3/h）

CO　　0.1 + x = 0.1 + 0.46 = 0.56kmol/h（15.68kg/h 或 12.54m^3/h）

H_2O　　9.607 + x = 9.607 + 0.46 = 10.067kmol/h（181.21kg/h 或 225.5m^3/h）

克劳斯炉出炉物料的组成见表6-18。

表6-18　克劳斯炉出炉物料的组成

组分	kg/h	kmol/h	m^3/h	%（体积分数）
CO_2	571.16	12.981	290.77	21.48
CO	15.68	0.56	12.54	0.93
H_2	0.4	0.2	4.48	0.33
H_2S	94.11	2.768	62	4.58
SO_2	88.58	1.384	31	2.29
S_2	199.3	3.114	69.75	5.15
N_2	822.3	29.368	657.84	48.59
H_2O	181.21	10.067	225.5	16.65
合计	1972.74	60.442	1353.88	100

离开克劳斯炉的过程气 $t=1100℃$，$p=0.1177MPa$，其物料平衡见表6-19。

表6-19　克劳斯炉的物料平衡　　　　　　　　　　　　（kg/h）

输　入		输　　出	
酸性气体	895.45		
煤气	3	出炉过程气	1972.74
空气　干空气	1063.32		
水汽	10.63		
小计	1972.4		1972.74

克劳斯炉的物料平衡如图6-22所示。

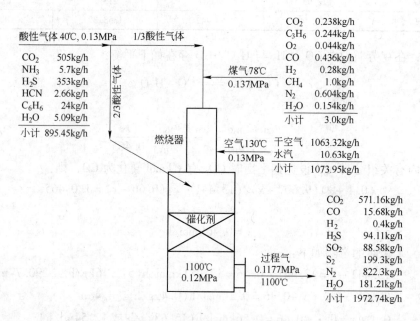

图6-22　克劳斯炉的物料平衡

6.10.2.2　热平衡

A　输入热量

（1）酸性气体带入的热量。酸性气体的入炉温度为40℃，压力为0.131MPa。各组分带入的热量为：

$$
\begin{array}{lll}
CO_2 & 11.48\times37.5\times40 & =17220kJ/h \\
NH_3 & 0.34\times35.8\times40 & =487kJ/h \\
H_2S & 10.38\times34.1\times40 & =14158kJ/h \\
HCN & 0.1\times36.6\times40 & =146kJ/h \\
C_6H_6 & 0.31\times94.1\times40 & =1167kJ/h \\
H_2O & 0.28\times33.7\times40 & =377kJ/h \\
\hline
小计 & 33555kJ/h &
\end{array}
$$

式中，37.5、35.8、34.1、36.6、94.1、33.7 分别为 CO_2、NH_3、H_2S、HCN、C_6H_6、H_2O 的摩尔热容，$kJ/(kmol \cdot ℃)$。

（2）空气带入热量。理论干空气量为 1063.32kg/h（36.868kmol/h）。其中，

$$O_2 \qquad 7.743kmol/h$$
$$N_2 \qquad 29.126kmol/h$$
$$H_2O \qquad 0.594kmol/h$$

空气入炉温度为 130℃，压力为 0.13MPa，各组分带入的热量为：

$$O_2 \qquad 7.743 \times 29.7 \times 130 = 29896kJ/h$$
$$N_2 \qquad 29.126 \times 28.9 \times 130 = 109426kJ/h$$
$$H_2O \qquad 0.594 \times 33.9 \times 130 = 2618kJ/h$$

$$\overline{\text{小计} \qquad 141940kJ/h}$$

式中，29.7、28.9、33.9 分别为 O_2、N_2、H_2O 的摩尔热容，$kJ/(kmol \cdot ℃)$。

（3）化学反应热。

1）H_2S 的转化热。

$$H_2S + 1.5O_2 \longrightarrow SO_2 + H_2O + 518.4kJ（放热） \qquad (6-20)$$

$$2H_2S + SO_2 \longrightarrow (3/x)S_x + 2H_2O \quad 260℃时，+145.7kJ（放热） \qquad (6-21)$$

$$1100℃时，-43kJ（吸热）$$

1100℃时式（6-20）和式（6-21）相加得：

$$3H_2S + 1.5O_2 \longrightarrow (3/x)S_x + 3H_2O + 475.4kJ（放热）$$

H_2S 在炉内转化率为 60%，则：

$$10.38 \times 60\% \times 475.4 \times 10^3 \times (1/3) = 986930kJ/h$$

2）H_2S 的燃烧热。

$$H_2S + 1.5O_2 \longrightarrow SO_2 + H_2O + 518.3kJ$$

$$10.38 \times 40\% \times 518.3 \times 10^3 \times (1/3) = 717327kJ/h$$

3）C_6H_6 的燃烧放热。

$$C_6H_6 + 7.5O_2 \longrightarrow 6CO_2 + 3H_2O \qquad \Delta H = -3303720kJ/kmol$$

$$0.31 \times 3303720 = 1024153kJ/h$$

4）NH_3 的分解吸热。

$$NH_3 \longrightarrow 0.5N_2 + 1.5H_2 \qquad \Delta H = 2922kJ/kgNH_3$$

$$5.7 \times 2922 = 16655kJ/h$$

5）HCN 的水解吸热。

$$HCN + H_2O \longrightarrow 1.5H_2 + 0.5N_2 + CO \qquad \Delta H = 62kJ/kgHCN$$

$$2.66 \times 62 = 165kJ/h$$

6）CO_2 与 H_2 的反应吸热。

$$CO_2 + H_2 \longrightarrow CO + H_2O \qquad \Delta H = 41399J/mol$$

CO_2 转化量为 0.46kmol/h，

$$0.46 \times 41399 = 19044kJ/h（吸热）$$

总计：$986930 + 717327 + 1024153 - 16655 - 165 - 19044 = 2692546kJ/h$

（4）煤气带来的显热及燃烧热。煤气的入炉温度为78℃，压力为0.137MPa。

1）显热。

$$
\begin{array}{ll}
CO_2 & 0.005 \times 37.5 \times 78 = 15 \text{kJ/h} \\
C_3H_6 & 0.006 \times 69.5 \times 78 = 33 \text{kJ/h} \\
O_2 & 0.001 \times 29.5 \times 78 = 2 \text{kJ/h} \\
CO & 0.016 \times 29.2 \times 78 = 36 \text{kJ/h} \\
H_2 & 0.14 \times 29 \times 78 = 317 \text{kJ/h} \\
CH_4 & 0.062 \times 37.3 \times 78 = 180 \text{kJ/h} \\
N_2 & 0.022 \times 29.1 \times 78 = 50 \text{kJ/h} \\
H_2O & 0.009 \times 33.7 \times 78 = 24 \text{kJ/h} \\
\text{小计} & 657 \text{kJ/h}
\end{array}
$$

式中，37.5、69.5、29.5、29.2、29、37.3、29.1、33.7 分别为 CO_2、C_3H_6、O_2、CO、H_2、CH_4、N_2、H_2O 的摩尔热容，kJ/（kmol·℃）。

2）燃烧热。

$$
\begin{array}{ll}
CO + 0.5O_2 \longrightarrow CO_2 & 0.016 \times 283153 = 4530 \text{kJ/h} \\
C_3H_6 + 4.5O_2 \longrightarrow 3CO_2 + 3H_2O & 0.006 \times 2052370 = 12314 \text{kJ/h} \\
H_2 + 0.5O_2 \longrightarrow H_2O & 0.14 \times 242000 = 33880 \text{kJ/h} \\
CH_4 + 2O_2 \longrightarrow CO_2 + H_2O & 0.062 \times 882577 = 54720 \text{kJ/h} \\
\text{小计} & 105444 \text{kJ/h}
\end{array}
$$

式中，283153、2052370、242000、882577 分别为 CO、C_3H_6、H_2、CH_4 的燃烧热，kJ/kmol。

煤气输入的热量为：

$$657 + 105444 = 106101 \text{kJ/h}$$

则总输入热量为：

$$Q_入 = 33555 + 141940 + 2692546 + 106101 = 2974142 \text{kJ/h}$$

B　输出热量

（1）过程气带出的热量（温度为1100℃，压力为0.1177MPa）。

$$
\begin{array}{ll}
CO_2 & 12.981 \times 50.2 \times 1100 = 716811 \text{kJ/h} \\
CO & 0.56 \times 31.4 \times 1100 = 19342 \text{kJ/h} \\
H_2 & 0.2 \times 30.1 \times 1100 = 6622 \text{kJ/h} \\
H_2S & 2.768 \times 42.3 \times 1100 = 128795 \text{kJ/h} \\
SO_2 & 1.384 \times 50.7 \times 1100 = 77186 \text{kJ/h} \\
S_2 & 3.114 \times 34.8 \times 1100 = 119204 \text{kJ/h} \\
N_2 & 29.368 \times 31.8 \times 1100 = 1027293 \text{kJ/h} \\
H_2O & 10.067 \times 39.4 \times 1100 = 436304 \text{kJ/h} \\
\text{小计} & 2531557 \text{kJ/h}
\end{array}
$$

式中，50.2、31.4、30.1、42.3、50.7、34.8、31.8、39.4 分别为 CO_2、CO、H_2、H_2S、

SO_2、S_2、N_2、H_2O 的摩尔热容，$kJ/(kmol \cdot ℃)$。

（2）热损失。热损失取输入热量的 5%，则：

$$2974142 \times 5\% = 148707 kJ/h$$

总输出热量为：

$$Q_出 = 2531557 + 148707 = 2680264 kJ/h$$

生产中调节煤气量和空气量以保持 1100℃ 炉温是可行的。

6.10.2.3　克劳斯炉设备计算

操作条件：

炉温	1100 ~ 1200℃
炉内压力	0.12MPa
酸性气体流量	895.45kg/h，512.73m³/h
空气流量	1073.95kg/h，838m³/h
煤气流量	3kg/h，5.8m³/h
酸性气体分配	1/3 送燃烧室，2/3 送入克劳斯炉
空气过剩系数	1
热负荷	2974142kJ/h

过程气通过炉子的实际体积（按出口状态计）为：

$$V = 1356.53 \times [(273 + 1100)/273] \times (0.1007/0.1177) = 5837 m^3/h$$

取过程气在炉内的线速度 $W = 0.8 m/s$，

$$D = \sqrt{\frac{V}{3600 \times 0.785W}} = \sqrt{\frac{5837}{3600 \times 0.785 \times 0.8}} = 1.61 m$$

取直径 $D = 1.8 m$。

炉膛热强度一般为 $418680 \sim 544280 kJ/(m^3 \cdot h)$，现取 $460000 kJ/(m^3 \cdot h)$，所需炉膛体积为：

$$2974142/460000 = 6.47 m^3$$

燃烧区的有效炉高为：

$$h_1 = 6.47/(0.785 \times 1.8^2) \approx 2.6 m$$

催化区高度 $h_2 = 2m$，炉膛有效高度为：

$$h = h_1 + h_2 = 2.6 + 2 = 4.6 m$$

克劳斯炉膛尺寸为 $\phi 1800mm \times 4600mm$，克劳斯炉总高度约为 8000mm。

6.10.3　废热锅炉

6.10.3.1　废热锅炉的作用

废热锅炉的作用如下：

（1）将克劳斯炉出口的过程气由 1100℃ 冷却到 270℃，该温度是 H_2S 和 SO_2 进一步转化和 CS_2、COS 水解的最佳温度。

（2）回收克劳斯炉出口过程气的热量，生产 0.55MPa 蒸汽，此水蒸气可用于本装置加热和保温。

（3）过程气分为两段气流进入废热锅炉，主气流进炉管冷却到 175℃，过程气中以气态存在的硫黄在此初步冷凝下来，并排出系统，以降低硫的分压，有利于Ⅰ段硫反应器中 H_2S 的转化反应。主气流占86%，进口温度为1100℃，出口温度为175℃。中央管气流占14%，进口温度为1100℃，出口温度为800℃。在废热锅炉尾气设有大小翻板可以调节两股气流的流量，使混合后气体温度在270~300℃之间。主气流在废热锅炉逐渐冷却，其中冷凝的硫流经废热锅炉末端下部的排出口排出，经硫密封槽进入硫池。主气流夹带的硫经捕集器捕集下来后流出。

6.10.3.2　废热锅炉的物料平衡

A　进入废热锅炉的过程气

废热锅炉入口过程气的组成见表6-20（$t=1100℃$，$p=0.1177MPa$）。

表6-20　废热锅炉入口过程气的组成

组成	86%进炉管		14%进中央管		进锅炉总量	
	kg/h	kmol/h	kg/h	kmol/h	kg/h	kmol/h
CO_2	491.2	11.164	79.96	1.817	571.16	12.981
CO	13.49	0.482	2.19	0.078	15.68	0.56
H_2	0.34	0.17	0.06	0.03	0.4	0.2
H_2S	80.94	2.381	13.17	0.387	94.11	2.768
SO_2	76.18	1.19	12.4	0.194	88.58	1.384
S_2	171.4	2.678	27.9	0.436	199.3	3.114
N_2	707.18	25.257	115.12	4.111	822.3	29.368
H_2O	155.84	8.658	25.37	1.409	181.21	10.067
小计	1696.57	51.98	276.17	8.462	1972.74	60.442

B　废热锅炉出口带走的硫

通过锅炉炉管过程气中的硫大部分被冷凝下来，但是出口仍带走一部分硫，其量设为 Xkmol/h。出口过程气的温度 $t=175℃$ 时，硫蒸气压 $p'_s=107Pa$，此时总压为111540Pa，求过程气带走的硫量 X 为：

$$p'_s = p_总(n_s/n_总)$$

代入数据得：

$$107 = 11540 \times \frac{X}{51.98 - 2.678 + X}$$

解方程得：

$$X = 0.0472kmol/h\ (3.02kg/h)$$

硫的最大冷凝量为：

$$171.4 - 3.02 = 168.38kg/h$$

此值为理想值，实际值应乘以0.8~0.9的校正系数，取140kg/h。则随主气流带走的硫为：

$$171.4 - 140 = 31.4kg/h$$

此时中央导管带走的硫为27.9kg/h，总带出的硫黄为：

$31.4 + 27.9 = 59.3\text{kg/h}$，以 S_6 表示为 0.309kmol/h

废热锅炉出口的物料组成见表 6-21（废热锅炉出口混合气的温度 t 为 270℃，压力 p 为 0.1142MPa）。

表 6-21　废热锅炉出口的物料组成

组成	炉管出口86%		中央导管14%		混合气体出口	
	kg/h	kmol/h	kg/h	kmol/h	kg/h	kmol/h
CO_2	491.2	11.164	79.96	1.817	571.16	12.981
CO	13.49	0.482	2.19	0.078	15.68	0.56
H_2	0.34	0.17	0.06	0.03	0.4	0.2
H_2S	80.94	2.381	13.17	0.387	94.11	2.768
SO_2	76.18	1.19	12.4	0.194	88.58	1.384
S_6	31.4	0.164	27.9	0.145	59.3	0.309
N_2	707.18	25.257	115.12	4.111	822.3	29.368
H_2O	155.84	8.658	25.37	1.409	181.21	10.067
小计	1556.57	49.466	276.17	8.171	1832.74	57.637

废热锅炉的物料平衡见表 6-22。

表 6-22　废热锅炉的物料平衡

输　入	物料量/kg·h^{-1}	输　出	物料量/kg·h^{-1}
进入炉管的过程气	1696.57	混合过程气	1832.74
进中央管的过程气	276.17	液　硫	140
合　计	1972.74	合　计	1972.74

6.10.3.3　废热锅炉热平衡

A　输入热量

（1）过程气中不凝性气体带入的热量。

$$CO_2 \qquad 12.981 \times 50.2 \times 1100 = 716811\text{kJ/h}$$
$$CO \qquad 0.56 \times 31.4 \times 1100 = 19342\text{kJ/h}$$
$$H_2 \qquad 0.2 \times 30.1 \times 1100 = 6622\text{kJ/h}$$
$$H_2S \qquad 2.768 \times 42.3 \times 1100 = 128795\text{kJ/h}$$
$$SO_2 \qquad 1.384 \times 50.7 \times 1100 = 77186\text{kJ/h}$$
$$N_2 \qquad 29.368 \times 31.8 \times 1100 = 1027293\text{kJ/h}$$
$$H_2O \qquad 10.067 \times 39.4 \times 1100 = 436304\text{kJ/h}$$

合计　　　　2412353kJ/h

式中，50.2、31.4、30.1、42.3、50.7、31.8、39.4 分别为 CO_2、CO、H_2、H_2S、SO_2、N_2、H_2O 的摩尔热容，$kJ/(kmol \cdot \text{℃})$。

（2）硫黄变态热。来自克劳斯炉的过程气中硫黄以 S_2 形式存在，当温度逐渐降低时，会变为 $S_2 \sim S_8$ 的混合物，现以 S_6 计，其变态热为：

$$3.114 \times 136.07 \times 10^3 = 423722 kJ/h$$

（3）硫黄的冷凝冷却热。废热锅炉入口过程气中硫露点的计算。入口过程气压力为 117709Pa，入口过程气中硫含量为 3.114kmol/h，总量为 60.442kmol/h。

则硫的分压为：

$$p'_s = \frac{117709 \times 3.114}{60.442} = 6064 Pa$$

查表得露点为 298℃。

1）计算不冷凝硫的冷却热。主气流中硫蒸气的冷却热为：

$$31.4 \times 0.473 \times (1100 - 175) = 13738 kJ/h$$

式中，0.473 为硫蒸气的比热容，$kJ/(kg \cdot \text{℃})$。

中央管内硫蒸气的冷却热为：

$$27.9 \times 0.481 \times (1100 - 800) = 4026 kJ/h$$

式中，0.481 为硫蒸气的比热容，$kJ/(kg \cdot \text{℃})$。

2）计算冷凝硫的冷却及冷凝放出的热量。其中包括硫蒸气由 1100℃ 冷却至 298℃ 放出的显热 Q_1、硫蒸气由 298℃ 冷凝放出的冷凝热 Q_2、液硫由 298℃ 冷却到 175℃ 放出的显热 Q_3。

$$Q_1 = 140 \times 0.473 \times (1100 - 298) = 53108 kJ/h$$

$$Q_2 = 140 \times 265.4 = 37156 kJ/h$$

式中，265.4 为硫的冷凝热，kJ/kg。

在计算 Q_3 时，由于冷凝冷却是逐步进行的，故取气态和液态硫冷却放热的平均值。气态硫由 298℃ 冷却到 175℃ 时放出的热量为：

$$140 \times 0.44 \times (298 - 175) = 7577 kJ/h$$

液硫由 298℃ 冷却到 175℃ 时放出的热量为：

$$140 \times 1.168 \times (298 - 175) = 20113 kJ/h$$

则

$$Q_3 = \frac{7577 + 20113}{2} = 13845 kJ/h$$

所以，进入炉管的主气流中硫的冷凝冷却热为：

$$Q_1 + Q_2 + Q_3 = 53108 + 37156 + 13845 = 104109 kJ/h$$

输入总热量为：

$$Q_入 = 2412353 + 423722 + 13738 + 4026 + 104109 = 2957948 kJ/h$$

B　输出热量

（1）由炉管主气流带走的热量（未冷凝的气态硫在本节 A 中已单独计算）。

CO_2	$11.164 \times 40 \times 175 = 78148kJ/h$
CO	$0.482 \times 29.1 \times 175 = 2455kJ/h$
H_2	$0.17 \times 29.1 \times 175 = 866kJ/h$
H_2S	$2.381 \times 34 \times 175 = 14167kJ/h$
SO_2	$1.19 \times 42.1 \times 175 = 8767kJ/h$
N_2	$25.257 \times 29.3 \times 175 = 129505kJ/h$
H_2O	$8.658 \times 29.3 \times 175 = 44394kJ/h$
小计	$278302kJ/h$

式中，40、29.1、29.1、34、42.1、29.3、29.3 分别为 CO_2、CO、H_2、H_2S、SO_2、N_2、H_2O 的摩尔热容，$kJ/(kmol \cdot ℃)$。

（2）中央导管气流带出的热量（未冷凝的气态硫在本节 A 中已单独计算）。

CO_2	$1.817 \times 49.4 \times 800 = 71808kJ/h$
CO	$0.078 \times 30.6 \times 800 = 1909kJ/h$
H_2	$0.03 \times 29.3 \times 800 = 703kJ/h$
H_2S	$0.387 \times 40.2 \times 800 = 12446kJ/h$
SO_2	$0.194 \times 49 \times 800 = 7605kJ/h$
N_2	$4.111 \times 30.1 \times 800 = 98993kJ/h$
H_2O	$1.409 \times 37.3 \times 800 = 42045kJ/h$
小计	$235509kJ/h$

式中，49.4、30.6、29.3、40.2、49、30.1、37.3 分别为 CO_2、CO、H_2、H_2S、SO_2、N_2、H_2O 的摩尔热容，$kJ/(kmol \cdot ℃)$。

（3）锅炉生产 0.55MPa 蒸汽带走的热量。

设锅炉产生的蒸汽量为 x kg/h，则

$$x(2747 - 536) = 2211x \, kJ/h$$

（4）锅炉的热损失。将锅炉的热损失按输入热量的 5% 计算，

$$2957948 \times 5\% = 147897kJ/h$$

输出总热量为：

$$Q_出 = 278302 + 235509 + 2211x + 147897 = (661708 + 2211x) kJ/h$$

令

$$Q_入 = Q_出$$

$$2957948 = 661708 + 2211x$$

$$x = 1038kg/h$$

废热锅炉回收的热量为：

$2957948 - 661708 = 2296240kJ/h$，占输入热量的 77.6%。

C　废热锅炉混合气体出口温度的计算

（1）通过炉管的主气流出口带出的热量（不包括硫蒸气）为 278302kJ/h。

（2）通过中央导管的气流带出热量（不包括硫蒸气）为 235509kJ/h。

（3）未冷凝的硫蒸气带出的热量为：

$$31.4 \times 0.435 \times 175 + 27.9 \times 0.473 \times 800 = 12947 kJ/h$$

总热量为：

$$278302 + 235509 + 12947 = 526758 kJ/h$$

设混合气体的温度为 t℃，则混合气体热量为：

CO_2	$12.981 \times 41.5t =$	$538.7t$ kJ/h
CO	$0.56 \times 29.5t =$	$16.5t$ kJ/h
H_2	$0.2 \times 29.3t =$	$5.9t$ kJ/h
H_2S	$2.768 \times 35.6t =$	$98.5t$ kJ/h
SO_2	$1.384 \times 43.3t =$	$59.9t$ kJ/h
S_6	$0.309 \times 25.5t =$	$7.9t$ kJ/h
N_2	$29.368 \times 29.3t =$	$860.5t$ kJ/h
H_2O	$10.067 \times 34.3t =$	$345.3t$ kJ/h
小计		$1933.2t$ kJ/h

$$t = \frac{526758}{1933.2} = 273℃$$

式中，41.5、29.5、29.3、35.6、43.3、25.5、29.3、34.3 分别为 CO_2、CO、H_2、H_2S、SO_2、S_6、N_2、H_2O 的摩尔热容，kJ/(kmol·℃)。

按273℃计算，废热锅炉出口过程气带出的热量为：

CO_2	$12.981 \times 41.5 \times 273 =$	$147068 kJ/h$
CO	$0.56 \times 29.5 \times 273 =$	$4510 kJ/h$
H_2	$0.2 \times 29.3 \times 273 =$	$1600 kJ/h$
H_2S	$2.768 \times 35.6 \times 273 =$	$26902 kJ/h$
SO_2	$1.384 \times 43.3 \times 273 =$	$16360 kJ/h$
S_6	$0.309 \times 82 \times 273 =$	$6917 kJ/h$
N_2	$29.368 \times 29.3 \times 273 =$	$234912 kJ/h$
H_2O	$10.067 \times 34.3 \times 273 =$	$94266 kJ/h$
小计		$532535 kJ/h$

6.10.3.4　换热面积计算

A　操作条件

过程气入口温度		1100℃
过程气出口温度	主气流	175℃
	中央管	800℃
过程气流量　86%	主气流	1697kg/h
	14%中央管	276kg/h
热负荷		2957948kJ/h
主气流	$2412353 \times 86\% + 423722 \times 86\% + 13738 + 104109 =$	2556872kJ/h
中央管	$2412353 \times 14\% + 423722 \times 14\% + 4026 =$	401076kJ/h

B　换热面积计算

（1）主气流换热面积的计算。

$$\begin{array}{lcc} \text{过程气} & 1100℃ \longrightarrow 175℃ \\ \underline{\text{蒸汽}} & \underline{152℃ \longleftarrow 152℃} \\ \text{温差} & 948℃ & 23℃ \end{array}$$

$$\Delta t = \frac{948 - 23}{2.3\lg\dfrac{948}{23}} = 249℃$$

一般取传热系数 $K = 35 \sim 60\text{W}/(\text{m}^2 \cdot ℃)$，取 $K = 35\text{W}/(\text{m}^2 \cdot ℃)$，则所需的换热面积 F 为：

$$F = \frac{2556872}{3.6 \times 35 \times 249} = 82\text{m}^2$$

取安全系数 $\varphi = 1.3$，则主气流换热面积为 107m^2。

（2）中央管换热面积的计算。

$$\begin{array}{lcc} \text{过程气} & 1100℃ \longrightarrow 800℃ \\ \underline{\text{蒸汽}} & \underline{152℃ \longleftarrow 152℃} \\ \text{温差} & 948℃ & 648℃ \end{array}$$

$$\Delta t = \frac{948 - 648}{2.3\lg\dfrac{948}{648}} = 789℃$$

取传热系数 $K = 46\text{W}/(\text{m}^2 \cdot ℃)$，则所需的换热面积 F 为：

$$F = \frac{401076}{3.6 \times 46 \times 789} = 3\text{m}^2$$

取换热总面积为 117m^2。

6.10.4　I段硫反应器

过程气一般以 $270 \sim 273℃$ 进入 I 段硫反应器，在催化剂作用下，H_2S 进一步转化为元素硫。

6.10.4.1　物料平衡

（1）进入 I 段硫反应器过程气的组成见表 6 - 23。

表 6 - 23　进入 I 段硫反应器过程气的组成

组成	kg/h	kmol/h	m³/h	%（体积分数）
CO_2	571.16	12.981	290.77	22.48
CO	15.68	0.56	12.54	0.97
H_2	0.4	0.2	4.48	0.35
H_2S	94.11	2.768	62	4.79
SO_2	88.58	1.384	31	2.4
S_6	59.3	0.309	6.92	0.54

组成	kg/h	kmol/h	m³/h	%（体积分数）
N_2	822.3	29.368	657.84	50.86
H_2O	181.21	10.067	227.74	17.61
合计	1832.74	57.637	1293.29	100

入口过程气的压力为 114207Pa，硫的分压为：

$$p_{S_6} = \frac{114207 \times 0.309}{57.637} = 612\text{Pa}$$

硫露点为 219℃，Ⅰ 段硫反应器的操作温度为 270 ~ 300℃。

（2）反应及其产物。

$$2H_2S + SO_2 \longrightarrow (3/x)S_x + 2H_2O$$

S_x 按 S_6，转化率按 50%（对入口 H_2S 而言）计算，由式（6 – 21）得：

S_6	$2.768 \times (1/2)(3/6) \times 0.5 = 0.346\text{kmol/h}$	（66.432kg/h）
H_2O	$2.768 \times 0.5 = 1.384\text{kmol/h}$	（24.912kg/h）
余　H_2S	$2.768 \times 0.5 = 1.384\text{kmol/h}$	（47.056kg/h）
SO_2	$1.384 \times 0.5 = 0.692\text{kmol/h}$	（44.288kg/h）

所以 Ⅰ 段硫反应器出口：

H_2O	$10.067 + 1.384 = 11.451\text{kmol/h}$	（206.12kg/h）
S_6	$0.309 + 0.346 = 0.655\text{kmol/h}$	（125.76kg/h）

Ⅰ 段硫反应器出口的物料组成见表 6 – 24。

表 6 – 24　Ⅰ 段硫反应器出口的物料组成

组成	kg/h	kmol/h	m³/h	%（体积分数）
CO_2	571.16	12.981	290.77	22.66
CO	15.68	0.56	12.54	0.98
H_2	0.4	0.2	4.48	0.35
H_2S	47.056	1.384	31	2.42
SO_2	44.288	0.692	15.5	1.2
S_6	125.76	0.655	14.67	1.14
N_2	822.3	29.368	657.84	51.26
H_2O	206.12	11.451	256.5	19.99
合计	1832.76	57.291	1283.3	100

（3）Ⅰ 段硫反应器出口硫的露点计算。

Ⅰ 段硫反应器出口压力为 112108Pa，硫蒸汽分压为：

$$p'_{S_6} = 112108 \times \frac{0.655}{57.291} = 1300\text{Pa}$$

查表 14 – 3 得硫的露点为 244℃（Ⅰ 段硫反应器出口温度为 317℃）。

6.10.4.2 Ⅰ段硫反应器的热平衡

A 输入热量

（1）过程气带入热量为532535kJ/h。

（2）反应热。

$$2H_2S + SO_2 \xrightarrow{270℃} (3/x)S_x + 2H_2O$$

$$\Delta H = -147.7kJ \text{ 放热} \quad (72846kJ/kmol \text{ 硫化氢})$$

则反应热为：

$$2.768 \times 0.5 \times 72846 = 100820kJ/h$$

总输入热量为：

$$Q_入 = 532535 + 100820 = 633355kJ/h$$

B 输出热量

过程气带出热量（设出口温度 t ℃）

CO_2	$12.981 \times 41.87t = 543.5t$ kJ/h
CO	$0.56 \times 29.7t = 16.6t$ kJ/h
H_2	$0.2 \times 29.3t = 5.9t$ kJ/h
H_2S	$1.384 \times 36.4t = 50.4t$ kJ/h
SO_2	$0.692 \times 44t = 30.4t$ kJ/h
S_6	$0.655 \times 0.44 \times 192t = 55.3t$ kJ/h
N_2	$29.368 \times 29.3t = 860.5t$ kJ/h
H_2O	$11.451 \times 34.54t = 395.5t$ kJ/h
小计	$1958t$ kJ/h

式中，41.87、29.7、29.3、36.4、44、0.44、29.3、34.54 分别为 CO_2、CO、H_2、H_2S、SO_2、S_6、N_2、H_2O 的摩尔热容，kJ/(kmol·℃)。

C 热损失

取热损失为输入热量的2%，则：

$$633355 \times 2\% = 12667kJ/h$$

输出总热量为：

$$Q_出 = 1958t + 12667$$

令

$$Q_入 = Q_出$$

$$633355 = 1958t + 12667$$

$$t = 317℃$$

过程气带出的热量为：

$$1958 \times 317 = 620686kJ/h$$

S_6 的比热容按下式（6-22）计算：

$$c_{S_6} = 0.427 + 5.78 \times 10^{-5}t \text{ kJ/(kg·℃)} \tag{6-22}$$

6.10.5 过程气换热器

过程气换热器如图6-23所示。

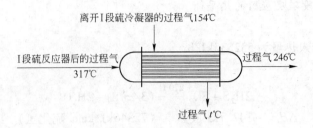

图 6 - 23　过程气换热器

从图 6 - 23 中可以看出，由 I 段硫反应器来的 317℃过程气在换热器中被冷却到 246℃，放出的热量用来加热 I 段冷凝器后的过程气，使其达到 II 段硫反应器所需的温度 220℃，且换热器内的物料没有变化。

6. 10. 5. 1　热平衡

通过热量平衡来计算被加热过程气的出口温度 t℃。

A　输入热量

（1）来自 I 段硫反应器的过程气（317℃）带入的热量为 620686kJ/h。

（2）I 段硫冷凝器后过程气带入的热量为 286932kJ/h。

则输入总热量为：

$$Q_入 = 620686 + 286932 = 907618kJ/h$$

B　输出热量

（1）过程气换热器后的过程气（246℃）带走的热量。

CO_2	$12.981 \times 41.0 \times 246 = 131926kJ/h$
CO	$0.56 \times 29.3 \times 246 = 4036kJ/h$
H_2	$0.2 \times 29.3 \times 246 = 1442kJ/h$
H_2S	$1.384 \times 35.2 \times 246 = 11984kJ/h$
SO_2	$0.692 \times 42.9 \times 246 = 7303kJ/h$
S_6	$0.655 \times 0.44 \times 192 \times 246 = 13612kJ/h$
N_2	$29.368 \times 29.3 \times 246 = 211679kJ/h$
H_2O	$11.451 \times 34.12 \times 246 = 96114kJ/h$
小计	$477096kJ/h$

式中，41.0、29.3、29.3、35.2、42.9、0.44、29.3、34.12 分别为 CO_2、CO、H_2、H_2S、SO_2、S_6、N_2、H_2O 的摩尔热容，kJ/（kmol·℃）。

（2）设过程气被加热到 220℃，其带走的热量。

CO_2	$12.981 \times 41.0 \times 220 = 117089kJ/h$
CO	$0.56 \times 29.3 \times 220 = 3610kJ/h$
H_2	$0.2 \times 29.3 \times 220 = 1289kJ/h$
H_2S	$1.384 \times 35.2 \times 220 = 10718kJ/h$
SO_2	$0.692 \times 42.9 \times 220 = 6531kJ/h$
S_6	$0.021 \times 0.44 \times 192 \times 220 = 390kJ/h$

N_2	$29.368 \times 29.3 \times 220 = 189306kJ/h$
H_2O	$11.451 \times 34.12 \times 220 = 85956kJ/h$
小计	$414889kJ/h$

（3）热损失按总输入热量的2%计，即：

$$907618 \times 2\% = 18352kJ/h$$

则输出总热量为：

$$Q_{出} = 477096 + 414889 + 18352 = 910337kJ/h$$

输入热量与输出热量如此接近，设过程气出口温度 $t = 220℃$ 正确。

6.10.5.2 换热器面积计算

操作条件：

Ⅰ段硫反应器后过程气进入换热器的温度　317℃
Ⅰ段硫反应器后过程气离开换热器的温度　246℃
Ⅰ段硫冷凝器后过程气进入换热器的温度　154℃
Ⅰ段硫冷凝器后过程气离开换热器的温度　220℃

换热量为：

$$620686 - 477096 = 143590kJ/h$$

被冷却的过程气	317℃ $\longrightarrow$ 246℃	
被加热的过程气	220℃ $\longleftarrow$ 154℃	
温差	97℃	92℃

$$\Delta t = 94.5℃$$

取传热系数 $K = 23W/(m^2 \cdot ℃)$，则所需的换热面积 F 为：

$$F = \frac{143590}{3.6 \times 23 \times 94.5} = 18m^2$$

选换热器的换热面积为 $37m^2$。

6.10.6　Ⅰ段硫冷凝器

6.10.6.1　物料平衡

进入Ⅰ段硫冷凝器的过程气温度为 $246℃$，$p = 110604Pa$。离开Ⅰ段硫冷凝器的过程气温度为 $154℃$，$p = 108908Pa$。Ⅰ段硫冷凝器的入口过程气组成与Ⅰ段硫反应器出口的过程气组成相同。

Ⅰ段硫冷凝器入口硫露点温度的计算，硫分压为：

$$p_{S_6} = 110604 \times \frac{0.655}{57.291} = 1265Pa$$

查不同压力下硫的露点表 $14 - 3$ 得露点温度为 $243℃$。

Ⅰ段硫冷凝器的出口过程气温度 $154℃$，查硫的饱和蒸气压为 $40Pa$，出口物料中含硫为 X kmol，

则：

$$40 = 108908 \times \frac{X}{57.291 - 0.655 - X}$$

解：

$$X = 0.021kmol/h \quad (4.03kg/h)$$

在冷凝器中冷凝的硫量为：

$$125.76 - 4.03 = 121.73 kg/h$$

I 段硫冷凝器的出口物料组成见表 6 - 25($t = 154℃$, $p = 108908 Pa$)。

表 6 - 25　I 段硫冷凝器的出口物料组成

组成	kg/h	kmol/h	m³/h	% （体积分数）
CO_2	571.16	12.981	290.77	22.91
CO	15.68	0.56	12.54	0.99
H_2	0.4	0.2	4.48	0.35
H_2S	47.056	1.384	31	2.44
SO_2	44.288	0.692	15.5	1.22
S_6	4.03	0.021	0.47	0.04
N_2	822.3	29.368	657.84	51.84
H_2O	206.12	11.451	256.5	20.21
合计	1711.03	56.657	1269.1	100

I 段硫冷凝器出口的硫露点温度的计算，硫分压为：

$$p_{S_6} = \frac{108908 \times 0.021}{56.657} = 40.4 Pa$$

查表 14 - 3 得露点为 154℃。

6.10.6.2　I 段硫冷凝器的热平衡

A　输入热量

（1）由换热器来的过程气中不凝性气体带来的热量。

CO_2　　　　$12.981 \times 41 \times 246 = 130926 kJ/h$

CO　　　　$0.56 \times 29.3 \times 246 = 4036 kJ/h$

H_2　　　　$0.2 \times 29.3 \times 246 = 1442 kJ/h$

H_2S　　　　$1.384 \times 35.2 \times 246 = 11984 kJ/h$

SO_2　　　　$0.692 \times 42.9 \times 246 = 7303 kJ/h$

S_6　　　　$0.021 \times 0.44 \times 192 \times 246 = 436 kJ/h$ （冷凝硫单独计算）

N_2　　　　$29.368 \times 29.3 \times 246 = 211679 kJ/h$

H_2O　　　　$11.451 \times 34.12 \times 246 = 96119 kJ/h$

小计　　　　$463920 kJ/h$

（2）硫黄冷凝冷却时放出的热量。

进入 I 段硫冷凝器的过程气温度为 246℃，入口硫露点温度为 243℃。离开 I 段硫冷凝器的过程气温度为 154℃。

硫黄冷凝冷却时放出的热量应包括以下三部分：

1）硫蒸气由 246℃ 冷却至露点 243℃ 时放出的显热；

2）硫蒸气冷凝时放出的冷凝热；

3）液硫由 243℃ 冷却至 154℃ 时放出的热量。

硫蒸气按 S_6 计，其比热容按式（6-23）计算：

$$c_{S_6} = 0.427 + 5.78 \times 10^{-5}t \qquad (6-23)$$

当 $t = 246\,℃$ 时，

$$c_{S_6} = 0.44\,kJ/(kg \cdot ℃)$$

硫蒸气由 246℃ 冷却至露点 243℃ 时放出的热量为：

$$121.73 \times 0.44 \times (246 - 243) = 161\,kJ/h$$

硫蒸气冷凝时放出的冷凝热为：

$$121.73 \times 265.5 = 32319\,kJ/h$$

在计算液硫由 243℃ 冷却至 154℃ 时放出的热量时，考虑到冷凝过程是逐渐进行的，故计算时取纯气态和液态冷却放热的平均值。

纯气态冷却热为：

$$121.73 \times 0.44 \times (243 - 154) = 4767\,kJ/h$$

纯液态冷却热为：

$$121.73 \times 1.168 \times (243 - 154) = 12654\,kJ/h$$

平均值为：

$$(4767 + 12654)/2 = 8711\,kJ/h$$

硫黄冷凝冷却时放出热量的总和为：

$$161 + 32319 + 8711 = 41191\,kJ/h$$

输入总热量为：

$$Q_入 = 463920 + 41191 = 505111\,kJ/h$$

B　输出热量

（1）Ⅰ段硫冷凝器出口过程气中（154℃）不凝气体带出的热量。

CO_2	$12.981 \times 40 \times 154 = 79963\,kJ/h$
CO	$0.56 \times 29.3 \times 154 = 2527\,kJ/h$
H_2	$0.2 \times 29.3 \times 154 = 902\,kJ/h$
H_2S	$1.384 \times 34.8 \times 154 = 7417\,kJ/h$
SO_2	$0.692 \times 41.9 \times 154 = 4465\,kJ/h$
S_6	$0.021 \times 0.43 \times 192 \times 154 = 267\,kJ/h$
N_2	$29.368 \times 29.1 \times 154 = 131610\,kJ/h$
H_2O	$11.451 \times 33.9 \times 154 = 59781\,kJ/h$
小计	$286932\,kJ/h$

式中，40、29.3、29.3、34.8、41.9、0.43、29.1、33.9 分别为 CO_2、CO、H_2、H_2S、SO_2、S_6、N_2、H_2O 的摩尔热容，$kJ/(kmol \cdot ℃)$。

（2）热损失取输入总热量的 2% 计。

$$505111 \times 2\% = 10102\,kJ/h$$

（3）自产蒸汽（0.3MPa）带走的热量。设蒸汽量为 X kg/h，

$$X(2716 - 536) = 2180X\,kJ/h$$

输出总热量为：

$$Q_{出} = 286932 + 10102 + 2180X = (297034 + 2180X)\text{kJ/h}$$

令
$$Q_{入} = Q_{出}$$
$$505111 = 297034 + 2180X$$
$$X = 96\text{kg/h}$$

自产 0.3MPa 蒸汽量为 96kg/h。

6.10.7　Ⅱ段硫反应器

6.10.7.1　Ⅱ段硫反应器的物料平衡

过程气在Ⅱ段硫反应器中进行 H_2S 的 SO_2 的转化反应，由于温度较低，其转化率取 65%。进入Ⅱ段硫反应器的过程气组成（$t = 220℃$，$p = 105208\text{Pa}$）见表 6-26。

表 6-26　Ⅱ段硫反应器入口的过程气组成

组成	kg/h	kmol/h	m³/h	%（体积分数）
CO_2	571.16	12.981	290.77	22.91
CO	15.68	0.56	12.54	0.99
H_2	0.4	0.2	4.48	0.35
H_2S	47.056	1.384	31	2.44
SO_2	44.288	0.692	15.5	1.22
S_6	4.03	0.021	0.47	0.04
N_2	822.3	29.368	657.84	51.84
H_2O	206.12	11.451	256.5	20.21
合计	1711.03	56.657	1269.1	100

进入Ⅱ段硫反应器的过程气的硫分压为：

$$p_{S_6} = 105208 \times \frac{0.021}{56.657} = 39\text{Pa}$$

查表 14-3 得硫黄的露点温度为 153℃。反应物及产物如下：

$$2H_2S + SO_2 \longrightarrow (3/x)\ S_x + 2H_2O\ (S_x\ 按\ S_6\ 计)$$

反应生成物：

S_6　　　　 $1.384 \times (1/2) \times (3/6) \times 0.65 = 0.2249\text{kmol/h}\ (43.18\text{kg/h})$

H_2O　　　 $1.384 \times 0.65 = 0.9\text{kmol/h}(16.2\text{kg/h})$

剩余：

H_2S　　　 $1.384 \times 0.35 = 0.4844\text{kmol/h}(16.47\text{kg/h})$

SO_2　　　 $0.692 \times 0.35 = 0.2422\text{kmol/h}(15.5\text{kg/h})$

Ⅱ段硫反应器出口：

S_6　　　　 $0.021 + 0.2249 = 0.2459\text{kmol/h}(47.21\text{kg/h})$

H_2O　　　 $11.451 + 0.9 = 12.35\text{kmol/h}(222.3\text{kg/h})$

Ⅱ段硫反应器出口的过程气组成（$t = 246℃$，$p = 103111\text{Pa}$）见表 6-27。

表 6－27　Ⅱ段硫反应器出口过程气的组成

组成	kg/h	kmol/h	m³/h	%（体积分数）
CO_2	571.16	12.981	290.77	23
CO	15.68	0.56	12.54	0.99
H_2	0.4	0.2	4.48	0.35
H_2S	16.47	0.4844	10.85	0.86
SO_2	15.5	0.2422	5.43	0.43
S_6	47.21	0.2459	5.51	0.44
N_2	822.3	29.368	657.84	52.04
H_2O	222.3	12.35	276.64	21.89
合计	1711.02	56.43	1264.06	100

Ⅱ段硫反应器出口的过程气总压 $p = 103111Pa$。

硫蒸气分压为：

$$p_{S_6} = 103111 \times \frac{0.2459}{56.43} = 449Pa$$

查表 14－3 得硫的露点温度为 212℃。

6.10.7.2　Ⅱ段硫反应器的热平衡

A　输入热量

（1）过程气带入的热量（来自换热器 220℃）为 414889kJ/h。

（2）化学反应热。

$$2H_2S + SO_2 \xrightarrow{220℃} (3/x)S_x + 2H_2O \quad \Delta H = 72846J/mol$$

则反应热为：

$$1.384 \times 0.65 \times 72846 = 65532kJ/h$$

输入总热量为：

$$Q_入 = 414889 + 65532 = 480421kJ/h$$

B　输出热量

（1）246℃过程气带走的热量。

CO_2　　　　　$12.981 \times 41.1 \times 246 = 131246kJ/h$

CO　　　　　$0.56 \times 29.3 \times 246 = 4036kJ/h$

H_2　　　　　$0.2 \times 29.3 \times 246 = 1442kJ/h$

H_2S　　　　　$0.4844 \times 35.2 \times 246 = 4195kJ/h$

SO_2　　　　　$0.2422 \times 42.9 \times 246 = 2556kJ/h$

S_6　　　　　$0.2459 \times 0.44 \times 192 \times 246 = 5110kJ/h$

N_2　　　　　$29.368 \times 29.3 \times 246 = 211679kJ/h$

H_2O　　　　　$12.35 \times 34.12 \times 246 = 103660kJ/h$

小计　　　　　463924kJ/h

（2）热损失取输入热量的 2%。

$$480421 \times 2\% = 9608 \text{kJ/h}$$

输出总热量为:

$$Q_{出} = 463924 + 9608 = 473532 \text{kJ/h}$$

输入与输出热量相近,246℃正确。

6.10.7.3　硫反应器设备的选择

硫反应器的操作参数见表 6-28。

表 6-28　硫反应器的操作参数

过程气		I 段		II 段	
		进口	出口	进口	出口
温度/℃		273	317	220	246
压力/MPa		0.1142	0.1121	0.1052	0.1031
流量	kg/h	1832.74	1832.76	1711.03	1711.02
	m³/h	1293.29	1283.3	1269.1	1264.06
露点/℃		219	243	153	212
催化剂	CR	1.2m³, 425mm		2.4m³, 850mm	
	CRS21	1.2m³, 425mm			

(1) I 段硫反应器所需催化剂体积的计算。

平均的体积流量为:

$$Q_{平均} = (1283.30 + 1293.29)/2 = 1288 \text{m}^3/\text{h}$$

取催化剂层空速为 800m³/(m³·h),则所需的催化剂体积为:

$$1288/800 = 1.61 \text{m}^3$$

取 2m³。

催化剂床高为:

$$h = 0.85 \text{m}$$

则

$$D = \sqrt{\frac{2}{0.785 \times 0.85}} = 1.73 \text{m}$$

取硫反应器直径为 φ2000mm,长约 3000mm。

(2) 过程气平均速度计算。

进入 I 段硫反应器过程气的实际体积为:

$$1293.29 \times \frac{273 + 317}{273} \times \frac{0.1007}{0.1142} = 2465 \text{m}^3/\text{h}$$

出口的实际体积为:

$$1283.30 \times \frac{273 + 317}{273} \times \frac{0.1007}{0.1121} = 2491 \text{m}^3/\text{h}$$

平均体积为:

$$(2465 + 2491)/2 = 2478 \text{m}^3/\text{h}$$

平均线速为:

$$v = \frac{2378}{0.785 \times 3600 \times 2^2} = 0.22 \text{m/s}$$

催化剂层每 1m 高向的最大压降取 1100Pa，则 I 段硫反应器的催化剂阻力为：

$$0.85 \times 1100 = 935Pa$$

（3）II 段硫反应器所需催化剂体积的计算。

平均体积流量为：

$$Q_{平均} = (1269.10 + 1264.06)/2 = 1267m^3/h$$

取催化剂层空速 800m³/（m³·h），所需催化剂的体积为：

$$1267/800 = 1.58m^3$$

取 2m³。

催化剂床高为：

$$h = 0.85m$$

则：

$$D = \sqrt{\frac{2}{0.785 \times 0.85}} = 1.73m$$

取硫反应器直径为 2000mm。

（4）过程气平均速度的计算。

入口实际体积为：

$$1269.10 \times \frac{273 + 220}{273} \times \frac{0.1007}{0.1052} = 2194m^3/h$$

出口实际体积为：

$$1264.06 \times \frac{273 + 246}{273} \times \frac{0.1007}{0.1031} = 2347m^3/h$$

平均体积为：

$$(2194 + 2347)/2 = 2271m^3/h$$

平均线速为：

$$v = \frac{2271}{0.785 \times 3600 \times 2^2} = 0.20m/s$$

催化剂层每 1m 高向的最大压降取 1100Pa，则 II 段硫反应器催化剂层的阻力为：

$$0.85 \times 1100 = 935Pa$$

6.10.8 II 段硫冷凝器

6.10.8.1 物料平衡

过程气进入 II 段硫冷凝器的温度为 246℃，$p = 103111Pa$。过程气出口温度为 154℃，$p = 101407Pa$。过程气入口组成见 II 段硫反应器出口的组成。II 段硫反应器出口过程气硫的露点为 212℃，过程气在冷凝器中被冷却到 154℃，查表 14－3 得硫的饱和蒸气压为 40Pa。

设出口物料中含硫 X kmol，总压为 101407Pa，

$$40 = \frac{101407}{56.43 - 0.2459 + X}$$

$$X = 0.022kmol/h(4.3kg/h)$$

即过程气出口仍带走 4.3kg/h 的硫，在 II 段冷凝器中冷凝下来的硫量为：

$$47.21 - 4.3 = 42.91kg/h$$

II 段硫冷凝器出口的过程气组成（$t = 154℃$，$p = 101407Pa$）见表 6－29。

表 6 – 29　Ⅱ段硫冷凝器出口的过程气组成

组成	kg/h	kmol/h	m³/h	%（体积分数）
CO_2	571. 16	12. 981	290. 77	23. 09
CO	15. 68	0. 56	12. 54	1. 0
H_2	0. 4	0. 2	4. 48	0. 36
H_2S	16. 47	0. 4844	10. 85	0. 86
SO_2	15. 5	0. 2422	5. 43	0. 43
S_6	4. 3	0. 022	0. 49	0. 04
N_2	822. 3	29. 368	657. 84	52. 25
H_2O	222. 3	12. 35	276. 64	21. 97
合计	1688. 11	56. 21	1259. 04	100

冷凝的硫随过程气以雾状进入分离器而被分离出来（未计入表 6 – 30 中）。

6. 10. 8. 2　热平衡

A　输入热量

（1）Ⅱ段反应器出口的不凝气体带入的热量。

　　CO_2　　　　12. 981 × 41 × 246 = 130926kJ/h

　　CO　　　　0. 56 × 29. 3 × 246 = 4036kJ/h

　　H_2　　　　0. 2 × 29. 3 × 246 = 1442kJ/h

　　H_2S　　　　0. 4844 × 35. 2 × 246 = 4195kJ/h

　　SO_2　　　　0. 2422 × 42. 9 × 246 = 2556kJ/h

　　S_6　　　　0. 022 × 0. 44 × 192 × 246 = 457kJ/h（冷凝的硫单独计算）

　　N_2　　　　290368 × 29. 3 × 246 = 211679kJ/h

　　H_2O　　　　12. 35 × 34. 12 × 246 = 103660kJ/h

　　小计　　　　458951kJ/h

（2）硫黄冷凝冷却放出的热量。

过程气进入硫冷凝器的温度为 246℃，硫露点温度为 212℃，过程气的出口温度 154℃。

1）硫蒸气由 246℃ 冷却到 212℃ 时放出的热量 Q_1（按 S_6 计）。

$$Q_1 = 42. 91 × 0. 44 × (246 - 212) = 642kJ/h$$

2）硫冷凝放出的热量 Q_2

$$Q_2 = 42. 91 × 265. 4 = 11388kJ/h$$

3）液硫由 212℃ 冷却到 154℃ 放出的热量。由于冷凝是逐渐进行的，取纯气态和纯液态放热的平均值。

纯气态硫冷却时放出的热量为：

$$42. 91 × 0. 44 × (246 - 154) = 1737kJ/h$$

纯液态硫冷却放出的热量为：

$$42. 91 × 1. 15 × (246 - 154) = 4540kJ/h$$

平均值为：

$$Q_3 = (1737 + 4540)/2 = 3139kJ/h$$
$$Q = Q_1 + Q_2 + Q_3 = 642 + 11388 + 3139 = 15169kJ/h$$

输入总热量为：

$$Q_入 = 458951 + 15169 = 474120kJ/h$$

B　输出热量

（1）硫冷凝器出口不凝气体带出的热量。

CO_2	$12.981 \times 39.6 \times 154 = 79163kJ/h$
CO	$0.56 \times 29.3 \times 154 = 2527kJ/h$
H_2	$0.2 \times 29.3 \times 154 = 902kJ/h$
SO_2	$0.2422 \times 41.9 \times 154 = 1563kJ/h$
H_2S	$0.4844 \times 34.8 \times 154 = 2596kJ/h$
S_6	$0.022 \times 0.43 \times 192 \times 154 = 280kJ/h$
N_2	$29.368 \times 29.1 \times 154 = 131610kJ/h$
H_2O	$12.35 \times 33.9 \times 154 = 64474kJ/h$
小计	$283115kJ/h$

（2）所产蒸汽（0.25MPa）带走的热量。

设水蒸气产量为 X kg/h，则：

$$X(2716 - 536) = 2180X \ kJ/h$$

（3）热损失取输入热量2%。

$$474120 \times 2\% = 9482kJ/h$$

则输出总热量为：

$$Q_出 = 283115 + 2180X + 9482 = 292597 + 2180X$$

令：

$$Q_入 = Q_出$$
$$474120 = 292597 + 2180X$$

得：

$$X = 83kg/h$$

Ⅰ、Ⅱ段硫冷凝器生产的蒸汽量为：

$$96 + 83 = 179kg/h$$

6.10.8.3　硫冷凝器设备的选择

硫冷凝器的操作条件见表6-30。

表6-30　硫冷凝器的操作条件

操作参数		Ⅰ段		Ⅱ段	
		进口	出口	进口	出口
过程气温度/℃		246	154	246	154
过程气压力/MPa		0.1106	0.1089	0.1031	0.1014
过程气流量	kg/h	1832.76	1711.03	1711.02	1688.11
	m³/h	1283.3	1269.1	1264.06	1259.04

操作参数	I 段		II 段	
	进口	出口	进口	出口
硫露点温度/℃	244		212	
硫冷凝量/kg·h⁻¹		121.73		42.91
软水温度/℃			128	
软水压力/MPa			1.6	
软水流量/kg·h⁻¹			200	
产生蒸汽的温度/℃			132	
产生蒸汽的压力/MPa			0.25	
产生蒸汽的流量/kg·h⁻¹			179	
热负荷/kJ·h⁻¹	505111		474120	

$$
\begin{aligned}
&过程气 \quad\quad 246℃ \longrightarrow 154℃ \\
&蒸汽 \quad\quad\quad 132℃ \longleftarrow 132℃ \\
&温差 \quad\quad\quad 114℃ \quad\quad\quad 22℃
\end{aligned}
$$

$$
\Delta t = \frac{114 - 22}{2.3\lg\dfrac{114}{22}} = 56℃
$$

I 段硫冷凝器的热负荷为 505111kJ/h，取 $K = 93\text{W}/(\text{m}^2 \cdot ℃)$，则 I 段传热面积为：

$$
F_{\text{I}} = \frac{505111}{3.6 \times 93 \times 56} = 26.9\text{m}^2
$$

II 段硫冷凝器的热负荷为 474120kJ/h，取 $K = 93\text{W}/(\text{m}^2 \cdot ℃)$，则 II 段传热面积为：

$$
F_{\text{II}} = \frac{474120}{3.6 \times 93 \times 56} = 25.3\text{m}^2
$$

选用 1 台 $2 \times 39.4\text{m}^2$ 的硫冷凝器。

6.10.9 克劳斯炉尾气的处理装置

6.10.9.1 尾气露点温度的计算

由硫冷凝器来的过程气进入硫分离器，分离出液硫后的尾气进入洗涤塔冷却后送至吸煤气管道，尾气组成见表 6 – 31。

表 6 – 31 克劳斯炉尾气组成

组成	kg/h	kmol/h	m³/h	%（体积分数）
CO_2	571.16	12.981	290.77	23.09
CO	15.68	0.56	12.54	1.0
H_2	0.4	0.2	4.48	0.36
H_2S	16.47	0.4844	10.85	0.86

组成	kg/h	kmol/h	m^3/h	% (体积分数)
SO_2	15.5	0.2422	5.43	0.43
S_6	4.3	0.022	0.49	0.04
N_2	822.3	29.368	657.84	52.25
H_2O	222.3	12.35	276.64	21.97
合计	1688.11	56.21	1259.04	100

尾气输出的热量（见Ⅱ段硫冷凝器出口的不凝性气体带出的热量）为：

$$Q = 283115 kJ/h$$

已知尾气总压为101400Pa，

$$n_水 = 12.35 kmol/h$$

$$n_总 = 56.21 kmol/h$$

尾气中的水蒸气分压为：

$$p_水 = (12.35/56.21) \times 101400 = 22279 Pa$$

查表11-4得尾气的露点温度为61.74℃。

假设尾气在冷却塔中被冷却到50℃，查表得：

$$p_水 = 12335 Pa$$

此时气体中的水蒸气的摩尔数为：

$$n_水 = n_干 \left(\frac{p_水}{p_干} \right) = (56.21 - 12.35) \times \frac{12335}{101325 - 12335} = 6.07 kmol/h (109.3 kg/h 或 136 m^3/h)$$

冷却塔出口气体含水量为109.3kg/h，入口气体原有水量222.3kg/h，冷却塔内冷凝下来的水量为：

$$222.3 - 109.3 = 113 kg/h$$

尾气冷却塔出口的尾气组成见表6-32。

表6-32 尾气冷却塔出口的尾气组成

组成	kg/h	kmol/h	m^3/h	% (体积分数)
CO_2	571.16	12.981	290.77	26.01
CO	15.68	0.56	12.54	1.12
H_2	0.4	0.2	4.48	0.4
N_2	822.3	29.368	657.84	58.84
H_2S	16.47	0.4844	10.85	0.97
SO_2	15.5	0.2422	5.43	0.49
H_2O	109.3	6.07	136.02	12.17
合计	1550.81	49.91	1117.93	100

在冷却塔内冷凝的水量为 113kg/h 转入喷淋液中，尾气中的硫黄由气态变为固态，转入喷淋液中，其数量为 4.3kg/h。

6.10.9.2　热量衡算

（1）冷却塔后尾气带走的热量。

CO_2	$12.981 \times 37.5 \times 50 = 24339$kJ/h
CO	$0.56 \times 35.8 \times 50 = 1002$kJ/h
H_2	$0.2 \times 29.3 \times 50 = 293$kJ/h
N_2	$29.368 \times 29.1 \times 50 = 42730$kJ/h
H_2S	$0.4844 \times 34.12 \times 50 = 826$kJ/h
SO_2	$0.2422 \times 40.2 \times 50 = 487$kJ/h
H_2O	$6.07 \times 33.7 \times 50 = 10228$kJ/h
小计	79905kJ/h

式中，37.5、35.8、29.3、29.1、34.12、40.2、33.7 分别为 CO_2、CO、H_2、N_2、H_2S、SO_2、H_2O 的摩尔热容，kJ/(kmol·℃)。

（2）尾气中水分的冷凝放热量。

$$113 \times [2305.3 + (154 - 50)] = 272251\text{kJ/h}$$

式中，2305.3 为水的潜热，kJ/kg。

取冷却塔的喷淋密度为 15m³/(m²·h)，直径为 2.2m 的冷却塔需循环氨水喷淋液量为：

$$2.2^2 \times 0.785 \times 15 = 57\text{m}^3/\text{h}$$

需循环氨水喷淋液带出的热量为：

$$283115 + 272251 - 79905 = 475461\text{kJ/h}$$

循环氨水由冷凝鼓风装置送来，温度为 70℃，经冷却器冷却至 50℃ 送往冷却塔冷却尾气，循环氨水被加热后的温度为 t℃。

$$475461 = 57 \times (t - 50) \times 4187$$

$$t = 52℃$$

6.10.9.3　循环氨水冷却器的计算

循环氨水由 70℃ 被冷却到 50℃。

$$Q = 57 \times (70 - 50) \times 4187 = 4773180\text{kJ/h}$$

需循环水量为：

$$W = \frac{4773180}{4187 \times (45 - 32)} = 88\text{m}^3/\text{h}$$

循环氨水	70℃ ——	50℃
循环水	45℃ ←——	32℃
温差	25℃	18℃

$$\Delta t = \frac{25 - 18}{2.3\lg\dfrac{25}{18}} = 21.3℃$$

取传热系数 $K = 1160$W/(m²·℃)，则循环氨水冷却器的传热面积 F 为：

$$F = \frac{4773180}{3.6 \times 1160 \times 21.3} = 54 \mathrm{m}^2$$

选用 BLS1.0 - 60 - 1220 - 15/15 型 $60\mathrm{m}^2$ 螺旋板换热器 2 台（1 开 1 备）。

6.10.9.4　硫回收装置的 H_2S 转化率

酸性气体带来的 H_2S　　　　　353kg/h

尾气带走的 H_2S　　　　　　　16.47kg/h

尾气中以 SO_2 形式带走　　　　8.23kg/h（折合为 H_2S）

H_2S 转化率为：

$$[(353 - 16.47 - 8.23)/353] \times 100\% = 93\%$$

6.10.10　液硫池

硫黄产量为 7.3t/d，液硫密度（150℃）为 $1.86\mathrm{t/m}^3$，硫黄体积为：

$$7.3/1.86 = 3.93 \mathrm{m}^3/\mathrm{d}$$

按 10 天储存，则：

$$3.93 \times 10 = 39.3 \mathrm{m}^3$$

液硫池有效容积为总容积的 60%，则总容积为：

$$39.3/0.6 = 66 \mathrm{m}^3$$

液硫池尺寸为 $10000\mathrm{mm} \times 3000\mathrm{mm} \times 2300\mathrm{mm}$，池内有 $F = 31\mathrm{m}^2$ 的不锈钢蛇管加热器。

6.10.11　硫黄贮斗

硫黄产量为 0.305t/h（$0.164\mathrm{m}^3/\mathrm{h}$），选 DN1200mm、$V_g = 2\mathrm{m}^3$ 贮斗。贮斗有效容积按 70% 计算，即硫黄在贮斗中的停留时间为：

$$t = 2 \times 0.7/0.164 = 8.5 \mathrm{h}$$

6.11　改良 ADA 法煤气脱硫装置的工艺计算

6.11.1　基础数据

处理煤气量　　　　　　　　　$30000\mathrm{m}^3/\mathrm{h}$

脱硫前煤气含 H_2S　　　　　　$5\mathrm{g/m}^3$

脱硫前煤气含 HCN　　　　　　$0.6\mathrm{g/m}^3$

脱硫后煤气含 H_2S　　　　　　$100\mathrm{mg/m}^3$

脱硫后煤气含 HCN　　　　　　$60\mathrm{mg/m}^3$

脱硫塔进口煤气压力　　　　　7845Pa

6.11.2　物料衡算

H_2S 吸收量为：

$$30000 \times \frac{5000 - 100}{1000 \times 1000} = 147 \mathrm{kg/h}$$

转化为 $Na_2S_2O_3$ 的 H_2S 量（转化率4%）为：

$$147 \times 4\% = 5.88 \text{kg/h}$$

$Na_2S_2O_3$ 生成量为：

$$5.88 \times \frac{158}{2 \times 34} = 13.66 \text{kg/h}$$

$Na_2S_2O_3 \cdot 5H_2O$ 的产量为：

$$13.66 \times \frac{248}{158} = 21.44 \text{kg/h}$$

HCN 吸收量为：

$$30000 \times \frac{600 - 60}{1000 \times 1000} = 16.2 \text{kg/h}$$

NaCNS 生成量为：

$$16.2 \times \frac{81}{27} = 48.6 \text{kg/h}$$

转化为 NaCNS 的 H_2S 量为：

$$48.6 \times \frac{34}{81} = 20.4 \text{kg/h}$$

生成硫黄的 H_2S 量为：

$$147 - 5.88 - 20.4 = 120.72 \text{kg/h}$$

硫黄的产量为：

$$120.72 \times \frac{32}{34} = 113.6 \text{kg/h}$$

脱硫塔溶液的喷淋量 L，取溶液的硫容量为 0.22kg/m^3，则：

$$L = \frac{147}{0.22} = 668 \text{m}^3/\text{h}$$

取 $L = 700 \text{m}^3/\text{h}$。

6.11.3　脱硫塔

当进塔煤气温度为 30℃、压力为 7845Pa 时，进塔煤气的体积为：

$$V = 30000 \times \frac{273 + 30}{273} \times \frac{101325}{101325 + 7845 - 4240} = 32153 \text{m}^3/\text{h}$$

式中，4240 为煤气在 30℃时的饱和蒸气压，Pa；7845 为煤气压力，Pa。

取空塔速度为 0.6m/s，则塔径 D 为：

$$D = \sqrt{\frac{32153}{3600 \times 0.785 \times 0.6}} = 4.35 \text{m}$$

取 $D = 4.5 \text{m}$。

脱硫塔进口推动力 Δp_1 为：

$$\Delta p_1 = (7845 + 101325) \times 5 \times \frac{22.4}{34} \times \frac{1}{1000} = 359 \text{Pa}$$

脱硫塔出口推动力 Δp_2（出口煤气压力 6865Pa）为：

$$\Delta p_2 = (6865 + 101325) \times 0.1 \times \frac{22.4}{34} \times \frac{1}{1000} = 7.12 \text{Pa}$$

平均推动力为：

$$\Delta p = \frac{359 - 7.12}{2.3\lg\dfrac{359}{7.12}} = 89.7\text{Pa}$$

取传质系数 $K = 0.00016\text{kg/(m}^2 \cdot \text{h} \cdot \text{Pa)}$，则需传质面积 F 为：

$$F = \frac{N}{K\Delta p} = \frac{147}{0.00016 \times 89.7} = 10242\text{m}^2$$

选用 KXT 型塑料花环填料，其孔隙率为89%，比表面积为 $120\text{m}^2/\text{m}^3$，则脱硫塔直径为 $D = 4.5\text{m}$，塔高为 $H \approx 30\text{m}$。

喷淋量的校核。已知溶液喷淋量为 $700\text{m}^3/\text{h}$，则喷淋密度为：

$$\frac{700}{0.785 \times 4.5^2} = 44\text{m}^3/(\text{m}^2 \cdot \text{h})$$

大于要求的最低喷淋密度为 $27.5\text{m}^3/(\text{m}^2 \cdot \text{h})$。按吸收塔的液气比校核，则液气比为：

$$\frac{700 \times 1000}{30000} = 23.3\text{L/m}^3$$

大于要求的最低液气比为 16L/m^3，故喷淋量满足要求。

6.11.4 再生塔

按1kg硫的再生用空气量为 13m^3，则空气量为：

$$113.5 \times 13 \approx 1480\text{m}^3/\text{h}(24.7\text{m}^3/\text{min})$$

再生塔的鼓风强度取 $130\text{m}^3/(\text{m}^2 \cdot \text{h})$，则再生塔直径 D 为：

$$D = \sqrt{\frac{1480}{0.785 \times 130}} = 3.8\text{m}$$

再生塔扩大部分的塔径一般为 $1.2 \sim 1.4D$，故选为5m。

塔高的计算。脱硫溶液在塔内的停留时间取25min，则再生塔有效容积 V_1 为：

$$V_1 = 700 \times \frac{25}{60} = 292\text{m}^3$$

设再生塔溶液充满率为70%，则实际容积 V 应为：

$$V = \frac{292}{0.7} = 417\text{m}^3$$

再生塔高为：

$$H_1 = \frac{V}{0.785D^2} = \frac{417}{0.785 \times 3.8^2} = 36.8\text{m}$$

扩大部分高度 $H_2 = 3\text{m}$，则再生塔的全高约为40m。

设计脱硫塔及再生塔时，应考虑再生塔出口溶液与进口溶液之间的高差适当，其原则是保证脱硫塔溶液喷头在既定流量下喷洒均匀，并且尽量避免空气由液位调节器处随溶液吸入脱硫塔内。

6.11.5 反应槽

反应槽内溶液停留时间选用10min，则反应槽容积 V 为：

$$V = 700 \times \frac{10}{60} = 117 \mathrm{m}^3$$

6.11.6　溶液加热器

6.11.6.1　热平衡

（1）空气带走的热量 q_1。空气量为 $1480\mathrm{m}^3/\mathrm{h}$，再生塔出口空气的温度为 $40℃$，进口空气温度按冬季最冷月平均温度取 $-4.7℃$，相对湿度取 54%。$40℃$ 的饱和蒸气分压为 $7355\mathrm{Pa}$，$-4.7℃$ 的饱和蒸气分压为 $441\mathrm{Pa}$，则空气带入溶液中的水分为：

$$1480 \times \frac{441 \times 0.54}{101325 - 441 \times 0.54} \times \frac{18}{22.4} \approx 3\mathrm{kg/h}$$

$40℃$空气带出水分为：

$$1480 \times \frac{18}{22.4} \times \frac{7355}{101325 - 7355} = 93\mathrm{kg/h}$$

扣除带入溶液中的水分，则空气实际带走水分为：

$$93 - 3 = 90\mathrm{kg/h}$$

$40℃$时水的气化潜热为 $2401\mathrm{kJ/kg}$，则空气带走的热量 q_1 为：

$$q_1 = 90 \times 2401 = 216190\mathrm{kJ/h}$$

空气温升带走的显热较小可忽略不计。

（2）煤气带走的热量 q_2。进塔煤气温度为 $30℃$，出塔煤气温度取 $35℃$，则：

$$q_2 = 32160 \times 1.42 \times (35 - 30) = 228336\mathrm{kJ/h}$$

式中，1.42 为煤气的比热容，$\mathrm{kJ/(m^3 \cdot ℃)}$。

（3）煤气含水带走的热量 q_3。煤气含水量为：

$$32160 \times \frac{39.7 - 30.4}{1000} = 299.1\mathrm{kg/h}$$

式中，39.7 为 $35℃$ 时 $1\mathrm{m}^3$ 饱和煤气中水汽的含量，$\mathrm{g/m^3}$；30.4 为 $30℃$ 时 $1\mathrm{m}^3$ 饱和煤气中水汽的含量，$\mathrm{g/m^3}$。而 $35℃$ 水的汽化热为 $2412\mathrm{kJ/kg}$，则：

$$q_3 = 299.1 \times 2412 = 721429\mathrm{kJ/h}$$

（4）化学反应热 q_4。

$$\mathrm{H_2S} \xrightarrow{[O]} \mathrm{S} + 264.2\mathrm{kJ/molH_2S}$$

$$\mathrm{H_2S} \xrightarrow{[O]} \mathrm{Na_2S_2O_3} + 155.12\mathrm{kJ/molH_2S}$$

考虑到 $\mathrm{Na_2S_2O_3}$ 的生成率为 $\mathrm{H_2S}$ 的 4%，则上述两项反应热为：

$$264.2 \times 0.96 + 155.12 \times 0.04 = 260\mathrm{kJ/molH_2S}$$

$$\mathrm{HCN} \xrightarrow{[S]} \mathrm{NaCNS} + 65.82\mathrm{kJ/molHCN}$$

所以

$$q_4 = 30000 \times \frac{5 - 0.1}{34} \times 260 + 30000 \times \frac{0.6 - 0.06}{27} \times 65.82 = 1163610\mathrm{kJ/h}$$

（5）设备的热损失 q_5。考虑脱硫装置的脱硫塔、再生塔、反应塔等设备的外表面积约为 $2000\mathrm{m}^2$，取 $K = 14\mathrm{W/(m^2 \cdot ℃)}$，则：

$$q_5 = 3.6 \times 2000 \times 14 \times (40 + 0.7) = 4102560 \text{kJ/h}$$

根据以上计算，需要补充的热量为：

$$Q = q_1 + q_2 + q_3 - q_4 + q_5$$

$$= 216190 + 228336 + 721429 - 1163610 + 4102560 = 4104905 \text{kJ/h}$$

6.11.6.2　加热器所需蒸汽量

$$G = \frac{4104905}{2110} = 1946 \text{kg/h}$$

6.11.6.3　加热器的加热面积

采用 0.4MPa 蒸汽，温度为 151℃，溶液出口的温度为 40℃，取 $K = 230 \text{W}/(\text{m}^2 \cdot \text{℃})$，则加热器的面积 F 为：

$$F = \frac{Q}{K\Delta t} = \frac{4104905}{3.6 \times 230 \times (151 - 40)} = 45 \text{m}^2$$

从计算可知，需补充的热量主要是设备散热，当室外气温高时，不但不需补热，还需冷却。故在设计上该加热器既可用蒸汽加热，也可用冷却水冷却。

6.11.7　事故槽

事故槽用于开工时制备脱硫溶液和事故时储存溶液，因此事故槽的有效容积应不小于一台再生塔的总容积。

6.11.8　硫泡沫槽

选用 $\phi3000$、$H = 5531$、$V = 20\text{m}^3$ 的硫泡沫槽 2 台，则硫泡沫槽的泡沫存放量为：

$$20 \times 0.8 = 16 \text{m}^3$$

由再生塔来的硫泡沫浓度一般为 $30 \sim 100 \text{kg/m}^3$，取 50kg/m^3，则硫泡沫量为：

$$\frac{113.5}{50} = 2.27 \text{m}^3/\text{h} \ (54.5 \text{m}^3/\text{d})$$

每天应处理槽数（54.5/16）= 3.4 台。

每台硫泡沫槽从进料、加热、静止至放料的操作时间为 4h，因此选用的硫泡沫槽应有余量。硫泡沫槽加热所需热量（由 40℃ 加至 80℃）为：

$$Q = 2.27 \times 1100 \times 3.68 \times (80 - 40) = 367558 \text{kJ/h}$$

式中，1100 为硫泡沫的密度，kg/m^3；3.68 为硫泡沫的比热容，$\text{kJ}/(\text{kg} \cdot \text{℃})$。

故所需蒸汽平均量为：

$$G = \frac{367558}{2110} = 174 \text{kg/h}$$

由于实际生产为间歇加热，则每台硫泡沫槽所需的蒸汽量为：

$$G = \frac{16 \times 1100 \times 3.68 \times (80 - 40)}{2110} = 1228 \text{kg/h}$$

若加热时间为 2h，则每小时每台需要的蒸汽量为：

$$\frac{1228}{2} = 614 \text{kg/h}$$

6.11.9　熔硫釜

（1）硫泡沫槽将 80℃ 左右的硫膏直接送入熔硫釜（按现场取消真空过滤机考虑），硫膏含硫量约为 20%。装满熔硫釜后，硫膏被加热至 90 ~ 95℃ 后，由顶部排出溶液，继之再加料直至釜中存留的硫膏含硫达 40% ~ 50% 时，再升温至 135℃ 进行熔硫。设计选用 $\phi1100$、$H = 3587$、$V = 2m^3$ 的熔硫釜 2 台。熔硫釜装料系数为 75% ~ 80%，取 80%，则每台熔硫釜的有效容积为：

$$2 \times 0.8 = 1.6m^3/台$$

含硫 45% 的硫膏产量为：

$$\frac{113.5}{45\%} = 252kg/h　（6048kg/d）$$

取硫膏密度为 $1450kg/m^3$，则含硫 45% 的硫膏体积产量为：

$$\frac{252}{1450} = 0.174m^3/h　（4.18m^3/d）$$

一般熔硫釜的熔硫及放料时间为 4 ~ 6h，故所选熔硫釜符合要求。

（2）加热硫膏和熔硫所需蒸汽量的计算。含硫 45% 的硫膏装满一台熔硫釜的硫膏量为：

$$1.6 \times 1450 = 2320kg$$

含硫 20% 的硫膏浓缩至含硫 45% 的硫膏时，一台熔硫釜排出的溶液量为：

$$SB_2 = (S + W)B_1$$

$$W = S\left(\frac{B_2}{B_1} - 1\right)$$

式中，S 为被浓缩后的硫膏量，kg；W 为排出的溶液量，kg；B_1 为入釜时硫膏的浓度，%；B_2 为浓缩后硫膏的浓度，%。故：

$$W = 2320 \times \left(\frac{0.45}{0.20} - 1\right) = 2900kg$$

加热硫膏所需的热量 Q_1 为：

$$\begin{aligned}Q_1 &= 2320 \times 1.8 \times (135 - 80) + 2320 \times 45\% \times 38.7 + 2900 \times 1 \times (95 - 80)\\&= 313583kJ/釜\end{aligned}$$

式中，1.8 为硫膏的比热容，kJ/（kg·℃）；135 为熔硫釜的熔融温度，℃；前 80 为硫膏的进釜温度，℃；后 80 为溶液进熔硫釜温度，℃；38.7 为硫膏的熔融热，kJ/kg。

设备的热损失 Q_2。熔硫釜的表面积为 $12m^2$，取熔硫釜操作一釜的时间 6h，则：

$$Q_2 = 3.6 \times 12 \times 6 \times 3.5 \times (135 - 15) = 108864kJ/釜$$

式中，3.5 为熔硫釜向周围的散热系数，W/（m²·℃）；15 为室内温度，℃。则每小时熔硫釜需加入的热量为：

$$Q = Q_1 + Q_2 = 313583 + 108864 = 422447kJ/h$$

故每 6h 一台熔硫釜的蒸汽消耗量为：

$$W = \frac{422447}{2110} = 200kg　或　\frac{200}{6} = 33.3kg/h$$

6.12　粗制硫代硫酸钠及粗制硫氰酸钠生产装置的工艺计算

由改良 ADA 法煤气脱硫装置的工艺计算知，$Na_2S_2O_3$（大苏打）生成量为 13.66kg/h，NaCNS 生成量为 48.6kg/h。规定溶液中的 NaCNS 允许含量为 150g/L，溶液中的 NaCNS 回收率选为 20%。为使副反应的增长率等于脱硫液中的副产物的提取率，则按硫氰酸钠计算，本装置需要处理的溶液量为：

$$\frac{48.6}{150 \times 20\%} = 1.62 \text{m}^3/\text{h}\ (38.9\text{m}^3/\text{d})$$

每日处理的溶液量按 39m³ 进行工艺计算。

6.12.1　真空蒸发器

6.12.1.1　容量

通常，煤气脱硫液中 NaCNS 的提取量远大于 $Na_2S_2O_3$，因此蒸发器按 NaCNS 的提取量进行计算。

根据生产操作数据，蒸发 NaCNS 时的初始液相对密度为 1.17，浓度为 150g/L；终止液的相对密度为 1.40，浓度为 700g/L。选用 2m³ 的蒸发器，取最终的浓缩液量为 0.95m³，则每蒸一釜时，需要加入的初始溶液量为：

$$0.95 \times \frac{700}{150} = 4.43\text{m}^3$$

蒸一釜的全过程时间按 8h 计，其中蒸发辅助时间及过滤时间约为 2h，则蒸发时间为 6h。3 台 2m³ 蒸发器的日处理能力为：

$$3 \times 4.43 \div \frac{8}{24} = 39.87\text{m}^3/\text{d}$$

计算结果大于需要处理的溶液量 38.9m³/d，故选用 3 台 2m³ 蒸发器，以满足生产要求，设计选用 4 台真空蒸发器，其中 3 台主要用于蒸发 NaCNS，1 台用于蒸发 $Na_2S_2O_3$。

6.12.1.2　热量计算

每一釜的蒸发水量为：

$$4.43 - 0.95 = 3.48\text{m}^3$$

换算成每小时的蒸发水量为：

$$\frac{3.48 \times 1000}{6} = 580\text{kg/h}$$

蒸发水分带走的热量：

$$Q_1 = 580 \times 2282 = 1323560\text{kJ/h}$$

式中，2282 为水在 90℃时的汽化潜热，kJ/kg。

加热溶液所需的热量为：

$$Q_2 = \frac{4.43 \times 1170}{6} \times 3.8 \times (90 - 40) = 164132\text{kJ/h}$$

式中，3.8 为溶液的比热容，kJ/(kg·℃)；40 为溶液进入蒸发器的温度，℃。

设备热损失 Q_3。蒸发器的表面积为 15.5m²，则：

$$Q_3 = 3.6 \times 15.5 \times 3.5 \times (90 - 15) = 14648\text{kJ/h}$$

式中，3.5 为蒸发器表面到室内大气的散热系数，$W/(m^2 \cdot \text{℃})$；15 为室内平均温度，℃。

故每釜需供入的总热量为：

$$Q = Q_1 + Q_2 + Q_3 = 1323560 + 164132 + 14648 = 1502340 \text{kJ/h}$$

6.12.1.3 所需的加热蒸汽量

加热蒸气压力为 0.4MPa，则每釜所耗蒸汽量为：

$$\frac{1502340}{2110} = 712 \text{kg/h}$$

式中，2110 为 0.4MPa 饱和水的气化潜热，kJ/kg。

6.12.1.4 蒸汽夹套传热面积

蒸汽	142.9℃ ←——	142.9℃
溶液	40℃ —→	90℃
温差	102.9℃	52.9℃

$$\Delta t = \frac{102.9 - 52.9}{2.3 \lg \dfrac{102.9}{52.9}} = 75.2 \text{℃}$$

取传热系数 $K = 580 W/(m^2 \cdot \text{℃})$，则所需的传热面积 F 为：

$$F = \frac{1502340}{3.6 \times 580 \times 75.2} = 9.57 \text{m}^2$$

6.12.2 冷凝冷却器

蒸发器的蒸发水量为 580kg/h，则水汽在冷凝阶段放出的热量为：

$$Q_1 = 580 \times 2282 = 1323560 \text{kJ/h}$$

式中，2282 为 90℃时水的汽化潜热，kJ/kg。

冷凝液在冷却阶段放出的热量为：

$$Q_2 = 580 \times 4.187 \times (90 - 40) = 121423 \text{kJ/h}$$

冷凝冷却需要放出的总热量为：

$$Q = Q_1 + Q_2 = 1323560 + 121423 = 1444983 \text{kJ/h}$$

则每一台冷凝冷却器所需冷却水量为：

$$W = \frac{1444983}{4.187 \times (45 - 20) \times 1000} = 13.8 \text{t/h}$$

中间水温为：

$$\frac{29000}{13.8 \times 1000} + 20 = 22.1 \text{℃}$$

平均温差为：

水汽	90℃ —→	90℃ —→	40℃
冷却水	45℃ ←—	22.1℃ ←—	20℃
温差	45℃	67.9℃	20℃

冷凝段的对数平均温差为：

$$\Delta t_1 = \frac{67.9 - 45}{2.3 \lg \dfrac{67.9}{45}} = 55.7 \text{℃}$$

冷却段的对数平均温差为：

$$\Delta t_2 = \frac{67.9 - 20}{2.3 \lg \dfrac{67.9}{20}} = 39.2℃$$

取冷凝段的传热系数 $K_1 = 290 W/(m^2 \cdot ℃)$；冷却段取 $K_2 = 93 W/(m^2 \cdot ℃)$。则冷凝冷却器的换热面积分别为：

冷凝段　　　　　　　$F_1 = \dfrac{1323560}{3.6 \times 290 \times 55.7} = 22.8 m^2$

冷却段　　　　　　　$F_2 = \dfrac{121423}{3.6 \times 93 \times 39.2} = 9.3 m^2$

总传热面积为：

$$F = F_1 + F_2 = 22.8 + 9.3 \approx 32 m^2$$

设计选用传热面积为 $32 m^2$ 的冷凝冷却器 4 台。

6.12.3　结晶槽

由于 $Na_2S_2O_3$ 的结晶温度为 5℃，因 NaCNS 结晶温度为 20～25℃，故设计时按 $Na_2S_2O_3$ 结晶进行计算。

$Na_2S_2O_3$ 的回收率为 50%，当蒸发 $Na_2S_2O_3$ 溶液时，最终浓度为 600g/L，相对密度为 1.40。设计选用有效容积为 $0.6 m^3$ 的结晶槽，每两台结晶槽对应一台蒸发器，共选用 8 台结晶槽。每台结晶槽的结晶量为：

$$0.6 \times 600 \times 50\% = 180 kg/台$$

相当于 $Na_2S_2O_3 \cdot 5H_2O$ 量为：

$$180 \times \frac{248}{158} = 283 kg/台$$

6.12.3.1　冷量计算

结晶放出的热量为：

$$Q_1 = 283 \times 251 = 71033 kJ/台$$

式中，251 为 $Na_2S_2O_3 \cdot 5H_2O$ 的结晶热，kJ/kg。

母液冷却时放出的热量为：

$$Q_2 = 0.6 \times 1400 \times 2.93 \times (90 - 5) = 209202 kJ/台$$

式中，1400 为溶液密度，kg/m^3；2.93 为溶液比热容，$kJ/(kg \cdot ℃)$。

总的放热量为：

$$Q = Q_1 + Q_2 = 71033 + 209202 = 280235 kJ/台$$

冷却时间取 9h，则需冷量为：

$$\frac{280235}{9} = 31137 kJ/(台 \cdot h)$$

6.12.3.2　冷冻水耗量

冷冻水耗量为：

$$W = \frac{31137}{3.43 \times [0 - (-5)]} = 1816 kg/(台 \cdot h)$$

式中，3.43 为冷冻盐水的比热容，kJ/(kg·℃)；0 为冷冻水离开结晶槽的温度,℃；－5 为冷冻水进入结晶槽的温度,℃。

6.12.3.3　冷却夹套的面积

$$
\begin{array}{lll}
母液 & 90℃\longrightarrow 5℃ & \\
冷冻水 & -5℃\longrightarrow 0℃ & \\
温差 & 95℃ & 5℃
\end{array}
$$

$$
\Delta t = \frac{95-5}{2.3\lg\dfrac{95}{5}} = 30.5℃
$$

取传热系数 $K = 100\text{W}/(\text{m}^2 \cdot ℃)$，则冷却夹套冷却面积为：

$$
F = \frac{31137}{3.6 \times 100 \times 30.5} = 2.84\text{m}^2
$$

6.12.4　冷冻机

因每台结晶槽所需冷量为 31137kJ/h，且两台结晶槽对应一台蒸发器，则所需制冷量为：

$$
2 \times 31137 = 62274\text{kJ/h}
$$

据此选用氨制冷冷冻机组。

焦炉煤气净化工艺
常用理化数据

7 焦炉煤气和煤焦油的性质

表7-1 干煤气和饱和湿煤气的物理性质

温度/℃	湿煤气相对分子质量	湿煤气中体积比(水蒸气/煤气)	湿煤气中质量比(水蒸气/煤气)	湿煤气比热容/kJ·(kg·℃)$^{-1}$	热导率/W·(m·℃)$^{-1}$			黏度η/mPa·s		
					干煤气	水蒸气	湿煤气	干煤气	水蒸气	湿煤气
0	10.79	0.61/99.39	1.1/98.9	2.93	0.114	0.0163	0.113	0.01195	0.0101	0.01196
5	10.80	0.86/99.14	1.5/98.5	2.93	0.116	0.0166	0.115	0.01212	0.0103	0.01210
10	10.82	1.2/98.8	2.2/97.8	2.89	0.120	0.0171	0.119	0.01230	0.0105	0.01228
15	10.88	1.7/98.3	3/97	2.89	0.122	0.0175	0.121	0.01250	0.0107	0.01246
20	10.92	2.3/97.7	4.1/95.9	2.89	0.124	0.0178	0.122	0.01270	0.0108	0.01266
25	10.97	3.1/96.9	5.5/94.5	2.89	0.127	0.0181	0.125	0.01290	0.0109	0.01276
30	11.06	4.2/95.8	7.2/92.8	2.85	0.129	0.0185	0.125	0.01314	0.0110	0.01295
35	11.16	5.6/94.4	9.5/90.5	2.81	0.130	0.0188	0.125	0.01332	0.0111	0.01311
40	11.26	7.3/92.7	12.4/87.6	2.81	0.133	0.0191	0.125	0.01355	0.0112	0.01320
45	11.43	9.5/90.5	15.8/84.2	2.76	0.134	0.0194	0.123	0.01371	0.0113	0.01326
50	11.63	12.2/87.8	19.9/80.1	2.72	0.135	0.0198	0.121	0.01390	0.0114	0.01332
55	11.87	15.6/84.4	24.8/75.2	2.64	0.137	0.0202	0.119	0.01405	0.0115	0.01331
60	12.17	19.7/80.3	30.5/69.5	2.60	0.138	0.0206	0.115	0.01424	0.0116	0.01330
65	12.54	24.8/75.2	37.1/62.9	2.51	0.140	0.0209	0.111	0.01438	0.0116	0.01322
70	12.99	30.9/69.1	44.4/55.6	2.43	0.141	0.0214	0.104	0.01452	0.0117	0.01316
75	13.53	38.3/61.7	52.5/47.5	2.35	0.142	0.0216	0.085	0.01470	0.0118	0.01305
80	14.15	47/53	61.2/38.8	2.26	0.143	0.0221	0.074	0.01489	0.0119	0.01282
85	14.87	57.4/42.6	70.6/29.4	2.05	0.144	0.0225	0.074	0.01500	0.0119	0.01265
90	15.77	69.5/30.5	80.2/19.8	2.05	0.145	0.0229	0.061	0.01515	0.0120	0.01257
95	16.82	84/16	90.5/9.5	1.93	0.147	0.0233	0.045	0.01550	0.0120	0.01227

注:煤气组成(体积分数)为:H_2 56.7%;CO 6%,CO_2 3%,O_2 0.8%,CH_4 26%,N_2 5%,C_mH_n 2.5%。

表 7-2　焦炉煤气的体积、焓及水蒸气含量

温度/℃	1m³干煤气体积/m³	饱和煤气中水蒸气分压/kPa	煤气分压/kPa	1m³煤气经水蒸气饱和后的体积/m³	1m³饱和煤气的水蒸气含量/g	1m³煤气经水蒸气饱和后的水蒸气含量/g	1m³干煤气的焓/kJ	1m³煤气经水蒸气饱和后的焓/kJ	1m³煤气经水蒸气饱和后的总焓/kJ
0	1.000	0.61	100.72	1.006	4.9	4.93	0.00	12.27	12.27
1	1.004	0.66	100.68	1.010	5.1	5.15	1.51	12.87	14.38
2	1.007	0.71	100.63	1.014	5.6	5.68	3.02	14.15	17.17
3	1.011	0.76	100.58	1.018	6.0	6.11	4.52	15.24	19.76
4	1.015	0.81	100.52	1.023	6.4	6.55	6.03	16.37	22.40
5	1.018	0.87	100.46	1.027	6.8	6.98	7.54	17.46	25.00
6	1.022	0.93	100.40	1.031	7.3	7.52	9.04	18.80	27.84
7	1.026	1.00	100.33	1.036	7.8	8.08	10.55	20.22	30.77
8	1.029	1.07	100.26	1.041	8.3	8.64	11.97	21.65	33.62
9	1.033	1.15	100.19	1.045	8.9	9.30	13.57	23.32	36.89
10	1.037	1.23	100.11	1.049	9.4	9.86	15.07	24.74	39.81
11	1.040	1.31	100.02	1.054	10.1	10.65	16.58	26.75	43.33
12	1.044	1.40	99.93	1.058	10.7	11.32	18.09	28.47	46.56
13	1.048	1.50	99.83	1.063	11.4	12.12	19.59	30.52	50.11
14	1.051	1.60	99.73	1.068	12.1	12.92	21.10	32.53	53.63
15	1.055	1.71	99.63	1.073	12.9	13.84	22.61	34.88	57.49
16	1.058	1.81	99.52	1.078	13.7	14.77	24.12	37.26	61.38
17	1.062	1.93	99.40	1.083	14.5	15.70	25.62	39.65	65.27
18	1.066	2.06	99.27	1.088	15.4	16.76	27.13	42.33	69.46
19	1.070	2.20	99.14	1.093	16.4	17.93	28.64	45.34	73.98
20	1.073	2.33	99.00	1.098	17.4	19.10	30.15	48.32	78.47
21	1.077	2.48	98.85	1.103	18.4	20.30	31.65	51.37	83.02

续表 7－2

温度/℃	1m³ 干煤气的体积/m³	饱和煤气中水蒸气分压/kPa	煤气分压/kPa	1m³ 煤气经水蒸气饱和后的体积/m³	1m³ 饱和煤气的水蒸气含量/g	1m³ 煤气经水蒸气饱和后的水蒸气含量/g	1m³ 干煤气的焓/kJ	1m³ 煤气经水蒸气饱和后的水蒸气的焓/kJ	1m³ 煤气经水蒸气饱和后的总焓/kJ
22	1.081	2.64	98.69	1.109	19.5	21.63	33.16	54.81	87.97
23	1.084	2.81	98.53	1.115	20.6	22.97	34.67	58.28	92.95
24	1.088	2.98	98.35	1.120	21.8	24.42	36.17	62.01	98.18
25	1.091	3.16	98.17	1.126	23.1	26.00	37.68	66.03	103.71
26	1.095	3.35	97.98	1.133	24.4	27.65	39.19	70.26	109.45
27	1.099	3.56	97.77	1.139	25.8	29.30	40.70	74.53	115.23
28	1.102	3.77	97.57	1.145	27.3	31.26	42.20	79.59	121.79
29	1.106	3.99	97.34	1.151	28.8	33.15	43.71	84.45	128.16
30	1.110	4.23	97.11	1.158	30.4	35.20	45.22	89.77	134.99
31	1.113	4.47	96.86	1.165	32.1	37.40	46.73	95.46	142.19
32	1.117	4.74	96.60	1.172	33.9	39.73	48.23	101.49	149.72
33	1.121	5.01	96.32	1.179	35.7	42.10	49.74	107.60	157.34
34	1.125	5.31	96.03	1.187	37.7	44.75	51.25	114.51	165.76
35	1.128	5.61	95.72	1.195	39.7	47.45	52.75	121.51	174.26
36	1.132	5.92	95.41	1.203	41.8	50.28	54.26	128.87	183.13
37	1.135	6.26	95.08	1.211	44.8	53.27	55.77	136.62	192.39
38	1.139	6.60	94.73	1.219	46.3	56.43	57.28	144.86	202.14
39	1.143	6.97	94.36	1.227	48.7	59.74	58.78	153.49	212.27
40	1.146	7.36	93.98	1.236	51.2	63.27	60.29	162.66	222.95
41	1.150	7.76	93.58	1.246	53.8	67.02	61.80	172.37	234.17
42	1.154	8.18	93.15	1.256	56.5	70.95	63.30	182.63	245.93
43	1.157	8.61	92.72	1.265	59.4	75.13	64.81	193.60	258.41

续表 7-2

温度/℃	1m³干煤气体积/m³	饱和煤气中水蒸气分压/kPa	煤气分压/kPa	1m³煤气经水蒸气饱和后的体积/m³	1m³饱和煤气的水蒸气含量/g	1m³煤气经水蒸气饱和后的水蒸气含量/g	1m³干煤气的焓/kJ	1m³煤气经水蒸气饱和后的水蒸气的焓/kJ	1m³煤气经水蒸气饱和后的总焓/kJ
44	1.161	9.07	92.26	1.275	62.4	79.60	66.32	205.20	271.52
45	1.165	9.55	91.78	1.286	65.4	84.10	67.83	216.96	284.79
46	1.168	10.06	91.27	1.297	68.7	89.12	69.33	230.02	299.35
47	1.172	10.58	90.75	1.309	72.0	94.27	70.84	243.50	314.34
48	1.176	11.13	90.20	1.322	75.5	99.80	72.35	258.07	33.042
49	1.180	11.71	89.62	1.335	79.2	105.70	73.86	273.48	347.34
50	1.183	12.31	89.03	1.348	83.0	111.8	75.36	289.48	364.84
51	1.187	12.93	88.41	1.361	87.0	118.4	76.87	306.29	383.76
52	1.190	13.58	87.75	1.375	91.0	125.2	78.38	324.64	403.02
53	1.194	14.27	87.06	1.390	95.3	132.5	79.88	343.82	423.70
54	1.198	14.98	86.36	1.406	99.7	140.1	81.39	363.67	445.06
55	1.201	15.71	85.62	1.423	104.3	148.1	82.90	385.56	468.46
56	1.205	16.49	84.85	1.440	109.1	157.1	84.41	408.34	492.75
57	1.209	17.28	84.05	1.458	114.1	166.4	85.91	432.92	518.83
58	1.212	18.12	83.21	1.477	119.2	176.2	87.42	458.46	545.88
59	1.216	18.99	82.35	1.497	124.6	186.5	88.93	485.67	574.60
60	1.220	19.89	81.44	1.518	130.1	197.5	90.44	514.56	605.00
61	1.224	20.83	80.48	1.540	135.9	209.3	91.94	545.54	637.48
62	1.227	21.81	79.52	1.563	141.9	221.8	93.45	579.03	672.48
63	1.231	22.83	78.50	1.588	148.1	235.2	94.96	614.20	709.16
64	1.235	23.88	77.45	1.615	154.5	249.5	96.46	651.89	748.35
65	1.238	24.98	76.36	1.644	161.1	264.9	97.97	692.92	790.89

续表7-2

温度/℃	1m³干煤气体积/m³	饱和煤气中水蒸气分压/kPa	煤气分压/kPa	1m³干煤气经水蒸气饱和后的体积/m³	1m³饱和煤气的水蒸气含量/g	1m³煤气经水蒸气饱和后的水蒸气含量/g	1m³干煤气的焓/kJ	1m³煤气经水蒸气饱和后的水蒸气的焓/kJ	1m³煤气经水蒸气饱和后的总焓/kJ
66	1.242	26.13	75.21	1.674	168.1	281.8	99.48	737.30	836.78
67	1.245	27.31	74.02	1.705	175.1	298.6	100.99	792.09	893.08
68	1.249	28.54	72.79	1.740	182.5	317.6	102.49	832.34	934.83
69	1.253	29.81	71.52	1.776	190.1	337.6	104.00	885.51	985.51
70	1.256	31.14	71.18	1.814	198.0	359.0	105.51	942.45	1047.96
71	1.260	32.51	68.82	1.856	206.2	382.7	107.02	1005.25	1112.27
72	1.264	33.93	67.40	1.901	214.7	408.2	108.52	1072.66	1181.18
73	1.267	35.41	65.92	1.948	233.3	435.0	110.03	1144.25	1254.28
74	1.271	36.95	64.38	2.001	232.5	465.1	111.54	1224.22	1335.76
75	1.275	38.53	62.80	2.058	241.9	498.6	113.04	1311.72	1424.76
76	1.278	40.18	61.15	2.118	251.4	532.7	114.55	1404.25	1518.80
77	1.282	41.87	59.47	2.186	261.4	571.3	116.06	1506.83	1622.89
78	1.286	43.63	57.70	2.259	271.8	614.0	117.57	1621.13	1738.70
79	1.290	45.45	55.88	2.340	282.4	661.0	119.07	1745.90	1864.97
80	1.293	47.35	53.99	2.429	293.3	712.5	120.58	1882.80	2003.38
81	1.297	49.30	52.03	2.527	304.6	769.9	122.09	2036.46	2158.55
82	1.300	51.32	50.01	2.634	316.2	832.8	123.59	2204.35	2327.94
83	1.304	53.40	47.93	2.758	328.4	905.6	125.10	2398.20	2514.30
84	1.308	55.56	45.77	2.898	340.8	987.2	126.61	2615.91	2742.52
85	1.311	57.80	43.53	3.053	353.7	1079	128.12	2863.35	2991.47
86	1.315	60.11	41.23	3.243	366.8	1186	129.62	3148.06	3277.68
87	1.319	62.48	38.85	3.441	380.4	1308	131.13	3475.04	3606.17

续表 7 - 2

温度/℃	1m³干煤气体积/m³	饱和煤气中水蒸气分压/kPa	煤分压/kPa	1m³煤气经水蒸气饱和后的体积/m³	1m³饱和煤气的水蒸气含量/g	1m³煤气经水蒸气饱和后的水蒸气含量/g	1m³干煤气的焓/kJ	1m³煤气经水蒸气饱和后的水蒸气的焓/kJ	1m³煤气经水蒸气饱和后的总焓/kJ
88	1.322	64.95	36.38	3.684	394.4	1453	132.64	3861.90	3994.54
89	1.326	67.48	33.85	3.970	408.7	1623	134.15	4315.59	4449.74
90	1.330	70.11	31.22	4.317	423.6	1828	135.65	4865.06	5000.71
91	1.333	72.81	28.52	4.739	438.9	2079	137.16	5534.95	5672.11
92	1.337	75.61	25.72	5.270	454.7	2396	138.67	6384.87	6523.54
93	1.340	78.49	22.84	5.948	470.9	2801	140.17	7465.06	7605.23
94	1.344	81.46	19.87	6.860	487.7	3345	141.68	8922.07	9063.75
95	1.348	84.53	16.80	8.132	505.1	4106	143.19	10919.17	11062.36
96	1.352	87.69	13.64	10.050	522.6	5253	144.70	14034.15	14174.85
97	1.355	90.95	10.39	13.270	540.6	7173	146.20	19175.54	19321.74
98	1.359	94.31	7.02	19.610	559.3	10970	147.71	29349.47	29497.18
99	1.363	97.77	3.56	38.830	578.7	22460	149.22	60122.45	60271.67
100	1.366	101.332	0		598.7		150.73		

表 7 - 3　焦炉煤气组分及空气的平均比热容　　　　　[kJ/(m³·℃)]

温度/℃	氧	氮	氢	一氧化碳	二氧化碳	硫化氢	水蒸气	甲烷	乙烯	丙烯	空气
0	1.3059	1.2946	1.2766	1.2992	1.5998	1.5073	1.4943	1.5500	1.8267	2.6766	1.2971
100	1.3176	1.2958	1.2908	1.3017	1.7003	1.5324	1.5052	1.6421	2.0620	3.0484	1.3004
200	1.3352	1.2996	1.2971	1.3071	1.7873	1.5617	1.5227	1.7589	2.2826	3.3792	1.3071
300	1.3561	1.3067	1.2992	1.3168	1.8627	1.5952	1.5424	1.8862	2.4953	3.7057	1.3203
400	1.3775	1.3163	1.3021	1.3289	1.9297	1.6329	1.5654	2.0155	2.6858	4.0047	1.3293
500	1.3980	1.3276	1.3050	1.3427	1.9887	1.6705	1.5897	2.1403	2.8634	4.2831	1.3427

续表 7-3

温度/℃	氧	氮	氢	一氧化碳	二氧化碳	硫化氢	水蒸气	甲烷	乙烯	丙烯	空气
600	1.4168	1.3402	1.3080	1.3574	2.0411	1.7082	1.6149	2.2609	3.0258	4.5389	1.3565
700	1.4344	1.3536	1.3121	1.3720	2.0884	1.7459	1.6412	2.3769	3.1698	4.7763	1.3708
800	1.4499	1.3670	1.3168	1.3863	2.1311	1.7836	1.6680	2.4941	3.3080	4.9911	1.3842
900	1.4645	1.3796	1.3226	1.3997	2.1692	1.8171	1.6957	2.6025	3.4315	5.1908	1.3976
1000	1.4775	1.3917	1.3289	1.4126	2.2035	1.8506	1.7229	2.6992	3.5471	5.3721	1.4097
1100	1.4892	1.4034	1.3360	1.4248	2.2349	1.8841	1.7501	2.7863	3.6555	5.5400	1.4214
1200	1.5006	1.4143	1.3431	1.4361	2.2638	1.9092	1.7769	2.8629	3.7526	5.6970	1.4327
1300	1.5106	1.4252	1.3511	1.4465	2.2898		1.8028				1.4432
1400	1.5202	1.4348	1.3590	1.4566	2.3136		1.8280				1.4528
1500	1.5294	1.4440	1.3674	1.4658	2.3346		1.8527				1.4620
1600	1.5378	1.4528	1.3641	1.4746	2.3555		1.8761				1.4708
1700	1.5462	1.4612	1.3833	1.4826	2.3743		1.8996				1.4788
1800	1.5541	1.4687	1.3917	1.4901	2.3915		1.9213				1.4867
1900	1.5617	1.4759	1.3997	1.4972	2.4074		1.9423				1.4839
2000	1.5692	1.4826	1.4076	1.5039	2.4221		1.9628				1.5010
2100	1.5759	1.4892	1.4151	1.5102	2.4359		1.9824				1.5072
2200	1.5830	1.4951	1.4227	1.5160	2.4484		2.0009				1.5135
2300	1.5897	1.5010	1.4302	1.5215	2.4602		2.0214				1.5194
2400	1.5964	1.5064	1.4373	1.5269	2.4711		2.0365				1.5253
2500	1.6027	1.5114	1.4449	1.5320	2.4811		2.0528				1.5303
2600	1.6090		1.4516				2.0691				
2700	1.6153		1.4583				2.0846				

表7-4 焦炉煤气组分及空气的黏度与温度的关系

黏度/mPa·s

名称	系数 c	0℃	10℃	20℃	30℃	40℃	50℃	60℃	70℃	80℃	90℃	100℃
氮	104	0.0167	0.0172	0.0177	0.0182	0.0186	0.0190	0.0194	0.0198	0.0202	0.0206	0.0210
氨	626	0.0093	0.0096	0.0100	0.0104	0.0108	0.0111	0.0115	0.0119	0.0123	0.0126	0.0130
氢	71	0.0085	0.0087	0.0089	0.0091	0.0094	0.0096	0.0098	0.0100	0.0102	0.0104	0.0106
二氧化碳	254	0.0139	0.0144	0.0148	0.0153	0.0157	0.0162	0.0167	0.0171	0.0176	0.0180	0.0185
氧	125	0.0192	0.0197	0.0203	0.0209	0.0215	0.0220	0.0226	0.0231	0.0236	0.0242	0.0248
甲烷	164	0.0101	0.0105	0.0108	0.0112	0.0115	0.0118	0.0121	0.0124	0.0127	0.0130	0.0133
一氧化碳	100	0.0166	0.0170	0.0175	0.0180	0.0183	0.0186	0.0190	0.0195	0.0200	0.0205	0.0210
硫化氢	331	0.0118	0.0122	0.0126	0.0130	0.0135	0.0140	0.0144	0.0148	0.0152	0.0156	0.0161
乙烯	225	0.0096	0.0100	0.0103	0.0106	0.0109	0.0112	0.0116	0.0119	0.0122	0.0125	0.0128
空气	111	0.0173	0.0178	0.0183	0.0188	0.0193	0.0197	0.0201	0.0205	0.0210	0.0215	0.0220
水蒸气	961											

注：不同温度下气体的黏度的计算式如下：

$$\eta = \eta_0 \frac{273+c}{T+c} \sqrt{\frac{T}{273}}$$

式中，η_0 为0℃时的黏度，Pa·s；η 为 t℃时的黏度，Pa·s；T 为绝对温度，K；c 为系数。

表 7 - 5　焦炉煤气组分及空气的热导率
[W/(m·℃)]

温度/℃	空气	水蒸气	氮	氧	二氧化碳	氢	一氧化碳	甲烷	乙烯	氨	硫化氢
0	0.0244	0.0162	0.0243	0.0245	0.01444	0.174	0.0226	0.0300	0.0164	0.0215	0.0131
100	0.0301	0.0240	0.0315	0.0329	0.02270	0.216	0.0302	0.0465	0.0267	0.0349	0.0180
200	0.0393	0.0331	0.0385	0.0407	0.03105	0.258	0.0365	0.0637	0.0348	0.0500	0.0223
300	0.0461	0.0434	0.0449	0.0480	0.03938	0.300					
400	0.0521	0.0550	0.0507	0.0550	0.04750	0.342					
500	0.0575	0.0679	0.0558	0.0615	0.05536	0.384					
600	0.0622	0.0822	0.0604	0.0675	0.06288	0.426					
700	0.0671	0.0979	0.0642	0.0728	0.07009	0.468					
800	0.0718	0.1149	0.0675	0.0777	0.07690	0.509					
900	0.0763	0.1332	0.0701	0.0820	0.08343	0.551					
1000	0.0807	0.1524	0.0723	0.0858	0.08967	0.593					

表 7 - 6　常用气体的主要理化性质

名　称	0.101MPa, 0℃时的密度/kg·m⁻³	相对分子质量	比热容 (20℃、0.101MPa)/kJ·(kg·℃)⁻¹		c_p/c_V	黏度 η/mPa·s
			c_p	c_V		
氮	1.2507	28.02	1.047	0.745	1.40	0.0170
氢	0.0898	2.016	14.269	10.132	1.41	0.0084
二氧化碳	1.9768	44	0.837	0.653	1.30	0.0137
氧	1.4289	32	0.913	0.653	1.40	0.0203

续表 7-6

名称	相对分子质量	0.101MPa, 0℃时的密度/kg·m⁻³	比热容 (20℃, 0.101MPa)/kJ·(kg·℃)⁻¹		c_p/c_V	黏度 η/mPa·s
			c_p	c_V		
硫化氢	34.09	1.5392	1.059	0.804	1.30	0.0117
甲烷	16.042	0.7173	2.207[①]	1.683[①]	1.31[①]	0.0100[②]
乙烯	28.052	1.2516	1.516[①]	1.220[①]	1.24[①]	0.0093[②]
一氧化碳	28	1.2501	1.047	0.754	1.40	0.0166
氰化氢	27.3	0.6874				
空气	28.95	1.2930	1.009	0.720	1.40	0.0173

名称	沸点/℃	熔点/℃	沸点下的蒸发潜热/kJ·kg⁻¹	临界性质			热导率/W·(m·℃)⁻¹
				温度/℃	绝对压力/MPa	密度/kg·m⁻³	
氮	-195.78	-209.9	199.21	-147.13	3.393	310.96	0.0243
氢	-252.75	-259.18	454.27	239.9	1.297	31	0.1745
二氧化碳	-78.2(升华)	-56.6(0.52MPa)	573.59	31.1	7.387	460	0.0137
氧	-182.98	-218.4	213.19	-118.82	5.037	429.9	0.0245
硫化氢	-60.2	-82.9	548.47	100.4	9.001		0.0131
甲烷	-161.49	-182.48	510.25	-82.5	4.641	161	0.0300
乙烯	-103.71	-169.15	482.78	9.9	5.116	227	0.0174
一氧化碳	-191.48	-205	211.43	-140.2	3.499	311	0.0226
氰化氢	25.7	-14.9		183.5	5.390	0.195	
空气	192		196.78	-140.75	3.774	310~350	0.0244

① 15.6℃时的值；② 20℃时的值。

表7-7 焦炉煤气各组分的低热值

名称	低热值			名称	低热值		
	J/mol	kJ/m³	kJ/kg		J/mol	kJ/m³	kJ/kg
氢	241746	10785	119910	丙烯	1928273	86039	45825
甲烷	803112	35831	50062	乙烷	1429290	63769	47533
一氧化碳	282986	12627	10103	乙烯	1324096	59071	47202

表7-8 焦炉煤气各组分的摩尔热容计算系数

名 称	系 数			近似计算公式
	a	b	c	
二氧化碳	28.68	0.035726	-10.362×10^{-6}	
氧	26.21	0.011497	-3.224×10^{-6}	
一氧化碳	26.17	0.008745	-1.922×10^{-6}	$c_p = a + bT + cT^2$
氢	28.81	0.000276	$+1.168 \times 10^{-6}$	式中，c_p 为摩尔热容，
甲烷	14.15	0.007616	-17.534×10^{-6}	kJ/(kmol·℃)；T 为
氮	26.38	0.02327	-1.444×10^{-6}	绝对温度，K；a、b、c
硫化氢	27.13	0.013745	-5.041×10^{-6}	为系数
水蒸气	28.85	0.010157	-1.436×10^{-6}	

表7-9 焦炉煤气及其可燃组分的爆炸极限、自燃点和燃烧热

名 称	爆炸范围（体积分数）/%		自燃点/℃	燃烧热（低热值，15.6℃，0.101MPa）/kJ·m⁻³	备 注
	上限	下限			
氢	4.10	74.20	510	10785	
一氧化碳	12.50	74.20	610	12627	
甲烷	5.00	15.00	645	35831	
乙烯	3.05	28.60	540	59076	
硫化氢	4.30	45.50	290		
氨	15.50	27.00	630		
乙烷	3.22	12.45	530	63769	
丙烯	2.00	11.10	455	86039	
焦炉煤气	5.50	30.00			
氰化氢	5.60	40.00	538		闪点 -17.8℃
苯	1.41	6.75	580		
甲苯	1.27	6.75	550		
乙苯	0.99	6.70			
邻二甲苯	1.10	6.40	500		

名　称	爆炸范围（体积分数）/%		自燃点/℃	燃烧热（低热值, 15.6℃, 0.101MPa）/kJ·m⁻³	备　注
	上限	下限			
间二甲苯	1.10	6.40			
对二甲苯	1.10	6.60			
苯乙烯	1.10	6.10	490		

表 7 - 10　不同温度下纯萘蒸气压及其在煤气中的含量

温度/℃	萘蒸气压/Pa	煤气中萘含量/g·(100m³)⁻¹	温度/℃	萘蒸气压/Pa	煤气中萘含量/g·(100m³)⁻¹
0	0.8	4.51	60	244.0	1128
5	1.3	7.38	65	353.3	1572
10	2.8	15.23	70	562.6	2363
15	4.7	24.95	75	723.9	3202
20	7.2	37.83	80	986.6	4301
25	10.9	56.48	85	1306.6	5617
30	13.7	90.10	90	1679.9	7122
35	28.0	140.0	95	2066.5	8643
40	42.7	209.9	100	2466.5	10170
45	69.1	334.4	110	3639.7	14624
50	108.7	517.9	120	5358.5	20386
55	168.0	928.7	130	8252.6	31514

表 7 - 11　不同压力下煤气中饱和萘蒸气含量

温度/℃	饱和萘蒸气含量/g·(100m³)⁻¹									
	-6kPa	-4kPa	-2kPa	0kPa	5kPa	10kPa	15kPa	20kPa	25kPa	30kPa
0	2.81	2.75	2.70	2.64	2.52	2.41	2.31	2.21	2.13	2.05
5	6.10	5.97	5.86	5.74	5.47	5.23	5.01	4.80	4.62	4.44
10	12.46	12.21	11.96	11.73	11.18	10.68	10.23	9.81	9.42	9.07
15	24.19	23.70	23.22	22.77	21.70	20.73	19.84	19.02	18.27	17.58
20	44.83	43.90	43.01	42.16	40.17	38.36	36.71	33.19	33.80	32.51
25	79.82	78.16	76.56	75.03	71.46	68.22	65.26	62.54	60.04	57.73
30	137.2	134.3	131.5	128.9	122.7	117.1	111.9	107.2	102.9	98.92
35	228.5	223.7	219.0	214.4	204.0	194.6	185.9	178.0	170.7	164.1
40	370.7	362.6	354.9	347.5	330.6	314.6	300.4	287.4	275.6	264.6
45	587.8	574.7	562.1	550.1	522.2	497.0	474.1	453.2	434.1	416.5
50	915.1	893.9	873.8	854.5	809.8	769.6	733.1	700.0	669.8	642.0

温度 /℃	饱和萘蒸气含量/g·(100m³)⁻¹									
	-6kPa	-4kPa	-2kPa	0kPa	5kPa	10kPa	15kPa	20kPa	25kPa	30kPa
55	1404	1371	1338	1308	1237	1173	1116	1064	1016	972.7
60	2137	2083	2031	1982	1869	1768	1678	1596	1522	1455
65	3240	3151	3068	2989	2807	2647	2504	2375	2259	2154
70	4930	4785	4646	4515	4218	3958	3728	3523	3340	3174
75	7628	7370	7130	6905	6399	5962	5581	5246	4949	4684
80	12196	11708	11258	10842	9924	9149	8486	7913	7413	6972

注：1. 煤气相对湿度 100%。

2. 煤气中饱和萘蒸气的含量计算式如下：

$$C_t = \frac{p_t^N M \times 1000 \times 100}{(101325 + p_g - p_t^N - p_t^V) \times 22.4}$$

式中，C_t 为计算条件下的煤气中饱和萘含量，g/100m³；p_t^N 为温度 t ℃时萘的饱和蒸气压，Pa；p_t^V 为温度 t ℃时水的饱和蒸气压，Pa；p_g 为煤气压力，Pa；M 为萘的相对分子质量，$M = 128.16$。

表 7-12　焦油洗油的性质

温度/℃	黏度 /mPa·s	蒸气压 /kPa	温度 /℃	黏度 /mPa·s	蒸气压 /kPa	温度 /℃	黏度 /mPa·s	蒸气压 /kPa
0	75		70	2.4	1.47	140	0.13	12.0
10	45		80	1.5	1.87	150	0.09	17.73
20	27		90	0.95	2.27	160	0.055	25.6
30	16.5		100	0.6	2.8	170	0.04	36.0
40	10.0		110	0.4	3.6	180	0.03	49.33
50	6.25	0.67	120	0.27	5.33	190	0.024	66.66
60	3.7	1.07	130	0.18	9.0			

注：$M = 170$，$\rho = 1060 \text{kg/m}^3$。

表 7-13　煤焦油中主要成分的含量和性质

名称	化学式	相对分子质量	相对密度	沸点/℃	熔点/℃	含量/%
萘	$C_{10}H_8$	128.06	1.145	217.9	80.2	5~10
α-甲基萘	$C_{10}H_7CH_3$	142.81	1.005	244.8	-30.8	0.5~1.0
β-甲基萘	$C_{10}H_7CH_3$	142.81	1.028	241.1	34.4	1.0~1.5
蒽	$C_6H_4(CH)_2C_6H_4$	178.08	1.241	349.5	15.5	0.5~1.5
咔唑	$C_6H_4NHC_6H_4$	167.08		352	237	1.0~2.0
菲	$C_{14}H_{10}$	178.08	1.061	338	38	4~6
芴	$C_{13}H_{10}$	166.08		294	116	1~2
酚	C_6H_5OH	94.06	1.061	181.7	41	0.2~0.5

名称	化学式	相对分子质量	相对密度	沸点/℃	熔点/℃	含量/%
甲酚	$C_6H_4OHCH_3$	108.06				0.6 ~ 1.2
邻甲酚	$C_6H_4OHCH_3$	108.06	1.046	191	31	
间甲酚	$C_6H_4OHCH_3$	108.06	1.035	201	12	
对甲酚	$C_6H_4OHCH_3$	108.06	1.031	200	34.7	
二甲酚	$C_6H_3OH(CH_3)_2$	122.06				0.4 ~ 0.8
吡啶碱类						0.5 ~ 1.5
联苯	$(C_6H_5)_2$	154.08	1.159	265	70	0.2 ~ 0.4
芴	$C_{12}H_{10}$	154.08	1.059	277	96	1.5 ~ 2.0
氧芴	$C_6H_4OC_6H_4$	168.06		287	83	0.5 ~ 1.0
吲哚	C_8H_7N	117.06		254	52.5	0.1 ~ 0.2

表 7 – 14　煤焦油及其馏分的相对密度

名　称	相对密度（d_4^{20}）	名　称	相对密度（d_4^{20}）
煤焦油	1.17 ~ 1.20	焦油一蒽油馏分	1.110 ~ 1.120
焦油轻油馏分	0.85 ~ 0.88	焦油二蒽油馏分	1.155 ~ 1.180
焦油酚油馏分	0.97 ~ 1.004	137℃沥青	1.2033 ~ 1.2050
焦油萘油馏分	1.004 ~ 1.020	184℃沥青	1.1873 ~ 1.1882
焦油洗油馏分	1.040 ~ 1.065	210℃沥青	1.1603 ~ 1.1596

沥青性质和相对密度（20℃）

荷重软化温度/℃	甲苯不溶物/%	挥发分/%	相对密度
74	28.25	66.9	1.2675
106	39.30	57.8	1.2817
130	44.50	53.8	1.2920
191	58.20	43.2	1.3113

表 7 – 15　煤焦油及其馏分的平均比热容

馏分名称	平均沸点/℃	平均比热容/kJ·(kg·℃)$^{-1}$			
		25 ~ 100℃	25 ~ 137℃	25 ~ 184℃	25 ~ 210℃
轻油馏分	124	1.792	2.031	2.332	2.466
酚油馏分	182	1.771	2.06	2.19	2.399
洗油馏分	257	1.809	1.901	2.114	2.244
蒽油馏分	335		1.784	1.943	2.252
煤焦油		1.65	1.729	1.88	2.194

表7-16 煤焦油馏分的平均沸点和相对分子质量

馏分名称	蒸馏试验范围/℃	平均沸点/℃	相对分子质量
轻油馏分	约170	126	110
酚油馏分	170～210	191	120
萘油馏分	210～230	220	125
洗油馏分	230～270	265	143
一蒽油馏分	270～350	330	177
二蒽油馏分	320～360		

表7-17 焦油和沥青的比热容 [kJ/(kg·℃)]

高温炼焦的无水焦油		荷重软化温度68.3℃的焦油沥青		荷重软化温度95.5℃的焦油沥青		荷重软化温度154.4℃的焦油沥青	
温度/℃	c_t	温度/℃	c_t	温度/℃	c_t	温度/℃	c_t
43.3	1.248	95.0	1.356	128	1.549	195	1.704
60.5	1.344	111.1	1.491	146	1.570	211.6	1.696
81.1	1.444	132.2	1.549	168	1.691	238.3	1.842
101.6	1.549	150.5	1.658	185.5	1.771	256.6	1.892
124.0	1.616	176.6	1.758	206.6	1.834	277.7	1.955
143.3	1.691	191.6	1.813	227.2	1.876	294.4	2.043
172.0	1.817	212.2	1.859	255.5	1.989	317.7	2.010

表7-18 焦油及其馏分的运动黏度计算常数

名 称	k	k_1	名 称	k	k_1
轻油馏分	9.32	4.0	酚油馏分	10.35	4.3
萘油馏分	10.37	4.3	洗油馏分	10.25	4.2
蒽油馏分	11.07	4.4	蒽油（离心后）	12.62	5.0
焦油	13.80	5.33	中温沥青	14.00	5.44

注：焦油及其馏分的黏度计算式如下：

$$\lg\lg(\nu + 0.8) = k - k_1 \lg T$$

式中，ν 为黏度，$10^{-4}\,m^2/s$；k、k_1 为常数，从表7-18中查取；T 为温度，K。

8　氨 的 性 质

表8-1　氨的性质

项　目	指标	项　目	指标
分子式	NH$_3$	相对分子质量	17.032
密度（0℃，0.101MPa）/kg·m^{-3}	0.771	临界温度/℃	132.4
临界压力（绝对）/MPa	11.30	临界密度/kg·m^{-3}	236
0.101MPa下的沸点/℃	-33.35	0.101MPa下的熔点/℃	-77.7
熔点下的蒸气压力/kPa	6	0.101MPa下的熔化热/kJ·kg^{-1}	350.4
液氨密度（-33℃时）/kg·L^{-1}	0.638	0.101MPa下的蒸发潜热/kJ·kg^{-1}	1369.5
1m^{3}氨气生成液氨的体积（15℃，0.101MPa）/L	1.024	比热容（20℃，0.101MPa） 定压热容c_p/kJ·(kg·℃)$^{-1}$ 定容热容c_V/kJ·(kg·℃)$^{-1}$ c_p/c_V	2.244 1.675 1.34
热导率（0℃，0.101MPa）/W·(m·℃)$^{-1}$	0.0215		
黏度（0℃，0.101MPa）/Pa·s	9.003		

表8-2　氨的比容、密度、焓和蒸发潜热

温度 /℃	绝对压力 /MPa	比容		密度		焓		蒸发潜热 /kJ·kg^{-1}
		液体 /L·kg^{-1}	蒸气 /m^3·kg^{-1}	液体 /kg·L^{-1}	蒸气 /kg·m^{-3}	液体 /kJ·kg^{-1}	蒸气 /kJ·kg^{-1}	
-70	0.011	1.3788	9.009	0.7253	0.111	108.4	1573.0	1464.5
-68	0.013	1.3822	7.870	0.7230	0.127	116.8	1576.7	1459.9
-66	0.015	1.3876	6.882	0.7207	0.145	125.2	1580.1	1454.9
-64	0.017	1.3920	6.044	0.7184	0.165	134.0	1583.9	1445.7
-62	0.019	1.3965	5.324	0.7161	0.188	142.4	1587.2	1444.9
-60	0.022	1.4010	4.699	0.7138	0.213	151.1	1591.0	1439.8
-58	0.025	1.4056	4.161	0.7114	0.240	159.5	1594.3	1434.8
-56	0.028	1.4103	3.693	0.7091	0.271	168.3	1598.1	1429.8
-54	0.032	1.4150	3.288	0.7067	0.304	176.7	1601.5	1424.8
-52	0.037	1.4197	2.933	0.7044	0.341	185.1	1604.8	1419.7
-50	0.041	1.4245	2.6250	0.7020	0.3810	193.3	1610.8	1417.5
-49	0.044	1.4269	2.4850	0.7008	0.4024	197.4	1612.5	1415.1
-48	0.046	1.4293	2.3531	0.6996	0.4250	202.0	1614.2	1412.2
-47	0.049	1.4318	2.2298	0.6984	0.4485	260.4	1615.9	1409.5

温度 /℃	绝对压力 /MPa	比容		密度		焓		蒸发潜热 /kJ·kg⁻¹
		液体 /L·kg⁻¹	蒸气 /m³·kg⁻¹	液体 /kg·L⁻¹	蒸气 /kg·m⁻³	液体 /kJ·kg⁻¹	蒸气 /kJ·kg⁻¹	
－46	0.052	1.4342	2.1140	0.6973	0.4730	210.8	1617.6	1406.7
－45	0.055	1.4367	2.0052	0.6960	0.4987	215.3	1619.2	1403.9
－44	0.058	1.4392	1.9032	0.6948	0.5254	219.7	1620.9	1401.2
－43	0.062	1.4417	1.8072	0.6936	0.5533	244.1	1622.6	1398.4
－42	0.065	1.4442	1.7169	0.6924	0.5824	228.6	1624.2	1359.6
－41	0.069	1.4468	1.6319	0.6912	0.6128	233.1	1625.8	1392.7
－40	0.073	1.4493	1.5520	0.6900	0.6443	237.5	1627.4	1389.9
－39	0.077	1.4519	1.4768	0.6888	0.6771	241.9	1629.0	1387.2
－38	0.081	1.4545	1.4058	0.6875	0.7113	246.3	1630.6	1384.4
－37	0.085	1.4571	1.3388	0.6863	0.7469	250.8	1632.2	1381.4
－36	0.088	1.4597	1.2756	0.6851	0.7839	255.3	1633.8	1378.5
－35	0.095	1.4623	1.2160	0.6839	0.8224	259.8	1635.4	1375.6
－34	0.099	1.4649	1.1598	0.6826	0.8622	264.1	1636.9	1372.8
－33	0.103	1.4676	1.1065	0.6814	0.9038	268.7	1638.5	1369.8
－32	0.108	1.4703	1.0561	0.6801	0.9469	273.2	1640.0	1366.8
－31	0.114	1.4730	1.0086	0.6789	0.9915	277.6	1641.5	1363.9
－30	0.119	1.4757	0.9635	0.6776	1.038	282.2	1643.0	1360.8
－29	0.125	1.4784	0.9209	0.6764	1.086	286.6	1644.5	1357.9
－28	0.132	1.4811	0.8805	0.6752	1.136	291.2	1646.0	1354.8
－27	0.138	1.4839	0.8422	0.6739	1.187	295.6	1647.5	1351.8
－26	0.145	1.4867	0.8059	0.6726	1.241	300.1	1648.9	1348.8
－25	0.152	1.4895	0.7715	0.6714	1.296	304.7	1650.4	1345.7
－24	0.159	1.4923	0.7388	0.6701	1.354	309.2	1652.0	1342.7
－23	0.166	1.4951	0.7078	0.6689	1.413	313.6	1653.2	1339.6
－22	0.174	1.4980	0.6783	0.6676	1.474	318.2	1654.6	1336.5
－21	0.182	1.5008	0.6503	0.6663	1.538	322.7	1656.0	1333.4
－20	0.190	1.5037	0.6237	0.6650	1.603	327.2	1657.4	1330.2
－19	0.199	1.5066	0.5984	0.6637	1.671	331.7	1658.8	1327.0
－18	0.208	1.5096	0.5743	0.6624	1.741	336.2	1660.1	1323.9
－17	0.217	1.5125	0.5514	0.6612	1.814	340.8	1661.4	1320.7
－16	0.226	1.5155	0.5296	0.6598	1.888	345.3	1662.8	1317.5

温度 /℃	绝对压力 /MPa	比容		密度		焓		蒸发潜热 /kJ·kg⁻¹
		液体 /L·kg⁻¹	蒸气 /m³·kg⁻¹	液体 /kg·L⁻¹	蒸气 /kg·m⁻³	液体 /kJ·kg⁻¹	蒸气 /kJ·kg⁻¹	
-15	0.236	1.5185	0.5088	0.6585	1.965	349.9	1664.1	1314.2
-14	0.246	1.5215	0.4889	0.6572	2.045	354.4	1665.4	1311.0
-13	0.257	1.5245	0.4701	0.6560	2.127	358.9	1666.7	1307.7
-12	0.268	1.5276	0.4520	0.6546	2.212	363.6	1667.9	1304.4
-11	0.279	1.5307	0.4349	0.6533	2.299	368.1	1669.2	1301.1
-10	0.291	1.5338	0.4185	0.6520	2.389	372.7	1670.4	1297.7
-9	0.303	1.5369	0.4028	0.6507	2.483	377.3	1671.6	1294.3
-8	0.315	1.5400	0.3878	0.6494	2.579	381.9	1672.8	1291.0
-7	0.328	1.5432	0.3735	0.6480	2.677	386.4	1674.0	1287.6
-6	0.341	1.5464	0.3599	0.6467	2.779	391.1	1675.2	1284.1
-5	0.355	1.5496	0.3468	0.6453	2.884	395.7	1676.4	1280.7
-4	0.369	1.5528	0.3343	0.6440	2.991	400.2	1677.5	1277.3
-3	0.383	1.5561	0.3224	0.6426	3.102	404.8	1678.6	1273.8
-2	0.398	1.5594	0.3109	0.6413	3.216	409.4	1679.7	1270.3
-1	0.413	1.5627	0.3000	0.6399	3.333	414.1	1680.8	1266.8
0	0.429	1.5660	0.2895	0.6386	3.454	418.7	1681.9	1263.2
1	0.445	1.5694	0.2795	0.6372	3.578	423.3	1683.0	1259.7
2	0.462	1.5727	0.2698	0.6358	3.706	427.9	1684.0	1256.1
3	0.479	1.5761	0.2606	0.6345	3.837	432.5	1685.0	1252.5
4	0.497	1.5796	0.2517	0.6331	3.973	437.3	1686.1	1248.8
5	0.515	1.5831	0.2433	0.6317	4.110	441.9	1687.1	1245.2
6	0.534	1.5866	0.2351	0.6303	4.254	446.5	1688.0	1241.5
7	0.553	1.5901	0.2273	0.6289	4.399	451.2	1689.0	1237.8
8	0.573	1.5936	0.2198	0.6275	4.550	455.9	1690.0	1234.1
9	0.594	1.5972	0.2126	0.6261	4.704	460.5	1690.8	1230.3
10	0.615	1.6008	0.2056	0.6247	4.864	465.2	1691.8	1226.6
11	0.636	1.6045	0.1990	0.6232	5.025	469.9	1692.7	1222.8
12	0.658	1.6081	0.1926	0.6219	5.192	474.6	1693.5	1218.9
13	0.681	1.6118	0.1864	0.6204	5.365	479.3	1694.4	1215.1
14	0.704	1.6156	0.1805	0.6190	5.540	484.0	1695.2	1211.2
15	0.728	1.6193	0.1748	0.6176	5.721	488.7	1696.1	1207.3

温度 /℃	绝对压力 /MPa	比容		密度		焓		蒸发潜热 /kJ·kg⁻¹
		液体 /L·kg⁻¹	蒸气 /m³·kg⁻¹	液体 /kg·L⁻¹	蒸气 /kg·m⁻³	液体 /kJ·kg⁻¹	蒸气 /kJ·kg⁻¹	
16	0.752	1.6231	0.1693	0.6161	5.907	493.5	1696.9	1203.5
17	0.777	1.6270	0.1641	0.6146	6.094	498.4	1697.7	1199.4
18	0.803	1.6308	0.1590	0.6132	6.289	502.9	1698.5	1195.5
19	0.830	1.6347	0.1541	0.6117	6.489	507.6	1699.2	1191.6
20	0.857	1.6386	0.1494	0.6103	6.693	512.5	1700.0	1187.5
21	0.884	1.6426	0.1449	0.6088	6.901	517.2	1700.7	1183.4
22	0.913	1.6466	0.1405	0.6073	7.117	522.1	1701.4	1179.3
23	0.942	1.6506	0.1363	0.6058	7.337	526.8	1702.1	1175.3
24	0.972	1.6547	0.1322	0.6043	7.564	531.6	1702.8	1171.2
25	1.002	1.6588	0.1283	0.6028	7.794	536.5	1703.4	1166.9
26	1.033	1.6630	0.1245	0.6013	8.032	541.2	1704.0	1162.8
27	1.065	1.6672	0.1208	0.5998	8.273	546.1	1704.7	1158.6
28	1.098	1.6714	0.1173	0.5983	8.525	550.9	1705.3	1154.3
29	1.131	1.6757	0.1139	0.5968	8.780	555.7	1705.8	1150.2
30	1.166	1.6800	0.1106	0.5952	9.042	560.5	1706.4	1145.8
31	1.201	1.6844	0.1075	0.5937	9.302	565.3	1706.9	1141.6
32	1.237	1.6888	0.1044	0.5921	9.579	570.2	1707.4	1137.2
33	1.273	1.6932	0.1014	0.5906	9.862	575.0	1707.9	1132.9
34	1.311	1.6977	0.0986	0.5890	10.14	580.0	1708.4	1128.4
35	1.349	1.7023	0.0958	0.5874	10.44	584.9	1708.8	1123.9
36	1.388	1.7069	0.0931	0.5859	10.74	589.8	1709.3	1119.5
37	1.428	1.7115	0.0905	0.5843	11.05	594.7	1709.7	1115.0
38	1.469	1.7162	0.0880	0.5827	11.36	599.5	1710.0	1110.5
39	1.511	1.7209	0.0856	0.5811	11.68	604.4	1710.3	1105.9
40	1.553	1.7257	0.0833	0.5795	12.00	609.5	1710.6	1101.1
41	1.597	1.7305	0.0810	0.5779	12.35	614.4	1710.9	1096.6
42	1.641	1.7354	0.0788	0.5762	12.69	619.4	1711.3	1091.9
43	1.687	1.7404	0.0767	0.5746	13.04	624.2	1711.5	1087.3
44	1.733	1.7454	0.0746	0.5729	13.40	629.3	1711.6	1082.4

续表 8 - 2

温度 /℃	绝对压力 /MPa	比容		密度		焓		蒸发潜热 /kJ·kg⁻¹
		液体 /L·kg⁻¹	蒸气 /m³·kg⁻¹	液体 /kg·L⁻¹	蒸气 /kg·m⁻³	液体 /kJ·kg⁻¹	蒸气 /kJ·kg⁻¹	
45	1.780	1.7504	0.0726	0.5713	13.77	634.3	1711.9	1077.6
46	1.828	1.7555	0.0707	0.5696	14.14	639.3	1712.0	1072.7
47	1.878	1.7607	0.0688	0.5680	14.53	644.1	1712.0	1068.0
48	1.928	1.7659	0.0670	0.5663	14.93	649.3	1712.1	1062.8
49	1.979	1.7713	0.0652	0.5646	15.34	654.3	1712.2	1057.9
50	2.031	1.7766	0.0635	0.5629	15.75	659.5	1712.2	901.9

表 8 - 3　氨水的比热容

氨浓度 （摩尔分数）/%	比热容/kJ·(kg·℃)⁻¹			
	2.4℃	20.6℃	41℃	61℃
0.0	4.23	4.19	4.17	4.19
10.5	4.10	4.17	4.44	4.27
20.9	4.02	4.14	4.31	
31.2	4.00	4.19		
41.4	4.12			

表 8 - 4　不同压力下氨在水中的溶解度与温度的关系

绝对压力 /MPa	溶　解　度										
	-30℃	-20℃	-10℃	0℃	10℃	20℃	30℃	40℃	60℃	80℃	100℃
0.02	0.431	0.364	0.306	0.253	0.202	0.155	0.110	0.068			
0.05	0.567	0.475	0.406	0.347	0.294	0.244	0.197	0.152	0.071		
0.10	0.856	0.615	0.512	0.438	0.378	0.325	0.225	0.228	0.140	0.062	
0.15		0.813	0.599	0.503	0.433	0.384	0.332	0.286	0.193	0.106	0.033
0.20		0.701	0.566	0.483	0.418	0.363	0.314	0.225	0.141	0.067	
0.25			0.868	0.627	0.526	0.454	0.396	0.345	0.255	0.170	0.091
0.30			0.702	0.568	0.487	0.424	0.371	0.280	0.195	0.115	
0.40			0.930	0.790	0.547	0.473	0.414	0.318	0.234	0.154	
0.50				0.971	0.611	0.520	0.453	0.350	0.265	0.186	
0.60					0.681	0.564	0.490	0.379	0.292	0.214	
0.80					0.935	0.670	0.560	0.429	0.336	0.257	
1.00						0.824	0.630	0.473	0.372	0.290	

注：溶解度是指 1kg 溶液中氨的千克数。

表8-5　在15℃时氨的水溶液密度与含氨量的关系

密度 /kg·L^{-1}	含氨量 /g·L^{-1}	密度 /kg·L^{-1}	含氨量 /g·L^{-1}	密度 /kg·L^{-1}	含氨量 /g·L^{-1}	密度 /kg·L^{-1}	含氨量 /g·L^{-1}	密度 /kg·L^{-1}	含氨量 /g·L^{-1}
1.000	0.0	0.972	63.8	0.944	134.9	0.916	210.4	0.888	287.5
0.998	3.8	0.970	68.6	0.942	140.2	0.914	216.0	0.886	292.8
0.996	7.7	0.968	73.6	0.940	145.5	0.912	221.4	0.884	298.4
0.994	11.8	0.966	78.4	0.938	150.8	0.910	226.9	0.882	303.6
0.992	16.2	0.964	83.5	0.936	156.3	0.908	232.6	0.880	308.7
0.990	20.9	0.962	88.5	0.934	161.6	0.906	238.1	0.878	313.9
0.988	25.5	0.960	93.6	0.932	167.0	0.904	243.6	0.876	318.9
0.986	30.2	0.958	98.7	0.930	172.3	0.902	249.2	0.874	324.1
0.984	34.8	0.956	103.7	0.928	177.7	0.900	254.9	0.872	329.0
0.982	39.8	0.954	108.9	0.926	182.2	0.898	260.4	0.870	333.9
0.980	44.5	0.952	113.9	0.924	188.5	0.896	266.0	0.868	339.0
0.978	49.2	0.950	119.2	0.922	194.0	0.894	271.5	0.866	343.9
0.976	54.1	0.948	124.4	0.920	199.5	0.892	276.9	0.865	346.0
0.974	59.0	0.946	129.6	0.918	205.2	0.890	282.3		

表8-6　0.101MPa时氨在水中溶解度与温度的关系

温度/℃	溶解度	温度/℃	溶解度	温度/℃	溶解度	温度/℃	溶解度
0	0.875	16	0.582	32	0.382	48	0.244
2	0.833	18	0.554	34	0.362	50	0.229
4	0.792	20	0.526	36	0.343	52	0.214
6	0.751	22	0.499	38	0.324	54	0.200
8	0.713	24	0.474	40	0.307	56	0.186
10	0.679	26	0.449	42	0.290		
12	0.645	28	0.426	44	0.275		
14	0.612	30	0.403	46	0.259		

注：溶解度是指1kg水中溶解氨的千克数。

表8-7　氨在水溶液面上的蒸气分压

氨的浓度 （质量分数） /%	蒸气分压/kPa								
	0℃	5℃	10℃	15℃	20℃	25℃	30℃	40℃	50℃
2	0.933	1.067	1.333	1.600	2.000	2.600	3.266	4.133	6.133
3	1.067	1.333	1.667	2.066	2.666	3.466	4.400	5.333	9.333
4	1.333	1.667	2.133	2.800	3.533	4.533	5.666	8.666	12.666
5	1.667	2.133	2.733	3.466	4.466	5.666	7.066	11.066	16.265

氨的浓度（质量分数）/%	蒸气分压/kPa								
	0℃	5℃	10℃	15℃	20℃	25℃	30℃	40℃	50℃
6	2.000	2.533	3.333	4.333	5.466	6.866	8.933	13.732	20.132
7	2.400	3.066	4.000	5.200	6.599	8.533	10.799	16.532	24.131
8	2.866	3.666	4.066	6.066	7.799	9.999	12.666	19.465	28.664
10	3.933	4.933	6.399	8.133	10.399	13.199	16.532	25.731	37.863
12	5.133	6.333	8.266	10.799	13.732	17.465	21.598	32.531	47.996
14	6.466	7.999	10.332	13.332	17.065	21.465	26.664	40.263	58.662
16	7.866	9.999	12.932	16.532	20.798	25.998	32.797	49.062	73.327
18	9.466	12.132	15.732	19.998	25.065	31.197	39.330	60.662	89.326
20	11.532	14.665	18.932	24.398	30.531	37.730	47.463	71.727	106.658
22	14.132	18.665	23.465	29.064	35.997				

表 8 – 8　在沸点下氨在水溶液内及在液面上蒸气内的浓度　（质量分数,%）

在蒸气内	在溶液内	在蒸气内	在溶液内	在蒸气内	在溶液内	在蒸气内	在溶液内	在蒸气内	在溶液内
99	80	77	12.22	55	7.769	33	4.42	13	1.56
98	70	76	12	54	7.615	32	4.28	12	1.444
97	60	75	11.8	53	7.48	31	4.14	11	1.322
96	48	74	11.6	52	7.32	30	4	10	1.2
95	41	73	11.4	51	7.16	29	3.84	9	1.066
94	34.6	72	11.2	50	7	28	3.68	8.5	1.0
93	28.2	71	11	49	6.84	27	3.52	8	0.933
92	25	70	10.75	48	6.63	26	3.36	7	0.8
91	22.5	69	10.5	47	6.52	25	3.2	6	0.675
90	20	68	10.25	46	6.36	24	3.066	5.4	0.6
89	19	67	10	45	6.2	23.5	3.0	5	0.55
88	18	66	9.858	44	6.05	23	2.929	4	0.455
87	17	65	9.715	43	5.9	22	2.786	3.7	0.4
86	16	64	9.562	42	5.75	21	2.643	3	0.313
85	15	63	9.409	41	5.6	20	2.5	2.9	0.3
84	14.5	62	9.256	40	5.46	19	2.399	2	0.2
83	14	61	8.980	39	5.3	18	2.266	1.5	0.15
82	13.62	60	8.760	38	5.15	17	2.133	1.0	0.1
81	13.25	59	8.543	37	5	16.2	2.0	0.7	0.075
80	12.89	58	8.326	36	4.85	16	1.962	0.5	0.050
79	12.66	57	8.109	35	4.7	15	1.81	0.25	0.025
78	12.44	56	7.922	34	4.56	14	1.688	0.1	0.01

表 8－9　水溶液中和水溶液面上气相中氨的含量　　（质量分数，%）

气相中	溶液中	气相中	溶液中	气相中	溶液中	气相中	溶液中
99	80	71	11	43	5.9	16.2	2.0
98	70	70	10.75	42	5.75	16	1.962
97	60	69	10.5	41	5.6	15	1.81
96	48	68	10.25	40	5.46	14	1.688
95	41	67	10	39	5.3	12	1.444
94	34.6	66	9.858	38	5.15	11	1.322
93	28.2	65	9.715	37	5	10	1.2
92	25	64	9.562	36	4.85	9	1.066
91	22.5	63	9.409	35	4.7	8.5	1.0
90	20	62	9.256	34	4.56	8	0.933
89	19	61	8.980	33	4.42	7	0.8
88	18	60	8.760	32	4.28	6	0.675
87	17	59	8.543	31	4.14	5.4	0.6
86	16	58	8.326	30	4.0	5	0.55
85	15	57	8.109	29	3.84	4	0.455
84	14.5	56	7.922	28	3.68	3.7	0.4
83	14	55	7.769	27	3.52	3	0.313
82	13.62	54	7.615	26	3.36	2.9	0.3
81	13.25	53	7.48	25	3.2	2	0.2
80	12.89	52	7.32	24	3.066	1.5	0.15
79	12.66	51	7.16	23.5	3.0	1.0	0.1
78	12.44	50	7	23	2.929	0.7	0.075
77	12.22	49	6.84	22	2.786	0.5	0.050
76	12	48	6.63	21	2.643	0.25	0.025
75	11.8	47	6.52	20	2.5	0.1	0.001
74	11.6	46	6.36	19	2.399		
73	11.4	45	6.2	18	2.266		
72	11.2	44	6.05	17	2.133		

表 8－10　不同温度下 NH_3、CO_2 和 H_2S 单独在水中的溶解度

温度/℃	NH_3		CO_2		H_2S	
	A	B	A	B	A	B
0	1305	98.4	1.713	0.3360	4.67	0.7066
1	1225	92.4	1.646	0.3213	4.522	0.6839
2	1161	87.4	1.584	0.3091	4.379	0.6619
3	1107	83.3	1.527	0.2978	4.241	0.6407

温度/℃	NH₃		CO₂		H₂S	
	A	B	A	B	A	B
4	1058	79.6	1.473	0.2871	4.107	0.6201
5	1024	77	1.424	0.2774	3.977	0.6001
6	1002	75.3	1.377	0.2681	3.852	0.5809
7	980	73.6	1.331	0.2589	3.732	0.5624
8	960	72	1.282	0.2492	3.616	0.5446
9	931	70.3	1.237	0.2403	3.505	0.5276
10	916	68.6	1.194	0.2318	3.399	0.5112
20	715	53.1	0.878	0.1688	2.582	0.3846
25	641	47.2	0.756	0.1449	2.282	0.3375
30	586	44	0.665	0.1257	2.037	0.2983
35			0.592	0.1105	1.831	0.2648
40		30.4	0.530	0.0973	1.660	0.2361
45			0.479	0.0860	1.516	0.2110
50		22.4	0.436	0.0761	1.392	0.1883
60		15.8	0.359	0.0576	1.190	0.1480
70		10.4			1.022	0.1104
80		6.1			0.917	0.0765
90		2.6			0.840	0.041
100					0.810	

注：A 为不同温度下溶于 1L 水中的常压气体的升数；B 为不同温度下溶于 100g 水中气体的克数。

表 8 – 11　20℃时 NH₃、CO₂ 和 H₂S 共溶于水中时在溶液面上的蒸气分压

浓度/mol · L⁻¹			蒸气分压/kPa		
NH₃	CO₂	H₂S	NH₃	CO₂	H₂S
1.189	0.41	0.189	0.507	0.240	0.480
1.194	0.49	0.194	0.373	0.493	0.760
1.390	0.495	0.390	0.360	0.587	1.907
1.045	0.50	0.045	0.360	0.480	
1.380	0.64	0.380	0.192	2.000	3.906
1.097	0.66	0.097	0.179	1.986	0.840
1.192	0.67	0.192	0.168	2.360	1.973
1.196	0.69	0.196	0.155	2.746	2.226
1.192	0.70	0.192	0.148	2.920	2.293
1.193	0.745	0.193	0.116	4.293	3.040
1.092	0.77	0.092	0.101	5.173	1.560

浓度/mol·L^{-1}			蒸气分压/kPa		
NH$_3$	CO$_2$	H$_2$S	NH$_3$	CO$_2$	H$_2$S
1.090	0.82	0.090	0.075		2.160
1.088	0.815	0.088	0.079		1.973
1.090	0.80	0.090		6.519	
1.088	0.79	0.088		5.959	

表 8 – 12　氨溶液的相对密度

相对密度	含氨量/g		相对密度	含氨量/g	
	在 100g 内	在 1L 内		在 100g 内	在 1L 内
0.994	1	9.94	0.936	16	149.8
0.990	2	19.79	0.930	18	167.3
0.981	4	39.24	0.923	20	184.6
0.973	6	58.38	0.916	22	200.6
0.965	8	77.21	0.910	24	218.4
0.958	10	95.75	0.904	26	235.0
0.950	12	114.0	0.898	28	251.4
0.943	14	132.0	0.892	30	267.6

9　硫酸和硫铵溶液的性质

表 9 - 1　20℃时硫酸溶液的性质

硫酸浓度 (质量分数) /%	硫酸 含量 /g·L⁻¹	密度 /kg·L⁻¹	比热容 /kJ·(kg·℃)⁻¹	沸点 (0.101MPa) /℃	结晶 温度 /℃	黏度 /mPa·s	热导率 /W·(m·℃)⁻¹
5	51.58	1.032	3.982	101.0	-1.75		0.57
10	106.6	1.066	3.789	102.0	-5.5	1.12	0.56
15	165.3	1.102	3.605	103.1	-11.25		0.55
20	227.9	1.139	3.429	104.4	-19.0	1.38	0.53
25	294.6	1.178	3.262	105.9	-28.8		0.52
30	365.5	1.218	3.102	107.9	-41.2	1.82	0.50
35	441.0	1.260	2.948	110.5	-58.5		0.49
40	521.1	1.303	2.805	113.9	-65.2	2.48	0.48
45	606.4	1.348	2.667	118.4	-46.8		0.47
50	697.5	1.395	2.533	124.4	-34.2	3.58	0.45
55	794.8	1.445	2.403	132.0	-27.1	4.48	0.44
60	898.8	1.498	2.282	141.8	-25.8	5.52	0.43
65	1009.0	1.553	2.165	154.1	-35.3	7.10	0.41
70	1127.0	1.610	2.047	169.2	-42.0	9.65	0.40
75	1252.0	1.669	1.938	187.8	-41.0	13.9	0.38
80	1382.0	1.727	1.830	210.2	-3.0	23.2	0.37
85	1512.0	1.779	1.733	237.1	+7.9	23.7	0.36
90	1633.0	1.814	1.620	268.9	-10.2	23.1	0.35
95	1742.0	1.834	1.516	306.3	-21.8	23.4	0.34
100	1830.0	1.830	1.415	296.2	+10.45	27.8	0.33

表 9 - 2　硫酸溶液的密度

硫酸浓度 (质量分数) /%	密度/kg·L⁻¹								
	0℃	10℃	20℃	30℃	40℃	50℃	60℃	80℃	100℃
5	1.036	1.034	1.032	1.028	1.024	1.019	1.014	1.002	0.989
10	1.073	1.070	1.066	1.062	1.057	1.052	1.046	1.034	1.020
15	1.112	1.107	1.102	1.097	1.091	1.082	1.080	1.067	1.054
20	1.151	1.145	1.139	1.133	1.127	1.121	1.115	1.102	1.088

硫酸浓度（质量分数）/%	密度/kg·L⁻¹								
	0℃	10℃	20℃	30℃	40℃	50℃	60℃	80℃	100℃
25	1.191	1.185	1.178	1.172	1.165	1.159	1.152	1.139	1.125
30	1.233	1.225	1.218	1.211	1.205	1.198	1.191	1.177	1.163
35	1.275	1.267	1.260	1.253	1.245	1.238	1.231	1.217	1.203
40	1.318	1.310	1.303	1.295	1.288	1.281	1.273	1.259	1.245
45	1.363	1.355	1.348	1.340	1.332	1.325	1.318	1.303	1.289
50	1.411	1.403	1.395	1.387	1.379	1.372	1.364	1.349	1.335
55	1.462	1.453	1.445	1.437	1.429	1.421	1.414	1.398	1.383
60	1.515	1.507	1.498	1.490	1.482	1.473	1.466	1.450	1.434
65	1.571	1.562	1.553	1.545	1.536	1.528	1.519	1.503	1.487
70	1.629	1.620	1.610	1.601	1.592	1.584	1.575	1.558	1.542
75	1.689	1.679	1.669	1.660	1.650	1.641	1.632	1.614	1.597
80	1.748	1.738	1.727	1.717	1.707	1.697	1.687	1.668	1.649
85	1.801	1.790	1.779	1.768	1.757	1.747	1.736	1.716	1.697
90	1.836	1.825	1.814	1.804	1.793	1.783	1.773	1.752	1.733
95	1.854	1.844	1.834	1.824	1.814	1.804	1.794	1.775	1.756
100	1.852	1.841	1.830	1.820	1.811	1.801	1.792	1.776	1.761

表 9 - 3　硫酸溶液的热导率

硫酸浓度（质量分数）/%	热导率/W·(m·℃)⁻¹					
	0℃	20℃	40℃	60℃	80℃	100℃
10	0.52	0.56	0.58	0.61	0.65	0.69
20	0.50	0.54	0.56	0.59	0.62	0.65
30	0.48	0.50	0.54	0.57	0.59	0.62
40	0.45	0.48	0.50	0.54	0.56	0.58
50	0.43	0.45	0.48	0.50	0.52	0.54
60	0.41	0.43	0.44	0.47	0.50	0.52
70	0.38	0.40	0.42	0.44	0.47	0.49
80	0.35	0.36	0.38	0.41	0.43	0.45
90	0.33	0.35	0.36	0.38	0.40	0.41
100	0.30	0.33	0.34	0.35	0.36	0.38

表 9 - 4　硫酸溶液的黏度

硫酸浓度 (质量分数) /%	黏度/mPa·s				
	15℃	20℃	30℃	40℃	50℃
10	1.47	1.15	0.99	0.76	0.58
20	1.83	1.38	1.19	0.96	0.76
30	2.44	1.82	1.52	1.21	0.99
40	3.24	2.48	2.1	1.62	1.39
50	4.65	3.58	2.72	2.3	1.9
55	5.74	4.48	3.38	2.88	2.28
60	7.15	5.52	4.08	3.42	2.77
65	9.32	7.10	5.78	4.55	3.55
70	12.8	9.65	7.9	6.1	4.2
75	18.6	13.9	10.6	8.1	5.9
80	31.3	23.2	15.2	10.7	7.72
82	32.2	23.6	15.9	12.1	8.11
85	32.3	23.7	16.1	12.4	8.48
88	32.1	23.5	15.9	12.2	8.5
89	31.9	23.3	15.7	11.95	8.5
90	31.7	23.1	15.55	11.8	8.45
91	31.6	23.0	15.5	11.75	8.42
92	31.65	23.05	15.55	11.8	8.4
93	31.7	23.1	15.6	12.05	8.4
94	31.85	23.2	15.65	12.2	8.52
95	32.1	23.4	15.75	12.35	8.71
96	32.6	23.9	16.0	12.5	8.95
97	33.7	24.8	16.5	12.7	9.15
98	34.9	25.8	17.5	12.9	9.46
99	36.1	26.8	17.7	13.6	9.75
100	37.2	27.8	18.5	14.2	9.8

表 9 - 5　硫酸溶液面上的水蒸气压力

硫酸浓度 (质量分数) /%	水蒸气压力/kPa									
	10℃	15℃	20℃	25℃	30℃	35℃	40℃	60℃	80℃	100℃
10	1.173	1.640	2.240	3.026	4.053	5.373	7.053	19.065	44.930	95.992
20	1.080	1.506	2.053	2.786	3.733	4.960	6.479	17.732	41.863	90.126
25	1.000	1.400	1.933	2.613	3.506	4.653				
30	0.920	1.293	1.760	2.386	3.200	4.253	6.56	15.465	36.397	78.393
35	0.827	1.160	1.547	2.106	2.826	3.760				

硫酸浓度（质量分数）/%	水蒸气压力/kPa									
	10℃	15℃	20℃	25℃	30℃	35℃	40℃	60℃	80℃	100℃
40	0.693	0.973	1.307	1.787	2.413	3.226	4.226	11.532	27.864	62.395
45	0.560	0.787	1.067	1.467	1.973	2.653				
50	0.427	0.600	0.827	1.133	1.533	2.066	2.720	7.746	19.065	43.330
55	0.307	0.427	0.587	0.920	1.120	1.507				
60	0.200	0.280	0.373	0.520	0.720	0.987	1.320	4.026	10.306	24.131
65	0.107	0.160	0.213	0.307	0.427	0.587				
70	0.040	0.067	0.080	0.120	0.173	0.253	0.393	1.493	3.960	9.799
75	0.013	0.027	0.040	0.053	0.080	0.107	0.176	0.679	1.907	4.840
80	0.005	0.008	0.013	0.013	0.027	0.027	0.061	0.251	0.789	1.547
85	0.001	0.003	0.004	0.005	0.008	0.012	0.019	0.072	0.265	0.799
90	0.0003	0.0004	0.0007	0.001	0.001	0.003	0.004	0.023	0.076	0.273
95								0.001	0.005	0.025
98									0.001	0.004
100								0.03	0.008	

表 9 – 6 硫酸溶液的密度

硫酸浓度（质量分数）/%	密度/kg·L⁻¹								
	0℃	10℃	20℃	30℃	40℃	50℃	60℃	80℃	100℃
1	1.006	1.006	1.004	1.001	0.998	0.994	0.989	0.978	0.964
2	1.012	1.012	1.010	1.007	1.004	1.000	0.995	0.984	0.970
4	1.025	1.024	1.022	1.019	1.015	1.011	1.006	0.995	0.983
6	1.037	1.036	1.034	1.031	1.027	1.023	1.018	1.007	0.995
8	1.049	1.048	1.046	1.042	1.039	1.034	1.030	1.019	1.007
10	1.062	1.060	1.057	1.054	1.050	1.046	1.041	1.030	1.018
12	1.074	1.072	1.069	1.066	1.062	1.058	1.053	1.042	1.030
14	1.086	1.084	1.081	1.077	1.073	1.069	1.064	1.054	1.042
16	1.098	1.095	1.092	1.089	1.085	1.080	1.076	1.065	1.054
18	1.110	1.107	1.104	1.100	1.096	1.092	1.087	1.077	1.066
20	1.121	1.119	1.115	1.112	1.108	1.103	1.099	1.088	1.077
22	1.133	1.130	1.127	1.123	1.119	1.115	1.110	1.100	1.089
24	1.145	1.142	1.138	1.134	1.130	1.126	1.121	1.111	1.100
26	1.156	1.153	1.150	1.146	1.142	1.137	1.133	1.122	1.112
28	1.168	1.164	1.161	1.157	1.153	1.148	1.144	1.134	1.123
30	1.179	1.176	1.172	1.168	1.164	1.160	1.155	1.145	1.135

硫酸浓度（质量分数）/%	密度/kg · L⁻¹								
	0℃	10℃	20℃	30℃	40℃	50℃	60℃	80℃	100℃
35	1. 207	1. 204	1. 200	1. 196	1. 192	1. 188	1. 183	1. 173	1. 163
40	1. 235	1. 231	1. 228	1. 224	1. 220	1. 215	1. 211	1. 201	1. 191
45	1. 263	1. 259	1. 255	1. 251	1. 247	1. 243	1. 238	1. 229	1. 219
50	1. 290	1. 286	1. 282	1. 278	1. 274	1. 270	1. 266	1. 257	1. 247

表 9 - 7　硫铵溶液的黏度

硫铵浓度（质量分数）/%	黏度/mPa · s				
	20℃	25℃	40℃	60℃	80℃
3. 2		0. 942			
5. 45	1. 088		0. 713	0. 512	0. 395
6. 2		0. 983	0. 725		
10. 4	1. 196		0. 766	0. 551	0. 424
12. 8		1. 08	0. 807		
18. 75	1. 455		0. 994	0. 73	0. 571
20. 9		1. 44			
31. 6	2. 394		1. 644	1. 203	0. 927

表 9 - 8　盐的溶解度

名　称	在溶液中的溶解度（g/100g 溶液）										
	0℃	10℃	20℃	30℃	40℃	50℃	60℃	70℃	80℃	90℃	100℃
NH_4Cl	23. 0	25. 0	27. 3	29. 3	31. 4	33. 5	35. 6	37. 6	39. 6	41. 6	43. 6
NH_4HCO_3	11. 0	13. 7	17. 5	22. 1	26. 8	31. 6	37. 2				
$(NH_4)_2SO_4$	41. 4	42. 2	43. 0	43. 8	44. 8	45. 8	46. 8	47. 9	48. 8	49. 4	50. 8
Na_2CO_3	6. 4	11. 2	17. 8	29. 0	32. 8	32. 2	31. 7	31. 4	31. 1		
$NaOH$	29. 6	34. 0	52. 2	54. 3	56. 3	59. 1	63. 5	75. 7			77. 6
$NaHCO_3$	6. 45	7. 58	8. 76	9. 96	11. 27	12. 67	14. 09				
CaO	0. 136		0. 127		0. 11		0. 089		0. 072		

名　称	在水中的溶解度（g/100g 水）										
	0℃	10℃	20℃	30℃	40℃	50℃	60℃	70℃	80℃	90℃	100℃
$Ca(OH)_2$	0. 185	0. 176	0. 165	0. 153	0. 141	0. 128	0. 116		0. 094		0. 077
NH_4HCO_3	11. 9	15. 8	21. 0	77. 0	32. 0		43. 0				

续表9-8

名 称	在水中的溶解度(g/100g 水)										
	0℃	10℃	20℃	30℃	40℃	50℃	60℃	70℃	80℃	90℃	100℃
$(NH_4)_2SO_4$	70.0	73.0	75.0	78.0	81.0		88.0		95.0		103.0
Na_2CO_3	7.0	12.5	21.5	40.8	50.0		46.4		45.0		45.0
NaOH	42.0	51.5	109.0	119.0	129.0	145.0	174.0		313.0		341.0
NH_4Cl	29.4	33.3	37.2	41.4	45.8	50.4	55.2		65.5		77.3
CaO	0.41	0.13	0.125	0.12	0.11	0.1	0.09		0.08		0.06

表9-9 硫铵的饱和水溶液蒸气压

游离酸(质量分数)/%	温度/℃	压力/kPa	游离酸(质量分数)/%	温度/℃	压力/kPa	游离酸(质量分数)/%	温度/℃	压力/kPa
0	-14	0.187	19.7	60	14.465	57.65	80	22.825
	0	0.480		80	34.597		99.2	47.263
	20	2.000		99.2	71.727	67.3	-15	0.016
	40	6.333	29.2	-12	0.107		0	0.227
	60	16.039		0	0.360		14	0.733
	80	38.633		20	1.627		20	1.040
	99.2	80.526		30	2.933		40	3.266
9.7	-13	0.133		40	5.093		60	7.733
	0	0.400		60	7.999		80	18.398
	14	1.227		80	32.597		99.2	37.577
	20	1.827		99.3	67.461	74.8	-14	0.013
	30	3.266	48.7	-14	0.067		0	0.200
	40	5.600		0	0.307		20	1.000
	50	9.599		6	0.573		40	2.933
	60	15.732		17	1.200		60	7.666
	70	24.665		20	1.333		80	16.332
	80	37.530		40	4.533		99.2	31.931
	90	54.862		60	11.599	86	0	0.080
	99.5	76.860		80	26.464		20	0.133
19.7	-12	0.160		99.5	52.196		40	0.267
	0	0.387	57.65	-14	0.053		60	0.800
	15	1.307		0	0.253		90	2.253
	20	1.667		20	1.080		99.2	5.440
	30	3.066		40	3.533			
	40	5.333		60	9.599			

表 9-10　硫铵的饱和溶液蒸气压

游离氨（质量分数）/%	温度/℃	压力/kPa	游离氨（质量分数）/%	温度/℃	压力/kPa	游离氨（质量分数）/%	温度/℃	压力/kPa
0	0	0.487		40	37.650		0	10.332
	20	2.000	7.2	60	81.193		20	42.530
	40	6.333		65	97.592	13.9	30	46.596
	60	16.039		0	8.399		40	70.461
	80	38.663		20	23.065		50	103.858
	99.2	80.526		30	36.930		0	18.798
7.2	0	5.373	11	40	56.995		20	52.796
	14.5	11.532		50	83.660	22	30	82.926
	20	15.132		60	115.457		35	101.525
	30	24.531						

表 9-11　饱和器母液中游离酸浓度与 pH 值的关系

pH 值	游离酸浓度（质量分数）（±0.2%）/%	pH 值	游离酸浓度（质量分数）（±0.2%）/%	pH 值	游离酸浓度（质量分数）（±0.2%）/%
0.80	12	1.20	7.5	1.50	4.5
0.90	11	1.30	6.5	1.60	3.5
1.00	9.8	1.35	6.0		
1.10	8.5	1.40	5.5		

表 9-12　硫铵的溶解度

温度/℃	水中溶解度/g·(kg 水)$^{-1}$	溶液中溶解度/g·(kg 溶液)$^{-1}$	温度/℃	水中溶解度/g·(kg 水)$^{-1}$	溶液中溶解度/g·(kg 溶液)$^{-1}$
0	710.0	415.2	60	869.0	465.0
10	736.5	424.1	70	895.5	472.4
20	763.0	432.7	80	922.0	479.7
30	789.5	441.2	90	948.5	486.8
40	816.0	449.3	100	975.0	493.7
50	842.5	457.3			

表 9-13　硫铵溶液密度与浓度的关系

浓度（质量分数）/%	密度/kg·L^{-1}	浓度（质量分数）/%	密度/kg·L^{-1}	浓度（质量分数）/%	密度/kg·L^{-1}
1	1.0041	4	1.0220	8	1.0456
2	1.0101	6	1.0338	10	1.0574

浓度 （质量分数）/%	密度 /kg·L^{-1}	浓度 （质量分数）/%	密度 /kg·L^{-1}	浓度 （质量分数）/%	密度 /kg·L^{-1}
12	1.0691	22	1.1269	35	1.2000
14	1.0808	24	1.1383	40	1.2277
16	1.0924	26	1.1496	45	1.2552
18	1.1039	28	1.1609	50	1.2825
20	1.1154	30	1.1721		

表 9 – 14 硫铵溶液的沸点

硫铵溶液 （质量分数）/%	沸点 /℃	硫铵溶液 （质量分数）/%	沸点 /℃	硫铵溶液 （质量分数）/%	沸点 /℃
8	100.55	23	102.0	38	104.30
9	100.62	24	102.1	39	104.45
10	100.72	25	102.2	40	104.70
11	100.78	26	102.35	41	104.90
12	100.85	27	102.45	42	105.20
13	100.95	28	102.60	43	105.40
14	101.05	29	102.75	44	105.70
15	101.12	30	102.90	45	105.90
16	101.21	31	103.05	46	106.25
17	101.31	32	103.20	47	106.60
18	101.40	33	103.35	48	106.90
19	101.51	34	103.55	49	107.30
20	101.62	35	103.70	50	107.65
21	101.75	36	103.90	51	108.10
22	101.85	37	104.05		

表 9 – 15　$NH_4H_2PO_4$ 和（NH_4）$_2HPO_4$ 溶液面上氨的蒸气分压

含量 /g·L⁻¹	$NH_4H_2PO_4$	430	376	322	215	108		
	（NH_4）$_2HPO_4$		62	123	245	367	490	490
$NH_4H_2PO_4$ 吸收的氨/g·L⁻¹			7.9	15.7	31.5	47.0	63.0	70.0
90℃时溶液的 pH 值		3.8	4.4	4.4	5.7	6.6	7.6	9.1
氨的 蒸气压 /kPa	30℃		0.000	0.000	0.023	0.044	0.447	0.549
	40℃		0.000	0.000	0.024	0.065	0.891	1.013
	50℃		0.000	0.000	0.068	0.103	1.653	2.066
	60℃		0.000	0.005	0.248	0.315	3.120	
	70℃		0.000	0.019	0.281	0.588	6.999	
	80℃		0.000	0.075	0.319	1.547	10.852	
	90℃		0.013	0.091				
	100℃		0.049	0.216	1.128	7.599	21.065	
	110℃		0.088	0.520	2.666	9.239	43.596	
	120℃		0.161	1.027				
操作的氨容量/g·L⁻¹			3.10	18.90	33.4	57.4		

10　粗苯、苯、甲苯、二甲苯的性质

表10-1　180℃前粗苯中主要组分的性质

名　称	分子式	相对分子质量	相对密度 d_4^{20}	折射率 n_D^{20}	熔点/℃	沸点/℃	蒸气密度（常压15.6℃）/kg·m⁻³	自燃点/℃	运动黏度（20℃）/m²·s⁻¹	动力黏度（20℃）/mPa·s	临界性质 温度/℃	临界性质 压力/MPa	临界性质 密度/g·mL⁻¹
苯	C_6H_6	78.108	0.8790	1.5011	5.533	80.10	3.2970	580	0.737×10^6	0.648	289.5	4.93	0.304
甲苯	C_7H_8	92.134	0.8670	1.4969	-94.991	110.63	3.8891	550	0.675×10^6	0.585	320.6	4.22	0.280
乙苯	C_8H_{10}	106.160	0.8670	1.4959	-94.98	136.19	4.4811		0.769×10^6	0.667	346.4	3.86	0.270
邻二甲苯	C_8H_{10}	106.160	0.8802	1.5055	-25.18	144.42	4.4811	500	0.920×10^6	0.811	359.1	3.74	0.280
间二甲苯	C_8H_{10}	106.160	0.8642	1.4972	-47.87	139.10	4.4811		0.714×10^6	0.617	346.1	3.63	0.280
对二甲苯	C_8H_{10}	106.160	0.8611	1.4958	13.26	138.35	4.4811		0.747×10^6	0.643	345.2	3.55	0.290
丙苯	C_9H_{12}	120.186	0.8620	1.4920	-99.56	159.22	5.0728		0.995×10^6	0.857	364.0	3.27	0.270
异丙苯	C_9H_{12}	120.186	0.8618	1.4915	-96.03	152.39	5.0728		0.917×10^6	0.790	362.7	3.26	0.270
1,2,3-三甲苯	C_9H_{12}	120.186	0.8944	1.5139	-25.38	176.08	5.0728				394	3.17	
1,2,4-三甲苯	C_9H_{12}	120.186	0.8758	1.5048	-44.1 -49.0	169.35		710		0.92	381.2	3.36	
1,3,5-三甲苯	C_9H_{12}	120.186	0.8652	1.4994	-44.72 -49.80 -51.70	164.72		700		0.84	370.5	3.97	
间乙基甲苯	C_9H_{12}	120.186	0.8645	1.4966	-95.55	161.31							
对乙基甲苯	C_9H_{12}	120.186	0.8612	1.4950	-62.35	161.99							
邻乙基甲苯	C_9H_{12}	120.186	0.8807	1.5046	-80.83	165.15							
丁苯	$C_{10}H_{14}$	134.212	0.8646（15.6℃）	1.4898	-87.972	183.27	5.6651				404	2.98	0.279

续表 10 – 1

名称	分子式	相对分子质量	相对密度 d_4^{20}	折射率 n_D^{20}	熔点/℃	沸点/℃	蒸气密度(常压15.6℃)/kg·m⁻³	自燃点/℃	运动黏度(20℃)/m²·s⁻¹	动力黏度(20℃)/mPa·s	临界性质 温度/℃	临界性质 压力/MPa	临界性质 密度/g·mL⁻¹
异丁苯	$C_{10}H_{14}$	134.212	0.8532	1.4865	-51.48	172.76							
苯乙烯	C_8H_8	104.144	0.9111 (15.6℃)	1.5468	-30.627	145.2	4.396	490			374.4	4.00	0.296

名称	比热容(0.101MPa,15.6℃)/kJ·(kg·℃)⁻¹ 理想气体 c_p	c_V	c_p/c_V	c_p(液体)	蒸发潜热(沸点下)/kJ·kg⁻¹	净热值 kJ/m³(气) 0.101MPa	净热值 kJ/kg(液)	苯胺点/℃	辛烷值 研究法	马达法	含量/%
苯	1.0065	0.9002	1.118	1.704	393.89	133210	40189	< -30			55~80
甲苯	1.0881	0.9977	1.011	1.700	363.41	159224	40578	< -30		0.27	12~22
乙苯	1.1702	1.0919	1.072	1.721	338.71	185182	40976	< -30	103.6	97.9	0.2~1.0
邻二甲苯	1.2200	1.1417	1.069	1.742	346.67	184722	40863	-20.0		100	2~6
间二甲苯	1.1648	1.0865	1.072	1.700	342.90	184638	40855	-30.0		>100	2~6
对二甲苯	1.1593	1.0810	1.072	1.704	339.97	184680	40863	-30.0		>100	2~6
丙苯	1.2426	1.1736	1.059	(1.760)	318.20	211098	41269	-30.0			
异丙苯	1.2213	1.1522	1.060	(1.720)	312.35	210931	41244	-15.0	105.1 105.9	98.7	0.03~0.05
1,2,3-三甲苯	1.2502	1.1811	1.058	(1.800)	333.27	210387	41098			99.3	
1,2,4-三甲苯				1.760(20℃)	304.80						
1,3,5-三甲苯				1.760(20℃)	311.50						
间乙基甲苯											0.08~0.1
对乙基甲苯											0.08~0.1
邻乙基甲苯											0.03~0.05
丁苯	1.2870	1.2251	1.051	1.763	(288.89)	237015	41504	< -30.0	95.3	>100	
异丁苯											
苯乙烯	1.1350	1.0551	1.076	1.733	(351.69)	179949	40558				

表 10－2　粗苯主要组分的蒸气压　　　　　（kPa）

温度/℃	初馏分	苯	甲苯	二甲苯			乙苯	溶剂油
				对二甲苯	间二甲苯	邻二甲苯		
−20			0.457					
−10								
0	9.866	3.533	0.896		0.216	0.167	0.253	0.040
10	15.599	6.053	1.657					0.093
15	19.998	7.626						0.133
20	25.331	9.959	2.912	0.866	0.819	0.644	0.944	0.187
25	31.597	12.119						0.267
30	38.797	15.759	4.889					0.373
40	57.728	24.145	7.887					0.680
50		35.864	12.282	4.334	4.145	3.398	4.689	
60		51.809	18.406					
70		72.980	27.164					
80		100.471	38.825	15.619	15.089	12.663	16.772	
90		135.455						
100		179.185	74.168	32.053	31.140	26.466	34.257	
110		233.047	99.534					
120		298.375	131.297	60.372	58.934	50.636	64.224	
130		243.313	170.439	80.606	78.855	68.084	85.555	
140		469.293	218.051	105.884	103.787	90.023	112.136	
150		577.818	275.299	136.991	134.570	117.131	144.804	
160		704.073	343.389					
170		849.794	423.436					
180		1016.580	516.655	274.590	271.044	239.633	288.370	
190		1206.431	624.363					
200		1421.879	747.574	412.696	408.541	362.337	431.846	
210		1664.125						
220		1936.635						
230		2241.809						
240		2582.314						
250		2961.615						
260		3383.179						
270		3851.006						
280		4369.229						
300		5332.880						

表10 - 3　苯、甲苯、二甲苯的密度　　　　　　　　（g/mL）

| 温度/℃ | 苯（气液饱和线上） | | 甲苯（液体） | 二甲苯（液体） | | |
	液体	气体		对二甲苯	间二甲苯	邻二甲苯
- 100			0.9799			
- 90			0.9701			
- 80			0.9604			
- 70			0.9508			
- 60			0.9413			
- 50			0.9318		0.9230（过冷）	
- 40			0.9225		0.9147	
- 30					0.9063	0.9218（过冷）
- 20			0.9039		0.8979	0.9135
- 10					0.8895	0.9052
0	0.9000		0.8855		0.8811	0.8969
10	0.8895	0.0002	0.8762	0.8697（过冷）	0.8726	0.8886
20	0.8790	0.0004	0.8669	0.8610	0.8642	0.8802
25			0.8623	0.8567	0.8599	0.8760
30	0.8685	0.0006	0.8576	0.8525	0.8556	0.8719
40	0.8576	0.0008	0.8483	0.8437	0.8470	0.8634
50	0.8466	0.0011	0.8388	0.8350	0.8384	0.8549
60	0.8357	0.0015	0.8293	0.8262	0.8297	0.8464
70	0.8248	0.00204	0.8179	0.8173	0.8210	0.8378
80	0.8145	0.00273	0.8099	0.8083	0.8122	0.8292
90	0.8041	0.00361	0.8000	0.7993	0.8033	0.8204
100	0.7927	0.00470	0.7900	0.7902	0.7944	0.8116
110	0.7809	0.00604	0.7798	0.7810	0.7855	0.8026
120	0.7692	0.00767		0.7718	0.7765	0.7935
130	0.7568	0.00985		0.7625	0.7676	0.7844
140	0.7449	0.01176		0.7531	0.7586	0.7753
150	0.7310	0.01437				
160	0.7185	0.01734				
170	0.7043	0.02087				
180	0.6906	0.02487				
190	0.6758	0.02977	0.687			
200	0.6605	0.03546	0.672			
210	0.6432	0.04207	0.658			
220	0.6255	0.05015	0.644			
230	0.6065	0.05977	0.630			

温度/℃	苯（气液饱和线上）		甲苯（液体）	二甲苯（液体）		
	液体	气体		对二甲苯	间二甲苯	邻二甲苯
240	0.5851	0.07138	0.614			
250			0.594			
260	0.5328	0.1038	0.574			
270			0.554			
280	0.4514	0.1660	0.534			

表 10 – 4 苯、甲苯、二甲苯的黏度　　　　　（mPa·s）

温度/℃	苯		甲苯		二甲苯		
	液体	气体	液体	气体	对二甲苯	间二甲苯	邻二甲苯
0		0.00693	0.768	0.00665		0.8003	1.1003
10	0.76		0.667		0.7402	0.7002	0.9303
20	0.65		0.586		0.6402	0.6112	0.8103
25		0.00758		0.00698			
30	0.56		0.522		0.5702		0.7102
40	0.492		0.466		0.5102	0.4902	0.6202
50	0.436	0.00822	0.420	0.00763	0.4561	0.4432	0.5602
55							
60	0.390		0.381		0.4142	0.4031	0.5002
75		0.00886		0.00826			
80	0.316		0.319		0.3451	0.3391	0.4111
100	0.261	0.00950	0.271	0.00891	0.2921	0.2891	0.3461
120	0.219		0.231		0.2511	0.2501	0.2941
140	0.185		0.199				0.2541
150	0.170	0.01077		0.01008			
200	0.121	0.01202		0.01120			
225	0.100						
250	0.082	0.01326		0.01230			
275	0.065						
300		0.01453		0.01335			
400		0.01690		0.01545			
500		0.01926		0.01745			
600		0.02170		0.01950			

表 10 – 5　苯、甲苯、二甲苯和乙苯的蒸气压

温度/℃	蒸气压/kPa					
	苯	甲苯	对二甲苯	间二甲苯	邻二甲苯	乙苯
– 20	0.771	0.437				
– 10	1.684					
0	3.370	0.896		0.216	0.167	0.253
10	6.074	1.657				
20	10.030	2.912	0.867	0.819	0.644	0.944
30	15.912	4.889				
40	24.370	7.887				
50	36.166	12.282	4.334	4.145	3.398	4.689
60	52.189	18.406				
70	73.435	27.164				
80	101.014	32.825	15.619	15.089	12.663	16.772
90	136.130					
100	180.085	74.168	32.053	31.140	26.466	34.257
110	234.181	99.534				
120	300.022	131.297	60.372	58.934	50.636	64.224
130	378.353	170.439	80.606	78.855	68.084	85.555
140	474.402	218.051	105.884	103.787	90.023	112.136
150	581.908	275.299	136.991	134.606	117.131	144.804
160	709.070	343.389	174.897	172.069	150.487	
170	855.282	423.436	220.381	217.240	190.704	
180	1022.366	516.655	274.590	271.044	239.633	288.370
190	1206.777	624.363	338.323	334.473	295.666	
200	1420.573	747.574	412.696	408.541	362.337	431.846
210		887.738	498.822	494.363	439.749	
220	1936.315	1045.898	597.613	593.054	529.016	
240	2588.847					
260	3399.444					

表 10 – 6　苯、甲苯、二甲苯的沸点

压力/kPa	温度/℃					压力（绝对）/MPa	温度/℃	
	苯	甲苯	对二甲苯	间二甲苯	邻二甲苯		苯	甲苯
0.133	– 36.7	– 26.7	– 8.0	– 6.9	– 3.8	0.101	80.1	110.625
0.665	– 19.6	– 4.4	15.5	16.8	20.2	0.203	103.4	136.5

压力 /kPa	温度/℃					压力（绝对） /MPa	温度/℃	
	苯	甲苯	对二甲苯	间二甲苯	邻二甲苯		苯	甲苯
1.33	-11.5	6.4	27.3	28.3	32.1	0.507	142.5	178.0
2.66	-2.6	18.4	40.1	41.1	45.1	1.01	178.8	215.8
5.32	7.6	31.8	54.4	55.3	59.5	2.03	221.5	262.5
7.98	15.4	40.3	63.5	64.4	68.8	3.04	249.5	292.8
13.30	26.1	51.9	75.9	76.8	81.8	4.05	273.3	319.0
26.60	42.2	69.5	94.6	95.5	100.2	4.21		320.6
53.20	60.6	89.5	115.9	116.7	121.7	5.07	290.3	
101.08	80.1	110.625	138.3	139.1	144.4			

表 10 - 7　粗苯主要组分的比热容（液体）

苯		甲苯		对二甲苯		间二甲苯	
温度/℃	比热容 /kJ·(kg·℃)$^{-1}$	温度/℃	比热容 /kJ·(kg·℃)$^{-1}$	温度/℃	比热容 /kJ·(kg·℃)$^{-1}$	温度/℃	比热容 /kJ·(kg·℃)$^{-1}$
0	1.570（固）	-50	1.507	20	1.699	-53	1.511
		0	1.633	40	1.758	-43	1.537
7	1.687	20	1.675	60	1.821	-33	1.562
17	1.708	50	1.800	80	1.890	-23	1.587
27	1.725	80	1.870	100	1.962	-13	1.612
37	1.754	100	1.968	120	2.036	-3	1.645
60	1.800			140	2.111	7	1.666
80	1.926			160	2.187	17	1.691
				180	2.263	27	1.721
				200	2.332	47	1.796
						137	2.081

邻二甲苯		二硫化碳		噻吩			
温度/℃	比热容 /kJ·(kg·℃)$^{-1}$	温度/℃	比热容 /kJ·(kg·℃)$^{-1}$	温度/℃	比热容 /kJ·(kg·℃)$^{-1}$		
-23	1.637	-103.65	0.990	0	1.424		
-13	1.666	-67.88	0.990	20	1.491		
-3	1.687	24.27	0.999				
7	1.717						
17	1.746						
27	1.775						

表 10 - 8　苯的蒸发潜热

温度/℃	蒸发潜热/kJ · kmol⁻¹	温度/℃	蒸发潜热/kJ · kmol⁻¹	温度/℃	蒸发潜热/kJ · kmol⁻¹
20	30439	120	28387	220	20348
40	32992	140	27047	240	17794
60	31903	160	25665	260	14361
80	30815	180	24116	280	9002
100	29601	200	22399		

表 10 - 9　粗苯各组分的蒸发潜热

组　分	蒸发潜热/kJ · kmol⁻¹		组　分	蒸发潜热/kJ · kmol⁻¹	
	25℃时	正常沸点下		25℃时	正常沸点下
甲苯	37960	33434.1 (110.625℃)	甲基环戊烷	31610.3	29098.3
对二甲苯	42338.6	36036.6 (138.351℃)	环己烯		30505.0
间二甲苯	42618.2	36391.7 (139.103℃)	甲基环己烷	35382.6	31735.9
邻二甲苯	43399.3	36791.1 (144.411℃)	苯乙烯	43961.4	38727.9
1,2,3 - 三甲苯	49090.2	40068	丁基苯	51087.3	39272.2
1,2,4 - 三甲苯	47968.2	39272	另丁基苯	49529.8	37974.3
1,3,5 - 三甲苯	47503.4	39063	特丁基苯	49111.2	37639.3
环戊二烯	29307.6		异丙基苯	45171.4	37555.6
二聚环戊二烯	38518.6		环己烷	32678.0	30103.1
噻吩	31493.1		环戊烷	28545.6	27314.7
二硫化碳	27540.8	26754			

表 10 - 10　苯、甲苯、对二甲苯在水中的溶解度

苯		甲苯		对二甲苯	
温度/℃	溶解度/g · (100g 水)⁻¹	温度/℃	溶解度/mL · (100mL 水)⁻¹	温度/℃	溶解度
0	0.153	30	0.057	10	0.0076g/100g 饱和水溶液
10	0.163	150	0.2	25	0.0130g/100g 饱和水溶液
20	0.175	200	0.7	150	0.1mL/100mL 水
25	0.180	250	2.8	200	0.35mL/100mL 水
30	0.190	300	13.0	250	1.1mL/100mL 水
40	0.206				
50	0.225				
60	0.250				
70	0.277				

苯		甲苯		对二甲苯	
温度/℃	溶解度/g·(100g 水)$^{-1}$	温度/℃	溶解度/mL·(100mL 水)$^{-1}$	温度/℃	溶解度
80	0.326				
90	0.395				
107.4	0.507				

表 10 - 11　粗苯组分在水中和水在组分中的溶解度

组　分	25℃时组分在水中溶解度（质量分数）/%	25℃时水在组分中溶解度（质量分数）/%	组　分	25℃时组分在水中溶解度（质量分数）/%	25℃时水在组分中溶解度（质量分数）/%
苯	0.1780	0.063	特丁基苯		0.0292(20℃)
甲苯	0.0515	0.0334	环戊烷	0.0159	0.0142(20℃)
邻二甲苯	0.0175		甲基环戊烷		0.0131(20℃)
间二甲苯	0.0196	0.0402(20℃)	环己烷	0.0055	0.0100(20℃)
对二甲苯	0.0198		甲基环己烷	0.0014	0.0116(20℃)
乙苯	0.0152	0.043	环己烯	0.0213	0.0317(20℃)
异丙基苯	0.0050	0.0303(20℃)	噻吩	不溶	
1,3,5 - 三甲苯		0.0291(20℃)	二硫化碳	0.294(20℃)	0.0050(20℃)
丁基苯	0.050	0.041	苯乙烯	0.031	0.0660
另丁基苯		0.0317(20℃)			

11　水和蒸汽的性质

表 11 – 1　水的物理性质

温度 t /℃	密度 ρ /kg·m⁻³	比热容 c /kJ·(kg·℃)⁻¹	热导率 λ /W·(m·℃)⁻¹	运动黏度 ν /m²·s⁻¹	动力黏度 η /mPa·s	导温系数 α /m²·h⁻¹	普朗特数 Pr
0	1000	4.212	0.551	1.790×10^{-6}	1.792	4.71×10^{-4}	13.70
10	1000	4.191	0.575	1.300×10^{-6}	1.308	4.94×10^{-4}	9.52
20	998	4.183	0.599	1.000×10^{-6}	1.005	5.16×10^{-4}	7.00
30	996	4.174	0.618	0.805×10^{-6}	0.801	5.35×10^{-4}	5.41
40	992	4.174	0.634	0.659×10^{-6}	0.656	5.51×10^{-4}	4.30
50	988	4.174	0.648	0.556×10^{-6}	0.550	5.65×10^{-4}	3.54
60	983	4.178	0.659	0.479×10^{-6}	0.470	5.78×10^{-4}	2.98
70	978	4.187	0.668	0.415×10^{-6}	0.406	5.87×10^{-4}	2.55
80	972	4.195	0.675	0.366×10^{-6}	0.356	5.96×10^{-4}	2.21
90	965	4.208	0.680	0.326×10^{-6}	0.316	6.03×10^{-4}	1.95
100	958	4.220	0.683	0.295×10^{-6}	0.284	6.10×10^{-4}	1.75

表 11 – 2　水的饱和蒸气压

温度/℃	饱和蒸气压/kPa	温度/℃	饱和蒸气压/kPa	温度/℃	饱和蒸气压/kPa
0	0.611	15	1.705	30	4.242
1	0.657	16	1.817	31	4.493
2	0.705	17	1.937	32	4.754
3	0.575	18	2.064	33	5.030
4	0.813	19	2.197	34	5.320
5	0.872	20	2.338	35	5.624
6	0.935	21	2.486	36	5.941
7	1.001	22	2.644	37	6.275
8	1.073	23	2.809	38	6.625
9	1.148	24	2.984	39	6.991
10	1.228	25	3.168	40	7.375
11	1.312	26	3.361	41	7.778
12	1.403	27	3.565	42	8.199
13	1.497	28	3.780	43	8.639
14	1.599	29	4.005	44	9.101

温度/℃	饱和蒸气压/kPa	温度/℃	饱和蒸气压/kPa	温度/℃	饱和蒸气压/kPa
45	9.583	64	23.905	83	53.409
46	10.086	65	24.998··	84	55.569
47	10.612	66	26.144	85	57.808
48	11.160	67	27.331	86	60.115
49	11.235	68	28.558	87	62.488
50	12.334	69	29.842	88	64.941
51	12.959	70	31.157	89	67.474
52	13.612	71	32.517	90	70.101
53	14.292	72	33.944	91	72.807
54	14.999	73	35.424	92	75.594
55	15.732	74	36.957	93	78.473
56	16.505	75	38.543	94	81.466
57	17.305	76	40.183	95	84.513
58	18.145	77	41.916	96	87.673
59	19.012	78	43.636	97	90.939
60	19.918	79	45.463	98	94.299
61	20.852	80	47.343	99	97.752
62	21.838	81	49.289	100	101.325
63	22.851	82	51.316		

表 11 – 3 饱和水蒸气的物理性质

温度 t/℃	比热容 c_p /kJ · (kg · ℃)$^{-1}$	热导率 λ /W · (m · ℃)$^{-1}$	动力黏度 η /Pa · s	普朗特数 Pr
100	2.14	0.0237	11.96×10^{-6}	1.08
110	2.18	0.0249	12.45×10^{-6}	1.09
120	2.22	0.0259	12.85×10^{-6}	1.09
130	2.26	0.0269	13.24×10^{-6}	1.11
140	2.30	0.0279	13.53×10^{-6}	1.12
150	2.40	0.0288	13.93×10^{-6}	1.15
160	2.47	0.0301	14.32×10^{-6}	1.18
170	2.60	0.0313	14.71×10^{-6}	1.21
180	2.72	0.0327	15.10×10^{-6}	1.25
190	2.85	0.0342	15.59×10^{-6}	1.30
200	2.97	0.0355	15.98×10^{-6}	1.34
210	3.10	0.0372	16.38×10^{-6}	1.37
220	3.27	0.0390	16.87×10^{-6}	1.42

温度 $t/℃$	比热容 c_p /kJ·(kg·℃)$^{-1}$	热导率 λ /W·(m·℃)$^{-1}$	动力黏度 η /Pa·s	普朗特数 Pr
230	3.48	0.0409	17.36×10^{-6}	1.47
240	3.68	0.0429	17.75×10^{-6}	1.53
250	3.98	0.0451	18.24×10^{-6}	1.61
260	4.27	0.0480	18.83×10^{-6}	1.68
270	4.65	0.0511	19.32×10^{-6}	1.76
280	5.11	0.0549	19.91×10^{-6}	1.85
290	5.61	0.0583	20.59×10^{-6}	1.99
300	6.28	0.0627	21.28×10^{-6}	2.13
310	7.08	0.0684	21.97×10^{-6}	2.28
320	8.25	0.0751	22.85×10^{-6}	2.51
330	9.88	0.0826	23.93×10^{-6}	2.86
340	12.35	0.0930	25.20×10^{-6}	3.34
350	16.24	0.1070	26.58×10^{-6}	4.03
360	23.03	0.1279	29.13×10^{-6}	5.24
370	56.52	0.1710	33.73×10^{-6}	11.10

表 11 - 4　以压力为基准的饱和蒸气和饱和水的性质

绝对压力 /MPa	温度 /℃	沸腾水的比容 /m³·kg^{-1}	干饱和蒸气的比容 /m³·kg^{-1}	干饱和蒸气的密度 /kg·m^{-3}	沸腾水的焓 /kJ·kg^{-1}	干饱和蒸气的焓 /kJ·kg^{-1}	蒸发潜热 /kJ·kg^{-1}
0.0010	6.698	0.0010001	131.7	0.007593	28.18	2512.9	2484.7
0.0015	12.737	0.0010007	89.64	0.01116	53.51	2524.2	2470.7
0.0020	17.204	0.0010013	68.26	0.01465	72.22	2532.6	2460.4
0.0025	20.776	0.0010020	55.28	0.01809	87.13	2538.9	2451.8
0.0030	23.772	0.0010027	46.52	0.02149	99.65	2544.7	2445.1
0.0035	26.359	0.0010034	40.22	0.02486	110.49	2549.3	2438.8
0.0040	28.641	0.0010041	35.46	0.02820	120.04	2553.1	2433.0
0.0045	30.69	0.0010047	31.72	0.03152	128.58	2556.9	2428.3
0.0050	32.55	0.0010053	28.73	0.03481	136.41	2560.2	2423.8
0.0055	34.25	0.0010059	26.25	0.03809	143.44	2563.6	2420.2
0.0060	35.82	0.0010064	24.18	0.04135	150.05	2566.5	2416.5
0.0065	37.29	0.0010069	22.43	0.04458	156.13	2569.0	2412.9
0.0070	38.66	0.0010074	20.92	0.04780	161.90	2571.1	2409.2
0.0075	39.95	0.0010079	19.60	0.05101	167.30	2573.6	2406.3

绝对压力 /MPa	温度 /℃	沸腾水的比容 /m³·kg⁻¹	干饱和蒸气的比容 /m³·kg⁻¹	干饱和蒸气的密度 /kg·m⁻³	沸腾水的焓 /kJ·kg⁻¹	干饱和蒸气的焓 /kJ·kg⁻¹	蒸发潜热 /kJ·kg⁻¹
0.0080	41.16	0.0010084	18.45	0.05421	172.37	2575.7	2403.3
0.0085	42.32	0.0010088	17.43	0.05740	177.19	2577.8	2400.6
0.0090	43.41	0.0010093	16.51	0.06058	181.75	2579.9	2398.2
0.0095	44.46	0.0010097	15.69	0.06375	186.15	2581.6	2395.6
0.010	45.45	0.0010101	14.95	0.06691	190.29	2583.3	2393.0
0.011	47.33	0.0010108	13.66	0.07320	198.16	2586.6	2388.4
0.012	49.06	0.0010116	12.59	0.07946	205.36	2590.0	2384.6
0.013	50.67	0.0010123	11.67	0.08569	212.10	2592.9	2380.8
0.014	52.18	0.0010130	10.88	0.09188	218.43	2595.4	2377.0
0.015	53.60	0.0010137	10.20	0.09804	224.33	2597.9	2373.6
0.016	54.94	0.0010144	9.604	0.1041	229.94	2600.4	2370.5
0.017	56.21	0.0010151	9.074	0.1102	235.30	2602.5	2367.2
0.018	57.41	0.0010157	8.600	0.1163	240.32	2604.6	2364.3
0.019	58.57	0.0010163	8.172	0.1224	245.14	2606.7	2361.6
0.020	59.67	0.0010169	7.789	0.1284	249.74	2608.4	2358.7
0.021	60.72	0.0010175	7.442	0.1344	254.14	2610.5	2356.4
0.022	61.74	0.0010181	7.123	0.1404	258.37	2612.1	2353.7
0.023	62.71	0.0010186	6.832	0.1464	262.47	2613.8	2351.3
0.024	63.65	0.0010191	6.564	0.1523	266.41	2615.5	2349.1
0.025	64.56	0.0010196	6.317	0.1583	270.09	2616.8	2346.7
0.026	65.44	0.0010201	6.082	0.1642	274.03	2618.4	2344.4
0.027	66.29	0.0010206	5.877	0.1702	277.46	2619.7	2342.2
0.028	67.11	0.0010211	5.680	0.1761	280.89	2621.4	2340.5
0.029	67.91	0.0010216	5.496	0.1820	284.24	2622.6	2338.4
0.030	68.68	0.0010221	5.324	0.1878	287.47	2623.9	2336.4
0.032	70.16	0.0010229	5.012	0.1995	293.66	2626.4	2332.7
0.034	71.57	0.0010237	4.735	0.2112	294.57	2628.9	2329.3
0.036	72.91	0.0010245	4.488	0.2228	305.22	2631.4	2326.2
0.038	74.19	0.0010253	4.266	0.2344	310.58	2633.5	2322.9
0.040	75.42	0.0010261	4.066	0.2459	315.73	2635.6	2319.9
0.045	78.27	0.0010279	3.641	0.2746	327.70	2640.2	2312.5

绝对压力 /MPa	温度 /℃	沸腾水的比容 /m³·kg⁻¹	干饱和蒸气的比容 /m³·kg⁻¹	干饱和蒸气的密度 /kg·m⁻³	沸腾水的焓 /kJ·kg⁻¹	干饱和蒸气的焓 /kJ·kg⁻¹	蒸发潜热 /kJ·kg⁻¹
0.050	80.86	0.0010296	3.299	0.3031	338.54	2644.4	2305.9
0.055	83.25	0.0010312	3.017	0.3314	348.59	2648.6	2300.0
0.060	85.45	0.0010327	2.781	0.3595	357.85	2652.3	2294.5
0.065	87.51	0.0010341	2.581	0.3874	366.51	2655.7	2289.2
0.070	89.45	0.0010355	2.409	0.4152	374.68	2659.0	2284.3
0.075	91.27	0.0010368	2.258	0.4429	382.34	2662.0	2279.7
0.080	92.99	0.0010381	2.126	0.4702	389.58	2664.5	2274.9
0.085	94.62	0.0010393	2.009	0.4978	396.45	2667.0	2270.6
0.090	96.18	0.0010405	1.904	0.5252	402.98	2669.5	2266.5
0.095	97.66	0.0010417	1.811	0.5525	409.22	2671.6	2262.4
0.10	99.09	0.0010428	1.725	0.5797	415.25	2674.1	2258.9
0.11	101.76	0.0010448	1.578	0.6338	426.51	2678.3	2251.8
0.12	104.25	0.0010468	1.455	0.6876	437.02	2682.1	2245.1
0.13	106.56	0.0010487	1.350	0.7411	446.82	2685.8	2239.0
0.14	108.74	0.0010505	1.259	0.7944	456.03	2689.2	2233.2
0.15	110.79	0.0010521	1.180	0.8474	464.69	2692.5	2227.8
0.16	112.73	0.0010538	1.111	0.9001	472.94	2695.5	2222.6
0.17	114.57	0.0010554	1.050	0.9524	480.77	2698.0	2217.2
0.18	116.33	0.0010570	0.9957	1.004	488.18	2701.0	2212.8
0.19	118.01	0.0010585	0.9464	1.057	495.21	2703.4	2208.2
0.20	119.62	0.0010600	0.9019	1.109	502.16	2705.9	2203.7
0.21	121.16	0.0010614	0.8616	1.161	508.70	2708.0	2199.3
0.22	122.65	0.0010627	0.8249	1.212	514.98	2710.1	2195.1
0.23	124.08	0.0010640	0.7913	1.264	521.26	2712.2	2190.9
0.24	125.46	0.0010653	0.7604	1.315	527.12	2713.9	2186.8
0.25	126.79	0.0010666	0.7319	1.366	533.0	2716.0	2183.0
0.26	128.08	0.0010678	0.7055	1.417	538.4	2718.1	2179.7
0.27	129.34	0.0010690	0.6809	1.469	543.9	2719.7	2175.8
0.28	130.55	0.0010702	0.6580	1.520	548.9	2721.4	2172.5
0.29	131.73	0.0010714	0.6368	1.570	553.9	2723.1	2169.2
0.30	132.88	0.0010726	0.6160	1.621	558.9	2724.8	2165.9

绝对压力 /MPa	温度 /℃	沸腾水的比容 /m³·kg⁻¹	干饱和蒸气的比容 /m³·kg⁻¹	干饱和蒸气的密度 /kg·m⁻³	沸腾水的焓 /kJ·kg⁻¹	干饱和蒸气的焓 /kJ·kg⁻¹	蒸发潜热 /kJ·kg⁻¹
0.31	134.00	0.0010737	0.5982	1.672	563.5	2726.0	2162.5
0.32	135.08	0.0010748	0.5807	1.722	568.1	2727.7	2159.6
0.33	136.14	0.0010759	0.5642	1.772	572.8	2729.0	2156.2
0.34	137.18	0.0010769	0.5486	1.823	577.3	2730.2	2152.9
0.35	138.19	0.0010780	0.5338	1.873	581.5	2731.5	2150.0
0.36	139.18	0.0010790	0.5198	1.924	585.7	2732.7	2147.0
0.37	140.15	0.0010799	0.5066	1.974	589.9	2734.0	2144.1
0.38	141.09	0.0010809	0.4941	2.024	594.1	2735.2	2141.1
0.39	142.02	0.0010819	0.4822	2.074	597.9	2736.5	2138.6
0.40	142.92	0.0010829	0.4708	2.124	601.6	2737.7	2136.1
0.41	143.81	0.0010838	0.4600	2.174	605.4	2739.0	2133.6
0.42	144.68	0.0010847	0.4497	2.224	609.2	2740.2	2131.0
0.43	145.54	0.0010857	0.4399	2.273	612.9	2741.5	2128.6
0.44	146.38	0.0010866	0.4305	2.323	616.7	2742.4	2125.7
0.45	147.20	0.0010875	0.4215	2.372	620.1	2743.2	2123.1
0.46	148.01	0.0010884	0.4129	2.422	623.4	2744.0	2120.6
0.47	148.81	0.0010893	0.4046	2.472	627.2	2745.3	2118.1
0.48	149.59	0.0010902	0.3966	2.521	630.5	2746.1	2115.6
0.49	150.36	0.0010910	0.3890	2.570	633.9	2747.0	2113.1
0.50	151.11	0.0010918	0.3818	2.619	636.8	2747.8	2111.0
0.52	152.59	0.0010936	0.3678	2.718	643.5	2749.9	2106.4
0.54	154.02	0.0010953	0.3550	2.817	649.8	2751.6	2101.8
0.56	155.41	0.0010969	0.3430	2.915	655.7	2752.8	2097.1
0.58	156.76	0.0010985	0.3318	3.013	661.5	2754.9	2093.4
0.60	158.08	0.0011000	0.3214	3.111	667.4	2756.2	2088.8
0.62	159.36	0.0011015	0.3116	3.209	672.8	2757.4	2084.6
0.64	160.61	0.0011029	0.3024	3.307	678.3	2759.1	2080.8
0.66	161.82	0.0011043	0.2938	3.404	683.3	2760.4	2077.1
0.68	163.01	0.0011057	0.2856	3.502	688.7	2761.6	2072.9
0.70	164.17	0.0011071	0.2778	3.600	693.8	2762.9	2069.1
0.72	165.31	0.0011085	0.2705	3.697	698.8	2764.1	2065.3

续表 11 - 4

绝对压力 /MPa	温度 /℃	沸腾水的比容 /m³·kg⁻¹	干饱和蒸气的比容 /m³·kg⁻¹	干饱和蒸气的密度 /kg·m⁻³	沸腾水的焓 /kJ·kg⁻¹	干饱和蒸气的焓 /kJ·kg⁻¹	蒸发潜热 /kJ·kg⁻¹
0.74	166.42	0.0011099	0.2636	3.794	703.4	2765.0	2061.6
0.76	167.51	0.0011113	0.2570	3.891	708.4	2766.2	2057.8
0.78	168.57	0.0011127	0.2507	3.988	713.0	2767.1	2054.1
0.80	169.61	0.0011140	0.2448	4.085	717.6	2768.3	2050.7
0.82	170.63	0.0011152	0.2391	4.182	721.8	2769.1	2047.3
0.84	171.63	0.0011165	0.2337	4.278	726.4	2770.4	2044.0
0.86	172.61	0.0011177	0.2286	4.374	730.6	2771.2	2040.6
0.88	173.58	0.0011190	0.2237	4.470	734.8	2772.1	2037.3
0.90	174.53	0.0011202	0.2190	4.567	739.0	2772.9	2033.9
0.92	175.46	0.0011214	0.2144	4.664	743.2	2773.8	2030.6
0.94	176.38	0.0011226	0.2100	4.762	747.3	2774.6	2027.3
0.96	177.28	0.0011238	0.2058	4.859	751.1	2775.4	2024.3
0.98	178.16	0.0011250	0.2018	4.955	754.9	2776.3	2021.4
1.00	179.04	0.0011262	0.1980	5.050	758.6	2777.1	2018.5
1.05	181.16	0.0011291	0.1890	5.291	768.3	2778.8	2010.5
1.10	183.20	0.0011318	0.1808	5.531	777.5	2780.5	2003.0
1.15	185.17	0.0011345	0.1733	5.772	786.3	2782.1	1995.8
1.20	187.08	0.0011372	0.1663	6.013	794.7	2783.8	1989.1
1.25	188.92	0.0011399	0.1599	6.254	802.6	2785.5	1982.9
1.30	190.71	0.0011425	0.1540	6.494	810.6	2786.7	1976.1
1.35	192.45	0.0011450	0.1485	6.734	818.5	2788.0	1969.5
1.40	194.13	0.0011475	0.1434	6.974	826.1	2789.2	1963.1
1.45	195.77	0.0011499	0.1387	7.215	833.2	2790.1	1956.9
1.50	197.36	0.0011524	0.1342	7.452	840.3	2791.3	1951.0
1.55	198.91	0.0011548	0.1300	7.692	847.4	2792.2	1944.8
1.60	200.43	0.0011572	0.1261	7.931	854.1	2793.0	1938.9
1.65	201.91	0.0011595	0.1224	8.170	860.8	2793.9	1933.1
1.70	203.35	0.0011618	0.1189	8.410	867.5	2794.7	1927.2
1.75	204.76	0.0011640	0.1156	8.650	873.8	2795.5	1921.7
1.80	206.14	0.0011662	0.1125	8.889	880.1	2795.9	1915.8
1.85	207.49	0.0011684	0.1096	9.127	885.9	2796.8	1910.9

续表 11 - 4

绝对压力 /MPa	温度 /℃	沸腾水的比容 /m³·kg⁻¹	干饱和蒸气的比容 /m³·kg⁻¹	干饱和蒸气的密度 /kg·m⁻³	沸腾水的焓 /kJ·kg⁻¹	干饱和蒸气的焓 /kJ·kg⁻¹	蒸发潜热 /kJ·kg⁻¹
1.90	208.81	0.0011707	0.1068	9.366	892.2	2797.6	1905.4
1.95	210.11	0.0011729	0.1041	9.605	898.1	2798.0	1899.9
2.00	211.38	0.0011751	0.1016	9.843	903.9	2798.9	1895.0
2.05	212.63	0.0011773	0.09908	10.09	909.8	2799.3	1889.5
2.10	213.85	0.0011794	0.09676	10.33	915.2	2799.7	1884.5
2.15	215.05	0.0011814	0.09455	10.58	921.1	2800.1	1879.0
2.20	216.23	0.0011834	0.09244	10.82	926.5	2800.6	1874.1
2.25	217.39	0.0011854	0.09042	11.06	931.6	2800.6	1869.0
2.30	218.53	0.0011874	0.08848	11.30	936.6	2801.0	1864.4
2.35	219.65	0.0011894	0.08663	11.54	942.0	2801.4	1859.4
2.40	220.75	0.0011914	0.08486	11.78	947.1	2801.8	1854.7
2.45	221.83	0.0011933	0.08315	12.03	952.1	2801.8	1849.7
2.50	222.90	0.0011953	0.08150	12.27	957.1	2802.2	1845.1
2.55	223.95	0.0011972	0.07991	12.51	962.1	2802.2	1840.1
2.60	224.99	0.0011992	0.07838	12.76	967.2	2802.6	1835.4
2.65	226.01	0.0012011	0.07691	13.00	971.8	2802.6	1830.8
2.70	227.01	0.0012030	0.07550	13.24	976.4	2802.6	1826.2
2.75	228.00	0.0012049	0.07413	13.49	980.5	2802.6	1822.1
2.80	228.98	0.0012067	0.07282	13.73	985.2	2802.6	1817.9
2.85	229.94	0.0012086	0.07155	13.98	989.8	2803.1	1813.3
2.90	230.89	0.0012105	0.07032	14.22	994.4	2803.1	1808.7
2.95	231.83	0.0012124	0.06913	14.46	998.6	2803.1	1804.5
3.0	232.76	0.0012142	0.06798	14.71	1003.2	2803.1	1799.9
3.1	234.57	0.0012179	0.06570	15.20	1011.9	2803.1	1791.2
3.2	236.35	0.0012215	0.06370	15.70	1020.3	2803.1	1782.8
3.3	238.08	0.0012250	0.06176	16.19	1028.3	2803.1	1775.0
3.4	239.77	0.0012285	0.05993	16.69	1036.7	2803.1	1766.4
3.5	241.42	0.0012320	0.05819	17.18	1044.6	2803.1	1758.5
3.6	243.04	0.0012355	0.05655	17.68	1052.1	2802.6	1750.5
3.7	244.62	0.0012389	0.05499	18.18	1059.7	2802.2	1742.5
3.8	246.17	0.0012424	0.05351	18.69	1067.2	2801.8	1734.6

绝对压力 /MPa	温度 /℃	沸腾水的比容 /m³·kg⁻¹	干饱和蒸气的比容 /m³·kg⁻¹	干饱和蒸气的密度 /kg·m⁻³	沸腾水的焓 /kJ·kg⁻¹	干饱和蒸气的焓 /kJ·kg⁻¹	蒸发潜热 /kJ·kg⁻¹
3.9	247.69	0.0012459	0.05211	19.19	1074.3	2801.4	1727.1
4.0	249.18	0.0012493	0.05078	19.69	1081.9	2801.0	1719.1
4.1	250.64	0.0012527	0.04950	20.20	1089.0	2800.6	1711.6
4.2	252.07	0.0012561	0.04828	20.71	1096.1	2800.1	1704.0
4.3	253.48	0.0012595	0.04712	21.22	1103.2	2799.7	1696.5
4.4	254.87	0.0012629	0.04601	21.73	1109.9	2798.9	1689.0
4.5	256.23	0.0012663	0.04495	22.25	1116.6	2798.5	1681.9
4.6	257.56	0.0012696	0.04394	22.76	1122.9	2797.6	1674.7
4.7	258.88	0.0012729	0.04297	23.27	1129.2	2796.8	1667.6
4.8	260.17	0.0012762	0.04203	23.79	1135.9	2796.4	1660.5
4.9	261.45	0.0012794	0.04113	24.31	1142.2	2795.5	1653.3
5.0	262.70	0.0012826	0.04026	24.84	1148.4	2794.7	1646.3
5.1	263.93	0.0012858	0.03942	25.37	1154.3	2793.9	1639.6
5.2	265.15	0.0012890	0.03862	25.89	1160.6	2793.0	1632.4
5.3	266.35	0.0012922	0.03785	26.42	1166.9	2792.2	1625.3
5.4	267.53	0.0012954	0.03711	26.95	1172.7	2791.3	1618.6
5.5	268.69	0.0012986	0.03639	27.48	1178.6	2790.5	1611.9
5.6	269.84	0.0013018	0.03569	28.02	1184.4	2789.7	1605.3
5.7	270.98	0.0013051	0.03501	28.56	1190.3	2788.8	1598.5
5.8	272.10	0.0013083	0.03436	29.10	1196.2	2788.0	1591.8
5.9	273.20	0.0013115	0.03373	29.65	1201.6	2786.7	1585.1
6.0	274.29	0.0013147	0.03312	30.19	1207.5	2785.9	1578.4
6.1	275.37	0.0013179	0.03253	30.74	1212.9	2784.6	1571.7
6.2	276.43	0.0013211	0.03197	31.28	1218.4	2783.4	1565.0
6.3	277.48	0.0013243	0.03142	31.83	1223.8	2782.5	1558.7
6.4	278.51	0.0013275	0.03088	32.38	1229.2	2781.3	1552.1

表 11 – 5　以温度为基准的饱和蒸气和饱和水的性质

温度 /℃	绝对温度 /K	绝对压力 /MPa	沸腾水比容 /m³·kg⁻¹	干饱和蒸气比容 /m³·kg⁻¹	干饱和蒸气密度 /kg·m⁻³	沸腾水的焓 /kJ·kg⁻¹	干饱和蒸气焓 /kJ·kg⁻¹	蒸发潜热 /kJ·kg⁻¹
0	273.16	0.0006228	0.0010002	206.3	0.004847	0	2500.8	2500.8
1	274.16	0.0006694	0.0010001	192.7	0.005189	4.2	2502.5	2498.7

温度/℃	绝对温度/K	绝对压力/MPa	沸腾水比容/m³·kg⁻¹	干饱和蒸气比容/m³·kg⁻¹	干饱和蒸气密度/kg·m⁻³	沸腾水的焓/kJ·kg⁻¹	干饱和蒸气焓/kJ·kg⁻¹	蒸发潜热/kJ·kg⁻¹
2	275.16	0.0007198	0.0010001	180.0	0.005555	8.4	2504.5	2496.1
3	276.16	0.0007723	0.0010001	168.2	0.005945	12.6	2506.2	2493.6
4	277.16	0.0008289	0.0010001	157.3	0.006357	16.8	2508.3	2491.5
5	278.16	0.0008890	0.0010001	147.2	0.006793	21.1	2510.0	2488.9
6	279.16	0.0009530	0.0010001	137.8	0.007256	25.2	2511.7	2486.5
7	280.16	0.0010210	0.0010001	129.1	0.007746	29.4	2513.8	2484.4
8	281.16	0.0010932	0.0010002	121.0	0.008265	33.7	2515.4	2481.7
9	282.16	0.0011699	0.0010003	113.4	0.008815	37.8	2517.1	2479.3
10	283.16	0.0012513	0.0010004	106.42	0.009398	42.0	2519.2	2477.2
11	284.16	0.0013376	0.0010005	99.91	0.01001	46.2	2520.9	2474.7
12	285.16	0.0014291	0.0010006	93.84	0.01066	50.4	2523.0	2472.6
13	286.16	0.0015261	0.0010007	88.18	0.01134	54.6	2524.6	2470.0
14	287.16	0.0016289	0.0010008	82.90	0.01206	58.5	2526.7	2468.2
15	288.16	0.0017376	0.0010010	77.97	0.01282	63.0	2528.4	2465.4
16	289.16	0.0018527	0.0010011	73.38	0.01363	67.2	2530.1	2462.9
17	290.16	0.0019745	0.0010013	69.10	0.01447	71.3	2531.8	2460.5
18	291.16	0.002103	0.0010015	65.09	0.01536	75.5	2533.4	2457.9
19	292.16	0.002239	0.0010017	61.34	0.01630	79.7	2535.5	2455.8
20	293.16	0.002383	0.0010018	57.84	0.01729	83.9	2537.2	2453.3
21	294.16	0.002534	0.0010020	54.56	0.01833	88.1	2538.9	2450.8
22	295.16	0.002694	0.0010023	51.49	0.01942	92.3	2541.0	2448.7
23	296.16	0.002863	0.0010025	48.62	0.02057	96.5	2542.6	2446.1
24	297.16	0.003041	0.0010028	45.93	0.02177	100.6	2544.7	2444.1
25	298.16	0.003229	0.0010030	43.40	0.02304	104.8	2546.4	2441.6
26	299.16	0.003426	0.0010033	41.03	0.02437	109.0	2548.1	2439.1
27	300.16	0.003634	0.0010036	38.82	0.02576	113.2	2550.2	2437.0
28	301.16	0.003853	0.0010038	36.74	0.02722	117.4	2551.9	2434.5
29	302.16	0.004083	0.0010041	34.78	0.02875	212.5	2553.9	2432.4
30	303.16	0.004325	0.0010044	32.93	0.03036	125.7	2555.6	2428.9
31	304.16	0.004580	0.0010047	31.20	0.03205	129.9	2557.3	2427.4
32	305.16	0.004847	0.0010051	29.58	0.03381	134.1	2559.4	2425.3

温度 /℃	绝对 温度 /K	绝对压力 /MPa	沸腾水比容 /m³·kg⁻¹	干饱和蒸 气比容 /m³·kg⁻¹	干饱和蒸 气密度 /kg·m⁻³	沸腾水的焓 /kJ·kg⁻¹	干饱和蒸 气焓 /kJ·kg⁻¹	蒸发潜热 /kJ·kg⁻¹
33	306.16	0.005128	0.0010054	28.05	0.03565	138.2	2561.1	2422.9
34	307.16	0.005423	0.0010057	26.61	0.03758	142.4	2563.2	2420.8
35	308.16	0.005733	0.0010060	25.25	0.03960	146.6	2564.8	2418.2
36	309.16	0.006057	0.0010064	23.97	0.04172	150.8	2566.5	2415.7
37	310.16	0.006398	0.0010068	22.77	0.04393	155.0	2568.2	2413.2
38	311.16	0.006755	0.0010072	21.63	0.04623	159.1	2570.3	2411.2
39	312.16	0.007129	0.0010075	20.56	0.04864	163.3	2572.0	2408.7
40	313.16	0.007520	0.0010079	19.55	0.05115	167.5	2573.6	2406.1
41	314.16	0.007930	0.0010083	18.60	0.05376	171.7	2575.7	2404.0
42	315.16	0.008360	0.0010087	17.70	0.05649	175.8	2577.4	2401.6
43	316.16	0.008809	0.0010091	16.85	0.05935	180.0	2579.1	2399.1
44	317.16	0.009279	0.0010095	16.04	0.06234	184.2	2580.7	2396.5
45	318.16	0.009771	0.0010099	15.28	0.06545	188.4	2582.4	2394.0
46	319.16	0.010284	0.0010104	14.56	0.06868	192.6	2584.1	2391.5
47	320.16	0.010821	0.0010108	13.88	0.07205	196.7	2586.2	2389.5
48	321.16	0.011382	0.0010112	13.23	0.07557	200.9	2587.9	2387.0
49	322.16	0.011967	0.0010116	12.62	0.07923	205.1	2589.5	2384.4
50	323.16	0.012578	0.0010121	12.05	0.08302	209.3	2591.6	2382.3
51	324.16	0.013216	0.0010125	11.50	0.08696	213.5	2593.3	2379.8
52	325.16	0.013881	0.0010130	10.98	0.09107	217.7	2595.0	2377.3
53	326.16	0.014575	0.0010135	10.49	0.09535	221.9	2597.1	2375.2
54	327.16	0.015298	0.0010140	10.02	0.09980	226.0	2598.7	2372.7
55	328.16	0.016051	0.0010145	9.578	0.1044	230.2	2600.4	2370.2
56	329.16	0.016835	0.0010150	9.158	0.1092	234.4	2602.5	2368.1
57	330.16	0.017653	0.0010155	8.759	0.1142	238.6	2604.2	2365.6
58	331.16	0.018504	0.0010160	8.380	0.1193	242.8	2605.9	2363.1
59	332.16	0.019390	0.0010166	8.020	0.1247	246.9	2607.5	2360.6
60	333.16	0.02031	0.0010171	7.678	0.1302	251.1	2609.2	2358.1
61	334.16	0.02127	0.0010177	7.352	0.1360	255.3	2610.9	2355.6
62	335.16	0.02227	0.0010182	7.042	0.1420	259.5	2612.6	2353.1
63	336.16	0.02330	0.0010187	6.748	0.1482	263.7	2614.2	2350.5

温度 /℃	绝对 温度 /K	绝对压力 /MPa	沸腾水比容 /m³·kg⁻¹	干饱和蒸 气比容 /m³·kg⁻¹	干饱和蒸 气密度 /kg·m⁻³	沸腾水的焓 /kJ·kg⁻¹	干饱和蒸 气焓 /kJ·kg⁻¹	蒸发潜热 /kJ·kg⁻¹
64	337.16	0.02438	0.0010193	6.468	0.1546	267.9	2615.9	2348.0
65	338.16	0.02550	0.0010199	6.201	0.1613	272.1	2617.6	2345.5
66	339.16	0.02666	0.0010204	5.947	0.1682	276.2	2619.3	2343.1
67	340.16	0.02787	0.0010210	5.705	0.1753	280.4	2620.9	2340.5
68	341.16	0.02912	0.0010216	5.474	0.1827	284.6	2622.6	2338.0
69	342.16	0.03042	0.0010222	5.254	0.1903	288.8	2624.7	2335.9
70	343.16	0.03177	0.0010228	5.045	0.1982	293.0	2626.4	2333.4
71	344.16	0.03317	0.0010234	4.846	0.2064	297.2	2628.1	2330.9
72	345.16	0.03463	0.0010240	4.655	0.2148	301.4	2629.7	2328.3
73	346.16	0.03613	0.0010246	4.473	0.2236	305.6	2631.4	2325.8
74	347.16	0.03769	0.0010252	4.299	0.2326	309.8	2633.1	2323.3
75	348.16	0.03931	0.0010258	4.133	0.2420	314.0	2634.8	2320.8
76	349.16	0.04098	0.0010264	3.975	0.2516	318.2	2636.4	2318.2
77	350.16	0.04272	0.0010270	3.824	0.2615	322.3	2638.1	2315.8
78	351.16	0.04451	0.0010277	3.679	0.2718	326.6	2639.8	2309.2
79	352.16	0.04637	0.0010283	3.541	0.2824	330.8	2641.5	2310.7
80	353.16	0.04829	0.0010290	3.409	0.2933	334.9	2643.1	2308.2
81	354.16	0.05028	0.0010296	3.282	0.3047	339.1	2644.8	2305.7
82	355.16	0.05234	0.0010303	3.161	0.3164	343.4	2646.5	2303.1
83	356.16	0.05447	0.0010310	3.045	0.3284	347.5	2648.2	2300.7
84	357.16	0.05667	0.0010317	2.934	0.3408	351.7	2649.8	2298.1
85	358.16	0.05894	0.0010324	2.828	0.3536	356.0	2651.5	2295.5
86	359.16	0.06129	0.0010331	2.726	0.3668	360.1	2653.2	2293.1
87	360.16	0.06372	0.0010338	2.629	0.3804	364.4	2654.8	2290.4
88	361.16	0.06623	0.0010345	2.536	0.3943	368.6	2656.5	2287.9
89	362.16	0.06882	0.0010352	2.447	0.4087	372.8	2657.8	2285.0
90	363.16	0.07149	0.0010359	2.361	0.4235	377.0	2659.5	2282.5
91	364.16	0.07425	0.0010366	2.279	0.4388	381.2	2661.1	2279.9
92	365.16	0.07710	0.0010373	2.200	0.4545	385.4	2663.2	2277.8
93	366.16	0.08004	0.0010381	2.125	0.4706	389.6	2664.9	2275.3
94	367.16	0.08307	0.0010388	2.052	0.4873	393.8	2666.6	2272.8

温度 /℃	绝对 温度 /K	绝对压力 /MPa	沸腾水比容 /m³·kg⁻¹	干饱和蒸 气比容 /m³·kg⁻¹	干饱和蒸 气密度 /kg·m⁻³	沸腾水的焓 /kJ·kg⁻¹	干饱和蒸 气焓 /kJ·kg⁻¹	蒸发潜热 /kJ·kg⁻¹
95	368. 16	0. 08619	0. 0010396	1. 982	0. 5045	398. 0	2667. 8	2269. 8
96	369. 16	0. 08942	0. 0010404	1. 915	0. 5222	402. 2	2669. 5	2267. 3
97	370. 16	0. 09274	0. 0010412	1. 851	0. 5403	406. 5	2671. 2	2264. 7
98	371. 16	0. 09616	0. 0010419	1. 789	0. 5590	410. 7	2672. 9	2262. 2
99	372. 16	0. 09969	0. 0010427	1. 730	0. 5781	414. 9	2674. 1	2259. 2
100	373. 16	0. 10332	0. 0010435	1. 673	0. 5977	419. 1	2675. 8	2256. 7
101	374. 16	0. 10707	0. 0010443	1. 618	0. 6180	423. 3	2677. 5	2254. 2
102	375. 16	0. 11092	0. 0010451	1. 565	0. 6389	427. 6	2678. 7	2251. 1
103	376. 16	0. 11489	0. 0010458	1. 515	0. 6602	431. 7	2680. 4	2248. 7
104	377. 16	0. 11898	0. 0010466	1. 466	0. 6821	436. 0	2681. 6	2245. 6
105	378. 16	0. 12318	0. 0010474	1. 419	0. 7047	440. 2	2683. 3	2243. 1
106	379. 16	0. 12751	0. 0010482	1. 374	0. 7278	444. 4	2685. 4	2241. 0
107	380. 16	0. 13196	0. 0010490	1. 331	0. 7514	448. 7	2686. 7	2238. 0
108	381. 16	0. 13654	0. 0010498	1. 289	0. 7757	452. 9	2688. 3	2235. 4
109	382. 16	0. 14125	0. 0010507	1. 249	0. 8007	457. 1	2689. 6	2232. 5
110	383. 16	0. 14609	0. 0010515	1. 210	0. 8263	461. 3	2691. 3	2230. 0
111	384. 16	0. 15106	0. 0010523	1. 173	0. 8525	465. 6	2692. 9	2227. 3
112	385. 16	0. 15618	0. 0010531	1. 137	0. 8794	469. 8	2694. 2	2224. 4
113	386. 16	0. 16144	0. 0010540	1. 102	0. 9070	474. 0	2695. 9	2221. 9
114	387. 16	0. 16684	0. 0010549	1. 069	0. 9354	478. 3	2697. 1	2218. 8
115	388. 16	0. 17239	0. 0010558	1. 037	0. 9647	482. 5	2698. 8	2216. 3
116	389. 16	0. 17809	0. 0010566	1. 005	0. 9950	486. 8	2700. 5	2213. 7
117	390. 16	0. 18394	0. 0010575	0. 9756	1. 025	491. 0	2702. 2	2211. 2
118	391. 16	0. 18995	0. 0010584	0. 9466	1. 056	495. 2	2703. 4	2208. 2
119	392. 16	0. 19612	0. 0010593	0. 9186	1. 089	499. 5	2704. 7	2205. 2
120	393. 16	0. 20245	0. 0010603	0. 8917	1. 122	503. 7	2706. 3	2202. 6
121	394. 16	0. 20895	0. 0010612	0. 8658	1. 155	507. 9	2708. 0	2200. 1
122	395. 16	0. 21561	0. 0010621	0. 8407	1. 189	510. 0	2709. 3	2199. 3
123	396. 16	0. 22245	0. 0010630	0. 8164	1. 225	516. 2	2710. 5	2194. 6
124	397. 16	0. 22947	0. 0010639	0. 7930	1. 261	520. 8	2712. 2	2191. 4
125	398. 16	0. 23666	0. 0010649	0. 7704	1. 298	525. 0	2713. 5	2188. 5

温度 /℃	绝对 温度 /K	绝对压力 /MPa	沸腾水比容 /m³·kg⁻¹	干饱和蒸 气比容 /m³·kg⁻¹	干饱和蒸 气密度 /kg·m⁻³	沸腾水的焓 /kJ·kg⁻¹	干饱和蒸 气焓 /kJ·kg⁻¹	蒸发潜热 /kJ·kg⁻¹
126	399.16	0.24404	0.0010658	0.7485	1.336	529.2	2714.7	2185.5
127	400.16	0.25160	0.0010668	0.7274	1.375	533.4	2716.0	2182.6
128	401.16	0.25935	0.0010678	0.7070	1.415	537.6	2717.7	2180.1
129	402.16	0.26730	0.0010687	0.6873	1.455	542.2	2719.3	2177.1
130	403.16	0.27544	0.0010697	0.6683	1.496	546.4	2720.6	2174.2
131	404.16	0.28378	0.0010707	0.6499	1.539	550.6	2721.8	2171.2
132	405.16	0.29233	0.0010717	0.6321	1.582	554.8	2723.1	2168.3
133	406.16	0.3011	0.0010727	0.6148	1.626	558.9	2724.4	2165.5
134	407.16	0.3101	0.0010737	0.5981	1.672	563.5	2726.0	2162.5
135	408.16	0.3192	0.0010747	0.5820	1.718	567.7	2727.3	2159.6
136	409.16	0.3286	0.0010757	0.5664	1.765	571.9	2728.5	2156.6
137	410.16	0.3382	0.0010767	0.5513	1.814	576.1	2729.8	2153.7
138	411.16	0.3481	0.0010777	0.5366	1.864	580.7	2731.5	2150.8
139	412.16	0.3582	0.0010787	0.5224	1.914	584.9	2732.7	2147.8
140	413.16	0.3685	0.0010798	0.5087	1.966	589.1	2734.0	2144.9
141	414.16	0.3790	0.0010808	0.4954	2.018	593.3	2735.2	2141.9
142	415.16	0.3898	0.0010819	0.4825	2.072	597.9	2736.9	2139.0
143	416.16	0.4009	0.0010829	0.4700	2.128	602.1	2738.2	2136.1
144	417.16	0.4122	0.0010840	0.4579	2.184	606.2	2739.0	2132.8
145	418.16	0.4237	0.0010851	0.4461	2.242	610.4	2740.3	2129.9
146	419.16	0.4355	0.0010862	0.4347	2.300	615.0	2741.5	2126.5
147	420.16	0.4476	0.0010873	0.4237	2.360	619.2	2742.8	2123.6
148	421.16	0.4599	0.0010884	0.4130	2.421	623.4	2744.0	2120.6
149	422.16	0.4725	0.0010895	0.4026	2.484	628.0	2745.3	2117.3
150	423.16	0.4854	0.0010906	0.3926	2.547	632.2	2746.5	2114.3
151	424.16	0.4985	0.0010917	0.3829	2.612	636.4	2747.8	2111.4
152	425.16	0.5120	0.0010928	0.3734	2.678	641.0	2749.1	2108.1
153	426.16	0.5257	0.0010939	0.3642	2.746	645.2	2750.7	2105.5
154	427.16	0.5397	0.0010950	0.3552	2.815	649.4	2751.6	2102.2
155	428.16	0.5540	0.0010962	0.3465	2.886	653.6	2752.4	2098.8
156	429.16	0.5686	0.0010973	0.3381	2.958	658.2	2753.7	2095.5

温度 /℃	绝对 温度 /K	绝对压力 /MPa	沸腾水比容 /m³·kg⁻¹	干饱和蒸 气比容 /m³·kg⁻¹	干饱和蒸 气密度 /kg·m⁻³	沸腾水的焓 /kJ·kg⁻¹	干饱和蒸 气焓 /kJ·kg⁻¹	蒸发潜热 /kJ·kg⁻¹
157	430.16	0.5836	0.0010985	0.3299	3.031	662.4	2754.5	2092.1
158	431.16	0.5989	0.0010997	0.3220	3.106	667.0	2755.8	2088.8
159	432.16	0.6144	0.0011009	0.3143	3.182	671.1	2757.0	2085.9
160	433.16	0.6302	0.0011021	0.3068	3.259	675.3	2757.8	2082.5
161	434.16	0.6464	0.0011033	0.2996	3.338	679.9	2759.1	2079.2
162	435.16	0.6630	0.0011044	0.2925	3.418	684.1	2760.4	2076.3
163	436.16	0.6798	0.0011056	0.2857	3.500	688.7	2761.6	2072.9
164	437.16	0.6970	0.0011069	0.2790	3.584	692.9	2762.5	2069.6
165	438.16	0.7146	0.0011081	0.2725	3.670	697.5	2763.7	2066.2
166	439.16	0.7325	0.0011093	0.2662	3.757	701.7	2764.5	2062.8
167	440.16	0.7507	0.0011106	0.2601	3.845	705.9	2765.4	2059.5
168	441.16	0.7693	0.0011118	0.2541	3.935	710.5	2766.6	2056.1
169	442.16	0.7883	0.0011131	0.2483	4.027	714.7	2767.5	2052.8
170	443.16	0.8076	0.0011144	0.2426	4.122	719.3	2768.7	2049.4
171	444.16	0.8274	0.0011156	0.2371	4.218	723.5	2769.6	2046.1
172	445.16	0.8475	0.0011169	0.2318	4.315	728.1	2770.8	2042.2
173	446.16	0.8679	0.0011182	0.2266	4.414	732.7	2771.7	2039.0
174	447.16	0.8888	0.0011195	0.2215	4.515	736.9	2772.5	2035.6
175	448.16	0.9101	0.0011208	0.2166	4.617	741.1	2773.3	2032.2
176	449.16	0.9317	0.0011221	0.2118	4.721	745.7	2775.4	2029.7
177	450.16	0.9538	0.0011235	0.2071	4.828	749.8	2775.4	2025.6
178	451.16	0.9763	0.0011248	0.2026	4.936	754.5	2776.5	2022.2
179	452.16	0.9992	0.0011261	0.1982	5.045	758.6	2777.5	2018.9
180	453.16	1.0225	0.0011275	0.1939	5.157	763.3	2778.4	2015.1
181	454.16	1.0462	0.0011289	0.1897	5.271	767.4	2778.8	2011.4
182	455.16	1.0703	0.0011303	0.1856	5.388	772.0	2779.6	2007.6
183	456.16	1.0950	0.0011316	0.1816	5.507	776.7	2780.5	2003.8
184	457.16	1.1201	0.0011330	0.1777	5.627	780.8	2781.3	2000.5
185	458.16	1.1456	0.0011344	0.1739	5.750	785.4	2782.5	1997.1
186	459.16	1.1715	0.0011358	0.1702	5.875	789.6	2783.0	1993.4
187	460.16	1.1979	0.0011372	0.1666	6.002	794.2	2783.8	1989.6

温度 /℃	绝对温度 /K	绝对压力 /MPa	沸腾水比容 /m³·kg⁻¹	干饱和蒸气比容 /m³·kg⁻¹	干饱和蒸气密度 /kg·m⁻³	沸腾水的焓 /kJ·kg⁻¹	干饱和蒸气焓 /kJ·kg⁻¹	蒸发潜热 /kJ·kg⁻¹
188	461.16	1.2248	0.0011386	0.1631	6.131	798.4	2784.6	1986.2
189	462.16	1.2522	0.0011400	0.1597	6.262	803.0	2785.5	1982.5
190	463.16	1.2800	0.0011415	0.1564	6.395	807.6	2786.3	1978.7
191	464.16	1.3083	0.0011430	0.1531	6.532	812.2	2787.2	1975.0
192	465.16	1.3371	0.0011445	0.1499	6.671	816.4	2787.6	1971.2
193	466.16	1.3664	0.0011459	0.1468	6.812	821.0	2788.4	1967.4
194	467.16	1.3962	0.0011474	0.1438	6.954	825.6	2789.2	1963.6
195	468.16	1.4265	0.0011489	0.1409	7.098	829.8	2789.7	1959.9
196	469.16	1.4573	0.0011504	0.1380	7.246	834.4	2790.5	1956.1
197	470.16	1.4886	0.0011519	0.1352	7.396	839.0	2791.3	1952.3
198	471.16	1.5204	0.0011535	0.1325	7.548	843.2	2791.8	1948.6
199	472.16	1.5528	0.0011550	0.1298	7.704	847.8	2792.2	1944.4
200	473.16	1.5857	0.0011565	0.1272	7.863	852.4	2793.0	1940.6
201	474.16	1.6192	0.0011581	0.1246	8.026	857.0	2793.4	1936.4
202	475.16	1.6532	0.0011596	0.1221	8.188	861.2	2793.4	1932.2
203	476.16	1.6877	0.0011612	0.1197	8.355	865.8	2794.3	1928.5
204	477.16	1.7228	0.0011628	0.1173	8.525	870.4	2795.1	1927.7
205	478.16	1.7585	0.0011644	0.1150	8.696	875.0	2795.5	1920.5
206	479.16	1.7948	0.0011660	0.1128	8.869	879.6	2796.4	1916.8
207	480.16	1.8316	0.0011676	0.1106	9.044	884.3	2796.8	1912.5
208	481.16	1.8690	0.0011693	0.1085	9.220	888.9	2797.2	1908.3
209	482.16	1.9070	0.0011709	0.1064	9.398	893.0	2797.6	1904.6
210	483.16	1.9456	0.0011726	0.1044	9.578	897.6	2798.0	1900.4
211	484.16	1.9848	0.0011743	0.1024	9.765	902.3	2798.5	1896.2
212	485.16	2.0246	0.0011760	0.1004	9.960	906.9	2798.9	1892.0
213	486.16	2.0651	0.0011778	0.09836	10.17	911.5	2799.3	1887.8
214	487.16	2.1061	0.0011795	0.09649	10.36	916.1	2799.7	1883.6
215	488.16	2.1477	0.0011812	0.09465	10.56	920.7	2800.1	1879.4
216	489.16	2.1901	0.0011829	0.09285	10.77	925.3	2800.6	1875.3
217	490.16	2.2331	0.0011846	0.09109	10.98	929.9	2801.0	1871.1
218	491.16	2.2767	0.0011864	0.08937	11.19	934.5	2801.0	1866.5

续表 11 - 5

温度 /℃	绝对 温度 /K	绝对压力 /MPa	沸腾水比容 /m³·kg⁻¹	干饱和蒸 气比容 /m³·kg⁻¹	干饱和蒸 气密度 /kg·m⁻³	沸腾水的焓 /kJ·kg⁻¹	干饱和蒸 气焓 /kJ·kg⁻¹	蒸发潜热 /kJ·kg⁻¹
219	492.16	2.3209	0.0011882	0.08770	11.40	939.1	2801.4	1862.3
220	493.16	2.3659	0.0011900	0.08606	11.62	943.7	2801.4	1857.7
221	494.16	2.4115	0.0011918	0.08445	11.84	948.3	2801.8	1853.5
222	495.16	2.4577	0.0011936	0.08288	12.06	952.9	2801.8	1848.9
223	496.16	2.5047	0.0011955	0.08134	12.29	957.5	2802.2	1844.7
224	497.16	2.5523	0.0011973	0.07984	12.52	962.1	2802.2	1840.1
225	498.16	2.6007	0.0011992	0.07837	12.76	967.2	2802.6	1835.4
226	499.16	2.6497	0.0012011	0.07693	13.00	971.8	2802.6	1830.8
227	500.16	2.6995	0.0012029	0.07552	13.24	976.4	2802.6	1826.2
228	501.16	2.7499	0.0012048	0.07414	13.48	981.0	2802.6	1821.6
229	502.16	2.8011	0.0012068	0.07279	13.74	985.6	2802.6	1817.0
230	503.16	2.8631	0.0012087	0.07147	13.99	990.2	2803.1	1812.9
231	504.16	2.9057	0.0012107	0.07018	14.25	995.2	2803.5	1808.3
232	505.16	2.9591	0.0012127	0.06891	14.51	999.8	2803.5	1803.7
233	506.16	3.0133	0.0012147	0.06767	14.78	1004.4	2803.5	1799.1
234	507.16	3.0682	0.0012167	0.06646	15.05	1009.0	2803.5	1794.5
235	508.16	3.1239	0.0012187	0.06527	15.32	1014.0	2803.5	1789.5
236	509.16	3.1803	0.0012207	0.06410	15.60	1018.6	2803.5	1784.9
237	510.16	3.2375	0.0012227	0.06296	15.88	1023.3	2803.5	1780.2
238	511.16	3.2955	0.0012248	0.06184	16.17	1028.3	2803.5	1775.2
239	512.16	3.3544	0.0012269	0.06074	16.46	1032.9	2803.5	1770.6
240	513.16	3.4140	0.0012291	0.05967	16.76	1037.5	2803.1	1765.6
241	514.16	3.4745	0.0012313	0.05862	17.06	1042.5	2803.1	1760.6
242	515.16	3.5357	0.0012334	0.05759	17.36	1047.1	2803.1	1756.0
243	516.16	3.5978	0.0012356	0.05658	17.67	1052.1	2803.1	1751.0
244	517.16	3.6607	0.0012377	0.05559	17.99	1056.7	2802.6	1745.9
245	518.16	3.7244	0.0012399	0.05462	18.31	1061.8	2802.6	1740.8
246	519.16	3.7890	0.0012421	0.05367	18.63	1066.4	2802.2	1735.8
247	520.16	3.8545	0.0012444	0.05274	18.96	1071.4	2801.8	1730.4
248	521.16	3.9208	0.0012466	0.05183	19.29	1076.0	2801.4	1725.4
249	522.16	3.9880	0.0012489	0.05093	19.63	1081.0	2801.4	1720.4

温度 /℃	绝对 温度 /K	绝对压力 /MPa	沸腾水比容 /m³·kg⁻¹	干饱和蒸 气比容 /m³·kg⁻¹	干饱和蒸 气密度 /kg·m⁻³	沸腾水的焓 /kJ·kg⁻¹	干饱和蒸 气焓 /kJ·kg⁻¹	蒸发潜热 /kJ·kg⁻¹
250	523.16	4.056	0.0012512	0.05005	19.98	1086.1	2801.0	1714.9
251	524.16	4.125	0.0012536	0.04919	20.33	1090.7	2800.6	1709.9
252	525.16	4.195	0.0012560	0.04835	20.68	1095.7	2800.1	1704.4
253	526.16	4.266	0.0012583	0.04752	21.04	1100.7	2799.7	1699.0
254	527.16	4.337	0.0012607	0.04671	21.41	1105.3	2799.3	1694.0
255	528.16	4.410	0.0012631	0.04591	21.78	1110.3	2798.9	1688.6
256	529.16	4.483	0.0012655	0.04513	22.16	1115.4	2798.5	1683.1
257	530.16	4.558	0.0012679	0.04436	22.54	1120.0	2797.6	1677.6
258	531.16	4.633	0.0012704	0.04361	22.93	1125.0	2797.2	1672.2
259	532.16	4.709	0.0012729	0.04287	23.33	1130.0	2796.8	1666.8
260	533.16	4.787	0.0012755	0.04215	23.72	1135.0	2796.4	1661.4
261	534.16	4.865	0.0012781	0.04144	24.13	1140.0	2795.5	1655.5
262	535.16	4.944	0.0012807	0.04074	24.54	1145.1	2795.1	1650.0
263	536.16	5.024	0.0012834	0.04005	24.96	1150.1	2794.3	1644.2
264	537.16	5.105	0.0012860	0.03938	25.39	1155.1	2793.9	1638.8
265	538.16	5.188	0.0012886	0.03872	25.83	1160.2	2793.9	1633.7
266	539.16	5.271	0.0012913	0.03807	26.27	1165.2	2792.6	1627.4
267	540.16	5.355	0.0012940	0.03744	26.71	1170.2	2792.2	1622.0
268	541.16	5.440	0.0012967	0.03682	27.16	1175.2	2791.3	1616.1
269	542.16	5.526	0.0012995	0.03620	27.62	1180.3	2790.5	1610.2
270	543.16	5.614	0.0013023	0.03560	28.09	1185.3	2789.7	1604.4
271	544.16	5.702	0.0013051	0.03501	28.56	1190.3	2788.8	1598.5
272	545.16	5.791	0.0013080	0.03443	29.04	1195.3	2788.0	1592.7
273	546.16	5.882	0.0013109	0.03386	29.53	1200.4	2787.2	1586.8
274	547.16	5.973	0.0013138	0.03330	30.03	1205.8	2786.3	1580.5
275	548.16	6.066	0.0013168	0.03275	30.53	1210.8	2785.1	1584.3
276	549.16	6.160	0.0013198	0.03221	31.05	1215.8	2783.8	1568.0
277	550.16	6.255	0.0013228	0.03167	31.58	1221.3	2783.0	1561.7
278	551.16	6.351	0.0013259	0.03114	32.11	1226.3	2781.7	1555.4
279	552.16	6.448	0.0013290	0.03063	32.65	1231.8	2780.9	1549.1

表 11 -6　过热蒸汽的性质

温度 /℃	0.1MPa（绝对压力） $t_s = 99.09$　$i = 2674.1$ $v = 1.725$　$s = 7.3654$			0.15MPa（绝对压力） $t_s = 110.79$　$i = 2692.5$ $v = 1.180$　$s = 7.2293$		
	比容 /m³·kg⁻¹	焓 /kJ·kg⁻¹	熵 /kJ·(kg·℃)⁻¹	比容 /m³·kg⁻¹	焓 /kJ·kg⁻¹	熵 /kJ·(kg·℃)⁻¹
0	0.0010002	0.0	0.0000	0.0010001	0.0	0.0000
10	0.0010003	42.3	0.1511	0.0010003	42.3	0.1511
20	0.0010018	84.2	0.2964	0.0010018	84.2	0.2964
30	0.0010044	125.6	0.4367	0.0010043	125.6	0.4367
40	0.0010079	167.5	0.5723	0.0010078	167.5	0.5723
50	0.0010121	209.3	0.7038	0.0010120	209.3	0.7038
60	0.0010170	251.2	0.8311	0.0010170	251.2	0.8311
70	0.0010226	293.1	0.9550	0.0010226	293.1	0.9550
80	0.0010289	334.9	1.0752	0.0010289	334.9	1.0752
90[①]	0.0010359[①]	377.2[①]	1.1928[①]	0.0010358	377.2	1.1928
100	1.729	2675.4	7.3688	0.0010434	419.1	1.3071
110	1.779	2695.5	7.4219	0.0010515[①]	461.4[①]	1.4185[①]
120	1.829	2715.6	7.4734	1.211	2711.4	7.2771
130	1.878	2735.7	7.5237	1.245	2731.5	7.3282
140	1.926	2755.3	7.5727	1.278	2752.0	7.3780
150	1.975	2775.4	7.6204	1.311	2772.1	7.4265
160	2.023	2795.5	7.6669	1.344	2792.2	7.4739
170	2.071	2815.6	7.7121	1.376	2812.3	7.5199
180	2.119	2835.3	7.7560	1.409	2832.4	7.5647
190	2.167	2855.0	7.7992	1.441	2852.5	7.6083
200	2.215	2874.7	7.8410	1.473	2872.6	7.6510
210	2.263	2894.3	7.8829	1.505	2892.2	7.6924
220	2.311	2914.0	7.9235	1.537	2912.3	7.7334
230	2.358	2934.1	7.9633	1.569	2932.4	7.7736
240	2.406	2953.8	8.0022	1.601	2952.1	7.8130
250	2.454	2973.9	8.0407	1.633	2972.2	7.8515
260	2.501	2993.6	8.0784	1.664	2992.3	7.8892
270	2.548	3013.7	8.1157	1.696	3012.4	7.9264
280	2.596	3033.8	8.1521	1.728	3032.5	7.9633
290	2.643	3053.9	8.1881	1.760	3052.6	7.9993

温度 /℃	0.1MPa（绝对压力） $t_s = 99.09$ $i = 2674.1$ $v = 1.725$ $s = 7.3654$			0.15MPa（绝对压力） $t_s = 110.79$ $i = 2692.5$ $v = 1.180$ $s = 7.2293$		
	比容 /m³·kg⁻¹	焓 /kJ·kg⁻¹	熵 /kJ·(kg·℃)⁻¹	比容 /m³·kg⁻¹	焓 /kJ·kg⁻¹	熵 /kJ·(kg·℃)⁻¹
300	2.690	3073.9	8.2233	1.791	3072.7	8.0349
310	2.738	3094.0	8.2580	1.823	3092.8	8.0696
320	2.785	3114.1	8.2924	1.855	3113.3	8.1040
330	2.832	3134.7	8.3263	1.886	3133.4	8.1379
340	2.880	3154.8	8.3598	1.918	3153.9	8.1714
350	2.927	3175.3	8.3924	1.949	3174.0	8.2045
360	2.974	3195.8	8.4247	1.981	3194.5	8.2372
370	3.022	3216.3	8.4569	2.013	3215.5	8.2693
380	3.069	3236.8	8.4887	2.044	3236.0	8.3012
390	3.116	3257.3	8.5201	2.076	3256.5	8.3326
400	3.163	3277.8	8.5511	2.107	3277.0	8.3636
410	3.211	3298.8	8.5817	2.139	3297.9	8.3941
420	3.258	3319.7	8.6118	2.170	3318.9	8.4243
430	3.305	3340.2	8.6420	2.202	3339.8	8.4544
440	3.352	3361.2	8.6717	2.233	3360.7	8.4841
450	3.399	3382.1	8.7010	2.265	3381.7	8.5134
460	3.446	3403.4	8.7299	2.296	3402.6	8.5423
470	3.494	3424.4	8.7584	2.328	3424.0	8.5708
480	3.541	3445.7	8.7868	2.359	3445.3	8.5993
490	3.588	3467.1	8.8149	2.391	3466.3	8.6273
500	3.635	3488.4	8.8425	2.422	3487.6	8.6550
510	3.682	3509.8	8.8702	2.454	3509.4	8.6826
520	3.729	3531.1	8.8974	2.485	3530.7	8.7098
530	3.777	3552.9	8.9246	2.517	3552.5	8.7370
540	3.824	3574.3	8.9514	2.548	3573.9	8.7638
550	3.871	3596.0	8.9778	2.580	3595.6	8.7902
560	3.918	3617.8	9.0041	2.611	3617.4	8.8166
570	3.965	3639.6	9.0301	2.643	3639.2	8.8425
580	4.012	3661.4	9.0556	2.674	3660.9	8.8685
590	4.059	3683.5	9.0812	2.706	3683.1	8.8940

续表 11 – 6

温度 /℃	0.1MPa（绝对压力） $t_s = 99.09$　$i = 2674.1$ $v = 1.725$　$s = 7.3654$			0.15MPa（绝对压力） $t_s = 110.79$　$i = 2692.5$ $v = 1.180$　$s = 7.2293$		
	比容 /$m^3 \cdot kg^{-1}$	焓 /$kJ \cdot kg^{-1}$	熵 /$kJ \cdot (kg \cdot ℃)^{-1}$	比容 /$m^3 \cdot kg^{-1}$	焓 /$kJ \cdot kg^{-1}$	熵 /$kJ \cdot (kg \cdot ℃)^{-1}$
600	4.106	3705.3	9.1067	2.737	3704.9	8.9196
610	4.154	3727.5	9.1322	2.768	3727.1	8.9451
620	4.201	3749.7	9.1574	2.800	3749.3	8.9698
630	4.248	3771.9	9.1821	2.831	3771.9	8.9945
640	4.295	3794.1	9.2068	2.862	3794.1	9.0192
650	4.342	3816.7	9.2315	2.894	3816.3	9.0435
660	4.389	3839.3	9.2553	2.925	3838.9	9.0791
670	4.436	3861.9	9.2792	2.956	3861.5	9.0921
680	4.483	3884.5	9.3031	2.988	3884.1	9.1155
690	4.530	3907.1	9.3265	3.019	3906.7	9.1394
700	4.578	3929.7	9.3500	3.052	3929.3	9.1628

温度 /℃	0.2MPa（绝对压力） $t_s = 119.62$　$i = 2705.9$ $v = 0.9019$　$s = 7.1339$			0.25MPa（绝对压力） $t_s = 126.79$　$i = 2716.0$ $v = 0.7319$　$s = 7.0598$		
	比容 /$m^3 \cdot kg^{-1}$	焓 /$kJ \cdot kg^{-1}$	熵 /$kJ \cdot (kg \cdot ℃)^{-1}$	比容 /$m^3 \cdot kg^{-1}$	焓 /$kJ \cdot kg^{-1}$	熵 /$kJ \cdot (kg \cdot ℃)^{-1}$
0	0.0010001	0.0	0.0000	0.0010001	0.4	0.0000
10	0.0010003	42.3	0.1511	0.0010002	42.3	0.1511
20	0.0010018	84.2	0.2964	0.0010017	84.2	0.2964
30	0.0010043	125.6	0.4367	0.0010043	125.6	0.4367
40	0.0010078	167.5	0.5723	0.0010078	167.5	0.5723
50	0.0010120	209.3	0.7038	0.0010120	209.3	0.7038
60	0.0010170	251.2	0.8311	0.0010170	251.2	0.8311
70	0.0010227	293.1	0.9550	0.0010227	293.1	0.9550
80	0.0010289	334.9	1.0752	0.0010289	334.9	1.0752
90	0.0010358	377.2	1.1928	0.0010358	377.2	1.1928
100	0.0010435	419.5	1.3071	0.0010434	419.5	1.3071
110	0.0010515[①]	461.4[①]	1.4185[①]	0.0010515	461.4	1.4185
120	0.9030	2706.3	7.1347	0.0010603[①]	503.7[①]	1.5276[①]
130	0.9287	2727.3	7.1866	0.7387	2722.7	7.0761
140	0.9540	2747.9	7.2373	0.7594	2743.6	7.1276

温度 /℃	0.2MPa（绝对压力） $t_s = 119.62$　$i = 2705.9$ $v = 0.9019$　$s = 7.1339$			0.25MPa（绝对压力） $t_s = 126.79$　$i = 2716.0$ $v = 0.7319$　$s = 7.0598$		
	比容 /m³·kg⁻¹	焓 /kJ·kg⁻¹	熵 /kJ·(kg·℃)⁻¹	比容 /m³·kg⁻¹	焓 /kJ·kg⁻¹	熵 /kJ·(kg·℃)⁻¹
150	0.9791	2768.3	7.2867	0.7798	2764.5	7.1774
160	1.004	2788.8	7.3349	0.7999	2785.5	7.2260
170	1.029	2809.3	7.3817	0.8199	2806.4	7.2733
180	1.053	2829.9	7.4270	0.8398	2826.9	7.3194
190	1.078	2850.0	7.4713	0.8596	2847.4	7.3642
200	1.102	2870.1	7.5145	0.8792	2868.0	7.4077
210	1.126	2890.1	7.5568	0.8988	2888.1	7.4504
220	1.150	2910.2	7.5982	0.9183	2908.2	7.4919
230	1.174	2930.3	7.6384	0.9377	2928.7	7.5325
240	1.198	2950.4	7.6778	0.9570	2948.8	7.5722
250	1.222	2970.5	7.7163	0.9763	2968.9	7.6112
260	1.246	2990.6	7.7544	0.9955	2989.0	7.6493
270	1.270	3010.7	7.7921	1.015	3009.5	7.6870
280	1.294	3030.8	7.8289	1.034	3029.6	7.7238
290	1.318	3051.3	7.8649	1.053	3050.1	7.7602
300	1.342	3071.9	7.9005	1.072	3070.6	7.7958
310	1.366	3092.0	7.9357	1.092	3090.7	7.8310
320	1.390	3112.0	7.9700	1.111	3111.2	7.8657
330	1.413	3132.6	8.0039	1.130	3131.3	7.9001
340	1.437	3152.7	8.0374	1.149	3151.8	7.9336
350	1.461	3173.2	8.0705	1.168	3172.3	7.9666
360	1.485	3193.7	8.1031	1.187	3192.9	7.9993
370	1.508	3214.6	8.1354	1.206	3213.4	8.0315
380	1.532	3235.1	8.1672	1.225	3234.3	8.0634
390	1.556	3255.7	8.1986	1.244	3254.8	8.0948
400	1.579	3276.2	8.2296	1.263	3275.8	8.1257
410	1.603	3297.1	8.2601	1.282	3296.3	8.1567
420	1.627	3318.0	8.2907	1.301	3317.2	8.1873
430	1.651	3339.0	8.3208	1.320	3338.6	8.2174
440	1.674	3359.9	8.3506	1.339	3359.5	8.2472
450	1.698	3380.8	8.3799	1.358	3380.4	8.2869

温度 /℃	0.2MPa（绝对压力） $t_s = 119.62$　$i = 2705.9$ $v = 0.9019$　$s = 7.1339$			0.25MPa（绝对压力） $t_s = 126.79$　$i = 2716.0$ $v = 0.7319$　$s = 7.0598$		
	比容 /$m^3 \cdot kg^{-1}$	焓 /$kJ \cdot kg^{-1}$	熵 /$kJ \cdot (kg \cdot ℃)^{-1}$	比容 /$m^3 \cdot kg^{-1}$	焓 /$kJ \cdot kg^{-1}$	熵 /$kJ \cdot (kg \cdot ℃)^{-1}$
460	1.722	3402.2	8.4088	1.377	3401.8	8.3054
470	1.745	3423.1	8.4377	1.396	3422.7	8.3342
480	1.769	3444.5	8.4661	1.415	3444.1	8.3627
490	1.792	3465.8	8.4942	1.433	3465.4	8.3908
500	1.816	3487.2	8.5218	1.452	3486.8	8.4184
510	1.840	3508.5	8.5494	1.471	3508.1	8.4460
520	1.863	3530.3	8.5767	1.490	3529.9	8.4732
530	1.887	3552.1	8.6039	1.509	3551.2	8.5005
540	1.911	3573.4	8.6307	1.528	3573.0	8.5273
550	1.934	3595.2	8.6570	1.547	3594.8	8.5536
560	1.958	3617.0	8.6834	1.566	3616.6	8.5800
570	1.982	3638.7	8.7094	1.585	3638.3	8.6064
580	2.005	3660.5	8.7353	1.604	3660.1	8.6323
590	2.029	3682.7	8.7609	1.623	3862.3	8.6579
600	2.052	3704.9	8.7864	1.641	3704.5	8.6830
610	2.076	3727.1	8.8120	1.660	3726.7	8.7085
620	2.099	3748.3	8.8371	1.679	3748.9	8.7337
630	2.123	3771.5	8.8618	1.698	3771.1	8.7584
640	2.146	3793.7	8.8865	1.717	3773.2	8.7831
650	2.170	3816.3	8.9108	1.735	3815.8	8.8074
660	2.193	3838.5	8.9350	1.754	3838.5	8.8316
670	2.217	3861.1	8.9589	1.773	3861.1	8.8559
680	2.240	3883.7	8.9828	1.792	3883.7	8.8794
690	2.264	3906.3	9.0066	1.811	3906.3	8.9032
700	2.289	3929.3	9.0301	1.831	3928.9	8.9267
温度 /℃	0.3MPa（绝对压力） $t_s = 132.88$　$i = 2724.8$ $v = 0.6160$　$s = 6.9987$			0.4MPa（绝对压力） $t_s = 142.92$　$i = 2737.7$ $v = 0.4708$　$s = 6.9032$		
	比容 /$m^3 \cdot kg^{-1}$	焓 /$kJ \cdot kg^{-1}$	熵 /$kJ \cdot (kg \cdot ℃)^{-1}$	比容 /$m^3 \cdot kg^{-1}$	焓 /$kJ \cdot kg^{-1}$	熵 /$kJ \cdot (kg \cdot ℃)^{-1}$
0	0.0010001	0.4	0.0000	0.0010000	0.4	0.0000
10	0.0010002	42.3	0.1511	0.0010002	42.3	0.1511

温度 /℃	0.3MPa（绝对压力） $t_s = 132.88$ $i = 2724.8$ $v = 0.6160$ $s = 6.9987$			0.4MPa（绝对压力） $t_s = 142.92$ $i = 2737.7$ $v = 0.4708$ $s = 6.9032$		
	比容 /m³·kg⁻¹	焓 /kJ·kg⁻¹	熵 /kJ·(kg·℃)⁻¹	比容 /m³·kg⁻¹	焓 /kJ·kg⁻¹	熵 /kJ·(kg·℃)⁻¹
20	0.0010017	84.2	0.2964	0.0010017	84.2	0.2964
30	0.0010043	125.6	0.4367	0.0010042	125.6	0.4367
40	0.0010078	167.5	0.5723	0.0010077	167.9	0.5723
50	0.0010120	209.3	0.7034	0.0010119	209.3	0.7034
60	0.0010170	251.2	0.8307	0.0010169	251.2	0.8307
70	0.0010226	293.1	0.9546	0.0010226	293.1	0.9546
80	0.0010288	334.9	1.0752	0.0010288	334.9	1.0752
90	0.0010358	377.2	1.1924	0.0010357	377.2	1.1924
100	0.0010434	419.5	1.3067	0.0010433	419.5	1.3067
110	0.0010515	461.4	1.4185	0.0010514	461.8	1.4181
120	0.0010602	503.7	1.5278	0.0010602	504.1	1.5273
130	0.0010697[①]	546.4[①]	1.6345[①]	0.0010697	546.8	1.6345
140	0.6296	2739.8	7.0359	0.0010798[①]	589.5[①]	1.7392[①]
150	0.6469	2761.2	7.0866	0.4806	2753.2	6.9405
160	0.6640	2782.1	7.1444	0.4938	2775.0	6.9907
170	0.6809	2803.1	7.1833	0.5068	2796.8	7.0397
180	0.6976	2824.0	7.2297	0.5197	2818.1	7.0878
190	0.7142	2844.9	7.2750	0.5325	2839.5	7.1343
200	0.7307	2865.4	7.3194	0.5451	2860.4	7.1795
210	0.7471	2886.0	7.3625	0.5576	2881.4	7.2231
220	0.7635	2906.5	7.4044	0.5700	2902.3	7.2654
230	0.7798	2926.6	7.4450	0.5824	2922.8	7.3068
240	0.7960	2947.1	7.4852	0.5947	2943.7	7.3474
250	0.8122	2967.6	7.5245	0.6070	2964.3	7.3872
260	0.8283	2987.7	7.5630	0.6192	2984.8	7.4261
270	0.8444	3008.2	7.6007	0.6314	3005.3	7.4642
280	0.8605	3028.3	7.6380	0.6435	3025.8	7.5015
290	0.8766	3048.4	7.6744	0.6557	3046.3	7.5383
300	0.8926	3068.9	7.7104	0.6678	3066.8	7.5743

温度 /℃	0.3MPa（绝对压力） $t_s = 132.88$　$i = 2724.8$ $v = 0.6160$　$s = 6.9987$			0.4MPa（绝对压力） $t_s = 142.92$　$i = 2737.7$ $v = 0.4708$　$s = 6.9032$		
	比容 /m³·kg⁻¹	焓 /kJ·kg⁻¹	熵 /kJ·(kg·℃)⁻¹	比容 /m³·kg⁻¹	焓 /kJ·kg⁻¹	熵 /kJ·(kg·℃)⁻¹
310	0.9085	3089.4	7.7456	0.6799	3087.3	7.6099
320	0.9245	3110.0	7.7845	0.6919	3107.9	7.6447
330	0.9405	3130.5	7.8147	0.7040	3128.4	7.6790
340	0.9564	3151.0	7.8482	0.7160	3148.9	7.7129
350	0.9723	3171.5	7.8812	0.7280	3169.4	7.7464
360	0.9883	3192.0	7.9139	0.7400	3190.3	7.7795
370	1.004	3212.5	7.9461	0.7519	3210.9	7.8117
380	1.020	3233.5	7.9779	0.7639	3231.8	7.8436
390	1.036	3254.0	8.0093	0.7758	3252.3	7.8754
400	1.052	3274.9	8.0407	0.7878	3273.2	7.9068
410	1.068	3295.8	8.0717	0.7997	3294.2	7.9378
420	1.083	3316.8	8.1023	0.8116	3315.5	7.9683
430	1.099	3337.7	8.1324	0.8235	3336.5	7.9608
440	1.115	3358.7	8.1622	0.8354	3357.4	8.0282
450	1.131	3379.6	8.1915	0.8473	3378.7	8.0575
460	1.147	3400.9	8.2204	0.8592	3399.7	8.0868
470	1.163	3422.3	8.2493	0.8711	3421.0	8.1157
480	1.178	3443.6	8.2777	0.8830	3442.4	8.1442
490	1.194	3465.0	8.3062	0.8949	3463.7	8.1722
500	1.210	3486.3	8.3334	0.9067	3485.1	8.2003
510	1.226	3507.7	8.3615	0.9186	3506.9	8.2279
520	1.241	3529.5	8.3387	0.9304	3528.2	8.2551
530	1.257	3550.8	8.4159	0.9423	3550.0	8.2823
540	1.273	3572.6	8.4427	0.9541	3571.8	8.3091
550	1.289	3594.4	8.4695	0.9660	3593.5	8.3359
560	1.304	3616.1	8.4959	0.9778	3615.3	8.3623
570	1.320	3642.1	8.5218	0.9896	3637.1	8.3883
580	1.336	3660.1	8.5478	1.002	3659.3	8.4142
590	1.352	3681.9	8.5733	1.013	3681.0	8.4398
600	1.367	3704.1	8.5988	1.025	3703.2	8.4653
610	1.383	3726.3	8.6244	1.037	3725.4	8.4908

温度 /℃	0.3MPa（绝对压力） $t_s = 132.88$ $i = 2724.8$ $v = 0.6160$ $s = 6.9987$			0.4MPa（绝对压力） $t_s = 142.92$ $i = 2737.7$ $v = 0.4708$ $s = 6.9032$		
	比容 /m³·kg⁻¹	焓 /kJ·kg⁻¹	熵 /kJ·(kg·℃)⁻¹	比容 /m³·kg⁻¹	焓 /kJ·kg⁻¹	熵 /kJ·(kg·℃)⁻¹
620	1.399	3748.4	8.6495	1.049	3747.6	8.5160
630	1.414	3770.6	8.6742	1.060	3770.2	8.5411
640	1.430	3793.2	8.6989	1.072	3792.4	8.5654
650	1.446	3815.4	8.7232	1.084	3815.4	8.5901
660	1.462	3838.0	8.7475	1.096	3837.2	8.6143
670	1.477	3860.6	8.7713	1.107	3859.8	8.6382
680	1.493	3883.3	8.7952	1.119	3882.8	8.6583
690	1.509	3905.9	8.8191	1.131	3905.4	8.6859
700	1.524	3928.5	8.8425	1.144	3928.1	8.7094

温度 /℃	0.5MPa（绝对压力） $t_s = 151.11$ $i = 2747.8$ $v = 0.3818$ $s = 6.8287$			0.6MPa（绝对压力） $t_s = 158.08$ $i = 2756.2$ $v = 0.3214$ $s = 6.7671$		
	比容 /m³·kg⁻¹	焓 /kJ·kg⁻¹	熵 /kJ·(kg·℃)⁻¹	比容 /m³·kg⁻¹	焓 /kJ·kg⁻¹	熵 /kJ·(kg·℃)⁻¹
0	0.0009999	0.4	0.0000	0.0009999	0.4	0.0000
10	0.0010001	42.71	0.1511	0.0010001	42.71	0.1511
20	0.0010016	84.2	0.2964	0.0010016	84.6	0.2964
30	0.0010042	125.6	0.4367	0.0010041	126.0	0.4367
40	0.0010077	167.9	0.5723	0.0010077	167.9	0.5723
50	0.0010119	209.3	0.7034	0.0010118	209.8	0.7034
60	0.0010168	251.2	0.8307	0.0010168	251.6	0.8307
70	0.0010225	293.1	0.9546	0.0010225	293.5	0.9546
80	0.0010288	334.9	1.0752	0.0010287	335.4	1.0752
90	0.0010357	377.2	1.1924	0.0010356	377.6	1.1924
100	0.0010433	419.5	1.3067	0.0010432	419.5	1.3067
110	0.0010514	461.8	1.4181	0.0010513	461.8	1.4181
120	0.0010601	504.1	1.5273	0.0010601	504.1	1.5273
130	0.0010696	546.8	1.6345	0.0010696	546.8	1.6341
140	0.0010797	589.5	1.7392	0.0010797	589.5	1.7392
150	0.0010906①	632.2①	1.8418①	0.0010906①	632.2①	1.8418①

温度 /℃	0.5MPa（绝对压力） $t_s = 151.11$　$i = 2747.8$ $v = 0.3818$　$s = 6.8287$			0.6MPa（绝对压力） $t_s = 158.08$　$i = 2756.2$ $v = 0.3214$　$s = 6.7671$		
	比容 /m³·kg⁻¹	焓 /kJ·kg⁻¹	熵 /kJ·(kg·℃)⁻¹	比容 /m³·kg⁻¹	焓 /kJ·kg⁻¹	熵 /kJ·(kg·℃)⁻¹
160	0.3917	2767.5	6.8747	0.3233	2760.4	6.7772
170	0.4024	2790.1	6.9254	0.3326	2783.4	6.8291
180	0.4130	2812.3	6.9744	0.3417	2806.0	6.8793
190	0.4234	2834.0	7.0221	0.3506	2828.6	6.9279
200	0.4336	2855.8	7.0682	0.3593	2850.8	6.9752
210	0.4438	2877.2	7.1130	0.3680	2872.6	7.0213
220	0.4539	2898.1	7.1561	0.3766	2893.9	7.0656
230	0.4640	2919.0	7.1984	0.3851	2915.3	7.1083
240	0.4740	2939.0	7.2394	0.3935	2936.2	7.1498
250	0.4839	2960.9	7.2796	0.4018	2957.6	7.1904
260	0.4938	2981.4	7.3189	0.4101	2978.5	7.2302
270	0.5036	3002.4	7.3575	0.4184	2999.4	7.2691
280	0.5134	3022.9	7.3951	0.4266	3020.4	7.3072
290	0.5232	3043.4	7.4320	0.4348	3040.9	7.3445
300	0.5329	3064.3	7.4684	0.4430	3061.8	7.3809
310	0.5426	3085.3	7.5040	0.4512	3082.3	7.4169
320	0.5524	3105.3	7.5392	0.4593	3103.3	7.4525
330	0.5621	3126.3	7.5735	0.4674	3124.2	7.4873
340	0.5717	3146.8	7.6074	0.4755	3144.7	7.5216
350	0.5814	3167.7	7.6409	0.4836	3165.6	7.5551
360	0.5910	3188.2	7.6740	0.4917	3186.6	7.5882
370	0.6006	3209.2	7.7066	0.4998	3207.5	7.6208
380	0.6102	3230.1	7.7389	0.5078	3228.0	7.6531
390	0.6198	3251.1	7.7707	0.5158	3249.0	7.6849
400	0.6294	3272.0	7.8021	0.5238	3270.3	7.7163
410	0.6390	3292.9	7.8331	0.5318	3291.2	7.7473
420	0.6485	3313.9	7.8636	0.5398	3312.6	7.7778

温度 /℃	0.5MPa（绝对压力） $t_s = 151.11$ $i = 2747.8$ $v = 0.3818$ $s = 6.8287$			0.6MPa（绝对压力） $t_s = 158.08$ $i = 2756.2$ $v = 0.3214$ $s = 6.7671$		
	比容 /m³·kg⁻¹	焓 /kJ·kg⁻¹	熵 /kJ·(kg·℃)⁻¹	比容 /m³·kg⁻¹	焓 /kJ·kg⁻¹	熵 /kJ·(kg·℃)⁻¹
430	0.6581	3334.8	7.8938	0.5478	3333.5	7.8080
440	0.6677	3356.1	7.9239	0.5558	3354.9	7.8381
450	0.6772	3377.5	7.9532	0.5638	3375.8	7.8678
460	0.6867	3398.4	7.9826	0.5717	3397.2	7.8971
470	0.6962	3419.8	8.0114	0.5797	3418.9	7.9264
480	0.7058	3441.1	8.0399	0.5877	3440.3	7.9549
490	0.7153	3462.9	8.0684	0.5956	3461.6	7.9834
500	0.7248	3484.3	8.0964	0.6035	3483.0	8.0114
510	0.7343	3505.6	8.1241	0.6115	3504.8	8.0391
520	0.7438	3527.4	8.1513	0.6194	3526.5	8.0663
530	0.7533	3549.2	8.1785	0.6273	3548.3	8.0935
540	0.7628	3570.9	8.2053	0.6353	3570.1	8.1207
550	0.7723	3592.7	8.2321	0.6432	3591.9	8.1475
560	0.7818	3614.5	8.2583	0.6511	3613.6	8.1739
570	0.7913	3636.2	8.2848	0.6590	3635.8	8.1998
580	0.8008	3658.4	8.3108	0.6669	3657.6	8.2258
590	0.8102	3680.6	8.3363	0.6748	3684.0	8.2518
600	0.8197	3702.4	8.3619	0.6828	3702.0	8.2773
610	0.8292	3725.0	8.3874	0.6907	3724.2	8.3028
620	0.8387	3747.2	8.4125	0.6986	3746.3	8.3280
630	0.8481	3769.4	8.4372	0.7065	3769.0	8.3527
640	0.8576	3791.6	8.4619	0.7144	3791.1	8.3774
650	0.8670	3814.2	8.4866	0.7222	3813.8	8.4021
660	0.8765	3836.8	8.5109	0.7302	3836.4	8.4264
670	0.8860	3859.4	8.5348	0.7380	3859.0	8.4502
680	0.8954	3882.0	8.5587	0.7459	3881.6	8.4741
690	0.9049	3904.6	8.5825	0.7538	3904.2	8.4979
700	0.9143	3927.6	8.6060	0.7617	3927.2	8.5214

温度 /℃	0.7MPa（绝对压力） $t_s = 164.17$　$i = 2762.9$ $v = 0.2778$　$s = 6.7152$			0.8MPa（绝对压力） $t_s = 169.61$　$i = 2768.3$ $v = 0.2448$　$s = 6.6700$		
	比容 /m³·kg⁻¹	焓 /kJ·kg⁻¹	熵 /kJ·(kg·℃)⁻¹	比容 /m³·kg⁻¹	焓 /kJ·kg⁻¹	熵 /kJ·(kg·℃)⁻¹
0	0.0009999	0.8	0.0000	0.0009998	0.8	0.0000
10	0.0010000	42.7	0.1511	0.0010000	42.71	0.1511
20	0.0010015	84.6	0.2964	0.0010015	84.6	0.2964
30	0.0010041	126.4	0.4367	0.0010040	126.4	0.4362
40	0.0010076	167.9	0.5723	0.0010076	168.3	0.5719
50	0.0010118	209.8	0.7034	0.0010118	209.8	0.7034
60	0.0010168	251.6	0.8307	0.0010167	251.6	0.8307
70	0.0010225	293.5	0.9546	0.0010224	293.5	0.9542
80	0.0010286	335.4	1.0752	0.0010286	335.4	1.0748
90	0.0010356	377.6	1.1924	0.0010355	377.6	1.1920
100	0.0010432	419.5	1.3067	0.0010431	419.9	1.3063
110	0.0010513	461.8	1.4181	0.0010512	461.8	1.4181
120	0.0010600	504.1	1.5273	0.0010600	504.1	1.5273
130	0.0010695	546.8	1.6341	0.0010695	546.8	1.6341
140	0.0010796	589.5	1.7388	0.0010795	589.5	1.7392
150	0.0010904	628.0	1.8414	0.0010904	632.6	1.8409
160	0.0011020①	675.7①	1.9427①	0.0011020①	675.7①	1.9423①
170	0.2827	2776.3	6.7458	0.2452	2769.6	6.6729
180	0.2908	2799.7	6.7977	0.2524	2793.4	6.7257
190	0.2986	2822.7	6.8475	0.2594	2816.9	6.7763
200	0.3062	2845.3	6.8957	0.2662	2839.9	6.8253
210	0.3138	2867.5	6.9426	0.2730	2862.9	6.8731
220	0.3212	2889.3	6.9878	0.2797	2885.1	6.9191
230	0.3285	2911.1	7.0309	0.2863	2907.3	6.9635
240	0.3358	2932.9	7.0732	0.2928	2929.1	7.0066
250	0.3431	2954.2	7.1142	0.2992	2950.4	7.0485
260	0.3503	2975.1	7.1544	0.3055	2971.8	7.0887
270	0.3575	2996.5	7.1938	0.3118	2993.1	7.1280
280	0.3646	3017.4	7.2323	0.3181	3014.5	7.1665
290	0.3717	3038.4	7.2670	0.3244	3035.8	7.2046
300	0.3788	3059.3	7.3068	0.3306	3056.8	7.2419

温度/℃	0.7MPa（绝对压力）$t_s = 164.17$　$i = 2762.9$ $v = 0.2778$　$s = 6.7152$			0.8MPa（绝对压力）$t_s = 169.61$　$i = 2768.3$ $v = 0.2448$　$s = 6.6700$		
	比容/$m^3 \cdot kg^{-1}$	焓/$kJ \cdot kg^{-1}$	熵/$kJ \cdot (kg \cdot ℃)^{-1}$	比容/$m^3 \cdot kg^{-1}$	焓/$kJ \cdot kg^{-1}$	熵/$kJ \cdot (kg \cdot ℃)^{-1}$
310	0.3858	3080.2	7.3428	0.3368	3077.7	7.2783
320	0.3928	3101.2	7.3784	0.3430	3098.7	7.3139
330	0.3998	3122.1	7.4131	0.3492	3120.0	7.3491
340	0.4068	3143.0	7.4475	0.3553	3140.9	7.3834
350	0.4138	3164.0	7.4814	0.3614	3161.9	7.4173
360	0.4207	3184.9	7.5149	0.3675	3182.8	7.4508
370	0.4277	3205.8	7.5475	0.3736	3202.7	7.4839
380	0.4346	3226.8	7.5798	0.3797	3225.1	7.5166
390	0.4415	3247.7	7.6120	0.3858	3246.0	7.5484
400	0.4484	3268.6	7.6434	0.3918	3267.4	7.5798
410	0.4553	3290.0	7.6744	0.3979	3288.3	7.6112
420	0.4622	3310.9	7.7050	0.4039	3307.7	7.6422
430	0.4690	3332.3	7.7355	0.4100	3331.0	7.6727
440	0.4759	3353.6	7.7657	0.4160	3352.4	7.7029
450	0.4827	3375.0	7.7954	0.4220	3373.7	7.7326
460	0.4895	3396.3	7.8247	0.4280	3395.1	7.7619
470	0.4964	3417.7	7.8536	0.4340	3416.4	7.7512
480	0.5033	3439.0	7.8825	0.4400	3437.8	7.8201
490	0.5101	3460.4	7.9110	0.4460	3459.6	7.8486
500	0.5169	3482.2	7.9390	0.4520	3480.9	7.8766
510	0.5237	3503.9	7.9666	0.4579	3502.7	7.9043
520	0.5306	3525.3	7.9943	0.4639	3524.4	7.9319
530	0.5374	3547.1	8.0215	0.4699	3546.2	7.9591
540	0.5442	3569.2	8.0487	0.4759	3568.0	7.9863
550	0.5510	3591.0	8.0755	0.4818	3590.2	8.0131
560	0.5578	3612.8	8.1019	0.4878	3612.0	8.0395
570	0.5646	3635.0	8.1283	0.4937	3634.1	8.0659
580	0.5714	3656.8	8.1504	0.4997	3655.9	8.0918
590	0.5781	3678.9	8.1798	0.5056	3678.1	8.1178
600	0.5849	3701.1	8.2053	0.5116	3700.3	8.1433

温度 /℃	0.7MPa（绝对压力） $t_s = 164.17$　$i = 2762.9$ $v = 0.2778$　$s = 6.7152$			0.8MPa（绝对压力） $t_s = 169.61$　$i = 2768.3$ $v = 0.2448$　$s = 6.6700$		
	比容 /$m^3 \cdot kg^{-1}$	焓 /$kJ \cdot kg^{-1}$	熵 /$kJ \cdot (kg \cdot ℃)^{-1}$	比容 /$m^3 \cdot kg^{-1}$	焓 /$kJ \cdot kg^{-1}$	熵 /$kJ \cdot (kg \cdot ℃)^{-1}$
610	0.5917	3723.3	8.2312	0.5175	3722.9	8.1689
620	0.5985	3745.9	8.2564	0.5235	3745.1	8.1940
630	0.6053	3768.1	8.2811	0.5294	3767.3	8.2191
640	0.6121	3790.7	8.3058	0.5353	3789.9	8.2438
650	0.6188	3812.9	8.3305	0.5413	3812.1	8.2681
660	0.6256	3835.5	8.3548	0.5472	3834.7	8.2924
670	0.6324	3858.1	8.3786	0.5531	3857.7	8.3167
680	0.6391	3880.7	8.4025	0.5590	3880.3	8.3405
690	0.6459	3903.8	8.4264	0.5650	3902.9	8.3644
700	0.6527	3926.4	8.4498	0.5709	3926.0	8.3878

温度 /℃	0.9MPa（绝对压力） $t_s = 174.53$　$i = 2772.9$ $v = 0.2190$　$s = 6.6294$			1.0MPa（绝对压力） $t_s = 179.04$　$i = 2777.1$ $v = 0.1980$　$s = 6.5939$		
	比容 /$m^3 \cdot kg^{-1}$	焓 /$kJ \cdot kg^{-1}$	熵 /$kJ \cdot (kg \cdot ℃)^{-1}$	比容 /$m^3 \cdot kg^{-1}$	焓 /$kJ \cdot kg^{-1}$	熵 /$kJ \cdot (kg \cdot ℃)^{-1}$
0	0.0009997	0.8	0.0000	0.0009997	0.8	0.0000
10	0.0009999	42.7	0.1511	0.0009999	43.1	0.1511
20	0.0010015	84.6	0.2960	0.0010014	85.0	0.2960
30	0.0010040	126.4	0.4363	0.0010040	126.4	0.4362
40	0.0010075	168.3	0.5719	0.0010075	168.3	0.5719
50	0.0010117	209.8	0.7034	0.0010117	210.2	0.7034
60	0.0010167	251.6	0.8307	0.0010166	251.6	0.8307
70	0.0010223	293.5	0.9542	0.0010223	293.5	0.9542
80	0.0010285	335.4	1.0748	0.0010285	335.4	1.0743
90	0.0010355	377.6	1.1920	0.0010354	377.6	1.1920
100	0.0010431	419.9	1.3063	0.0010430	419.9	1.3063
110	0.0010512	461.8	1.4177	0.0010511	462.2	1.4177
120	0.0010599	504.5	1.5269	0.0010599	504.5	1.5269
130	0.0010694	546.8	1.6341	0.0010694	547.2	1.6341
140	0.0010795	589.5	1.7388	0.0010794	589.5	1.7392
150	0.0010903	632.6	1.8414	0.0010902	632.6	1.8409

温度 /℃	0.9MPa（绝对压力）$t_s = 174.53$ $i = 2772.9$ $v = 0.2190$ $s = 6.6294$			1.0MPa（绝对压力）$t_s = 179.04$ $i = 2777.1$ $v = 0.1980$ $s = 6.5939$		
	比容 /m³·kg⁻¹	焓 /kJ·kg⁻¹	熵 /kJ·(kg·℃)⁻¹	比容 /m³·kg⁻¹	焓 /kJ·kg⁻¹	熵 /kJ·(kg·℃)⁻¹
160	0.0011019	675.7	1.9423	0.0011018	675.7	1.9418
170	0.0011143①	719.3①	2.0415①	0.0011142①	719.3①	2.0415①
180	0.2225	2786.3	6.6595	0.1986	2779.2	6.5984
190	0.2290	2810.6	6.7123	0.2046	2804.3	6.6532
200	0.2353	2834.5	6.7621	0.2104	2829.0	6.7043
210	0.2414	2857.9	6.8107	0.2160	2852.9	6.7537
220	0.2474	2880.5	6.8576	0.2215	2875.9	6.8015
230	0.2533	2903.1	6.9028	0.2269	2898.9	6.8475
240	0.2591	2925.3	6.9463	0.2322	2921.5	6.8919
250	0.2649	2947.1	6.9886	0.2375	2943.3	6.9346
260	0.2706	2968.9	7.0296	0.2427	2965.1	6.9760
270	0.2762	2990.2	7.0698	0.2479	2986.9	7.0167
280	0.2818	3011.6	7.1088	0.2530	3008.6	7.0560
290	0.2874	3032.9	7.1469	0.2581	3030.4	7.0945
300	0.2930	3054.3	7.1841	0.2632	3051.8	7.1322
310	0.2986	3075.6	7.2210	0.2682	3073.1	7.1691
320	0.3042	3096.6	7.2570	0.2782	3094.0	7.2050
330	0.3097	3117.5	7.2921	0.2782	3115.4	7.2411
340	0.3152	3188.8	7.3269	0.2832	3136.8	7.2758
350	0.3207	3159.8	7.3608	0.2881	3158.1	7.3102
360	0.3261	3181.8	7.3943	0.2930	3179.0	7.3436
370	0.3316	3202.1	7.4274	0.2980	3200.4	7.3767
380	0.3370	3223.4	7.4600	0.3029	3221.7	7.4098
390	0.3424	3244.4	7.4923	0.3078	3243.1	7.4420
400	0.3478	3265.7	7.5241	0.3126	3264.0	7.4739
410	0.3532	3287.1	7.5555	0.3175	3285.4	7.5053
420	0.3586	3308.4	7.5865	0.3223	3306.7	7.5362

温度 /℃	0.9MPa（绝对压力） $t_s = 174.53$　$i = 2772.9$ $v = 0.2190$　$s = 6.6294$			1.0MPa（绝对压力） $t_s = 179.04$　$i = 2777.1$ $v = 0.1980$　$s = 6.5939$		
	比容 /m³·kg⁻¹	焓 /kJ·kg⁻¹	熵 /kJ·(kg·℃)⁻¹	比容 /m³·kg⁻¹	焓 /kJ·kg⁻¹	熵 /kJ·(kg·℃)⁻¹
430	0.3640	3329.3	7.6170	0.3272	3328.1	7.5668
440	0.3694	3350.7	7.6472	0.3320	3349.4	7.5969
450	0.3747	3372.5	7.6769	0.3369	3371.2	7.6271
460	0.3801	3393.8	7.7062	0.3417	3382.6	7.6568
470	0.3854	3415.2	7.7355	0.3465	3413.9	7.6861
480	0.3908	3436.9	7.7644	0.3514	3435.7	7.7150
490	0.3961	3458.3	7.7929	0.3562	3457.5	7.7434
500	0.4014	3480.1	7.8209	0.3610	3479.2	7.7715
510	0.4068	3501.8	7.8490	0.3658	3501.0	7.7996
520	0.4121	3523.6	7.8766	0.3706	3522.8	7.8272
530	0.4174	3545.4	7.9038	0.3754	3544.5	7.8544
540	0.4227	3567.2	7.9311	0.3802	3566.3	7.8817
550	0.4280	3589.3	7.9579	0.3850	3588.5	7.9084
560	0.4333	3611.1	7.9842	0.3898	3610.3	7.9352
570	0.4386	3633.3	8.0106	0.3945	3632.5	7.9616
580	0.4439	3655.1	8.0366	0.3993	3654.7	7.9876
590	0.4492	3677.3	8.0625	0.4041	3676.8	8.0135
600	0.4545	3699.5	8.0881	0.4089	3699.0	8.0391
610	0.4598	3722.1	8.1140	0.4136	3721.2	8.0646
620	0.4651	3744.3	8.1391	0.4184	3743.8	8.0902
630	0.4704	3766.9	8.1643	0.4232	3766.0	8.1149
640	0.4757	3789.1	8.1890	0.4279	3788.6	8.1400
650	0.4809	3811.7	8.2132	0.4327	3811.2	8.1643
660	0.4862	3834.3	8.2379	0.4374	3833.9	8.1885
670	0.4915	3857.3	8.2618	0.4422	3856.5	8.2128
680	0.4968	3879.9	8.2857	0.4469	3879.5	8.2367
690	0.5020	3902.5	8.3095	0.4517	3902.1	8.2606
700	0.5073	3925.5	8.3334	0.4564	3924.2	8.2844

温度 /℃	1.2MPa（绝对压力） $t_s = 187.08$ $i = 2783.8$ $v = 0.1663$ $s = 6.5306$			1.5MPa（绝对压力） $t_s = 197.36$ $i = 2791.3$ $v = 0.1342$ $s = 6.4519$		
	比容 /m³·kg⁻¹	焓 /kJ·kg⁻¹	熵 /kJ·(kg·℃)⁻¹	比容 /m³·kg⁻¹	焓 /kJ·kg⁻¹	熵 /kJ·(kg·℃)⁻¹
0	0.0009996	1.3	0.0000	0.0009994	1.7	0.0000
10	0.0009998	43.1	0.1511	0.0009997	43.5	0.1511
20	0.0010013	85.0	0.2960	0.0010012	85.4	0.2960
30	0.0010039	126.9	0.4363	0.0010037	126.9	0.4362
40	0.0010074	168.3	0.5719	0.0010073	168.7	0.5719
50	0.0010116	210.2	0.7034	0.0010115	210.2	0.7034
60	0.0010165	252.0	0.8307	0.0010164	252.0	0.8307
70	0.0010222	293.9	0.9542	0.0010221	293.9	0.9539
80	0.0010284	335.8	1.0743	0.0010283	335.8	1.0739
90	0.0010353	378.1	1.1916	0.0010352	378.1	1.1916
100	0.0010429	419.9	1.3063	0.0010427	420.8	1.3058
110	0.0010510	461.8	1.4177	0.0010508	462.6	1.4172
120	0.0010598	504.5	1.5269	0.0010596	504.9	1.5265
130	0.0010692	547.2	1.6337	0.0010691	547.2	1.6333
140	0.0010793	589.9	1.7384	0.0010791	589.9	1.7379
150	0.0010901	632.6	1.8409	0.0010899	633.0	1.8405
160	0.0011017	675.7	1.9418	0.0011015	676.2	1.9414
170	0.0011141	719.3	2.0411	0.0011139	719.7	2.0406
180	0.0011273①	763.3①	2.1390①	0.0011271	763.3	2.1386
190	0.1677	2791.8	6.5473	0.0011413①	807.6①	2.2353①
200	0.1729	2817.3	6.6017	0.1353	2798.5	6.4673
210	0.1779	2842.4	6.6532	0.1396	2825.3	6.5235
220	0.1827	2866.7	6.7026	0.1437	2851.2	6.5762
230	0.1873	2890.1	6.7504	0.1476	2876.3	6.6264
240	0.1919	2913.2	6.7960	0.1514	2901.0	6.6746
250	0.1964	2936.2	6.8400	0.1552	2924.9	6.7207
260	0.2008	2958.8	6.8827	0.1589	2948.3	6.7646
270	0.2052	2981.0	6.9237	0.1625	2971.4	6.8073
280	0.2096	3003.2	6.9639	0.1661	2994.0	6.8488
290	0.2139	3025.0	7.0033	0.1697	3016.6	6.8890
300	0.2182	3046.7	7.0414	0.1732	3038.8	6.9283

温度 /℃	1.2MPa（绝对压力） $t_s = 187.08$　　$i = 2783.8$ $v = 0.1663$　　$s = 6.5306$			1.5MPa（绝对压力） $t_s = 197.36$　　$i = 2791.3$ $v = 0.1342$　　$s = 6.4519$		
	比容 /m³·kg⁻¹	焓 /kJ·kg⁻¹	熵 /kJ·(kg·℃)⁻¹	比容 /m³·kg⁻¹	焓 /kJ·kg⁻¹	熵 /kJ·(kg·℃)⁻¹
310	0.2224	3068.1	7.0786	0.1767	3060.6	6.9664
320	0.2266	3089.9	7.1155	0.1801	3082.7	7.0037
330	0.2308	3111.2	7.1515	0.1835	3104.5	7.0401
340	0.2350	3132.6	7.1866	0.1869	3126.3	7.0757
350	0.2392	3153.9	7.2214	0.1903	3148.1	7.1109
360	0.2434	3175.3	7.2553	0.1937	3169.8	7.1456
370	0.2475	3196.6	7.2888	0.1970	3191.6	7.1795
380	0.2516	3218.4	7.3177	0.2004	3213.0	7.2126
390	0.2557	3239.7	7.3537	0.2037	3234.7	7.2453
400	0.2598	3261.1	7.3859	0.2070	3256.5	7.2779
410	0.2639	3282.5	7.4178	0.2103	3277.8	7.3102
420	0.2680	3303.8	7.4492	0.2136	3299.6	7.3416
430	0.2721	3325.6	7.4797	0.2169	3321.4	7.3725
440	0.2762	3346.9	7.4684	0.2202	3343.2	7.3805
450	0.2802	3368.7	7.5404	0.2235	3364.5	7.4332
460	0.2843	3390.1	7.5702	0.2268	3386.3	7.4634
470	0.2883	3411.8	7.5995	0.2300	3408.1	7.4931
480	0.2923	3433.6	7.6283	0.2333	3430.2	7.5224
490	0.2964	3455.4	7.6568	0.2365	3452.0	7.5513
500	0.3004	3477.1	7.6853	0.2398	3473.8	7.5798
510	0.3044	3498.9	7.7138	0.2430	3496.0	7.6078
520	0.3084	3520.7	7.7414	0.2462	3517.7	7.6355
530	0.3124	3542.5	7.7687	0.2494	3539.9	7.6631
540	0.3164	3564.6	7.7958	0.2527	3561.7	7.6903
550	0.3204	3586.4	7.8226	0.2559	3583.9	7.7175
560	0.3244	3608.6	7.8494	0.2591	3608.1	7.7443
570	0.3284	3630.8	7.8758	0.2623	3628.3	7.7707
580	0.3324	3653.0	7.9022	0.2655	3650.5	7.7971
590	0.3364	3675.2	7.9281	0.2687	3673.1	7.8230
600	0.3404	3697.4	7.9537	0.2719	3695.3	7.8490

温度 /℃	1.2MPa（绝对压力） $t_s = 187.08$ $i = 2783.8$ $v = 0.1663$ $s = 6.5306$			1.5MPa（绝对压力） $t_s = 197.36$ $i = 2791.3$ $v = 0.1342$ $s = 6.4519$		
	比容 /m³·kg⁻¹	焓 /kJ·kg⁻¹	熵 /kJ·(kg·℃)⁻¹	比容 /m³·kg⁻¹	焓 /kJ·kg⁻¹	熵 /kJ·(kg·℃)⁻¹
610	0.3444	3720.0	7.9796	0.2751	3717.9	7.8750
620	0.3484	3742.2	8.0047	0.2783	3740.5	7.9001
630	0.3523	3764.8	8.0299	0.2815	3762.7	7.9252
640	0.3563	3787.4	8.0546	0.2847	3785.3	7.9503
650	0.3603	3810.0	8.0793	0.2879	3808.3	7.9750
660	0.3642	3832.6	8.1036	0.2911	3830.9	7.9993
670	0.3682	3855.2	8.1279	0.2942	3853.5	8.0236
680	0.3722	3878.2	8.1517	0.2974	3876.0	8.0474
690	0.3761	3900.8	8.1756	0.3006	3899.2	8.0715
700	0.3801	3923.9	8.1991	0.3038	3922.2	8.0952

温度 /℃	2.0MPa（绝对压力） $t_s = 211.38$ $i = 2798.9$ $v = 0.1016$ $s = 6.3476$			2.5MPa（绝对压力） $t_s = 222.90$ $i = 2802.2$ $v = 0.08150$ $s = 6.2639$		
	比容 /m³·kg⁻¹	焓 /kJ·kg⁻¹	熵 /kJ·(kg·℃)⁻¹	比容 /m³·kg⁻¹	焓 /kJ·kg⁻¹	熵 /kJ·(kg·℃)⁻¹
0	0.0009992	2.1	0.0000	0.0009989	1.5	0.0000
10	0.0009994	44.0	0.1507	0.0009992	44.4	0.1507
20	0.0010010	85.8	0.2960	0.0010007	86.2	0.2956
30	0.0010035	127.3	0.4363	0.0010033	127.7	0.4358
40	0.0010070	169.1	0.5719	0.0010068	169.6	0.5175
50	0.0010112	211.0	0.7030	0.0010110	211.0	0.7025
60	0.0010164	252.5	0.8298	0.0010159	252.9	0.8294
70	0.0010218	294.3	0.9533	0.0010216	294.8	0.9529
80	0.0010280	336.2	1.0739	0.0010278	336.6	1.0731
90	0.0010349	378.5	1.1911	0.0010347	378.9	1.1907
100	0.0010424	420.8	1.3054	0.0010422	421.2	1.3050
110	0.0010506	462.6	1.4168	0.0010503	463.1	1.4164
120	0.0010593	504.9	1.5261	0.0010591	505.3	1.5257
130	0.0010688	547.6	1.6329	0.0010685	548.1	1.6324
140	0.0010788	590.3	1.7375	0.0010785	590.8	1.7371
150	0.0010896	633.0	1.8401	0.0010893	633.5	1.8393

温度 /℃	2.0MPa（绝对压力） $t_s = 211.38$　$i = 2798.9$ $v = 0.1016$　$s = 6.3476$			2.5MPa（绝对压力） $t_s = 222.90$　$i = 2802.2$ $v = 0.08150$　$s = 6.2639$		
	比容 /m³·kg⁻¹	焓 /kJ·kg⁻¹	熵 /kJ·(kg·℃)⁻¹	比容 /m³·kg⁻¹	焓 /kJ·kg⁻¹	熵 /kJ·(kg·℃)⁻¹
160	0.0011011	676.2	1.9406	0.0011008	676.6	1.9397
170	0.0011135	719.7	2.0398	0.0011131	720.1	2.0386
180	0.0011267	763.7	2.1378	0.0011263	763.7	2.1365
190	0.0011409	808.1	2.2341	0.0011404	808.1	2.2332
200	0.0011561	852.4	2.3295	0.0011556	852.9	2.3291
210	0.0011726[①]	897.6[①]	2.4246[①]	0.0011720	898.1	2.4149
220	0.1044	2823.6	6.3991	0.0011899[①]	943.7[①]	2.5175[①]
230	0.1078	2852.0	6.4552	0.08355	2824.0	6.3083
240	0.1109	2878.8	6.5080	0.08631	2854.1	6.3669
250	0.1139	2904.8	6.5578	0.08896	2883.0	6.4217
260	0.1168	2929.9	6.6055	0.09151	2910.2	6.4732
270	0.1197	2954.6	6.6512	0.09397	2936.6	6.5222
280	0.1225	2978.5	6.6947	0.09636	2962.2	6.5687
290	0.1253	3001.9	6.7366	0.09871	2986.9	6.6131
300	0.1281	3025.0	6.7772	0.1010	3011.1	6.6558
310	0.1308	3047.6	6.8169	0.1033	3035.0	6.6972
320	0.1335	3070.6	6.8559	0.1055	3058.5	6.7370
330	0.1361	3093.2	6.8936	0.1077	3081.5	6.7759
340	0.1388	3115.8	6.9304	0.1099	3104.5	6.8136
350	0.1414	3138.0	6.9664	0.1120	3127.5	6.8504
360	0.1440	3160.2	7.0016	0.1142	3150.1	6.8864
370	0.1466	3182.4	7.0363	0.1163	3172.8	6.9220
380	0.1491	3204.2	7.0702	0.1184	3195.4	6.9568
390	0.1517	3226.3	7.1037	0.1205	3218.0	6.9911
400	0.1542	3248.1	7.1368	0.1225	3240.2	7.0246
410	0.1567	3270.3	7.1691	0.1246	3262.8	7.0577
420	0.1593	3292.5	7.2009	0.1266	3285.0	7.0903

温度 /℃	2.0MPa（绝对压力） $t_s = 211.38$ $i = 2798.9$ $v = 0.1016$ $s = 6.3476$			2.5MPa（绝对压力） $t_s = 222.90$ $i = 2802.2$ $v = 0.08150$ $s = 6.2639$		
	比容 /m³·kg⁻¹	焓 /kJ·kg⁻¹	熵 /kJ·(kg·℃)⁻¹	比容 /m³·kg⁻¹	焓 /kJ·kg⁻¹	熵 /kJ·(kg·℃)⁻¹
430	0.1618	3314.7	7.2323	0.1287	3307.2	7.1222
440	0.1643	3336.5	7.2637	0.1307	3329.3	7.1536
450	0.1668	3358.2	7.2942	0.1327	3351.5	7.1845
460	0.1693	3380.4	7.3244	0.1347	3374.1	7.2151
470	0.1717	3402.2	7.3541	0.1367	3396.3	7.2457
480	0.1742	3424.4	7.3838	0.1387	3418.5	7.2754
490	0.1767	3446.6	7.4131	0.1407	3441.1	7.3047
500	0.1791	3468.8	7.4420	0.1427	3463.3	7.3336
510	0.1816	3491.0	7.4705	0.1447	3485.5	7.3625
520	0.1840	3513.1	7.4986	0.1467	3508.1	7.3910
530	0.1865	3535.3	7.5262	0.1487	3530.3	7.4190
540	0.1889	3557.5	7.5538	0.1506	3552.9	7.4466
550	0.1913	3579.7	7.5810	0.1526	3575.5	7.4743
560	0.1938	3601.9	7.6078	0.1546	3597.7	7.5015
570	0.1962	3624.5	7.6346	0.1565	3620.3	7.5283
580	0.1986	3646.7	7.6610	0.1585	3642.9	7.5547
590	0.2010	3669.3	7.6870	0.1604	3665.5	7.5810
600	0.2034	3691.5	7.7129	0.1623	3688.2	7.6070
610	0.2059	3714.5	7.7393	0.1643	3710.8	7.6334
620	0.2083	3737.1	7.7648	0.1662	3733.4	7.6589
630	0.2107	3759.3	7.7900	0.1682	3756.4	7.6840
640	0.2131	3782.4	7.8151	0.1701	3779.0	7.7092
650	0.2155	3805.0	7.8398	0.1720	3802.0	7.7343
660	0.2179	3828.0	7.8641	0.1740	3825.1	7.7590
670	0.2203	3850.6	7.8888	0.1759	3847.7	7.7833
680	0.2226	3873.6	7.9126	0.1778	3870.7	7.8075
690	0.2251	3896.7	7.9369	0.1768	3893.7	7.8318
700	0.2275	3919.7	7.9604	0.1817	3917.2	7.8557

温度 /℃	3.0MPa（绝对压力） $t_s = 232.76$　$i = 2803.5$ $v = 0.06798$　$s = 6.1940$			3.5MPa（绝对压力） $t_s = 241.42$　$i = 2803.1$ $v = 0.05819$　$s = 6.1324$		
	比容 /$m^3 \cdot kg^{-1}$	焓 /$kJ \cdot kg^{-1}$	熵 /$kJ \cdot (kg \cdot ℃)^{-1}$	比容 /$m^3 \cdot kg^{-1}$	焓 /$kJ \cdot kg^{-1}$	熵 /$kJ \cdot (kg \cdot ℃)^{-1}$
0	0.0009987	2.9	0.0000	0.0009984	3.3	0.0000
10	0.0009990	44.9	0.1507	0.0009987	45.2	0.1507
20	0.0010005	86.7	0.2956	0.0010003	87.1	0.2956
30	0.0010031	128.1	0.4358	0.0010029	128.5	0.4358
40	0.0010066	170.0	0.5711	0.0010064	170.4	0.5711
50	0.0010108	211.9	0.7021	0.0010106	212.3	0.7021
60	0.0010157	253.3	0.8294	0.0010155	253.7	0.8290
70	0.0010213	295.2	0.9529	0.0010211	295.6	0.9525
80	0.0010275	337.0	1.0731	0.0010273	337.5	1.0727
90	0.0010344	379.3	1.1903	0.0010342	379.7	1.1899
100	0.0010419	421.2	1.3046	0.0010417	421.6	1.3042
110	0.0010501	463.5	1.4160	0.0010498	463.9	1.4156
120	0.0010588	505.8	1.5253	0.0010585	506.2	1.5248
130	0.0010682	548.5	1.6320	0.0010679	548.9	1.6316
140	0.0010782	591.2	1.7367	0.0010779	591.2	1.7363
150	0.0010890	633.9	1.8388	0.0010886	634.3	1.8384
160	0.0011004	677.0	1.9393	0.0011001	677.0	1.9385
170	0.0011127	720.1	2.0381	0.0011124	720.5	2.0372
180	0.0011259	764.1	2.1357	0.0011255	764.5	2.1348
190	0.0011400	808.5	2.2324	0.0011395	808.5	2.2316
200	0.0011552	852.9	2.3279	0.0011547	853.3	2.3270
210	0.0011715	898.1	2.4225	0.0011710	898.1	2.4216
220	0.0011892	943.7	2.5163	0.0011886	944.1	2.5154
230	0.0012085[①]	990.2[①]	2.6092[①]	0.0012078	990.2	2.6084
240	0.06976	2826.9	6.2400	0.0012289[①]	1037.5[①]	2.7017[①]
250	0.07220	2858.7	6.3011	0.06010	2832.4	6.1898
260	0.07450	2888.9	6.3577	0.06226	2865.4	6.2517
270	0.07670	2917.4	6.4104	0.06430	2896.4	6.3091
280	0.07883	2944.6	6.4602	0.06625	2925.7	6.3627
290	0.08089	2970.5	6.5071	0.06812	2953.8	6.4129

温度 /℃	3.0MPa（绝对压力） $t_s = 232.76$ $i = 2803.5$ $v = 0.06798$ $s = 6.1940$			3.5MPa（绝对压力） $t_s = 241.42$ $i = 2803.1$ $v = 0.05819$ $s = 6.1324$		
	比容 /$m^3 \cdot kg^{-1}$	焓 /$kJ \cdot kg^{-1}$	熵 /$kJ \cdot (kg \cdot ℃)^{-1}$	比容 /$m^3 \cdot kg^{-1}$	焓 /$kJ \cdot kg^{-1}$	熵 /$kJ \cdot (kg \cdot ℃)^{-1}$
300	0.08290	2996.1	6.5519	0.06993	2980.6	6.4602
310	0.08486	3021.2	6.5950	0.07169	3006.5	6.5050
320	0.08679	3045.5	6.6365	0.07341	3032.1	6.5482
330	0.08869	3069.8	6.6767	0.07510	3057.2	6.5900
340	0.09056	3093.6	6.7156	0.07676	3081.5	6.6302
350	0.09240	3117.1	6.7537	0.07839	3105.8	6.6692
360	0.09423	3140.5	6.7910	0.08000	3129.6	6.7073
370	0.09604	3163.5	6.8270	0.08159	3153.5	6.7445
380	0.09783	3186.6	6.8626	0.08316	3176.9	6.7805
390	0.09961	3209.2	6.8973	0.08472	3200.4	6.8161
400	0.1014	3232.2	6.9312	0.08626	3223.8	6.8509
410	0.1031	3254.8	6.9647	0.08779	3246.9	6.8852
420	0.1049	3277.4	6.9978	0.08931	3269.9	6.9187
430	0.1066	3300.0	7.0305	0.09082	3292.9	6.9518
440	0.1083	3322.6	7.0623	0.09232	3315.9	6.9840
450	0.1100	3345.3	7.0937	0.09381	3338.6	7.0158
460	0.1117	3367.9	7.1247	0.09529	3361.6	7.0472
470	0.1134	3390.5	7.1552	0.09676	3384.2	7.0782
480	0.1151	3413.1	7.1854	0.09823	3407.2	7.1088
490	0.1168	3435.3	7.2155	0.09969	3429.8	7.1389
500	0.1185	3457.9	7.2448	0.1011	3452.9	7.1686
510	0.1201	3480.5	7.2737	0.1026	3475.5	7.1975
520	0.1218	3503.1	7.3022	0.1040	3498.5	7.2264
530	0.1235	3525.7	7.3302	0.1055	3521.1	7.2549
540	0.1251	3548.3	7.3583	0.1069	3543.7	7.2829
550	0.1268	3570.9	7.3864	0.1083	3566.3	7.3110
560	0.1284	3593.5	7.4136	0.1098	3589.3	7.3386
570	0.1301	3616.1	7.4404	0.1112	3612.4	7.3658
580	0.1317	3638.7	7.4672	0.1126	3635.0	7.3926
590	0.1333	3661.8	7.4935	0.1140	3658.0	7.4194
600	0.1350	3684.4	7.5199	0.1154	3680.6	7.4458

温度 /℃	3.0MPa（绝对压力） $t_s = 232.76$　$i = 2803.5$ $v = 0.06798$　$s = 6.1940$			3.5MPa（绝对压力） $t_s = 241.42$　$i = 2803.1$ $v = 0.05819$　$s = 6.1324$		
	比容 /m³·kg⁻¹	焓 /kJ·kg⁻¹	熵 /kJ·(kg·℃)⁻¹	比容 /m³·kg⁻¹	焓 /kJ·kg⁻¹	熵 /kJ·(kg·℃)⁻¹
610	0.1366	3707.4	7.5463	0.1168	3703.6	7.4722
620	0.1382	3730.0	7.5718	0.1182	3726.7	7.4981
630	0.1398	3753.0	7.5974	0.1196	3749.7	7.5237
640	0.1415	3775.7	7.6225	0.1210	3772.7	7.5492
650	0.1431	3799.1	7.6476	0.1224	3795.8	7.5743
660	0.1447	3821.7	7.6723	0.1238	3818.8	7.5990
670	0.1463	3845.2	7.6970	0.1252	3842.2	7.6237
680	0.1479	3868.2	7.7213	0.1266	3865.3	7.6480
690	0.1495	3890.8	7.7456	0.1280	3888.3	7.6723
700	0.1512	3913.8	7.7694	0.1293	3911.7	7.6966

温度 /℃	4.0MPa（绝对压力） $t_s = 249.18$　$i = 2801.0$ $v = 0.05078$　$s = 6.0780$			5.0MPa（绝对压力） $t_s = 262.70$　$i = 2794.7$ $v = 0.04026$　$s = 5.9821$		
	比容 /m³·kg⁻¹	焓 /kJ·kg⁻¹	熵 /kJ·(kg·℃)⁻¹	比容 /m³·kg⁻¹	焓 /kJ·kg⁻¹	熵 /kJ·(kg·℃)⁻¹
0	0.0009982	4.2	0.0004	0.0009977	5.0	0.0004
10	0.0009985	45.6	0.1507	0.0009981	46.9	0.1503
20	0.0010001	87.5	0.2952	0.0009997	88.3	0.2952
30	0.0010027	129.4	0.4354	0.0010022	130.2	0.4354
40	0.0010062	170.8	0.5711	0.0010057	171.7	0.5707
50	0.0010103	212.7	0.7021	0.0010099	213.5	0.7013
60	0.0010152	254.1	0.8286	0.0010148	255.0	0.8281
70	0.0010208	296.0	0.9521	0.0010204	296.8	0.9512
80	0.0010271	337.9	1.0722	0.0010266	338.7	1.0714
90	0.0010339	380.2	1.1895	0.0010334	381.0	1.1886
100	0.0010414	422.0	1.3038	0.0010409	422.9	1.3029
110	0.0010495	464.3	1.4151	0.0010490	465.2	1.4143
120	0.0010582	506.6	1.5244	0.0010577	507.4	1.5236
130	0.0010676	548.9	1.6312	0.0010670	549.7	1.6303
140	0.0010776	591.6	1.7358	0.0010770	592.4	1.7346
150	0.0010883	634.3	1.8380	0.0010877	635.1	1.8367

温度 /℃	4.0MPa（绝对压力） $t_s = 249.18$ $i = 2801.0$ $v = 0.05078$ $s = 6.0780$			5.0MPa（绝对压力） $t_s = 262.70$ $i = 2794.7$ $v = 0.04026$ $s = 5.9821$		
	比容 /m³·kg⁻¹	焓 /kJ·kg⁻¹	熵 /kJ·(kg·℃)⁻¹	比容 /m³·kg⁻¹	焓 /kJ·kg⁻¹	熵 /kJ·(kg·℃)⁻¹
160	0.0010997	677.4	1.9377	0.0010990	677.8	1.9364
170	0.0011120	721.0	2.0360	0.0011113	721.4	2.0348
180	0.0011251	764.5	2.1336	0.0011243	764.9	2.1323
190	0.0011391	808.9	2.2303	0.0011382	809.3	2.2286
200	0.0011542	653.3	2.3258	0.0011532	653.7	2.3241
210	0.0011704	898.5	2.4204	0.0011694	898.9	2.4187
220	0.0011880	944.1	2.5142	0.0011868	944.5	2.5121
230	0.0012071	990.2	2.6075	0.0012057	990.6	2.6050
240	0.0012281[1]	1037.5[1]	2.7009[1]	0.0012265	1037.5	2.6980
250	0.05090	2803.9	6.0826	0.0012494	1085.6	2.7909
260	0.05297	2840.3	6.1517	0.0012750[1]	1135.0[1]	2.8847[1]
270	0.05491	2874.2	6.2149	0.04157	2824.8	6.0374
280	0.05675	2906.1	6.2731	0.04327	2862.1	6.1060
290	0.05849	2935.8	6.3267	0.04486	2896.8	6.1684
300	0.06016	2964.3	6.3765	0.04637	2929.5	6.2258
310	0.06178	2991.9	6.4238	0.04781	2960.0	6.2785
320	0.06335	3018.3	6.4686	0.04919	2989.4	6.3279
330	0.06488	3044.2	6.5117	0.05052	3017.4	6.3748
340	0.06638	3069.8	6.5536	0.05181	3044.6	6.4196
350	0.06786	3094.5	6.5938	0.05307	3071.4	6.4623
360	0.06931	3119.2	6.6331	0.05431	3097.4	6.5034
370	0.07074	3143.4	6.6712	0.05552	3122.9	6.5431
380	0.07215	3167.7	6.7081	0.05671	3148.1	6.5821
390	0.07355	3191.6	6.7441	0.05788	3173.2	6.6202
400	0.07493	3215.5	6.7797	0.05903	3197.9	6.6574
410	0.07630	3238.9	6.8144	0.06017	3222.2	6.6934
420	0.07765	3262.4	6.8488	0.06130	3246.4	6.7286
430	0.07899	3285.8	6.8802	0.06241	3270.7	6.7629
440	0.08032	3308.8	6.9149	0.06351	3294.2	6.7969

温度 /℃	4.0MPa（绝对压力） $t_s = 249.18$　$i = 2801.0$ $v = 0.05078$　$s = 6.0780$			5.0MPa（绝对压力） $t_s = 262.70$　$i = 2794.7$ $v = 0.04026$　$s = 5.9821$		
	比容 /m³·kg⁻¹	焓 /kJ·kg⁻¹	熵 /kJ·(kg·℃)⁻¹	比容 /m³·kg⁻¹	焓 /kJ·kg⁻¹	熵 /kJ·(kg·℃)⁻¹
450	0.08164	3332.3	6.9472	0.06460	3318.5	6.8303
460	0.08295	3353.3	6.9790	0.06568	3341.9	6.8630
470	0.08426	3378.3	7.0104	0.06676	3365.8	6.8952
480	0.08556	3401.4	7.0414	0.06782	3389.6	6.9266
490	0.08685	3424.4	7.0719	0.06888	3413.1	6.9576
500	0.08814	3447.4	7.1017	0.06993	3436.5	6.9882
510	0.08942	3470.4	7.1310	0.07098	3460.0	7.0183
520	0.09069	3493.5	7.1603	0.07202	3483.4	7.0481
530	0.09196	3516.1	7.1892	0.07305	3506.4	7.0774
540	0.09322	3559.1	7.2176	0.07408	3529.9	7.1063
550	0.09448	3562.1	7.2457	0.07511	3533.3	7.1347
560	0.09574	3585.2	7.2733	0.07613	3576.4	7.1628
570	0.09699	3608.2	7.3005	0.07715	3599.8	7.1904
580	0.09824	3631.2	7.3277	0.07816	3622.8	7.2176
590	0.09948	3654.2	7.3545	0.07917	3646.3	7.2448
600	0.1007	3677.3	7.3809	0.08018	3669.7	7.2721

注：表中的 t_s 为饱和温度，℃；i 为干饱和蒸气的焓，kJ/kg；v 为干饱和蒸气的比容，m³/kg；s 为干饱和蒸气的熵，kJ/(kg·℃)。

① 表中此行以上数据为水的性质。

12 气体的性质

表 12-1 $p=0.1MPa$ 时的干空气性质

温度 /℃	比热容 c_p /kJ·(kg·℃)$^{-1}$	热导率 λ /W·(m·℃)$^{-1}$	导温系数 α /m^2·h^{-1}	动力黏度 η /Pa·s	运动黏度 ν /m^2·s^{-1}
0	1.009	2.37×10^{-2}	6.75×10^{-3}	17.16×10^{-6}	13.70×10^{-6}
10	1.009	2.45×10^{-2}	7.24×10^{-3}	17.75×10^{-6}	14.70×10^{-6}
20	1.013	2.52×10^{-2}	7.66×10^{-3}	18.24×10^{-6}	15.70×10^{-6}
30	1.013	2.58×10^{-2}	8.14×10^{-3}	18.73×10^{-6}	16.61×10^{-6}
40	1.013	2.59×10^{-2}	8.65×10^{-3}	19.22×10^{-6}	17.60×10^{-6}
50	1.017	2.62×10^{-2}	9.14×10^{-3}	19.61×10^{-6}	18.60×10^{-6}
60	1.017	2.80×10^{-2}	9.65×10^{-3}	20.10×10^{-6}	19.60×10^{-6}
70	1.017	2.86×10^{-2}	10.18×10^{-3}	20.40×10^{-6}	20.45×10^{-6}
80	1.022	2.93×10^{-2}	10.65×10^{-3}	20.99×10^{-6}	21.70×10^{-6}
90	1.022	3.00×10^{-2}	11.25×10^{-3}	21.57×10^{-6}	22.90×10^{-6}
100	1.022	3.07×10^{-2}	11.80×10^{-3}	21.77×10^{-6}	23.78×10^{-6}
120	1.026	3.20×10^{-2}	12.90×10^{-3}	22.75×10^{-6}	26.20×10^{-6}
140	1.026	3.33×10^{-2}	14.10×10^{-3}	23.54×10^{-6}	28.45×10^{-6}
160	1.030	3.44×10^{-2}	15.25×10^{-3}	24.12×10^{-6}	30.60×10^{-6}
180	1.034	3.57×10^{-2}	16.50×10^{-3}	25.01×10^{-6}	33.17×10^{-6}
200	1.034	3.70×10^{-2}	17.80×10^{-3}	25.89×10^{-6}	35.82×10^{-6}
250	1.043	3.98×10^{-2}	21.2×10^{-3}	27.95×10^{-6}	42.8×10^{-6}
300	1.047	4.29×10^{-2}	24.8×10^{-3}	29.71×10^{-6}	49.9×10^{-6}
350	1.055	4.57×10^{-2}	28.4×10^{-3}	31.48×10^{-6}	57.5×10^{-6}
400	1.059	4.85×10^{-2}	32.4×10^{-3}	32.95×10^{-6}	64.9×10^{-6}
500	1.072	5.40×10^{-2}	40.0×10^{-3}	36.19×10^{-6}	80.4×10^{-6}
600	1.089	5.82×10^{-2}	49.1×10^{-3}	39.23×10^{-6}	98.1×10^{-6}
800	1.114	6.69×10^{-2}	68.0×10^{-3}	44.52×10^{-6}	137.0×10^{-6}
1000	1.139	7.62×10^{-2}	89.9×10^{-3}	49.52×10^{-6}	185.0×10^{-6}

表 12-2 气体的平均比热容

温度 /℃	比热容/kJ·(m^3·℃)$^{-1}$					
	H_2	N_2	O_2	CO	H_2O	CO_2
0	1.294	1.264	1.298	1.269	1.449	1.683
100	1.298	1.281	1.319	1.285	1.478	1.750

温度 /℃	比热容/kJ·(m³·℃)⁻¹					
	H_2	N_2	O_2	CO	H_2O	CO_2
200	1.298	1.294	1.340	1.302	1.507	1.813
300	1.302	1.306	1.361	1.319	1.532	1.871
400	1.306	1.323	1.377	1.331	1.562	1.926
500	1.306	1.336	1.394	1.348	1.587	1.980
600	1.310	1.348	1.411	1.361	1.616	2.031
700	1.315	1.361	1.428	1.373	1.641	2.077
800	1.323	1.373	1.440	1.390	1.666	2.123
900	1.327	1.386	1.453	1.398	1.691	2.160
1000	1.331	1.394	1.463	1.411	1.717	2.198

温度 /℃	比热容						
	kJ/(m³·℃)			kJ/(kg·℃)			
	CH_4	C_2H_4	空气	NH_3	C_6H_6	H_2O	H_2S
0	1.486	2.052	1.273	2.031	1.026	1.805	0.971
100	1.629	2.198	1.290	2.127	1.156	1.842	1.005
200	1.767	2.345	1.306	2.223	1.281	1.876	1.030
300	1.901	2.495	1.319	2.311	1.411	1.909	1.055
400	2.026	2.633	1.336	2.399	1.541	1.943	1.084
500	2.152	2.780	1.348	2.497	1.671	1.976	1.110
600	2.269	2.927	1.365	2.571	1.796	2.010	1.135
700	2.378	3.073	1.377	2.650	1.926	2.043	1.160
800	2.487	3.215	1.390	2.726	2.056	2.077	1.181
900	2.587	3.362	1.403	2.797	2.181	2.106	1.206
1000	2.684	3.509	1.411	2.868	2.311	2.139	1.223

表 12 - 3　0℃时气体的热导率 λ_0

名称	λ_0	a	C	名称	λ_0	a	C
氮	0.0228		114	氧	0.0240		144
氨	0.0215	10.24×10^{-5}	626	甲烷	0.0300	12.44×10^{-5}	
氢	0.163		94	一氧化碳	0.0226		156
空气	0.0244		125	硫化氢	0.0131		318
二氧化碳	0.0137	6.4×10^{-5}		乙烯	0.0164	9.07×10^{-5}	

注：热导率 λ 的计算式如下：

$$\lambda = \lambda_0 + at$$

$$\lambda = \lambda_0 \frac{(273 + C)}{(t + C)} \left(\frac{T}{273}\right)^{3/2}$$

式中，λ_0 为0℃时的热导率，W/(m·℃)；λ 为 t℃时的热导率，W/(m·℃)；t 为温度，℃；T 为绝对温度，K；a，C 为系数。

表 12 - 4　气体黏度与温度的关系

名称	气体黏度/mPa·s										
	0℃	10℃	20℃	30℃	40℃	50℃	60℃	70℃	80℃	90℃	100℃
氮	0.0167	0.0172	0.0177	0.0182	0.0186	0.0190	0.0194	0.0198	0.0202	0.0206	0.0210
氨	0.0093	0.0096	0.0100	0.0104	0.0108	0.0111	0.0115	0.0119	0.0123	0.0126	0.0130
氢	0.0085	0.0087	0.0089	0.0091	0.0094	0.0096	0.0098	0.0100	0.0102	0.0104	0.0106
空气	0.0173	0.0178	0.0183	0.0188	0.0193	0.0197	0.0201	0.0205	0.0210	0.0215	0.0220
二氧化碳	0.0139	0.0144	0.0148	0.0153	0.0157	0.0162	0.0167	0.0171	0.0176	0.0180	0.0185
氧	0.0192	0.0197	0.0203	0.0209	0.0215	0.0220	0.0226	0.0231	0.0236	0.0242	0.0248
甲烷	0.0104	0.0108	0.0111	0.0116	0.0120	0.0124	0.0127	0.0129	0.0132	0.0134	0.0144
一氧化碳	0.0166	0.0170	0.0175	0.0180	0.0183	0.0186	0.0190	0.0195	0.0200	0.0205	0.0210
硫化氢	0.0118	0.0122	0.0126	0.0130	0.0135	0.0140	0.0144	0.0148	0.0152	0.0156	0.0161
乙烯	0.0096	0.0100	0.0103	0.0106	0.0109	0.0112	0.0116	0.0119	0.0122	0.0125	0.0128

13　NaOH 和 Na₂CO₃ 溶液的性质

表 13 – 1　NaOH 溶液的密度

浓度（质量分数）/%	密度/kg·L⁻¹					
	0℃	20℃	40℃	60℃	80℃	100℃
2	1.02	1.02	1.01	1.0	0.99	0.98
4	1.05	1.04	1.04	1.03	1.01	1.0
6	1.07	1.06	1.06	1.05	1.03	1.02
8	1.09	1.09	1.08	1.07	1.06	1.04
10	1.12	1.11	1.10	1.09	1.08	1.06
12	1.14	1.13	1.12	1.11	1.10	1.09
14	1.16	1.15	1.14	1.13	1.12	1.11
16	1.19	1.17	1.16	1.15	1.14	1.13
18	1.21	1.20	1.19	1.17	1.16	1.15
20	1.23	1.22	1.21	1.20	1.18	1.17
22	1.25	1.24	1.23	1.22	1.20	1.19
24	1.27	1.26	1.25	1.24	1.23	1.21
26	1.30	1.28	1.27	1.26	1.25	1.23
28	1.32	1.31	1.29	1.28	1.27	1.25
30	1.34	1.33	1.32	1.30	1.29	1.28
32	1.36	1.35	1.34	1.32	1.31	1.30
34	1.38	1.37	1.36	1.34	1.33	1.32
36	1.40	1.39	1.38	1.36	1.35	1.34
38	1.42	1.41	1.40	1.38	1.37	1.36
40	1.44	1.43	1.42	1.40	1.39	1.37
42	1.46	1.45	1.44	1.42	1.41	1.39
44	1.48	1.47	1.45	1.44	1.42	1.41
46	1.50	1.49	1.47	1.46	1.45	1.43
48	1.52	1.51	1.49	1.48	1.46	1.45
50	1.54	1.53	1.51	1.50	1.48	1.47

表 13 - 2　NaOH 溶液的沸点

浓度 （质量分数）/%	沸点 /℃	浓度 （质量分数）/%	沸点 /℃	浓度 （质量分数）/%	沸点 /℃
3	100.8	35	122	70	179.6
5	101	40	128	75	192
10	102.8	45	135	80	206.6
15	105	50	142.2	85	224
20	108.2	55	150.6	90	245.5
25	112.2	60	159.5	95	274.5
30	117	65	169		

表 13 - 3　NaOH 溶液浓度与凝固点的关系

浓度 （质量分数）/%	凝固点 /℃	浓度 （质量分数）/%	凝固点 /℃	浓度 （质量分数）/%	凝固点 /℃	浓度 （质量分数）/%	凝固点 /℃
5.78	-5.3	24.70	-18.0	44.22	10.7	68.49	64.3
10.03	-10.3	25.47	-12.6	45.50	5.0	71.17	63.0
14.11	-17.2	26.91	-8.5	47.30	7.8	74.20	62.0
18.17	-25.3	30.38	1.6	49.11	10.3	75.83	80.0
19.00	-28.0	32.30	5.4	50.80	12.3	78.15	110.0
19.98	-26.0	32.97	7.0	51.70	18.0	81.09	159.0
21.10	-25.2	35.51	13.2	56.44	40.3	83.87	192.0
22.10	-24.0	38.83	15.6	62.85	57.9		
23.31	-21.7	42.28	14.0	66.45	63.2		

表 13 - 4　20℃时 Na₂CO₃ 溶液密度与浓度的关系

密度 /g·cm⁻³	浓　度		折合成 Na₂CO₃·10H₂O/g		密度 /g·cm⁻³	浓　度		折合成 Na₂CO₃·10H₂O/g	
	% （质量分数）	g/L	100g 中	1L 中		% （质量分数）	g/L	100g 中	1L 中
1.009	1	10.09	2.7	27.22	1.082	8	86.53	21.6	233.6
1.019	2	20.38	5.4	55.03	1.092	9	98.20	23.3	256.8
1.029	3	30.88	8.1	83.37	1.103	10	110.3	27.0	297.8
1.040	4	40.59	10.8	112.3	1.114	11	122.5	29.7	330.8
1.050	5	52.51	13.5	141.8	1.124	12	134.9	32.4	364.3
1.061	6	63.64	16.2	171.9	1.135	13	147.6	35.1	398.6
1.071	7	74.98	18.9	202.5	1.146	14	160.5	37.8	433.3

表 13 – 5　15℃时 Na_2CO_3 溶液浓度与相对密度的关系

浓度 （质量分数）/%	相对密度	浓度 （质量分数）/%	相对密度	浓度 （质量分数）/%	相对密度
0.63	1.007	5.55	1.059	10.85	1.116
1.29	1.014	6.36	1.067	11.67	1.125
1.91	1.021	7.08	1.075	12.46	1.134
2.83	1.029	7.85	1.083	13.15	1.143
3.42	1.036	8.57	1.091	14.09	1.152
3.94	1.043	9.21	1.099		
4.83	1.051	9.99	1.107		

表 13 – 6　30℃时 Na_2CO_3 溶液浓度与相对密度的关系

浓度 （质量分数）/%	相对密度	浓度 （质量分数）/%	相对密度	浓度 （质量分数）/%	相对密度
13.85	1.183	18.83	1.200	24.10	1.263
14.58	1.152	19.67	1.210	25.10	1.274
15.33	1.161	20.55	1.220	26.00	1.285
16.16	1.170	21.53	1.230	27.00	1.297
17.09	1.180	22.34	1.241	27.90	1.308
18.00	1.190	23.18	1.252		

表 13 – 7　Na_2CO_3 溶液的黏度

浓度 （质量分数）/%	动力黏度/mPa·s			浓度 （质量分数）/%	动力黏度/mPa·s		
	20℃	30℃	40℃		20℃	30℃	40℃
0.00	1.01	0.81	0.66	16.00	2.77	2.10	1.64
2.00	1.08	0.93	0.73	18.00	3.32	2.47	1.90
4.00	1.20	1.00	0.80	20.00	4.00	2.94	2.23
6.00	1.36	1.09	0.88	22.00	4.91	3.53	2.63
8.00	1.54	1.22	0.97	24.00	6.10	4.30	3.13
10.00	1.75	1.36	1.10	26.00	7.67	5.33	3.75
12.00	2.00	1.56	1.26	28.00	9.88	6.54	4.52
14.00	2.34	1.81	1.45	30.00	12.72	8.24	5.57

14 其 他

表14-1 焦化厂爆炸气体与空气混合的爆炸范围

序号	气体名称	与空气混合的体积		序号	气体名称	与空气混合的体积	
		下限/%	上限/%			下限/%	上限/%
1	氨	15.5	27	9	粗苯	1.4	7.5
2	氢气	4	75	10	二硫化碳	2	81
3	乙烯	2.5	34	11	苯	1.4	9.5
4	甲烷	5	15	12	甲苯	1.3	7
5	一氧化碳	13	75	13	二甲苯	3.0	7.6
6	硫化氢	4.3	45.5	14	溶剂油	1.3	8
7	焦炉煤气	5.5	30	15	吡啶	1.8	12.4
8	高炉煤气	35	74	16	萘	9	

注：空气中可燃物质的气体组成爆炸性混合物的最低含量称为爆炸下限，最高含量称为爆炸上限。

表14-2 焦化厂内易燃和可燃性液体的主要特性

序号	液体名称	15℃时相对密度	沸点(0.101MPa)/℃	闪点/℃	熔点/℃	自燃点/℃
1	粗苯	0.87~0.92		12		580~659
2	CS$_2$	1.262	46.3	-25.5	-108.6	145
3	苯	0.88	80.1	-16	54	580
4	甲苯	0.866	110.6	5	-95	550
5	二甲苯	0.862~0.881	138.6~144.4	20	13.3~-47.9	500
6	溶剂油	0.86~0.91	135~200	21~47		
7	古马隆	1.078	174			-17.5
8	萘	1.148	217.9	86	80.2	500
9	蒽	1.241	340	121	216.1	470
10	酚	1.054	181.2	79	41	430
11	吡啶	0.979	115.4	20	-42	573
12	煤焦油	1.15~1.22		65~100		
13	轻油	0.92~0.95	<170	30~50[①]		
14	酚油	0.95~0.97	170~210	<71[①]		
15	萘油	1.015~1.02	210~230	<94[①]		
16	洗油	1.04~1.07	230~300	>94[①]		

序号	液体名称	15℃时相对密度	沸点 (0.101MPa)/℃	闪点/℃	熔点/℃	自燃点/℃
17	蒽油	1.11 ~ 1.14	300 ~ 360	>117①		
18	沥青	1.22 ~ 1.30		65 ~ 120	>50	

注：1. 根据液体的相对密度、沸点、闪点、燃点、自燃点、蒸气压力、爆炸极限等性质来判断液体对火灾的危险程度，其中以闪点为主要指标。闪点是可燃物的蒸汽在与明火接近时发生闪燃的最低温度。闪点低于 45℃的液体为易燃液体，高于45℃的液体为可燃液体。

　　2. 煤尘的爆炸下限为 17.2 ~ 24.1g/m³，粉尘的爆炸下限在 65g/m³ 以下的厂房，应考虑防爆。

① 数据仅供参考。

表 14 - 3　不同温度下硫的蒸气压

温度/℃	硫蒸气压/Pa	温度/℃	硫蒸气压/Pa	温度/℃	硫蒸气压/Pa
50	0.47	180	126.7	340	13732
80	0.87	190	186.7	360	22132
100	1.13	200	293.3	370	29198
130	10.13	210	406.6	400	46663
135	13.33	240	1066.6	410	59062
140	16.0	250	1626.5	430	79060
160	52.0	270	2826.4	444.6	101325
170	78.66	300	6332.8		

传热相似准数

雷诺数：

$$Re = \frac{vd\rho}{\eta}$$

普朗特数：

$$Pr = \frac{c\eta}{\lambda}$$

注：当热导率 λ 的单位为 kJ/(m·h·℃)、动力黏度 η 的单位为 cP 时，$Pr = 3.6\frac{c\eta}{\lambda}$；当 λ 的单位为 W/(m·℃)、η 的单位为 mPa·s 时，$Pr = \frac{c\eta}{\lambda}$。

努塞尔数：

$$Nu = \frac{Kd}{\lambda}$$

伽利略数：

$$Ga = \frac{gl^3}{\nu^2}$$

格拉晓夫数：

$$Gr = \frac{gd^3 \beta \Delta t}{\nu^2}$$

基尔皮切夫数：

$$Ki = \frac{Kd}{\lambda}$$

冷凝数：

$$K = \frac{r}{c\Delta t}$$

式中，v 为速度，m/s；d 为直径或当量直径，m；ρ 为密度，kg/m³；ν 为运动黏度，m²/s；η 为动力黏度，Pa·s；c 为比热容，kJ/(kg·℃)；λ 为热导率，W/(m·℃)；g 为重力加速度，m/s²；l 为长度，m；β 为体积膨胀系数，1/℃；r 为冷凝热，kJ/kg；Δt 为流体介质与金属壁的平均温差，℃；K 为传热系数，W/(m²·℃)。

给热系数

（1）热载体自由运动的给热系数。

$$Nu = c(Gr \cdot Pr)^n$$

$Gr \cdot Pr$	c	n
$0 < (Gr \cdot Pr) < 10^{-3}$	0.15	0
$10^{-3} < (Gr \cdot Pr) < 500$	1.18	1/8
$500 < (Gr \cdot Pr) < 2 \times 10^7$	0.54	1/4
$2 \times 10^7 < (Gr \cdot Pr) < 10^{13}$	0.135	1/3

给定温度 t_0：

$$t_0 = \frac{t_{ct} + t_{平均}}{2}$$

（2）热载体在管内强制流动的给热系数。

1）热载体层流时：

$$Nu = 0.74(Re \cdot Pr)^{0.2}(Gr \cdot Pr)^{0.1}$$

温度由下式决定：

$$t_0 = \frac{t_{ct} + t_{平均}}{2}$$

2）热载体在管内湍流的情况下：

$$Nu = 0.023 Re^{0.8} Pr^{0.4} \varphi$$

温度为流体的平均温度。

Re	2300	3000	4000	5000	6000	7000	8000	10000
φ	0.45	0.66	0.82	0.88	0.93	0.96	0.99	1.0

3）热载体在蛇形管内湍流的情况下：

$$Nu = 0.023 Re^{0.8} Pr^{0.4} \varphi \left(1 + 3.54 \frac{d}{D}\right)$$

（3）热载体强制横向流过单管时的给热系数。

$$Nu = cRe^n$$

温度为绕流流体的平均温度。

Re	c	n
$5 < Re < 80$	0.81	0.40
$80 < Re < 5000$	0.625	0.46
$5000 < Re < 50000$	0.197	0.60
$50000 < Re$	0.023	0.89

（4）在蒸汽冷凝情况下的给热系数。

1）在立管中冷凝时：

$$Nu = c(Ga \cdot Pr \cdot K)^n$$

温度由下式决定：

$$t_0 = \frac{t_{ct} + t_n}{2}$$

$Ga \cdot Pr \cdot K$	c	n
$10^{15} < (Ga \cdot Pr \cdot K)$	0.0646	1/3
$(Ga \cdot Pr \cdot K) < 10^{-15}$	1.15	1/4

2）在横管中冷凝时：

$$Nu = 0.72(Ga \cdot Pr \cdot K)^{1/4} \varepsilon$$

温度由下式决定：

$$t_0 = \frac{t_{ct} + t_{平均}}{2}$$

式中，ε 为列管 m 的修正系数。

m	1	3	5	7	9	11	13	15	17	19
错列 ε_1	1	0.97	0.907	0.860	0.823	0.792	0.766	0.745	0.727	0.710
顺列 ε_2	1	0.875	0.806	0.757	0.720	0.689	0.665	0.645	0.628	0.612

（5）在填充设备内煤气和冷却水直接接触时的给热系数。

1）当水蒸气含量低时：

$$K = cRe_r^{0.76} Pr_r^{0.33}$$

温度为煤气的平均温度。

喷淋密度/$m^2 \cdot (m^2_{总断面} \cdot h)^{-1}$	$Q = 3.5$	$Q = 5$	$Q = 10$
c	0.09	0.15	0.225

2）当水蒸气含量高时：

$$K = cRe_r^{0.8} Pr_r^{0.33} X^{1.15}$$

式中，X 为煤气中水汽的平均含量（体积分数），%。

喷淋密度/$m^2 \cdot (m^2_{总断面} \cdot h)^{-1}$	$Q = 5$	$Q = 10$	$Q = 15$
c	0.225	0.4	0.6

参 考 文 献

[1] 中冶焦耐工程技术有限公司. 现代焦化生产技术手册 [M]. 北京：冶金工业出版社，2010.

[2] 《中国冶金百科全书》编辑部. 中国冶金百科全书：《炼焦化工》卷 [M]. 北京：冶金工业出版社，1992.

[3] 《焦化设计参考资料》编写组. 焦化设计参考资料（下册）[M]. 北京：冶金工业出版社，1980.

[4] 《煤气设计手册》编写组. 煤气设计手册 [M]. 北京：中国建筑工业出版社，1983.

[5] И. Е. 柯洛布恰斯基等. 炼焦化学产品回收设备计算（第二版增订版）[M]. 鞍山焦耐院情报科译. 鞍山焦化耐火材料设计研究院，1974.

[6] 《炼焦化学》编辑部. 《炼焦化学产品回收设备的工艺计算》[J]. 1977，10，11.

[7] 《炼焦化产理化常数》编写组. 炼焦化产理化常数 [M]. 北京：冶金工业出版社，1980.

冶金工业出版社部分图书推荐

书　名	定价(元)
煤焦油化工学（第2版）	38.00
炼焦化学产品生产技术问答	39.00
现代焦化生产技术手册	258.00
干熄焦技术	58.00
炼焦新技术	56.00
焦炉煤气净化操作技术	30.00
中国冶金企业选购设备指南——焦化和耐材设备	220.00
炼焦技术问答	38.00
炼焦学（第3版)(本科教材）	39.00
炼焦工艺学（中专教材）	39.00
炼焦化学产品回收技术（培训教材）	59.00
炼焦设备检修与维护（培训教材）	32.00
炼焦煤性质与高炉焦炭质量	29.00
焦炉科技进步与展望	50.00
焦化废水无害化处理与回用技术	28.00
炭素材料生产问答	25.00
炭材料生产技术600问	35.00
炭素工艺学	24.80
煤化学（本科教材）	23.00
煤化学产品工艺学（国家级规划教材）	46.00
煤的综合利用基本知识问答	38.00
二氧化硫减排技术与烟气脱硫工程	56.00
氮氧化物减排技术与烟气脱硝工程	29.00
袋式除尘技术	125.00
燃气工程	64.00
高炉热风炉操作与煤气知识问答	29.00
除尘器壳体钢结构设计	50.00
煤炭行业职业危害分析与控制技术	45.00
贫煤、贫瘦煤喷吹技术研发及应用	88.00
高硫煤还原分解磷石膏的技术基础	22.00
现行焦化产品及理化方法行业标准汇编	110.00